文化伟人代表作图释书系

An Illustrated Series of Masterpieces of the Great Minds

非凡的阅读

从影响每一代学人的知识名著开始

知识分子阅读，不仅是指其特有的阅读姿态和思考方式，更重要的还包括读物的选择。在众多当代出版物中，哪些读物的知识价值最具引领性，许多人都很难确切判定。

“文化伟人代表作图释书系”所选择的，正是对人类知识体系的构建有着重大影响的伟大人物的代表著作，这些著述不仅从各自不同的角度深刻影响着人类文明的发展进程，而且自面世之日起，便不断改变着我们对世界和自然的认知，不仅给了我们思考的勇气和力量，更让我们实现了对自身的一次次突破。

这些著述大都篇幅宏大，难以适应当代阅读的特有习惯。为此，对其中的一部分著述，我们在凝练编译的基础上，以插图的方式对书中的知识精要进行了必要补述，既突出了原著的伟大之处，又消除了更多人可能存在的阅读障碍。

我们相信，一切尖端的知识都能轻松理解，一切深奥的思想都可以真切领悟。

■ 文化伟人代表作图释书系

The Origin of Species

物种起源

〔英〕查尔斯·达尔文/著

何 滟/编译

重庆出版集团 重庆出版社

图书在版编目（CIP）数据

物种起源/（英）达尔文著；何滟编译. —重庆：重庆出版社，2014.3（2023.9重印）
书名原文：The Origin of Species
ISBN 978-7-229-07621-4

Ⅰ.①物… Ⅱ.①达… ②何… Ⅲ.①物种起源 Ⅳ.①Q349

中国版本图书馆CIP数据核字（2014）第032544号

物种起源
WUZHONG QIYUAN
〔英〕查尔斯·达尔文 著 何滟 编译

策 划 人：刘太亨
责任编辑：刘 喆
责任校对：刘 艳
封面设计：日日新
版式设计：梅羽雁

重庆出版集团
重庆出版社 **出版**

重庆市南岸区南滨路162号1幢 邮编：400061 http://www.cqph.com
重庆博优印务有限公司印刷
重庆出版集团图书发行有限公司发行
全国新华书店经销

开本：720mm×1000mm 1/16 印张：27.25 字数：450千
2005年1月第1版 2014年9月第3版 2023年9月第26次印刷
ISBN 978-7-229-07621-4
定价：68.00元

如有印装质量问题，请向本集团图书发行有限公司调换：023-61520678

FOREWORD | 前言

1859年，博物学家达尔文将自己的思想结集，出版了《物种起源》，该书一经出版便轰动了当时的学术界。书中，达尔文第一次把生物学建立在完全科学的基础上，以全新的生物进化思想推翻了“神创论[1]”和“物种不变论[2]”。恩格斯更是将达尔文在书中提出的“进化论”列为19世纪自然科学的三大发现之一。

《物种起源》的出版，在欧洲乃至全世界引起了不小的轰动：一方面，它因触动封建神权统治的根基，遭到从教会到御用文人的群起攻击，他们诬蔑达尔文学说 “亵渎圣灵”，触犯“君权神授天理”，有悖人类尊严；另一方面，达尔文学说得到了以赫胥黎[3]为代表的开明学者的积极捍卫，他们认为，进化论将人们从封建神学的禁锢中解救出来。

达尔文本人则指出，《物种起源》是“一部长篇争辩”，它论证了两个问题：

第一，世界上的一切物种都在不断发生变异；亲代的大部分特征会遗传给子代，子代在继承先代遗传特征的过程中会发生变化，并经过代代相传，最终引起生物类型的改变，致使亲代与子代间出现明显的差异；同时，这种改变是一个逐渐演变的过程。该观点很快被绝大多数的生物学家接受，成为生物学研

---

[1] 神创论：即特创论。该理论主张，生物界中包括人类在内的所有物种，以及天体和大地，都是由上帝创造出来的。各种生物孤立存在，相互之间没有任何亲缘关系。

[2] 物种不变论：该理论认为，物种一经创造便永不改变。

[3] 赫胥黎：英国著名博物学家和教育家。他不仅是捍卫科学真理的斗士，也是一位极具文学禀赋的科学家。达尔文的《物种起源》诞生后，他因捍卫进化论而被称为“达尔文的坚定追随者”。

究的基石。

第二，自然选择是生物进化的动力。“自然选择”是达尔文《物种起源》一书中的主导思想。达尔文指出，一切生物都必须进行生存斗争，被自然所选择。生存斗争主要包括两方面，即生物之间为争夺生存资源的斗争和生物与自然环境的斗争。生存斗争的结果是“物竞天择，适者生存”；自然选择的结果则是“新物种产生，旧物种灭绝”；任何生物的生存繁衍都要遵循自然选择的规律。由于器官功能的分化和生存条件的复杂化，生物在自然选择的长期作用下发生变异，以适应新的环境。人类同自然界的生物一样，也是自然选择长期发展的产物，而并非出自上帝之手。

达尔文完成《物种起源》的过程并非一帆风顺，在此期间，他也曾遇到一些困难，但丝毫没有影响他完成该书的决心。通过不懈的努力，他多方搜集大量资料，使得最终出现在我们面前的这本巨著内容翔实，论证有力。他成功地证明了形形色色的生物并非上帝所创造，而是通过遗传、变异、生存斗争和自然选择的过程，由简单到复杂，由低等到高等，不断发展变化而来的，这就是生物进化论学说的完整的理论体系。

当然，进化论也并非完美无缺，比如达尔文所认定的中间连锁的存在，在目前的地质考察中尚未得到证实，但这并不能否定进化论本身所具有的巨大的意义和价值：

第一，达尔文的进化论是对生物学的一次伟大综合。他先是总结了前人在分类学、比较解剖学、地质古生物学和进化思想方面的成就，然后结合自身的考察和对大量动植物变异所作的系统研究，形成了生物进化的理论。

第二，达尔文的进化论学说以自然选择、适者生存为基础，从根本上挑战了长期统治生物学思想领域的神创论和物种不变论，破除了人类思想的禁锢。

第三，进化论成为人类历史上第二次重大的科学突破。第一次是日心说，它取代地心说，否定了人类位于宇宙中心的自大情结。进化论则把人类放在了与普通生物平等的层面上，阐明人类同自然界的生物一样，也是自然选择长期发展的产物，从而打破了人类“一神之下，众生之上”的愚昧式的自高自大。

总之，作为一部划时代的生物学论著，《物种起源》使人类对生物界和人类本身在生物界中的地位的看法发生了深刻的变化。它对人类的发展进程产生了广泛而深远的影响，是一部深切关注生物土地家园，以灵魂回应灵魂之书，是震撼世界的十大经典巨著之一，也是影响中国近代社会的经典译著。

本书语言平实，没有刻意追求华丽的辞藻，更多的是自然科学必备的精准与谨严。沉淀心情，细细品之，你会发现生物进化论并非艰深难懂，它所包含的许多观点，比如自然选择学说、遗传变异、过度繁殖、生存斗争、适者生存等，不但妙趣横生，还为我们展开了一场场头脑风暴。同时，书中配以百余幅精美插图，使您在阅读时轻松愉快如沐春风，毫不乏味；而新颖的编排模式、独特的体例及全彩制作，将为您展开一场视觉盛宴。

编 者

2014年5月

1831年12月，我有幸以一名博物学研究者的身份登上了皇家军舰“贝格尔号”，开始为期五年的环球科学考察。一路上的所见所闻深深撼动了我，尤其是南美大陆及其附属岛屿优美的自然风光和独特的动植物分布，以及奇异的地质构造……1836年考察结束归国后，综观数年来的研究成果和考察日记，我不得不重新思考多年来困扰博物学者们的问题：物种究竟是怎样起源的？为此，我决定把那些简短的日记整理扩充成为一篇纲要……这项艰苦的工作，直到1844年才暂告一个段落。

□ **达尔文**

达尔文(1809—1882年)，出生在英国西部施鲁斯伯里一个医生家庭。他从小就爱打猎、采集矿物和植物标本。1842年，达尔文第一次写出《物种起源》的简要提纲，并于1859年11月完成了这本科学巨著。1882年4月19日，这位伟大的科学家因病去世，葬在牛顿墓旁。

现在是1859年，我的工作仍有待完善。但由于健康原因，加上研究马来群岛自然史的华莱士先生意欲发表一篇与我的结论几乎完全一致的论文，我不得不接受好友查尔斯·赖尔的建议，把这篇纲要送交给伦敦林奈学会[1]。我的这篇纲要，连同华莱士先生的卓越论

[1] 伦敦林奈学会：1788年建立于伦敦皮卡迪里，是专门研究生物分类学的协会。主要出版动物学、植物学以及其他生物学期刊；此外还研究分类学这一学科的历史沿革。

文，将一同被刊登在该学会的第三期会报上。愿我们能共享这份殊荣。

我深知，这份纲要还不够完善，有些问题，我只能在下一部著作《动物和植物在家养状况下的变异》里作进一步的论述。

对于物种的起源，相信任何一位博物学者若对生物的相互亲缘关系、胚胎关系、地理分布和地质演替等进行深入研究，都会得出相同的结论：物种并非如某些专家所说的那样，是被独立创造出来的，而是如同变种一样，都是从其他物种遗传下来的。

在纲要中，我极为细致地研究了家养生物和栽培植物的习性，还着重强调了外部条件的改变对自然状况下的生物的有利之处。

对于生物界普遍存在的生存斗争和因生存斗争导致的自然选择，我作了重点介绍。变异的法则也是我格外强调的，特别是其中的难点，如物种的转变、本能问题、杂交现象和地质记录的不完全等，都有专章论述。

在第十一章，我论述了生物的分类方法及相互的亲缘关系。

最后，我将对物种的起源作出结论。

只要稍加留意生活在我们周围的生物，就会发现人类对它们是多么无知。有关它们的起源，坦率地说，你又知道多少呢？谁能解释，某些物种如绵羊、老鼠等，分布范围是如此广泛且数量众多，而另一些物种如大熊猫、白鳍豚等，分布范围却如此狭窄以至濒危呢？这一切绝不仅仅是人为因素造成的。我的生物进化论与自然选择学说将详细阐明：自然界所有生物的繁盛与否，都会严格按照一定的规律发生变化，并将直接影响它们未来的生存发展趋势。

最后要特别强调一点，我所阐述的自然选择，虽说是变异最重要的途径，但绝非唯一。

查理·达尔文写于1859年

导读
REVIEW

达尔文在《物种起源》中的主导思想——“自然选择”，一定会被当作科学上的确定真理而被人们所接受。它有一切伟大的自然科学真理所具有的特征，变模糊为清晰，化复杂为简单，并且在旧有的知识上添加了很多新的东西。

——英国植物学家　华生

I

据可靠消息统计，现存于地球的生物种类已近百万种。这样看来，我们的地球俨然成了一个庞大的群落。地球历经了许多漫长的地质年代，每个年代都有它独特的动植物系统，而且其物种的数量及生物结构的多样性的复杂程度丝毫不亚于今天。

我们想象一下地球这个包罗万象的动植物园——这个极具创造力的物种海洋，我们无法不好奇这近百万种生命是怎样一步步演变成今天这个样子的。我们发自内心地想要探究物种起源这个博大精深的问题，像最伟大的哲学家们那样去探索这其中的奥秘。

关于物种的起源，相关学说一直认为物种是独立创造出来的，是一种不变的产物链。连乔治·居维叶、理查·欧文和路易斯·阿加西这些最卓越的古生物学家，以及包括查尔斯·赖尔和罗德里克·默奇森在内的我们最伟大的地质学家们都一致认同这个观点。甚至可以说，大师们极少如此默契地支持某一种科学思想。即便如此，仍有某个像让·巴普蒂斯特·拉马克这样鲁莽的机会主义者，或是某个像《自然创造史的痕迹》的作者那样独特的理论家，对这个学说的可靠性提出质疑。遗憾的是，他们并没有在野外找到任何线索来佐证他们自身所持的观点。物种的不变性已经成为一种公认的正统学说，而正统的学说自然会得到具有良好素养的公民的支持和拥护。

然而现在又有人站出来质疑这一学说，而他的著作早已被广大读者熟知，他就是达尔文先生。通过在四分之一世纪里耐心的观察和实验，达尔文先生提出了一系列极具革命性的观点和推论，如果这些观点和推论成立，那么自然历史的基础学说将被颠覆。

达尔文先生对物种多样性的阐释，与前人完全不同。拉马克认为生物主要依赖于自身的努力使器官用进废退；《自然创造史的痕迹》的作者则认为生物的变化是由一系列连贯的发展阶段组成。而达尔文学说的不同还在于，其基础构建在一些毫无疑义的事实之上，这有别于某些人给“胚泡”做些“电化学操作”后得出的可疑的推测。达尔文靠着对大量动植物结构中一系列清晰可见事实的综合归纳，得出他惊人的理论。在这些事实基础上，他逐级攀登上了人迹罕至的雪峰，发出大胆而庄重的宣告——曾在地球上生存过的一切有机活物都有着共同的祖先。

毫无疑问，这一学说是对自然科学领域的最为重要的贡献之一。当科学家们见识了达尔文为了说明自己的理论而积累的诸多证据，想必都会认真审视有关物种起源学说的扎实的根基。

Ⅱ

达尔文通过那些容易被驯化的动植物来构建自己的观点。在驯养马、猎犬和牛方面，英国的饲养员取得了惊人的成果，他们成功地开发了动物的身体结构上令人惊异的变化潜力。在这些饲养员看来，动物的群体结构有很强的可塑性，他们可以按照自己的喜好将动物驯化成任何模式。

关于驯养下的变异，达尔文找到大量的案例，他发现家鸽所经历的变化最为突出。鸽科成员的多样化确实令人惊异，不同种类的鸽子在解剖和生理特征上都有显著的区别。虽然鸽子的品种存在较大的差异，博物学家们仍然认为它们都是那只衔着橄榄枝的飞鸽的后代。

自然将变异赋予人类所驯养的品种，人类便将他们满意的那些变异积累下来，或者如达尔文所说，是“按照有利于他们的特定方向”，这就是人工选择的作用。

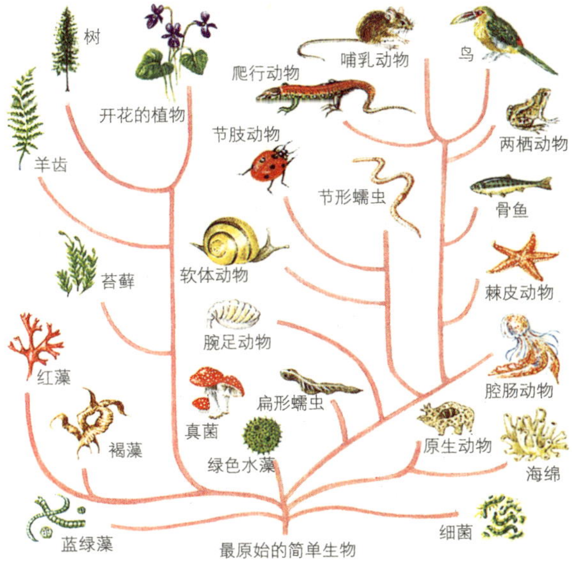

□ **进化树**

达尔文的进化学说认为，所有的生物之间都有亲属关系，因为它们是由相同的祖先经过长达几百万年的时间演化而来的。上图这棵进化树就直观地体现了生物进化的景象。

既然物种有能力为适应人类的需求而经历以上改良，那么其构造自然也有着同样的灵活性去适应野外的各种自然条件。因此，我们相信，在没有人类介入的情况下，物种能够开创出一个高度多样性的种群，且能生生不息。这条脉络便清楚地凸显出来了。

达尔文指出，导致生存竞争的一个重要因素是生物界极为常见的几何级数[1]的繁衍方式。若每一种生物都能任意繁衍和存活，那么从一对祖先繁衍下来的子孙就能很快覆盖整个地表，无一例外。人类尚属繁衍速度较慢的生物，但也只需二十五年，便能将全球数量翻一番，如果没有死亡，那么按照这个增长速度，一两千年以后，人类的子孙便会“无立锥之地”。达尔文针对生

[1] 几何级数：几何级数属于数学范畴，可以表示为$a*x^y$，即以x的y次方的形式增长。x一般等于2，即通常说的翻几（这个值为y）番。与代数级数相比，几何级数的增长更可观，如几何级数的“翻三番”就是$a*2^3$，即代数级数增长8倍。

物的这种异常可怕的繁殖能力，给出了大量详尽的例证。

这就是达尔文所说的生存竞争学说。生物诞下的极其繁多的后代，如果要存活下来就必须为了生存而斗争。要么跟同种的另一个个体斗争，要么和一个来自遥远纲目的个体斗争，要么和自己生存的自然环境斗争。

凭借物种竞争法则这条线索，达尔文还发现了自然界的物种关系中存在着许多隐秘的事实。至此他才发现，生物之间相生相克关系的复杂程度远远超出人类的想象，同一大环境下的不同物种为了和对手竞争，不得不走到一起。在这种微妙的关系网中，就连自然属性上天差地别的动植物都被相互捆绑在了一起。大家可能不太能理解这个观点。打个比方，你能想象乡村中随处可见的家猫能够决定你所在地区的某种特定花朵的存活率吗？达尔文这样回答这个匪夷所思的问题："经过推理，我有理由相信，野蜂对于三色堇的授粉是不可或缺的。因此，当英格兰整个属的野蜂都灭绝或者极度稀缺时，那里的三色堇和红苜蓿必定也会变得极其稀少，甚至全部灭绝。而很大程度上，某一地区的田鼠数量又决定了该区域内野蜂的数量，因为田鼠是野蜂的天敌。长期观察野蜂习性的学者纽曼先生相信，整个英格兰有超过三分之二的蜂巢都是被田鼠毁坏的。另一方面，一个地方的猫的数量，又会直接影响到田鼠的数量，纽曼先生曾说：'村庄附近的野蜂蜂巢总是比别处的多得多，这主要归功于当地的家猫捕杀了田鼠！'"

在复杂而永恒的生存竞争中，始终存在着一个决定性的原则在改良着系统中的物种，达尔文称之为自然选择法则，这也是本书的核心思想。我们了解到，所有的生物有机体都具备相当的可塑性，且具有一定的变化潜力，便于从一个物种中衍生出多种形态，也能够在一定程度上进行修正和重塑。

自然总是做着同一件事：任何一种动植物的个体一旦发生突变，只要这种突变能够对其生存竞争有利，它便会让这个个体取得超越同伴的竞争优势，且其子孙后代也会将这种突变传承下去，直到被新的品种排挤出生存环境。在漫长的岁月中，各个时期有益于个体的微小变异被稳定地积累下来，而生物构造在各个方面都经历了翻天覆地的改进，于是便缔造了神奇的大自然，无数种动植物都形成了自身特有的迥异于他者的生命形式。

可以说，自然法则时刻都在筛选着任意一种物种，连渺如微尘的生物也包括在内。劣等的个体会被舍弃，优势个体会被保留并积累下来。这一切却又是缓慢而令人难以察觉的。

达尔文认为，在这个漫长而持久的改进过程中，同属的不同品种间的细微的特征差异被不断放大，它们后代间的差异会上升到种的级别，在特征上渐行渐远的那些生物在此刻便隶属于同一属的不同种。

至于品种和种之间真正的界限是什么，达尔文坚决认为，二者之间并没有绝对的区别，它们覆盖的特征往往存在着交集。有着明显区别的品种被他简单地看成“初期的种”，而在他看来，种也仅仅是特征鲜明和容易辨认的品种。而那些有着明显区别且被人熟知的品种，在它们尚未被人认定是一个独立的种之前，确实难以命名。无疑，种和亚种至今都未能明确地划清界限，亚种和有着明显区别的品种是相同的情况。它们的定义因一系列难以区分的特征混杂在一起，这些特征让人们感觉到它们之间似乎存在一条发展的路径。

因此，达尔文决定要进一步检验变异的法则。他坦承，人类对于这个问题十分无知。亲代的某个器官在它众多的后代中会发展出不同的特征，对此也很难给出合理的解释。但达尔文仍旧主张，若能使用比较法来处理观察结果，我们就会发现，同样的法则既会在一个物种中产生较为次要的差异，也会在一个属中影响物种间的差异。

达尔文将生存的外部条件，如气候、食物等列为在法则中起主导作用的因素。与此同时，他还指出生物的习惯也会对其身体构造上的衍变产生影响，用进废退的效果似乎比预想的更为强大，而功能一致的器官趋向于用同样的方式发生变异，这些器官在变异中都趋向于保持原本的关系。

变异法则中的难题之一就是，生物繁衍后不同器官间有所关联，可惜人类对这方面的了解极不完善。其相关性在于，在生物发育和繁衍的过程中，只要其生物结构的某个部分发生了哪怕极微小的变异，其他部分也会随之有所改变。解剖学家举例证明了这个学说。他们在研究许多动物的下颌和四肢的过程中，发现这些器官的长度总存在着对应关系，其功能具有一致性。另外，在那些体格健硕的野兽身上，也能找到全然不同的器官之间的奇妙的相关性。吉奥佛利·圣·希莱尔在其著作中举出了很多看似天方夜谭的例子，比如蓝眼睛的猫中有一定比例的聋子，一定数量的玳瑁色的猫中总能看到几只雄性，虽然其中不一定真的具有功能的一致性，但这些相对的关系确实非常神奇。

达尔文说:“观察一块混杂有多层生物的堤岸十分有趣：地上覆盖有各种植被，蠕虫在潮湿的地下土壤中穿梭往来，各种鸟类在树枝间歌唱，各式各样的昆虫在树丛间喧闹扑腾。”根据他的学说，这所有的物种彼此间是千差万别的，却以一种非常奇特的方式相互依存。他将这整个复杂的生物群落结构看成一个整体，认为它们是那些在人类周围发生着作用的法则的产物。这些法则的目的在于，通过生殖来繁衍，并将亲代的变化倾向遗传下去。这种变化倾向来源于外部生存环境直接或间接的作用，源自习惯和疾病，以及生命可怕的繁殖率所带来的生存竞争。特征分化在自然选择下成为必需，改良程度若是不够则会遭到灭绝。

以上便是达尔文的理论，将事实陈述得通俗易懂，再不可能有比这更精辟漂亮的表述。他最主要的精力都用在提供大规模的论证和例证来支撑及捍卫这套惊人的理论，正如他在书中所声明的那样——这是一项漫长的论证。为了让自己的学说站住脚，他在实例中摸索出大量连贯的间接证据，只有当你耐心体会完这些证据链之后，才能够完整地领悟这个理论，才会对他的学说和坚定的信仰深深佩服。

Ⅲ

但是，在肯定达尔文大部分学说的同时，我们是否应该坦承，他的学说中依然存在盲点。

达尔文对个别问题的一系列证明，手法很有创意，甚至让人印象深刻。但他并未给我们展现出一个能够将这些理论连贯起来的环节，即没有形成具有完整逻辑性的推论。

达尔文也承认，要克服这个困难是非常不容易的。但他坚持认为，它们的真实性非常明显，离真相仅有一步之遥。但我们担心的却是这一步的距离恐怕无法逾越。

要完全处理这个庞大且复杂的问题确实十分艰难，毕竟我们仅仅简单地接触了较少的几个话题。而那些支持达尔文，相信所有假设中的物种与物种、属与属间存在渐变关系的人们，根本无法辩驳来自地质学的质疑。因为变迁中间环节的毫无证据，使达尔文所阐述的那些特定生命形式的身份也无法完全被弄清和确认。在达尔文的论述中，只是反复强调有多少生命形式一定存在过，它们将每一个大类下的所有物种都联系起来，形成一种连接物种的过渡。但我们依旧无法释怀，为什么这些中间环节不会出现在我们现今的生活环境中，为什么我们看不到成片的生物都被难以区分的特征联系在一起，为什么我们看不到一个令分类学家更为抓狂的大自然？

达尔文把这些难以攻克的问题归责于地质记录的极度不完善，但是，即便如此，应该也不会像他认定的那么严重。

达尔文在草图上为我们勾勒出上百万种用于填补化石记录间空白的过渡期生物，并作出惊人的假设。但遗憾的是，当我们在古生代的志留纪岩石层中探索生命最初的活动时，却发现人类的祖先存在于其他生物结构中间，如同现今海岸边一条挖泥船的航迹那么显眼。为了对这个现象作出合理的解释，达尔文又作出新的假设：“在最底层的志留纪地层沉积之前，已历经相当久远的一段

□ **困扰达尔文的“中间连锁”**

中间连锁，即中间类型，它们常常把生物的过去与现在连接在一起。比如鸭嘴兽这种唯一的卵生哺乳动物，同时具有水栖动物和陆栖动物的特征，因此属于中间类型。这种情况同样会出现在同属的物种当中，比如人和猿人之间的智人，它是从猿到人进化过程中的一级，也属于中间类型。然而在具体区分某些生物的种属时，由于缺乏中间类型，往往让分类学者们难以进行，这也是长期困扰达尔文的一个关键问题。

岁月，其长度也许超过了从志留纪至19世纪的整个时长。在这段古老浩渺的时间内，地球上已经到处充满着生命的气息。”

但我们为何不能在这段古老浩渺的时间中找到任何记录呢？达尔文对此坦白地承认：“我目前也给不出令人满意的答案。”但他仍旧试图让探究者们满足，他保证水底下一定能够找到他们想要的证据。他断言，在某个出现于志留纪之前且无法考证的年代里，如今的海洋在当时可能已经退去而露出大洲，现今大洲坐落的地方在当时却被海洋所淹没。他举例说，若现在的太平洋的海床能抬升成为陆地，我们便能在它上面发现比志留纪更早的地层，一个接一个，绵延了数百万个年代，原始动植物群的连贯记录肯定安静地埋葬于其中。但确实不知道相信达尔文这些主观臆断的人得需要多大的勇气。

在达尔文的这一连串毫无依据的推测中，有一点是值得我们参考的，即在地质学中有一条依据是，若在某个特定堆积层中无法找到任何生物的遗迹，也不能妄断整个地层相应年代中的生物活动极不丰富。一块毫无生命迹象可寻的岩石，并不代表其相应时期没有生命活动。这个观点甚至在英国地质学派最先进的学说中也能得到赞同，志留纪地层的化石的确不能被当作有机生命最初登场的证据。

达尔文的理论之所以存在局限性，是因为他仅仅是个博物学家。在他那许多高深的推理体系中，信奉的是胚胎学说、居维叶的器官相关性学说等诸家的教义，而对一些深邃的启示却毫不知情。然而我们知道，只有将那轰轰烈烈的科学生活带来的直觉同先知提出的线索相结合，人类才能真正探索到有关生命起源的神秘问题的一丝真相。正如有人深刻评论过的那样："我们不能只根据这个或那个器官武断地判断动物系统，因为眼睛可能只会挑选自己的目标，只会看到那些符合有关动物构造起源的死板规定的发现。"

19世纪初，自然一致性的概念如同幻灵一般飘进科学的殿堂，成为人类大脑能够投射出的最辉煌的思想之一，而这个伟大的预言也成为指引我们所有科学前进方向的明灯。短短几年间，经过圣·希莱尔、罗伦茨·奥肯、卡尔·古斯塔夫·卡鲁斯、塞尔及理查·欧文对它在解剖学中的应用，最终揭示出生物有机体的构造和设计有着令人叹为观止的一致性，且遍及生命的整个谱系。吉奥佛利·圣·希莱尔最早提出世上只存在一种动物形态，这一理论奠定了自然物种一致性思想的基石。经过胚胎学的发展，他发现所有动物在发育早期彼此都是相似的。解剖学将这个成果继续向前推进，进而揭示了高等动物在胚胎发育过程中会重现由古旧的低等动物构造逐步转化为固定的高等过渡阶段。在依次经历过珊瑚虫、软体动物、海龟、鱼类、鸟类这些前身之后，呈现出的最后形体便是光荣的人类。

Ⅳ

只要我们不是太过于偏狭，便能从这本《物种起源》中提炼出它最重要的功用，并能够预期一个终极形态。它最有价值的地方在于，让我们明白了人类同任何一种可能的终极形态相距有多远；我们对于物种起源的诸多方面确实是一无所知的。而且达尔文先生补充道："最关键的是我们并不知道自己有多么无知。”

但也不必沮丧，生命起源中注定残留着许多无法解释的问题。正如马勒勃朗所说：“其实，大家都清楚地知道其中的一些事情并不能全部理解。”毋庸置疑，科学始终具有局限性，那些最富才智的头脑想要探求答案时也总是忍不住发出同莎士比亚一样的感叹：“自然啊，你是一本无比神秘的书，而我，只能读懂些许部分！”

另一方面，上天赋予人类的理解力也是惊人的。就天性论而言，我们付出史诗般的努力之后同样能够阐释生命的难题。因此，我们将达尔文的贡献当作拓展科学版图的最正当也最成功的尝试。因此，不得不说，本书是迄今为止对动植物科学的一次最有价值的贡献。

关于达尔文理论中杰出的核心思想——自然选择下的渐进改良，我们不得不承认它为我们正在探索的现存和已经灭绝的物种间存在的遗传关系指明了方向，事实上，它也使自然历史这门课程发生了重大变革，同时也为分类学提出了一个新的明确的基础。在为所有生命有机体归类这项宏伟的工程中，其状态确实是令人不满意的。博物学家们在关于什么是物种，什么是亚种的问题上，总是无休止地争辩着，向人们展示出科学的混乱。物种的分类档案也因此变得混杂繁重，工作难度自然也在加剧，然而事实是，随着研究领域的拓展，这个工作本应变得更容易。

达尔文不厌其烦地强调着地质记录工作的不完善，这的确是个较为严重的问题，如果地质记录能够更完备，我们就能完善现有的古生物知识。而且，达尔文给我们打开了一个多么广袤的空间！十亿年的光阴荏苒，从志留纪的软体动物到今日的人类，任何人都会感受到这段历史的重量，感受到永恒掠过我们身躯时留下的颤抖！不可否认，这种历史带来的感受十分有益于我们，它充实了这段短暂而紧缩的历史。

现代科学的主流思想普遍认为，在解释自然现象这一问题上，我们不应将精力过多地浪费在过去，而应该寻找那些正发生作用的因素。而我们也从各个地层抽取的样本中发现了生物的奇观。当代地质学家也早已证明，导致生物奇观出现的机制此时此刻正影响着这个星球上的其他生物。因此他们推翻了灾变说[1]，让“繁衍”这个宏观概念深入人心，使我们明白在时间的推波助澜下，它在现有机制中发挥着巨大的作用。

达尔文也置身于这股潮流之中，他同赖尔一道否定了地质中的灾变说，而他提出的进化学说则让宇宙创生说[2]摇摇欲坠。从生命第一次被引入地球开始，某种模式就开始永不停息地影响着地球上的生物，经历了漫长的时间以后，整个生命有机物的系谱至今还由这套模式逐渐产生作用。若我们用最高的智慧来领会其中的奥秘，一切便会更加和谐。我们都相信进化一旦开始，之后不用施加任何干预，所有的事情便同开始时布置的那样完美无缺。就如同巴登·鲍威尔那漂亮的诗句一样：“要注意那神祇的身影在暗处比在明处更清晰，比起秩序、连贯和进步，混乱、打断和灾难中更能看到它的手段。”

V

无疑，自然科学的间接教化是对当代思想最重要的贡献。尽管直接的教诲让人觉得更庄重，但间接的教化似乎更加精彩，前者侧重于同物质世界的关系，后者却影响着人类的整个思维活动。能够深切地触及门外汉这个主体的往往都是科学那令人仰慕的外衣，它是那些真理之外最华贵的载体。从这个意义上讲，科学还有许多方面需要得到实现，科学需要文学的包装，如同文学需要科学奠基一样。达尔文便是这样一位传授科学的大师，他将最朴实的事实描在

[1] 灾变说：即生物灭绝是由周期性的、剧烈的、大规模的灾难事件造成的学说。该学说认为，原来的生物种类在灾难中灭绝，新的生物种类占据了灭绝物种的生态位置。

[2] 宇宙创生说：1929年，美国天文学家哈勃发现了红移现象，该现象是宇宙在膨胀、星球之间的距离在扩张的证据。天文学家认为，它的存在源自宇宙大爆炸之后宇宙射线的不断放射。自此，他们把宇宙万物的起源归为一次宇宙大爆炸，并提出宇宙很可能不是永恒的，而是从“无”经过量子变化创生出来的观点。

画板上，呈现出的却是一幅壮丽胜景。即便没有权威的帮衬，书中的某些命题还是很容易被大众所接受，通过它们似乎能够找到形而上学的支持和内在的证明，这便是达尔文学说的重要性之所在，就如同康德的“星云假说[1]”一样，且不论它们在科学上的建树如何，它们对文化的间接意义比它们在所有直接方面的功用更具有现实的影响力。

“赏心乐事折其福”，这种说法似乎在科学和社会学中都同样屡试不爽。就像哈维发现了血液循环，却在近四十年间几乎都被否定一样，达尔文估计已经预料到他将来也许会面临同样的问题。“我相信，”他在本书的结尾说道，“年轻的博物学者们一定会用他们独到的眼光来客观面对这个问题。”

而以我们的公正评判，在他那期待中的未来，他的成就也许达不到画出宇宙生命的整个循环，但他至少指出了其中的一段圆弧。在过往所有的事迹中似乎存在着一条历史规律，旨在阐释自然学说在登场时犹如华丽的蜃景，其中大部分的教义犹如玫瑰色的霞光，给那些做着晨课的学者头上镀上了一缕金色。但等到一个合适的时间，自会有那完美的思想适时地出世，将未知地渊中的宝藏铺陈罗列，用科学的明光给这个时代盖上玺印。

1860年3月28日
载于《纽约时报》

[1] 星云假说：1755年，德国哲学家康德在《自然通史和天体理论》一书中提出了该学说。它认为，太阳系是由一块原始星云收缩形成的，后者则是由大小不等的固体微粒组成。这块星云先形成了太阳，然后剩余的星云物质进一步收缩演化形成行星。

目 录 CONTENTS

第 4 章 自然选择 / 63

第 5 章 变异法则 / 111

第 6 章 自然选择学说的难点与异议 / 141

第 1 章

家养状况下的变异

CHAPTER 1

导致变异的各种原因——相关变异——遗传——家养状况下变异的性状——家养状况下的变种起源于一个或多个物种——各类家鸽的差异和起源——古代所遵循的选择原理及其效果——已知的无意识选择——人工选择的有利条件。

导致变异的各种原因

生活条件对物种发生了两种作用：一种是直接作用于物种的整个构造或其中一部分；另一种是间接地作用于物种的生殖系统。

当我们对古老的栽培植物和家养动物的同一变种个体或亚变种个体进行观察时，最能引起我们注意的是它们彼此之间的差异。比起自然状况下的任何物种或变种，这些个体之间的差异要大得多。在我们对二者的差异进行观察和研究之后，必然会得出这样的结论：此等变异性来自于二者不同的生活环境。

除此之外，我认为安德鲁·奈特所发表的一些观点也是可能的。他认为，这种变异性与食物过剩有着某种关系。事实也表明，生物必须在新的条件下繁衍数代后，才能引发数量可观的变异。一旦生物的组织结构开始变异，它们之后的许多代将会继续变异。迄今为止，还没有发生过变异生物因受到培育而停止变异的情况。最古老的栽培植物，例如小麦，至今还常常产生出新变种；最古老的家养动物，例如狗，至今还在迅速地改进或变异。

在对这一问题进行了长期的研究之后，我所能得出的结论是生活条件显然对物种发生了两种作用：一种是直接作用于物种的整个构造或其中一部分；另一种是间接地作用于物种的生殖系统。对于前者，综合魏斯曼教授近日提出的主张和我在《家养状况下的变异》中的判断，它源于两个因素：生物的本性和条件的性质。生物的本性相较更重要。因为就观察判断来说，在不同的条件下，物种有时也会发生几乎相近的变异；而在几乎相同的条件下，却能发生几乎不同的变异。这些影响对于其后代，有可能是一定的，有可能是不定的。当在几个世代中都生长着某些固定或相似条件下的个体，其所有后代或绝大多数后代都按照相同的方式发生变异，那么这些影响就是一定的。但是对这样一个在确定程度下诱发出来的变化范围，要下任何结论都很困难。然而对它们许多细微变化的成因，却是毋庸置疑的，例如动物的大小取决于其食量，动物的颜色取决于食物的性质，而皮肤和皮毛的厚度则大多取决于气候。鸡羽毛的每一次变异，都必然存在有效的原因。在经历许多代后，如果相同的原因依旧作用在许多个体上，那么，也许所有个体都会按同样的方式发生变异。我们只需将少量制造树瘿的昆虫毒液注入植物体内，就会产生复杂而异常的树瘿。这一事实说明：如果植物树液的性质发生了化学变化，便会产生让人惊奇不已的改变。

将不定的变异性与一定的变异性进行比较，前者往往是改变了的条件的最普通结果。同时，在家养物种的形成上，不定变异性起着更加重要的作用。我们从无数的微小特征中看到了不定变异性，这些微小特征帮助我们将同一物种内的各个个体区分开来，这些特征不能看作是由亲代或更远代的祖先遗传下来的。我们还会发现，同一果实内的幼体，以及从同一颗种子所生长出来的两棵幼苗，彼此之间也可能出现巨大的差异。在很长一段时间内，在同一个地方，在用非常相似的食物饲养的数百万个体中，也常常会出现被我们称作畸形的非常明显的构造差异，但是畸形和比较微小的变异之间并不存在明显的分界线。无论这些变化是多么微细抑或显著，所有这些构造上的变化都会出现在生活在一起的许多个体中，这些变化都可以被认为是在生活条件作用下每一个体所受到的不定效果。不同的人对寒冷的反应不同，因为身体状况或体质的不同，他们要么会咳嗽，要么会感冒，要么得风湿病，要么引起一些器质性病变。

□ **黑猪**

考古学发现，人类早在新石器时代就已经开始驯养野猪。进化论者认为，植物毒素对不同颜色的动物个体的影响是不一样的，深色个体比浅色个体更能排斥这种影响。所以，黑猪比白猪更容易存活。

至于生活条件对物种的生殖系统所起的间接作用，由于外界条件的改变，我们可以这样推论出导致变异产生的原因：第一，因为生殖系统对于一切外界条件的变化都极为敏感；第二，正如开洛鲁德等所说的那样，是因为不同物种杂交所产生的变异与植物和动物被栽培和饲养在一个新的环境下所产生的变异是相似的。许多事实表明，对于周围环境中所发生的极轻微的变化，生殖系统都会表现出显著的敏感性。我们知道，没有什么能比驯服一只动物更容易了，同时也几乎没有什么能比让一只被圈养的动物自由地繁殖更困难的了，虽然在一般情况下，雄性个体和雌性个体混居在一起，但要它们自由地繁殖还是非常困难。甚至不乏一些生活在本土的动物，虽然没有受到封闭的圈养，却仍然无法繁殖！如果将这一现

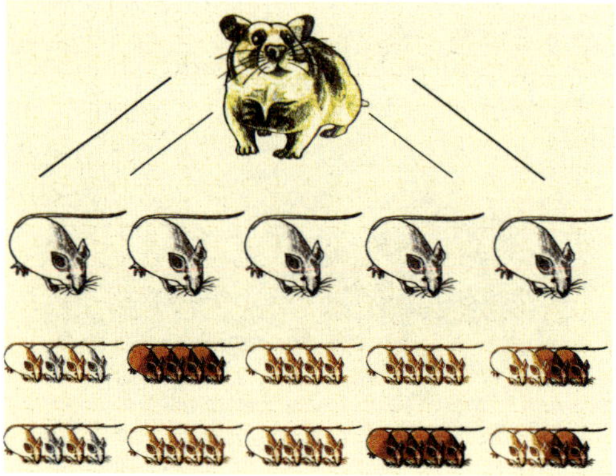

□ 山鼠的变异规律

物种发生变异的原因呈多样性，有可能是基因突变，这是能遗传的变异；也有可能是环境的变化所致，这是不能遗传的变异。基因有时候会出现缺失、断裂等现象，但通过复制，它可以将变化了的结构遗传给后代，这样就会重新发生变异，山鼠的变异遵循的正是这一规律。

象笼统地归结于物种的本能受到了损害，是极不科学的。在此，我想将圈养动物的奇妙的生殖法则展示给大家——以来自热带的食肉动物为例。这些食肉动物在英国本土封闭的环境之下自由地繁殖，但熊类家族除外；肉食性鸟类几乎没有例外地繁殖困难，它们很难产下受过精的蛋。那些外来植物同一些不能繁育的杂交植物一样，其花粉是完全没有价值的。一方面，我们可以看到被驯化的动物和植物非常虚弱多病，但繁育力却极强；另一方面，虽然我们看到来自自然状态下的个体的崽能被完美地驯化，而且大多身体健康、寿命长（在这方面我能给出大量的例子），但它们的生殖系统却在无形中被破坏，失去了正常功能。所以，当封闭状态下所繁殖的后代，与其双亲不尽相像时，我们也不必惊疑，因为它的生殖系统有可能受到影响和改变。再补充一下，当某些生物体在封闭状态下能非常自由地繁殖，便表明它们的繁殖系统并没有因封闭而受到影响。由此可见，一些动物和植物是经受得住家养或栽培的，而且它们的变异非常轻微，甚至不如在自然环境下的变异多。

一些博物学者认为，一切变异都离不开性生殖的作用，这种说法肯定是错误的。我在另一著作中为被园艺家称作“芽变植物”的东西作了一个长表。这类植物我在前文中也有所提及。它会突然生出一个芽，与同株的其他芽明显不同，具有新的性状，我们称之为芽的变异，可用嫁接法、种子法、插枝法等来繁殖。在自然状况下，这种“芽变”很少发生，但在栽培状况下却并不那么罕见。既然在相同条件下的同一株树上，能从多年来所生长出来的数千个芽中突然长出一个具有新性状的芽，而且，既然不同条件、不同树上的芽有时也会产生几乎相同的变种；那么我们可以肯定的一点是，在决定每一变异的特殊类型上，生活条件的直接作用与生殖、生长、遗传法则等因素相比较，显得多么的不重要。

相关变异

如果根据物种的特性进行选择，并将这种特性加以强化，那么在变异的相关法则作用下，其身体的另外部位也必定有所变异。

变异被多种法则控制，即使我们能领会少数几条，也是概念模糊，后文中我将会简单讨论这些法则。在此，我只想谈谈什么是所谓的相关变异。

一旦胚胎或幼虫发生重要变化，成熟的动物往往也会随之发生变化。在畸形生物里，完全不同部分间的相关作用是非常奇妙的。圣提雷尔[1]就曾提到过：饲养者们都相信，在动物身上，与长长的四肢对应的，通常是一个长长的头。甚至还有些奇怪的例子，比如蓝眼睛的猫通常是聋的（不过最近泰特先生指出，只有雄猫才会那样）。身体颜色和体质特征之间是相配的，对于这点，许多动植物的例子可以证明。比如一些植物毒素对于白色绵羊、白色猪以及它们对应的深色个体的影响是不同的。维基尼亚的一些农民声称，黑色的猪在吃了赤根后，其骨头就变成了淡红色，而且猪蹄也会脱落；维基尼亚的一个放牧者说："我们在一胎猪仔中选取黑

□ 鸟的嘴和足的适应性变化

生活在不同生态环境下的鸟类，由于取食习惯和生活环境的不同，它们的嘴巴和足部结构会发生适应性变化。比如，生长在沼泽地区的鸟类，嘴巴较长，足部较高，适合捕鱼和涉水行走；而那些生活在灌木丛或树林中的鸟类，则翅膀短而圆，难以进行长距离飞行。

[1] 圣提雷尔（1772—1844年）：法国动物解剖学家、胚胎学家，现代进化论的先驱者之一。他主张物种不是一成不变的，在动物躯体的结构中，我们可以看到设计的统一性。

色的来养育，是因为只有它们才有好的生存机会。”另外还有些类似的例子，如无毛的狗，牙齿总是不全；长毛和粗毛的动物倾向于长长角或多角；脚上有毛的鸽子，其外趾之间必然有皮；喙短的鸽子，其脚必然小，喙长的鸽子，其脚必然大。所以，如果根据物种的特性进行选择，并将这种特性加以强化，那么在变异的相关法则作用下，其身体的另外部位也必定有所变异。

各种不同的、未知的或仅模糊理解的变异法则的结果是无限复杂和多样的。对于几种古老的栽培植物如风信子、马铃薯或者大理花等的论文，进行仔细研究是非常值得的。从变种和亚变种之间存在体格和构造中的无数轻微差异中，我们发现生物的生理机制似乎变为可塑的东西了，并且与其亲代有着小程度的偏离。

遗 传

不管在生命的哪一个时期，只要某种特性是第一次出现，那么其后代在同样年龄的时候就很有可能会出现相同的特性，尽管有时时间会提前。

可遗传的构造性变异的数量和多样性都是难以限量的。卢卡斯博士在他的优秀论著中，对此作了充分的解释。可能只有那些空谈理论的著作家们，才会怀疑这一原理。饲养者们对遗传倾向力量之强大，也深信不疑。

当偏差总是出现于父母与子女的时候，我们尚不能确定这是由于同一原因作用于两者的结果。可是，当数百万个体中偶然出现于亲代的构造的偏差又重现于子代时，我们就不能把它归纳于纯粹的偶然了，

□ **豌豆**

豌豆，双子叶植物纲，豆目，豆科，一年生草本。起源于亚洲西部、地中海地区和埃塞俄比亚、小亚细亚西部，因其适应性很强，故在全世界分布广泛。奥地利神父、博物学家孟德尔根据豌豆杂交实验，发现了遗传定律。

这个事实迫使我们不得不作出它来自于遗传的结论。同一病症如白化病、刺皮及多毛症等出现在同一家庭中几个成员身上的情形，想必大家也听说过或真正见识过。如果奇特、稀少的构造偏差的确是遗传造成的，那么不奇特、比较普遍的偏差，则理所当然地被认为是遗传。也许研究整个课题的正确方向就是把性状的遗传看成是规律，把不遗传看成是异常。

□ **大鲵**

大鲵，又称娃娃鱼、人鱼，两栖纲，世界最大的两栖类，现存有尾目中最大的一种，中国特有。大鲵栖息于山地溪流，昼伏夜出，以鱼虾昆虫为食，采用体外受精的方式进行繁殖，它们独特的类似婴儿的叫声会世代遗传。

然而，支配遗传的法则，仍是未知的。没人能解释：为什么同种的不同个体间或者异种间的同一特性，有时候可以遗传，有时候却无法遗传；为什么子代常常重现祖父或祖母甚至更加久远的祖先的性状；为什么一种特性常常从一种性别传给两种性别，或只传给一种性别，且绝大部分只传给同性。在通常情况下，雄性家养动物的特性只传给雄性，我认为可以据此总结出一个规律，即不管在生命的哪一个时期，只要某种特性是第一次出现，那么其后代在同样年龄的时候就很有可能会出现相同的特性，尽管有时时间会提前。在多数情况下，这种规律的准确性都会得到验证。比如，只有当牛快要成熟的时候，牛角才会出现，以及我们所知的蚕的一些特性——这些特性会相应地在蚕的幼虫期或成蛹期出现。但是，遗传性疾病以及其他一些事实使我相信，这种规律的适用范围比已知的大。虽然至今还不能证明一种特性将在某个具体的年龄出现，但可以肯定的是，这种特性出现于其后代的时间，通常与其父代首次出现此类特性的时间一致。我认为这一规律对胚胎学法则的解释至关重要。当然，这些意见只针对特性的首次出现而言，并不针对作用于胚珠或雄性生殖质的最初原因。短角的母牛和长角的公牛交配后，其后代的角会增长，虽然这一特性的出现时间较晚，但显然是雄性生殖质在起作用。

既然已经讨论到了返祖问题，我就再谈一下博物学家们时常论述的一点，即我们的家养变种在重回野生状态时，必然会逐渐重现它们原始祖先的性状。事实上，要证明这种论述的正确性很难。我们可以大胆假设，绝大多数非常显著的家养变种是无法适应野生状态下的生活的。一般情况下，我们不知道其原始祖先是什么样子，所以我们也不能根据现已发生过的返祖现象来判断这种返祖是否彻底。为了防止杂交的影响，也许应该把新变种单独养在一个地方，且只养一只。但是，由于我们的变种有时的确会重现祖先的某些性状，所以我认为下列情形是可能出现的：如果我们能成功地在许多世代里使一些种属比如甘蓝，在极瘠薄的土壤上（但在这种情形下，有些影响应归因于瘠土的一定作用）进行归化或栽培，它们的大多数甚至全部，都会重现野生原始祖先的性状。无论该实验是否成功，它对我们论点的影响都不太重要，因为试验本身已经使生活条件发生了改变。如果有人能解释，为什么当我们把大量家养变种放在同一条件下饲养，让它们自由杂交，以借相互混合的方式来防止出现任何结构上的轻微偏差时，它们却还是能够显示出强大的返祖倾向。那么，我将不再用家养变种得来的演变法则来推论自然界的物种。但遗憾的是，对这种观点有利的证据一个都找不到。

家养状况下变异的性状

家养种族在性状上常常会有些“畸形”，即它们彼此之间、它们和同属的其他物种之间的某些方面虽然差异甚微，但当它们互相比较时，却会在某一个身体部分表现出极大的差异来，特别是当它们同自然状况下的亲缘密切的同属物种相比较时，其差异更是明显。

当我们企图对同属物种的家养种族进行构造差异上的评估时，我们很快就会陷入不知道其究竟是从一个还是几个亲种传下来的疑惑之中。如果能弄清楚那些为世人所知的真实存在的物种如灰狗、嗅血猎狗、㹴、长耳猎狗和斗牛犬等，究竟是由哪些单一物种所繁殖下来的后代，那么这些事实将使我们对栖居在世界各地的许多同属亲近物种以及自然物种——如大量狐类——是永恒不变的的说法产生怀疑。我并不认为所有这些狗类的差异都是由野生狗类变异而来的。但在一些其他家养种族中，却存在假定的、强有力的证据来表明它们都是从一个野生亲种传下来的。

也有人假定，人类选择的家养动物和植物都具有极大的遗传变异倾向，都能抵挡住变化多端的气候。我不会对这些曾在很大程度上增加了大多数家养生物价值的物种性质进行争辩，但是，在一个野蛮人最初驯养一种动物时，他是如何知道这种动物会在以后的数代中发生变异的呢？他又是如何知道它能抵挡得住变化无常的气候呢？驴和珍珠鸡的变异性弱，驯鹿的耐热能力差，普通骆驼的耐寒力也差，可是这些特性难道就妨碍到它们被家养了吗？如果从自然状态下找来其他的动物和植物，它们的数目、产地及种类都等同于我们的家养生物，同时假设它们在家养状态下也繁殖了同样多的后代，那么我相信，它们平均发生的变异会和现存家养生物的亲种所发生过的变异一样多。

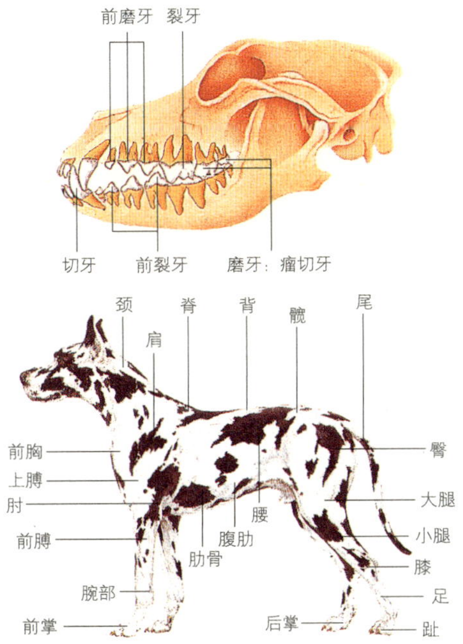

□ **家犬的牙齿及身体结构图**

家犬是一种极具耐力的动物。它的肌肉组成一种推进性机制，使其具有田径运动员一样的耐力和力量。其头部有一个强健的颌，内有42颗牙：上牙20颗，下牙22颗，其中裂牙用来食肉和咀嚼难啃的食物，磨牙用来磨碎食物，切牙专门刮取食物。家犬在出生20~30天出现乳齿，在6个月时牙齿全部长成，即为恒齿。

当我们注意到家养动物和栽培植物的遗传变种和种族，并把它们与亲缘密切的同属物种作比较时，我们往往会发现，每个家养种族性状就如我们已经说过的，不像其原种族那般一致。这些家养种族在性状上常常会有些“畸形”，即它们彼此之间、它们和同属的其他物种之间的某些方面虽然差异甚微，但当它们互相比较时，却会在某一个身体部分表现出极大的差异来，特别是当它们同自然状况下的亲缘密切的同属物种相比较时，其差异更是明显。除了畸形的性状之外（还有变种杂交的完全能育性——这一问题在后面的章节中将会进行讨论），同种的家养种族间的差异，与自然状况下亲缘密切的同属物种之间的差异很相似，前者的差异往往相对小些。于是，某些“有能力”的鉴定家便把许多动物和植物的家养种族看作是原本不同的物种的后代，还有一些“有能力”的鉴定家则仅仅把它们看作是一些变种。然而，如果一个家养种族和一个物种之间存在着显著区别，这个疑点便不会如此反复地产生了。常常有人认为，家养种族之间的性状差异是没有属的价值的。从理论上来讲，这一观点并不正确，不过博物学者们在这个问题上的意见也并不统一。目前，所有这些评价都来自于经验。当属在自然界的起源被解释清楚时，我们就会知道，我们是没有权利期盼在我们的家养种族中能找到像属那样大量的差异了。

家养状况下的变种起源于一个或多个物种

一些人坚持认为家养动物有多重起源，其主要依据是，在上古时代的埃及石碑上，发现了大量关于物种多样性的记载凭证，记载中的一些家养动物与现存的家养动物非常类似，甚至相同。但这只能说明，家养动物的历史比我们想象的更悠久。

前面一节中提到，我们对家养动植物是从一个还是几个亲种遗传下来的问题，尚未得出结论。一些人坚持认为家养动物有多重起源，其主要依据是在上古时代的埃及石碑上，发现了大量关于物种多样性的记载凭证，记载中的一些家养动物与现存的家养动物非常类似，甚至相同。但这只能说明，家养动物的历史比我们想象的更悠久。至于是否也能说明，在比这更早的时期，当尼罗河流域的人类有足够的文明去制造陶器，他们就能饲养家养动物，却是未知的。当时，比之更早期的野蛮人，如澳大利亚的土著，已经饲养出了半家养化的狗，这种情况在该时期的埃及也存在吗？瑞士的湖上居民栽培过几个种类的小麦和大麦、豌豆、罂粟以

□ 早期的家犬

从这幅欧洲新石器时代的岩画中可以看出，早在10 000~5 000年前就已经有家犬出现。早期驯化的家犬主要用于捕猎和看家护院。科学家指出，家犬的先祖是类狼动物，因此狗和狼可以进行交配。早期家犬身上呈现出一种或多种古代狼的特征。

及亚麻，而且他们还饲养多种家养动物，他们同时还与其他民族进行贸易。很明显，正如希尔所说，他们在早期已有很进步的文明，这也暗示了在这段文明之前他们还有一段相当长的蛮荒时代。也许就在那时，各部落所养的动物已经发生了变异，而且产生了不同的家养种族。自从在世界上许多地方的表面地层内发现燧石器具以来，所有地质学者们都相信，早在非常久远的年代，野蛮人就已经存在了。据我所知，在当今，几乎已经没有那种尚未开化到连狗都不饲养的种族了。

□ **家鹅**

鹅，雁形目，鸭科，是家禽中比较大的一种。家鹅的祖先是雁，其中鸿雁是中国家鹅的祖先，灰雁是欧洲家鹅的祖先。

在我看来，整个课题必然会一直这样含糊下去。然而，我可以在此不插入任何细节地声明，我对全世界的家养狗类在地质学以及其他一些方面进行过研究，并最大可能地搜集了所有存在的事实，然后得出了这样一个结论：几种野生的狗类被驯养，在某些作用下它们的血液曾被混合，并流在家养狗类的血管里。对于绵羊和山羊，我却没有任何成形的观点。布莱斯先生曾写信告诉我，从印度肉峰牛的习性、声音、体质及构造来看，可以确定它们的原始祖先和欧洲牛是不同的，而且一些有能力的鉴定家认为，欧洲牛的野生祖先在一个以上。这一结论，以及关于瘤牛和普通牛之间区别的结论，其实已被卢特梅那教授的研究确认了。关于马，出于某些原因我不能在此给出我的观点，我倾向于认为所有的马类都属于同一个野生物种，这一点与许多作家的观点相反。在学识极为丰富的布莱斯先生看来，我必须重视这所有的东西。我饲养过几乎所有的英国鸡品种，并让它们繁殖和交配，然后对它们的骨骼进行研究，我几乎可以确定，这些英国鸡的品种都是野生印度鸡的后代。而且布莱斯先生和别人在印度研究过这种鸡后，所得出的结论和我一样。至于鸭和兔，由于多种不同品种间的结构差距很明显，我可以肯定，它们都是从普通的野生鸭和野生兔遗传下来的。

一些家养种族起源于几个原始祖先的学说，被某些作家夸张到了极端荒谬的

□ 哈巴狗

哈巴狗，又名八哥犬，意为“狮子鼻”或“小猴子”。哈巴狗身体短胖，走起路来像拳击手；以咕噜的呼吸声和像马一样抽鼻子的声音作为沟通方式。对于哈巴狗的产地，人们普遍认为它产自苏格兰低地。达尔文指出，现今的许多家养品种都起源于欧洲。

地步。他们相信每一个纯种繁殖的家养种族，即使其性状上的区别极为轻微，实际上也各有其野生的原型。如此说来，在欧洲，至少得生存过20个野牛种类、20个野绵羊种类、几个野山羊种类，甚至在英国也必须要有几个物种。还有一位作家相信，英国的特种绵羊在英国就有11个野外祖先。事实上，在英国几乎没有一种特有的哺乳动物，法国只有少数哺乳动物和德国的不同，匈牙利、西班牙等也是如此，但这些国家却有好几种特有的牛、绵羊等品种，因此我们必须承认，许多家养品种起源于欧洲，否则这些物种又该从哪里来呢？在印度，甚至在全世界范围内，在我承认其祖先是几个野生种的家养狗类中，必然也存在着大量的遗传变异。谁能相信意大利灰狗、寻血猎狗、斗牛犬、哈巴狗或布伦海姆狗（一种带有红棕色斑点的白色小狗）等，与所有的野生狗类有如此巨大的差异？谁能相信它们曾经自由地在自然状态下生存过呢？有人常常固执己见地认为，所有的狗类都是由少数原始物种杂交而来的，只不过杂交只获得了性状介于两亲种之间的一些类型。如果一些家养种族的起源果真如此，我们就必须承认，一些之前就已经存在的极端类型，如意大利灰狗、寻血猎狗、斗牛狗等狗类，都曾存在于野生状态之下。此外，我们还把通过杂交而产生不同种族的可能性夸大到了极致。许多书上记载的事例表明，如果我们对一些表现出了我们所需要的性状的个体进行仔细选择，就可以帮助它们通过一次偶然的杂交来使一个族发生变异，但是要想从两个完全不同的种族中获得一个中间性的种族，却是很难的。西布赖特爵士为此特意做了试验，但失败了。两个纯的品种第一次杂交后的后代，其性状有时极为一致（正如我在鸽子中所发现的那样），这看起来是如此简单。但当我们使这些混种再互相进行数代杂交之后，我们几乎就找不到两个相似的后代了，于是之后的工作就会变得非常困难。当然，在没有细心进行长期选择的情况下，我们是不可能得到一个介于两种截然不同的物种之间的物种的，而且我找遍了所有的单一事例，也找不到任何一个永久物种是通过这种方式形成的。

各类家鸽的差异和起源

尽管鸽类品种间的差异很大，但我仍然完全相信博物学家们的意见是正确的，即所有鸽类都是从岩鸽传下来的。在岩鸽中，还包含了几个差异细微的地方种族，即亚种。

经过深思熟虑，我认为用特殊种群进行研究是最好的方法。于是，我选择家鸽作为我的研究对象。我尽可能地去购买或通过各种途径来获取每一种家鸽品种，同时有许多世界各地的好心人向我赠送了各种鸽子皮，特别是尊敬的埃里奥特先生和默里先生，他们分别从印度和波斯给我寄来了鸽子皮。我还曾为此和几位有名的此类行家进行过交流，并且加入了伦敦的两个养鸽俱乐部。

家鸽的品种很多，让人甚为惊讶。在对英国信鸽和短面翻飞鸽的对比中，可以发现二者喙部之间的差异很奇特，而且这些差异还引发了头骨的差异。信鸽，特别是雄性信鸽，其头部周围的皮发育成了一个神奇的肉突，与之相配的还有拉长的眼睑、大大的外鼻孔以及宽大的喙；短面翻飞鸽的喙部外形和鸣禽的很相像，普通的翻飞鸽有一种奇特的遗传习性，即它们会成群结队地在高空飞翔并且翻筋斗。侏儒鸽的身体巨大，喙粗长，脚也很大，有的侏儒鸽的亚品种脖子很长，有的翅膀和尾巴很长，而有的尾巴却特别短；巴巴里鸽的外形与信鸽很相似，但喙不像信鸽那样长，而是短而阔的；突胸鸽有着很长的身体、翅、腿，嗉囊[1]异常发达，当嗉囊鼓起时，会大得令人惊异；浮羽鸽的喙短，呈圆锥形，胸部有一排倒生的羽毛，它有可以让食管上部不断地微微胀大起来的习性；毛领鸽的羽毛沿着脖子背部向前倒竖，从而形成兜状，整体看来，它翅膀上的羽毛和尾巴上的羽毛比较长；喇叭鸽和笑鸽的名字则与它们的叫声相当契合；扇尾鸽有 30 根甚至 40 根尾羽，而不是 12 或 14 根（这是其他所有鸽科成员的尾羽的正常数目），它们尾部的

[1] 嗉囊：鸟类或昆虫的消化器官的一部分，在食道的下部，像一个袋子，用来储存食物。

□ 岩鸽

岩鸽又称辘轳、山石鸽、野鸽子，其鸣声和习性都与家鸽相似。它们栖息在悬崖峭壁，常结群于山谷或飞至平原觅食，也到住宅附近活动。达尔文指出，岩鸽是家鸽的祖先。

羽毛都是展开且竖立的，其中的优良品种甚至可以让头尾相互接触，此外它们的脂肪腺已经非常退化了。

有这样几种家鸽，它们面骨之长度、宽度、曲度的发育程度差异巨大；它们的下腭肢骨在形状、宽度、长度上也有显著的变异；它们的尾椎骨、荐椎骨和肋骨的数目都有变异；它们的相对宽度和突起同样是变异的。另外，它们胸骨上的孔在大小和形状上存在着高度变异；叉骨两支的开度和相对长度也一样。同时，它们嘴裂开时的相对宽度，眼睑、鼻孔、舌（并非总是与喙的长度有密切关系）的相对长度，嗉囊和上部食管的大小，脂肪腺的发达与退化，翅膀、尾部的第一列羽毛的数目，翅膀和尾巴之间的相对长度以及和身体的相对长度，腿和脚的相对长度，脚趾上鳞板的数目，以及趾间皮膜的发达程度，所有的这些构造都很容易产生变异。它们的羽毛丰满期会有变异，孵化后雏鸽的绒毛状态也是如此。另外，它们卵的形状和大小有变异；飞的姿势及某些品种的声音和性情都有显著差异。其中还有一些品种，其雌雄间也会微有差异。

如果把这至少 20 种被我选出来的鸽子拿给鸟类学家看，同时告诉他这些都是野鸟，他一定会把它们分别列为截然不同的品种。在此情形下，我不相信任何鸟类学家可以把英国信鸽、短面翻飞鸽、侏儒鸽、巴巴里鸽、突胸鸽以及扇尾鸽列为同属。而且，当你把每个品种中的几个纯粹遗传的亚品种指给他看时，他一定会把这些亚种叫作物种。

尽管鸽类品种间的差异很大，但我仍然完全相信博物学家们的意见是正确的，即所有鸽类都是从岩鸽传下来的。在岩鸽中，还包含了几个差异细微的地方种族，即亚种。因为在某种程度上，让我认同这一观点的一些理由也可以应用于其他情况之下，所以我有必要把这些理由概括地说一说。假如这几个品种不是变种，而且其祖先也不是岩鸽，那么它们至少必须是由七种或八种原始祖先传下来的，因为少于这个数目进行杂交的话，不可能出现如今这么丰富的家鸽品种。比如，让两个品种进行杂交，如果亲代中的一个没有嗉囊，那么突胸鸽是怎么产生的呢？因此，这些假定的原始祖先，必定都是岩鸽。因为它们既不在树上生育，也不在树上栖息。但是，除了岩鸽和它的地理亚种外，我们所知道的其他野生岩鸽只有两三种，而且都不具备任何一种家鸽品种的性状。如此一来，家鸽的假定原始祖先有两种可能：一是鸽子的原始祖先在鸽子最早被家养化的那些地方还生存着，只是鸟类学家没有发现罢了，但就其大小形状、习性和显著性状来说，没有理由不被发现；二是野生状态下的鸽子的原始祖先早已灭绝。但是，在岩石上生育且善于飞行的鸟类，不像是那种会灭绝的生物。而且在几个较小的英属岛屿上或在地中海的海岸上，与家鸽习性相同的普通岩鸽品种，也都没有灭绝。因此，如果作出与家鸽品种的习性相似的所有物种都已灭绝的结论，无疑太过轻率。而且，上述几个家鸽品种曾被运送到了世界各地，所以其中有几种肯定被带回到了家鸽的原产地，但是，除了鸠鸽（一种发生了极小变异的岩鸽）在一些地方变为野生状态外，没有一个品种回到了野生状态。另外，根据经验，让野生动物在家养状况下自由繁殖是一件非常困难的事情，然而，如果遵照家鸽多源说，就必须假定至少有七八个物种在古代就被半蒙昧的人类彻底家养驯化了，而且它们还能在圈养状态下大量繁殖。

有一个对某些情况比较适用的论点，即上述所提到的，各种家鸽品种虽然在体质、习性、声音、颜色及大部分构造方面都同野生岩鸽大致相同，却仍有一些部分差异显著。在鸠鸽类的整个大家族里，我们完全找不到一种像英国信鸽或短面翻飞鸽或巴巴里鸽的喙；也找不到像毛领鸽的倒转羽毛，像突胸鸽的嗉囊，像扇尾鸽的尾羽。因此必须假定，半蒙昧时期的人类

□ **消失的旅鸽**

世界上很多种类的鸽子至今已销声匿迹，如旅鸽。旅鸽是一种体形较大的候鸟，迁徙时能遮天蔽日。但因味道鲜美，旅鸽遭到了人类的捕杀。1900年，最后一只野生旅鸽在俄亥俄州的派克镇被一名男孩杀死。

已经彻底地成功驯化了一些物种，却故意或在机缘巧合下选出了特别反常的物种。还须进一步假定，这些物种在此之后都完全灭绝或不知所踪了。在我看来，如此多的奇异的意外事故几乎是不可能如此高频率地发生的。

一些关于鸽类颜色的事实值得考究。岩鸽是石板青色的，其腰部为白色（但是岩鸽的印度亚种——斯特里克兰的青色岩鸽的腰部却呈青色），尾巴上有一条黑色横纹，外侧羽毛的边缘呈白色，翅膀上有两条黑色的横纹。一些半家养品种和一些明显的纯野生品种的两只翅膀上不仅各有两条黑色的横纹，还有黑色的杂斑。所有这一科的其他物种都不会同时出现这几种标志。在如今的每个家养品种里，只要鸽子被养得很好，它们就都会具备上述标志，甚至有时其外尾羽的白边也会十分发达。此外，当两个不同品种的鸽子杂交之后，就算它们不具有青色或上述标志，它们的杂交后裔也极易获得这些性状。正如我用几只白色的扇尾鸽同几只黑色的巴巴里鸽进行杂交，它们的变种后代极少为青色，而几乎都是褐色、黑色或杂色的。然后我又用一只黑色的巴巴里鸽同白色的斑点鸽（尾红色、额有红色斑点）进行杂交，其后代是呈暗黑色并带有斑点的杂种。接下来，我将以上两种杂交后的后代进行杂交，得到的后代与前面所说的石板青色的、白腰、尾带黑纹、白色外侧羽毛、翅带黑纹的岩鸽一模一样。如果所有的家养品种的祖先都是岩鸽，那么按照返祖遗传原理，我们对此就很能理解了。但如果我们不认同这一点，就只得采取下列两个完全不可能的假设中的任意一个了：第一，所有假设的几个原始祖先，都具有岩鸽一样的颜色和标志，因此其任何后代品种都有可能重现这些颜色和标志，但至今也没有一个现存物种具有这样的颜色和标志；第二，据经验，即使是最纯粹的品种，也曾在12代或最多20代之内同岩鸽交配过。在只杂交过一次的品种里，重现从这次杂交中得到的任何性状的倾向

□ **带尾鸽　奥杜邦　水彩画　19世纪**

带尾鸽为鸟纲，鸠鸽科，由原鸽驯化而成。这种鸽多群体性地居住或活动。一般环境下，带尾鸽实行一夫一妻制，配对成功后便终身不弃。

会越来越小，因为在之后所承袭下来的各代里，外来血统势必会越来越少。但若一个品种没有进行过任何的杂交，那么它重现前几代中已经消失了的性状的倾向就会增强。我们可以看到，这一倾向同之前的那种倾向完全相反，它能将同一品种的性状遗传到无数代。不过，这两种完全不同的情形常常被论述遗传问题的人混淆。

因此，我敢说，即使是差异极大的鸽类品种，它们杂交的后代也都会具有完整的生育能力，这是我通过自己的观察得到的。然而，两个完全不同物种之间的杂种，几乎都不能证明这一能力。有些作家认为，长时间的家养能消除不同物种的杂交后代的强烈不育倾向。从狗及一些家养动物的历史来看，这一结论如果应用于彼此关系密切的物种中，是极有可能的；但是，如果将这一假设延伸得更远，即假设那些物种在最初就已具备如当今的信鸽、短面翻飞鸽、突胸鸽和扇尾鸽的显著差异，而且它们之间还能产生完全能育的后代，那么此言论就根本站不住脚。

综上所述，先前的人类不可能让七个或八个假定的鸽种在家养状态下自由繁殖。但这些假定的物种在野生状态下从未被发现过，而且它们也找不到让自己变为家养的机会。虽然这些物种在许多方面都很像岩鸽，但比起鸽科的其他物种，却显示出了一些极为不正常的性状。在纯种繁殖和杂交时，其后代都会偶然地出现青色和黑纹。最后，它们也完全能育。因此，我们可以肯定，所有家鸽品种都是由岩鸽及岩鸽的地理亚种传下来的。

为了使此观点站得住脚，我有必要作一些有利的补充。第一，野生岩鸽的家养品种已经在欧洲和印度被发现了，它们的习性和一些构造特点与所有的家鸽品种是相同的。第二，虽然英国信鸽或短面翻飞鸽在某些性状上与岩鸽有着巨大的差异，但对比这两个物种的亚种，尤其是从远地带回来的亚种，我们几乎可以把它们和岩鸽排列成一个完整的系列。第三，每个品种的主要性状都是极易发生变异的。比如信鸽的肉垂和喙都比短面翻飞鸽的长，扇尾鸽的尾羽数目都比其他家鸽的尾羽多。当我们对“选择”进行论述时，对这一事实的说明就会变得很明确了。第四，鸽类曾被许多人以极细致的方式观察、护理，深受人类的喜爱。在许多地方，它们都被饲养了数千年，据莱普修斯教授讲，目前所知的有关鸽类的最早记录约出现在公元前 3 000 年埃及第五王朝的时候。但伯奇先生告诉我说，在第五王朝前，有关鸽名的记载就已经出现在了菜单上。在罗马时代，鸽子的价格非常昂贵，普林尼说：“不仅如此，人们已经能够核计它们的谱系和族了。”大约在 1 600

□ 塞奈达野鸽 奥杜邦 水彩画 19世纪

早在几万年前，野鸽就开始成群结队地飞行，并广泛繁衍后代。塞奈达野鸽通常出现于平地住家附近、农耕地、丘陵地带或河口、海口边，它们喜欢吃千足虫、蜗牛、杂草种子和橡树种子。塞奈达野鸽虽未经驯化，但其适应性与遗传性使它们能够运用视觉、听觉和嗅觉来辨别方向。

年前，印度阿克伯可汗就非常重视鸽子，他在宫中养了至少两万只鸽子，宫廷史官记载道："伊朗王和突雷尼王送给他一些非常稀有的鸽子。"另外还有这样的记载："陛下使用之前从未被实践过的杂交法对各个品种的鸽子进行杂交，并把它们改良到了一个惊人的地步。"大约是在同一时期，荷兰人也同样热衷地饲养着鸽子。这些考察对解释鸽类所发生的大量变异无疑是极其重要的，当我们对"选择"进行讨论时就会知道。雄鸽和雌鸽容易终身相配，这也是产生不同品种的最有利条件。正因为如此，我们才能将不同品种的家鸽饲养在同一个鸟舍里。

对家鸽起源的几种可能性，我已经作过论述了，但这还是相当不足的。因为当我第一次饲养鸽子并对其进行观察时，就已经发现它们能够非常纯粹地进行繁育，我完全能体会到，要相信它们都起源于同一个祖先，正如任何博物学者要对生存在自然界中的许多雀类物种或其他庞大种群的鸟类作出同样的结论一样，是十分困难的。绝大多数的家养动物的饲养者和植物的栽培者，都坚信他们所养育的几个品种是从很多不同的原始物种遗传下来的，这给我不小的触动。我有过类似的经历，当我向赫里福德一位著名的食用牛的饲养者询问他所养的牛是不是从长角牛传下来时，他报以我轻蔑的嘲笑。在我所遇到的鸽、鸡、鸭或兔的饲养者中，他们几乎都倾向于相信各个主要品种皆来源于一个特殊物种。凡蒙斯在他的关于梨和苹果的论文里，明确反对诸如"立孛斯东·皮平"苹果或尖头苹果等几个种类的苹果能够从同一棵树的种子中生长出来的观点。这类例子在我看来，也能充分理解。在长期的研究中，他们对几个种族间的差异有了非常强烈的印象；他们对各种族的细微变异了如指掌——因为他们靠选择这些细微差异而获得了奖赏。但是他们却忽视了所有的一般论点，而且也拒绝在自己的思维里把许多连续世代累积起来的细微差异总结起来。也许那些博物学者所知的遗传法则比饲养者所知的要少得多，而且在种族承袭的漫长过程中，他们对中间环节知识的了解也不比饲养者多。但是，他们都承认许多家养种族是从同一祖先传下来的——当他们对自然状态下的生物是其他物种的直系后代这个观念进行嘲弄时，他们也许还得在谨慎上下功夫吧。

古代所遵循的选择原理及其效果

选择原理不仅可以让农学家改变他的家养动物群性状，还可以让整个家养动物发生变化。选择是魔术家的魔杖，通过这根魔杖，农学家可以随心所欲地把生物塑造成任何类型和模式。

现在，让我们对家养种族是从一个物种还是从几个同属物种产生出来的步骤进行一个简要的考察。一些效果或许可以归因于外界生活条件的直接作用，一些效果可以归因于物种的习性，但是如果有人认为这些作用可以用来解释驾车马和赛跑马、灰狗和嗅血猎狗、信鸽和短面翻飞鸽之间的差异，那就未免太过草率了。正如我们所看到的那样，家养种族最大的特点，就是它们的适应能力是针对人的使用和喜好，而不是它们自身的需求和利益。也许一些有利于人类的变异是突然发生的，或者说是一步达成的，就像许多植物学家相信，生有刺钩的恋绒草[1]只是野生川续断草的一个变种，而且这种变化可能是突然发生在了一株野生川续断草的幼苗上；转叉狗的起源与此类似；安康羊的情况应该也差不多。但当我们对驾车马和赛跑马、单峰骆驼和双峰骆驼、适用于农耕地的绵羊和适用于山地放牧的绵羊等动物的各种毛发的不同用途进行比较时，当我们对各种为人类服务的狗类进行比较时，当我们对在战场上十分固执的斗鸡与其他不好斗的鸡类品种及从来不孵卵的卵用鸡和小而优美的矮脚鸡进行比较时，当我们对农业植物、厨房用植物、果园植物和花卉植物进行比较时，我们会发现，它们在不同的季节和不同的目的上都有有利于人类的地方，或者其外观令人赏心悦目。据此，我认为，我

[1] 恋绒草：一种带钩的野草，其钩的坚硬程度胜过任何一种机械发明物。

□ 绵羊

人们普遍认为，绵羊起源于四种不同的野生种，即栖息于地中海沿岸的摩弗伦羊、分布于亚洲中部和西南部的东方羊、盘羊和蛮羊。早在8 000年前，绵羊就被驯化成家畜。现在的绵羊经过了长期的选择和淘汰，其外形与特征都不同于以前，品种也更加丰富。

们有必要作更深层次的探究，因为我们无法想象，以上这些都是作为一种偶然的现象而存在，毕竟偶然的完善并不现实。所以，从客观上来说，上述观点并非完全正确。事情的关键也许在于人们有意识地选择和累积。在自然赋予了这些物种以变异之后，人们又在某些方面促成它们作了额外的变异，于是，这些变异最终都成为对人类自己有利的了。

要知道，选择原理的伟大力量是无法想象的。我们的一些优秀的饲养者，终其一生都在对他们的牛和绵羊品种作巨大的改变。为了能完全领会他们的努力，我们必须阅读一些与这个问题有关的论文，并对这些动物进行实地考察。饲养者认为，动物的身体构造如同一件可塑性很强的物品，它们几乎可以按照饲养者的意图被随意地塑造。尤亚特可能比任何人都更了解农学家们的工作，他本人就是一位优秀的动物鉴定者。他指出：“选择原理不仅可以让农学家改变他的家养动物群性状，还可以让整个家养动物都发生变化。选择是魔术家的魔杖，通过这根魔杖，农学家可以随心所欲地把生物塑造成任何类型和模式。”在谈到饲养者对羊所做的贡献时，萨默维尔勋爵说道：“他们就像先为羊画出了一个完美的形体，然后再赋予它生命。”在撒克逊，对于美利奴绵羊，人们已经充分认识到了选择原理的重要性，于是他们把选择当作一种行业：把绵羊放在桌子上供大家鉴赏和研究，并在几个月内分三次举行。人们每次都会在绵羊身上标示记号并进行分类，以便在最后能选出最优良的品种进行繁殖。

事实上，优质谱系动物的昂贵价格足以证明英国饲养者所获得的成就。这些优质动物几乎被出口到了世界各地。当然，这种改良绝非通过将不同品种杂交就能得到。除了有时在同属且关系密切的亚品种之间进行普通杂交外，所有最优秀的饲养者都强烈反对这种杂交。在进行过一次杂交之后，饲养者将进行一次比杂交前更重要的严密选择。如果选择的目的仅仅是为了分离出某些非常显著的变种，并使之繁殖，那么很明显，这一原理几乎没有价值，而它的重要性就在于使非专业人士绝对觉察不出的一些差异——至少在我看来，这些差异我就觉察不出来——在连续的数个世代里，向一个方向累积起来，并产生出极大的效果。在 1 000 个人里也未必能找出一个如此杰出的饲养家。除了天赋之外，长年累月的钻研也是优秀的饲养家应该具备的条件，即使是一个熟练的养鸽人，也必须有多年实践的经验才行。

园艺家们也同样遵循了选择原理，但植物的变异更具突发性质。没有人敢肯定，经过我们最佳选择后的品种只经历过一次变异，就从原始状态变化到了现在的状态。普通醋栗的大小是逐渐增加的事实，就很好地证明这一点。将今天的花与仅仅 20 年前或 30 年前所画的花进行对比，我们会发现花类种植家对许多花作出的惊人改良。一旦一个植物的种族被很好地固定下来，种子培育者只需巡视苗床，清除掉那些发育畸形的植株，而并非是选择那些最好的植株。对于动物，饲养者们也采用了相同的选择方法。几乎没有一个人会粗心到用最劣等的动物去进行繁殖。

还有一种方法可以观察植物的选择累积效果，即在花园里对属于同一物种的不同变种的花所表现出的多样性进行对比：在菜园中，将植物的叶、荚、块茎或任何其他有价值的部分的多样性，与同一变种的花的多样性相比较；在果园中，把同一物种的果实的多样性，与同一物种的其他变种的叶和花的多样性相比较。通过观察发现，甘蓝的叶子相差极大，而花又是如此的相似；三色堇的花有着巨大的差异，而叶却是极其相似的；不同醋栗果实的大小、颜色、形状、多毛性质有着如此巨大的差异,而它们的花所呈现出的差异却是那么微乎其微。这不能表明，如果某一物种的变种之间在某一点上存在巨大差异，那么它们在其他的所有点上的差异将会甚微。在经过谨慎观察后，我的结论是，这种情形存在的概率几乎为零。相关变异法则的重要性是毋庸置疑的，因为它能保证某些变异的产生。但是，按照一般法则，我们不可能怀疑有关叶、花、果实的具有细微变异性的连续选择，因为就是它们才产生出了那些在主要的性状上存在差异的种族。

如果我说选择原理被有序地实践大概只有七八十年，许多人一定会怀疑。最近几年，选择确实比以前更受关注，而且相关的论文也出版了不少，这方面的研究成果比以往更显著。但是，如果因此而认为该原理是近代的发现，也是背离事

□ 驴

驴起源于非洲，科学家普遍认为，野驴是现代家驴的祖先。6 000年前人类就把驴驯化成家驴让其劳作，但直至今日，家驴仍部分保留着野驴的毛色深棕、四肢刚劲等外形特点。

实的。我可以援引许多古代著作中的考证来证明，早在很久之前，人类就已经承认这一原理是非常重要的了。在英国历史上的野蛮时代，有不少经过精心选择的动物被引入进来，并且当时的政府还制定了相关法律来禁止这些动物被输出。当时的法律明文规定，如果马的体格达不到要求的尺度，就要被屠杀，这和园艺家清除畸形的植物性质是一样的。我在一部中国古代百科全书[1]中找到了关于选择原理的记载。一些古罗马作家也曾发表过清晰的选择规则。通过《创世记》的记载，我们可以发现，早在那样久远的年代，人类就已经注意到了家养动物的颜色。现在，仍有一些未开化的人经常让他们的狗与野生狗类杂交，以此来改良狗的品种，这一点可以从普林尼的作品中得到证实。南部非洲的野蛮人根据役畜的颜色来让它们进行交配，这一做法与爱斯基摩人对他们的雪橇犬的做法如出一辙。利文斯通说，那些没有同欧洲人打过交道的非洲内陆黑人非常重视优良的家养品种。虽然这并不能表示真正的选择已在实行，但至少证明，古代的人类已经密切关注家养动物的繁殖了，而且就连当今文明程度较低的人也同样注意到了这一点。好品质和坏品质的遗传是如此明显，如果我们对动植物的繁殖不以为然，无疑是极为奇怪的。

[1] 即中国著名的农业著作《齐民要术》。

已知的无意识选择

一个品种就如同一种方言，很少有人能说出它的明确起源。人类保存和繁殖了一些在构造上存在细微差异的个体，并关注到他们所拥有的优质动物的交配，然后改良它们，最后慢慢散布到相邻的地方。

目前，优秀的饲养者们都试图通过系统性的选择来制造出一种比国内所有现存品系或亚品种都要高级的新品系或亚品种。但是，从我们的讨论目的来说，一种可以被称为无意识的选择方式更为重要。这种无意识的选择方式之所以存在，是因为每个人都想占有并培养出最优质的个体动物。比如，一个人打算饲养向导犬，他自然会尽力去寻找他所能找到的最优质的狗，然后用这种优质狗进行繁育，不过他并没有抱着永久改变这一品种的希望或期待。但我相信，如果将这一过程一直持续数个世纪，那么任何品种都必将被改进，正如贝克韦尔、柯林斯等人依照相同的方法对他们的牛进行的实验一样，结果大大改变了这些牛的体型和品种，只是更加系统化罢了。除非在很久以前，就已经对问题中的品种进行真实的测量或细心的描绘，否则，这种缓慢且在不知不觉中发生的变化是永远无法被识别的。但是，在某些情况下，一些文明落后的地区，相同品种的个体不发生变化或变化较小，因此品种很少得到改进。可以确定，查理斯王的长耳猎狗是从某个时代起就已经在不知不觉中发生了改变。在一些权威人士看来，侦探犬是直接由长耳猎狗传下来的，也许它是在缓慢的改变中长成这样的。众所周知，英国向导犬在上个世纪内发生了巨大的变化，而且人们相信，这种变化的发生可能是受到了与猎狐狗杂交的影响，但我们更为关注的是，这种变化所造成的影响是在无意识且缓慢的过程中发生的,但效果却十分显著。虽然从前的西班牙向导犬确实来自西班牙，但博罗先生告诉我，他从来没有发现一只西班牙本地狗和这些向导犬相似。

经过相似的选择程序和精心的训练，英国赛跑马的整体体格和速度都已超过其亲种阿拉伯马，因此，依照古德伍德公园赛马会的规则，阿拉伯马获得了减轻载重量的特权。斯潘塞勋爵和另外一些人都相信，英格兰的牛与这个国家从前所饲养的原种相比较,其重量和早熟性都大大增加了。如果把各类论述不列颠、印度、波斯的信鸽、短面翻飞鸽的过去和现在的状态的旧论文拿来进行比较，我们就可以清晰地描绘出它们所经历的极度缓慢的各个阶段，通过这些阶段，它们和岩鸽存在的差异也就变得非常显著了。

尤亚特举出了一个极好的例证，他指出，巴克利先生和伯吉斯先生所养的两群莱斯特绵羊都是从贝克韦尔先生的纯种那里繁殖下来的，而且已经繁殖了五十年以上。然而，这两位先生都曾在某种情况下使贝克韦尔先生的羊群的血统偏离了纯正血统，之后这两位先生的绵羊之间显现出极大的差异，以至于从它们的外貌上看，人们完全看不出它们来自同一个种族。这其中的选择可以认为是无意识的选择，因为饲养者并不曾期待，或者说没有希望产生这样的结果——产生出两个截然不同的品系。

对于未开化的人来说，他们也许从不考虑他们的家养动物后代的遗传性状，但是当他们遇到饥荒或其他突发性事件时，却会把那些符合他们特殊目的的、对他们极为有用的动物小心地保存下来。在此情况下，被选择出来的动物往往会比劣等动物留下更多的后代，于是，这样一种无意识的选择就持续地进行了下去。以上情况完全有可能存在。

在植物方面，改良同样可以在渐进的过程中进行，前提也是对最优质个体的偶然保存。如今，我们所看到的如三色堇、蔷薇、天竺葵、大理花以及其他植物的一些变种，与相对古老的变种或它们的亲种相比，在大小尺寸和美观方面都有明显的改进。从来没有人会期望从一株野生植株的种子中开出优质的三色堇或大理花。即使有人能成功地把野生的瘦弱梨苗培育成上等品种，他也不会奢望在野生梨种子的基础上培育出上等软肉梨，前提是这些梨苗本来是经过系统培植而来的。虽然梨的栽培在古代就已经存在了，但据普林尼的描述，当时的果实品质极其低劣。由此，许多著作家对现今园

□ 开花的龟背竹

龟背竹，又称蓬莱蕉、铁丝兰、穿孔喜林芋，天南星科，龟背竹属，原产墨西哥热带雨林，因其株形优美，且有夜间吸收二氧化碳的奇特本领，现已成为著名的盆栽观赏植物。在人工引种栽培的过程中，龟背竹出现了斑叶变种，浓绿色的叶片上带有大面积不规则的白斑，仿佛雪花覆盖，美丽异常。

艺家的精湛技艺赞叹有加——他们使如此低劣的材料结出了如此优秀的成果。不过，这项技术其实非常简单，其最终结果的产生，几乎都是无意识地进行的。要做到这一点，就必须一直坚持把最优质的变种拿来栽培并种植它的种子，一旦观察到它偶然性地出现稍微好的变种时，便要进行选择，并反复地一直开展下去。

正如我所认为的那样，这种在缓慢和无意识的状态下所累积起来的大量变化，解释了一个普通现象，即在多种情形下，我们对于一些栽培植物，已无法辨认出其野生的原始种类。大多数对今天的人类有利的植物都经过了数百年或数千年的改进或改变，因此我们就能理解为什么澳大利亚、好望角以及一些未开化的人所居住的地方，即便拥有非常丰富的物种也无法向我们提供任何一种有栽培价值的植物原种。当然，并非是因为奇特的偶然导致了这些地区没有任何有用的植物原种，而是因为这些地区的植物未经过人为地连续选择而得到改进，无法达到那些被古文明国家栽培的植物所获得的完善的程度。

关于未开化人所养的家养动物，有一点是不能忽略的，即它们为了获得食物，在某些季节里，会经常发生争斗。在环境截然不同的两个地区，在体质或构造上存在些许差异的同种个体，常常会在某一地区比在另一地区生存得更好。而由此所产生的“自然选择”过程，就会如即将要被更加充分解释的那样，有可能形成两种亚品种。也许这种情形能片面地解释为什么未开化的人所养的变种，就如同某些著者所说的那样，比被文明国家所养的变种具有更多的物种性状。

显而易见，通过对上述所给出的人工选择所起的全部重要作用的观察，家养种族展示出了它们是通过何种方式在体质或习性上适应人类的需求或爱好。我认为，我们还可以更加深入地去了解，我们的家养种族为何频繁地出现畸形性状，为何它们的外部性状存在巨大差异而内部器官的差异却极其细微。人类几乎没有选择的余地，或者说除了可见的外部性状外，人类只能非常艰难地在构造的偏差上进行选择。事实上，人类几乎不关心家养动物在内部器官上所存在的偏差。可以说，除非自然率先向人类提供一些细微的差异，否则人类要进行选择几乎是不可能的。当一个人看到一只鸽子的尾巴出现了某种轻微程度上的发育异常时，他不会下意识地去培育出一种扇尾鸽；当他看到一只鸽子的嗉囊大小与正常的嗉囊存在明显的差异时，他也不会意识到可以尝试着培育出一种突胸鸽。不管是什么性状，倘若在第一次被发现时就非常畸形或异常，那么这一性状就更容易引起人们的注意。但在此，我要毫不犹豫地指出，人类试图培育扇尾鸽的说法是不科学的。

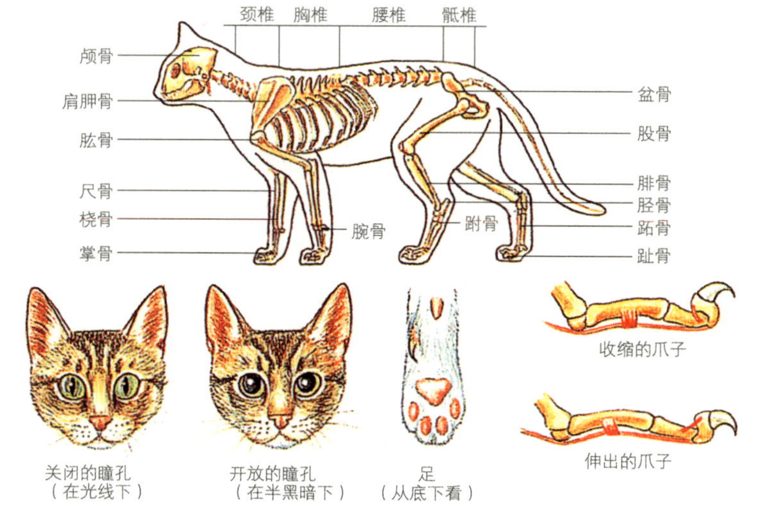

□ **猫的骨骼、瞳孔、足趾（脚垫和爪子）示意图**

猫双耳竖立，眼泛幽光，脊背狭长，拖长尾，四肢轻健有力，趾端生爪，足下附有肉垫。这些体态特征都和它善于捕鼠的习性密切相关。

最早选择一只尾巴较大的鸽子的人，根本想象不出那只鸽子的后代在经历了长期连续的选择（既包括无意识的选择也包括系统性的选择）之后，会变成什么模样。扇尾鸽的所有始祖们可能只有略微展开的14根尾羽，它们的样子和今天的爪哇扇尾鸽非常相似，但也不排除它们像其他品种的个体那样具有17根尾羽。早期突胸鸽的嗉囊在膨胀程度上与现今的浮羽鸽的食管上部相比，大不了多少，而浮羽鸽的这一习性并没有引起养鸽者的注意，因为这不是该品种的主要特点之一。

不要以为，只有构造上显现出巨大差异才能引起养鸽者的注意，对于一些细小的差异，养鸽者同样也能注意到。而且天性使然，人类对自己的所有物上所出现的一切新奇——即使这些新奇非常细微——产生关注。绝对不要用当今的价值观去评判同一物种在久远年代中的个体细微差异的价值。时至今日，鸽子仍在发生许多细微的变异，但这些变异却遭到了舍弃，因为这些变异被看作是各类品种的缺点，或与完美标准背道而驰。普通的鹅没有出现过任何显著的变种，图卢兹（法国南部城市）鹅和普通的鹅只在颜色上有所不同，而且这种性状极不稳定，但这两种鹅却在近年来被当作不同品种放在了家禽展览会上展览。

事实上，一个品种就如同一种方言，很少有人能说出它的明确起源。人类保存和繁殖了一些在构造上存在细微差异的个体，并关注到他们所拥有的优质动物的交配，然后改良它们，最后慢慢散布到相邻的地方。但由于它们很少引起人们的重视，因此其历史也就不为人知了。在之后漫长的岁月中，这些品种会得到一个更深层次的改良，它们散布的区域会更广，其价值也逐渐为人所知，并因此被赋予一些区域性较强的名称。在交通并不发达的半文明国家里，新型亚品种的散布过程是缓慢的，但当它的各种价值被人们认识后，无意识的选择原理便会倾向于慢慢地增加这一品种的特性。品种的兴盛和衰败，会跟着潮流走，同时也与其所在地区的文明程度有关，即有可能在某一时期被养得多一些，在另一时期却被养得少一些。不过，这种缓慢、不定、难以觉察的变化要记载保存下来是相当困难的。

人工选择的有利条件

高度的变异是极为有利的，因为它能为自由选择供给材料，使之能一直持续下去。不仅如此，就算是纯粹的个体差异，只要对它有着强烈的关注，也是能被充分利用的，并能向着意愿的方向积累起大量的变异。

前面我们谈到人工选择，现在有必要对它的有利条件和不利条件进行一个简短的讨论。显然，高度的变异是极为有利的，因为它能为自由选择供给材料，使之能一直持续下去。不仅如此，就算是纯粹的个体差异，只要对它有着强烈的关注，也是能被充分利用的，并能向着意愿的方向积累起大量的变异。但迎合人们需求的变异只是在偶然的情况下发生，因此变异发生的概率也会随着饲养个体数量的增加而增大。数量越多，成功率也会越高。所以，马歇尔才针对约克郡各地的绵羊进行了这样一番论述："由于绝大部分的绵羊都归穷人所有，而且这些绵羊几乎都是以小群的方式存在，所以它们鲜有机会被改良。"另一方面，由于园艺者对同种植物进行了大量的栽培，因此他们在培育有价值的新变种方面所获得的成就，大都会比业余者更多。只有在有利于物种繁殖的条件下，一种物种的大量个体才能在某一国家或地区被保存并繁衍下来。不管物种的品质如何，如果其个体过于稀少，人们只得让它们全部繁殖，就有效地妨碍了选择。事实上，最重要的因素

□ 草莓

人们要想培育有价值的新变种，就必须密切关注发生在物种身上的最细微差异，一旦差异出现，便将最有利的变异保存下来，使其大量繁殖，这就是人工选择的作用。原产欧洲的草莓，自栽培以来，一直备受种植者的关注，在不断的人工选择中，它的品种变得繁多，且遍布世界各地。

大概是，人类必须高度重视那些对人类有利用价值的动物或植物，以便让那些出现在它们身上的最细微差异都能受到密切的关注。只有在此基础上，我们才能获得巨大的成效。有人曾颇为庆幸地说，当园艺者开始密切关注草莓的时候，它恰好开始发生变异，这真是太过于幸运了。其实，自从草莓开始被栽培后，它就经常发生变异，只是这些细微的变异从未被人关注而已。而一旦园艺者选出一些个儿较大、成熟较早或果实较好的个体植株，并把它们中的最好的种子加以繁殖，之后，许多令人惊叹的草莓变种就被培育出来了[1]，它们差不多都是在近半个世纪中被培育出来的。

在动物有独立性别的条件下，新种族成功形成的重要因素是防止杂交，某些地区的一些动物种族就是这样被保存下来的。对于这点，封闭土地是很有效的。四处漂泊的未开化人类，以及开阔平原上的定居者所饲养的同种物种，很少有两个以上的品种。鸽子的伴侣具有唯一性，这一点为养鸽者带来了极大的便利。因此，即便多个品种的鸽子被混养在同一个鸽舍里，依然能保留许多品种的纯正血统，便于改良。这些条件为新品种的形成提供了巨大的优势。鸽子的繁殖是大量而快速的，淘汰那些劣等鸽子最有效的方法就是杀掉用来做成食物。另外，由于猫习惯在夜间漫游，因此很难对它们的交配进行控制，所以很少能有一个独特的品种被长期保存下去。我们偶尔看到的一些独特品种，几乎都是外国进口的。虽然我很清楚，家养动物的变异极其不均，但猫、驴、孔雀、鹅等物种的独特品种竟如此稀少甚至根本没有变种，我认为还得归因于选择的不作用。猫是因为难以控制其交配；驴是因为只被少数穷人饲养，而且几乎没人关注它们的繁育，不过在最

[1] 这些草莓一般都是通过在两种截然不同的变种间杂交产生的。

近几年，在西班牙和美国的某些地方，由于人们的悉心选择，驴已经发生了意外的变化并得到了改良；孔雀是因为难以饲养，而且极少群体饲养；鹅是因为它们只有两种价值，即作为食物和提供羽毛，而且没有多少人对鹅的独特种类感兴趣。正如我在其他地方所说的那样，虽然鹅在家养的条件下有细微的变异，但它似乎拥有那种非常难变异的体质。

有些著者认为，家养动物的变异量会在短期内达到一个极限，在此之后，就再难超越这一极限了。但是，我们也不能轻易论断已经达到了极限，因为在近代，几乎所有的家养动物和栽培植物，在许多方面都得到了大的改良，这也从一个侧面显示出变异仍然在进行。如果断定那些性状在今天已达到了极限，就将意味着在保持了数世纪之后被固定了下来的物种无法在新的生活条件下再次变异，那么这样的论断无疑也是轻率的。正如华莱士先生所指出的那样，极限终会达到，这是很合乎实际的。比如，任何一种陆地动物的行动速度必然有其极限，因为决定速度快慢的是摩擦力、身体的重量，以及肌肉纤维的收缩力。但是我们比较关注的是，同种家养变种在每个性状上的差异因受到人类的关注而被选择的情况，要比相同条件下的异种多。小圣提雷尔就曾在动物的体形大小上证明了这一点，在颜色方面也是如此，在毛的长度方面大概也是这样。速度可以决定许多物种身体上的性状，如“伊克立普斯”马跑得最快，驾车马体力无与伦比的强大，同属的任何两个自然种都不能同这两种性状相比。植物也是如此，大豆和玉蜀黍的不同变种的种子，可能都比同属的不同物种的种子要大。这一现象在李树的几个变种的果实中比较常见，在甜瓜以及其他许多类似的物种间也很常见。

下面让我们对家养动物和植物的起源进行一个总结。生活条件的变化是导致变异出现的最重要因素，

□ 驯鹿

驯鹿头长而直，耳朵较短，额部凸出，颈较细长，肩稍隆起，尾巴短小。它的蹄大而宽阔，是为了适于在雪地和崎岖不平的道路上行走而不断演化的结果。驯鹿主要生活在欧亚大陆和北美洲北部以及一些较大的岛屿，中国的大兴安岭东北部地区也有分布，当地的鄂温克族人把它作为交通工具使用。

□ 甜瓜

达尔文指出，同种家养变种在每个性状上的差异与其受人类关注的程度相关，许多动植物的形体大小就能证明这一点。例如，变种甜瓜种子就比同属任何物种的种子都要大。

它既直接作用于物种的体质，又间接影响了物种的生殖系统。如果说变异性在所有条件下都是有天赋的，而且是必然会出现的，那么该观点无疑是不严谨的。遗传和返祖的力量决定了物种的变异是否能一直发生下去。而变异是受到许多未知法则支配的，其中生长这一条大概是最重要的。其中部分原因在一定程度上应归因于生活条件的作用，只是这个程度到底有多大，我们也不知道。还有很大一部分原因，应归于器官的增强使用与否。如此一来，最终的结果便无限复杂了。在某些情况下，不同纯种的杂交在品种的起源上，似乎也起到了重要的作用。在任何地方，一旦一些品种形成并在偶然的条件下杂交后，由于选择的作用，无疑都将对新亚品种的形成有很大的帮助。但杂交的重要性曾在动物和实生植物中被过分地夸大。杂交对那些通过插枝、芽接等方式进行暂时繁殖的植物具有重大的意义，因为栽培者可以不顾虑杂种和混种在变异上所具有的极度不稳定性以及杂种的不育性。但非实生植物的存在只是暂时性的，所以对我们来说并不十分重要。我深信选择的累积作用，无论是系统性或更迅速地应用，还是无意识或缓慢的更有效地应用，都超越了变化的所有原因，它似乎已经成为最有影响力的“力量”。

第 2 章

自然情况下的变异

CHAPTER 2

变异性——个体间的不同——可疑的物种——范围广的、分散大的和普通的物种变异最多——大属物种的变异多于小属物种——大属物种之间的关系受地域限定。

变异性

几乎每种生物的每个器官都与它的复杂生活条件有着奇妙的联系，尤其让人难以置信的是，这些器官还会突然地、完善地生长出来，正如人类发明出一台复杂而完备的机器一样。

在将前章所得到的各项原理应用到自然状态下的生物之前，我们必须对这样一个问题进行简短的讨论——生物在自然状态下是否更容易发生变异。要推断出这一问题发生的所有可能性，就得列举一长串枯燥的事实，我打算在今后的著作中再把它发表出来。在这里，我也不过多讨论“物种”和“变种”这两个术语，因为对于它们的定义，博物学者总是各执己见。还有就是被我们称为“畸形”的术语同样难以定义，但它正逐渐向变种这个方向发展。在我看来，畸形就是指在体质上的某一部分存在着明显的偏差，这种偏差对物体大多是有害无益的；一般来说，畸形是不会传播的。有些著者在使用“变异”这一术语时，是有着专门的技术含义的，即变异是一种直接由物理的生活条件所引起的变化。在这个定义中，“变异”被认为是不能遗传的，但是谁又能解释为什么波罗的海咸水区域内贝类的矮化病、阿尔卑斯山顶峰的那些矮化植物，或北极地区长有较厚毛皮的动物，它们的特性在某些情形下至少遗传了几代？我认为这些类型应该是变种。

在我们的家养生物里，特别是植物中，我们偶尔看到的那些突发的和显著的构造偏差是否能在自然状况下永久传下去，还不得而知。几乎每种生物的每个器官都与它的复杂生活条件有着奇妙的联系，尤其让人难以置信的是，这些器官还会突然地、完善地生长出来，正如人类发明出一台复杂而完备的机器一样。在家养状态下，物种有时会发生畸形，这些畸形特征与一些和本物种大相径庭的物种的正常结构类似。比如，有的家猪一生下来就具有一种长吻，如果同属的其他野生物种也具有这种天生的长吻，那么可以说这只家猪是畸形的；但在我的长期努力探索下，发现这一事实并不存在。如果这种畸形类型的确曾出现在自然状态中，而且能够繁殖（事实并非永远如此），那么必须依靠异常有利的条件才能把它们保存下来，因为它们的发生概率太过稀少。不仅如此，如果将这些畸形的第一代或以后的几代同普通类型相杂交，它们的畸形性状几乎会不可避免地消失。至于对具有单独性的或偶然性的变异体的保存以及延续，我将在下一章进行讨论。

个体间的不同

在同一父母的后代个体中所出现的大量细微差异，或者在同一局限区域内生活的同属物种的不同个体中所观察到的、可以被假设为也是在同一父母的后代中所出现的大量细微差异，都可以称为个体间的不同。

在同一父母的后代个体中所出现的大量细微差异，或者在同一局限区域内生活的同属物种的不同个体中所观察到的、可以被假设为也是在同一父母的后代中所出现的大量细微差异，都可以称为个体间的不同。没有人会作出同属物种的所有个体都是由一个相同的“模具”铸造出来的假设。这些个体之间的差异对于我们的研究很有用，因为这些能够遗传的变异为自然选择的积累提供了原料，正如人类能利用家养物种中的那些具有指向性的个体差异对家养物种进行选择积累一样。一般情况下，这些差异都出现在博物学者认为不太重要的部位，但事实上，无论从生理学还是分类学的角度来看，某些差异都发生在了重要部位。有时在同属物种的不同个体之间也会发生变异。我相信，即便是经验最丰富的博物学者，在众多的变异事实面前也会感到惊奇。只要他能在这方面花上许多年的时间，就能从各种相关资料中搜集到大量有关变异的事例，甚至还能搜集到许多发生在重要部位的变异事例。有必要说明一下，分类学家并不乐于见到重要性状中的变异，因为没有多少人

□ **猫的品种**

根据达尔文的观点，个体间的不同，指的是同一父母的后代个体中所出现的或同一区域内同属物种的不同个体间所观察到的大量细微差异。图中这对形同的父母即黑猫和黄猫，产下的一窝猫崽中，出现了包括纯黑、纯黄、黄中带黑、黑中带黄等不同体色的后代，这就是个体间的不同。

□ **虎和狮子**

虎和狮子皆为世界珍稀动物，同属猫科豹亚科豹属，但不同种。猫科是食肉目中肉食性最强的一科，该科几乎全是专门以肉食为主的哺乳动物，皆有高超的捕猎本领，其中的大型成员更是世界各地的顶级食肉动物。虎和狮子便遗传了猫科祖先凶猛的本性，是极其强悍的捕食者。

愿意花费大力气去检查内部的重要器官，并在同属物种的许多个体间去比较它们。没人会想到，昆虫的靠近大中央神经节的主干神经分支在同一个物种里会发生变异。大家可能以为这种自然状态下的变异只能缓慢地进行，然而卢伯克爵士曾指出，介壳虫[1]的主干神经的变异程度，几乎可以比得上树干的不规则程度。当著者们阐释生物的重要器官不可能发生变异时，他们通常采用的是一种循环论证法，然而，正因为此，他们才将不变异的部位列为了重要的器官（正如少数博物学者曾公开承认的那样）。如此一来，自然就难以找到有关重要器官发生变异的事例。

还有一个与此相关的问题让人非常迷惑，即在所谓变形的或多形的那些属中，个体物种之间表现出了惊人的变异。在它们应归于物种还是变种的问题上，博物学者的意见各不相同。在此，我们可以以植物中的悬钩子属、蔷薇属、山柳菊属以及昆虫类和腕足类的几个属为例。在这些多形的属里，一部分物种有着稳定的性状。它们中的绝大部分，凡在某地属于多形的，在其他地方几乎也都是多形的，据考证，早期的腕足类也是如此。由于这些事实似乎证明了这种变异是独立于生活条件之外的，因此使人极度困惑。我想，在一些多形的属里，我们所看到的变异对物种是无用或无害的，所以自然选择就不能对它们产生任何作用，也就无法使它们被确定下来。关于这一点，后面还会进行说明。

[1] 介壳虫：昆虫纲，同翅目，盾蚧科。雌虫无翅，足和独角均退化；雄虫有一对柔翅，足和触角发达，刺吸式口器。

众所周知，同种的个体在构造上常常呈现出与变异无关的巨大差异。比如在动物的两性之间，在昆虫中无生育能力的雌虫即工虫的二、三职级间，以及在许多低等动物的发育不完全状态和幼虫状态之间都表现出了巨大的差异。又如在动植物中，还存在着二形性和三形性的例子。对此，华莱士先生最近指出，马来群岛的某种蝴蝶中的雌性，有规则地表现出了两个甚至三个极为明显的不同类型，而其中并不存在中间变种。据弗里茨·米勒描述，某些巴西甲壳类的雄性也存在类似的甚至更为异常的情形，比如异足水虱[1]的雄性有规则地表现出两个不同的类型，即一类有着强壮且形状各异的钳爪，另一类则有着非常多的嗅毛触角。尽管在大多数的动植物例子中，它们的两个或三个类型之间并无连接，但这种连接可能曾经存在过。华莱士先生就曾举过这样一个例子：在同一岛上的某种蝴蝶，它们有着一系列的变种，这些变种之间是由一条中间连锁连接起来的，在这条连锁的两个极端上的物种，与马来群岛其他部分的一个相似的二形物种的两个类型极为相似。蚁类也是如此。一般情况下，不同职级的工蚁也很不同，随后我们将要讲到，这些职级是被一些分得很细的级进的变种连接在了一起。据我观察，一些二形性植物亦是如此。同一类型的雌蝶具有一种能力，这种能力使得它在同一时间内可以产生三个不同的雌性类型和一个雄性类型；一株雌雄同体的植物能在同一种子中生长出三种完全不同类型的雌雄同体的植物，而这三种不同类型的雌雄同体还包含着三种不同的雌性和三种甚至六种不同的雄性。这些事实看起来的确非常奇特，但它只不过是将下面将要讲述的一种普通事实夸大罢了，即雌性所产生的雌雄后代的彼此差异有时会达到惊人的地步。

□ **恐齿猫**

大约在距今5 500万年前，一支食肉动物从它们和猫科动物的共同祖先中分离出来，它们就是猎猫科。恐齿猫是猎猫科的先驱之一。恐齿猫体长1米左右，尾较长；行动敏捷，善于奔跑，掠食本领极强。恐齿猫可能是野猫较近的祖先。

[1] 异足水虱：节足动物，甲壳类，体型小于1毫米，栖息于深海中。

可疑的物种

任何程度上的较为显著且较为永久的变种都是走向更显著且更永久的变种的步骤，而且变种是在经历了亚种之后，才最终走向物种的。

有些类型具有物种的性状，但它们又同其他类型极为相似，又或者它们通过中间级进而与其他类型产生了紧密的联系，使得博物学者们不愿把它们列为不同的物种，而这些类型的某些方面对于我们的讨论却至关重要。我们有理由相信，在这些可疑且极度相似的类型中，有许多都曾经在很长一段时间内保持着它们的性状，如同良好的真种一样。事实上，当一位博物学者用中间连锁把任何两个类型连接在一起时，他就会习惯性地把一个类型当作另一个类型的变种，即把最普通但常常是最初记载的一个类型作为物种，把另一个看作变种。可是，当决定是否能把一个类型作为另一个类型的变种时，就算这两个类型被中间连锁紧密地连接在了一起，也存在着极大的困难，即使中间类型具有一般性的假定杂种性质，也一样无法解决这种困难。通常情况下，我们把一个类型列为另一类型的变种，并非是因为找到了中间连锁，而是因为我们使用了类推法——我们假设中间类型的确生活在现在的某个地方，如此一来，所有的疑惑或臆测就能被解开。

一般来说，当决定一个类型到底该归为物种还是变种时，有准确判断力和丰富经验的博物学者的意见，似乎成了理应遵循的唯一标准。但在许多情况下，我们必须综合大多数博物学者的意见来作决定，因为曾有一些特征显著且被人熟知的变种，被几位有资格的鉴定者列为了物种。

□ 章鱼

章鱼又称八爪鱼、石居、死牛，广泛分布于浅水中。章鱼是拥有敏感神经系统的高级无脊椎动物，由头足纲软体动物进化而来，是海洋中的古老物种。章鱼可以像变色龙一样改变自己的皮肤和构造，变得像一块被藻类覆盖的石头，以便出其不意地准确捕食；为了躲避危险，它们有时还能伪装成一束珊瑚或一堆闪光的砾石。

毋庸置疑，可疑性质的变种随处可见。当我们把植物学者们所著的大不列颠的、法兰西的、美国的植物志比较一番后，会发现变异类型的数量是如此惊人的庞大。更有趣的是，被某一位植物学者列为良好物种的品种，却很快又被另一个植物学者列为变种。在这方面，我得感谢沃森先生，是他在许多方面帮助了我，并告诉我，至今已有 182 种曾被植物学者列为物种的不列颠植物，被认为是变种。在统计这些类型时，他排除了许多曾被植物学者们列为物种的细小变种；另外他还把几个高度多形的属完全排除掉了。在含有最多形的类型的属之下，巴宾顿先生列举出了 251 个物种，而本瑟姆先生却只列举出 112 个物种，也就是说，在此之间还存在着 139 个可疑类型之差！在一些通过交配完成生育并具有高度移动能力的动物里所存在的一些可疑类型，时常被这位动物学者列为物种，被那位动物学者列为变种；这些可疑类型在同一地区比较少见，但在互不相邻的两个地区却很普遍。北美洲和欧洲的许多鸟和昆虫都存在着细微差异，它们曾被某一位优秀的博物学者确定为物种，却又被别的博物学者列为变种，或将它们称为“地理族”。在华莱士先生的几篇优秀论文里，他把栖息在大马来群岛上的动物，特别是鳞翅类动物分为四类：变异类型、地方类型、地理族以及真正具有代表性的物种。变异类型在同一个岛上具有多变性；地方类型则比较稳定，只是在各个彼此不相邻的岛上以及极端类型之间存在着区别，但当把几个岛的一切类型放在一起作比较时，却发现它们彼此之间差异甚微，以至于我们无法区别和描述它们。正因为如此，地理族是完全固定而孤立的地方类型，但由于它们彼此之间在最显著和最主要的性状上没有差异，因此没有标准的区别方法，只能靠个人的意见去判断。最后，在各个岛的自然结构中，具有代表性的物种与地方类型和亚种有着同等的地位，但由于它们彼此之间的差异量比地方类型或亚种之间的要大得多，因此博物学者们几乎普遍地将它们列为真种。尽管如此，我们还是无法

□ **梾木花**

梾木，山茱萸科，梾木属，是中国的一种特有乔木，生长在海拔72～3 000米的山谷森林中。梾木通常开白花，但偶尔也会出现桃红色花，人们把这种色彩上的不同看作是变种特征，并赋予桃红色花的梾木以“玫瑰梾木”之称。

□ 红松鸡

红松鸡是英格兰的一种野生禽类，生长于开满石楠花的荒野高原。大多数博物学者把它列为一种特有的物种，但有经验的鸟类学者认为，它只是挪威鸡中一个特性显著的族而已。也就是说，红松鸡这种可疑物种，只是挪威鸡的变异类型。

提出一个可以被用来辨认变异类型、地方类型、亚种以及真正具有代表性的物种的确切标准。

许多年前，我曾亲自作过并看到别人作过对加拉帕戈斯群岛的各个邻近岛屿上鸟类的对比，然后拿这些鸟类与美洲大陆上的鸟类对比，通过对比，我深感物种和变种之间的界限是多么模糊。在沃拉斯顿先生的伟大论著中，他把马德拉群岛上的许多会被一些昆虫学者列为不同的物种的昆虫列为变种。在爱尔兰，也有少数的动物曾被某些动物学者列为物种，而现在它们大多又被列为变种。一些有经验的鸟类学者认为，不列颠的红松鸡属于挪威种，实际上，它只不过是该品种中一特性显著的族而已，但大多数学者却把它列为一种特有物种。两个相距遥远的可疑类型，往往会被许多博物学者列为不同的物种。曾经有这样一个很好的问题："多远的距离才算足够呢？"如果美洲和欧洲间的距离算得上足够，那欧洲与亚速尔群岛、马德拉群岛以及加那利群岛[1]之间的距离是否足够？小群岛的几个小岛间的距离又是否足够？

昆虫学者沃尔什先生曾经描述过被他称为植食性的昆虫变种和植食性的昆虫物种。他指出，大多数的植食性昆虫只以某一个种类或某一个类群的植物为食，其余的则以多种植物为食，但它们并不因此而发生变异。然而，在几个例子中，沃尔什先生注意到这样一个问题：在以多种植物为生的昆虫的幼虫或成虫时期，或在这中间的时期，其颜色、个体大小、分泌物的属性都存在细微差异。然而在某些例子中，沃尔什先生发现，这些细微的差异有时只发生在雄性身上，有时却同时发生在两性身上。当然，如果差异非常显著，且两性在幼虫和成虫时期

[1] 亚速尔群岛：位于北大西洋中东部。马德拉群岛：位于非洲西海岸外，有"大西洋明珠"的美誉。加那利群岛：位于非洲西北部的大西洋上，是非洲大陆西北岸外的火山群岛。

都受到了影响，那么所有的昆虫学者就会把这些类型列为良好物种而不是变种了。沃尔什先生则把那些假定可以自由杂交的昆虫类型看作变种，反之则是物种。由于这些差异来自于昆虫的不同吃食，因此我们现在已经没有希望再找到那些连接在几种类型之间的中间连锁了。而博物学者也失去了把可疑类型归为变种或物种的有效参考。生活在不同大陆、岛屿上的同属生物也必然存在相同的情况。另外，当一种动物或植物分布在同一大陆或同一群岛的各个岛屿上，且在不同地方存在不同类型的时候，我们就常常有机会去发现连接在两个极端之间的中间类型，它们已被降成了变种的一级，而非物种。

有少数博物学者坚持认为，动物的变种是不存在的，他们认为极细微的差异同样具有物种的价值。面对两个区域或两个地层中的两个相同的类型，他们会认为那只不过是包裹在同一外套下的两种不同物种。如此一来，物种就成了一个没有意义的抽象名词，它表示或假定了分别创造的作用。事实上，性状上完全类似的两个类型，会在被很多优秀的鉴定者判定为变种类型的同时，又被另外一些优秀的鉴定者判定为物种。但是，在物种和变种这两个名词的定义还未得到广泛的认可之前，讨论它们的规划性问题是徒劳的。

有许多关于特征显著的变种或可疑物种的例子值得我们去探究，因为在它们的等级尚未被确定之前，人们已经从地理分布、相似变异、杂交等方面展开了几条有趣的讨论路线，但由于篇幅有限，我在此就不再赘述了。多数情况下，精密的研究可以使博物学者们在可疑类型的分类上达成共识。但我们又不得不承认，在那些研究得最透彻的地区，我们碰到的可疑类型的数目也最多。下列事实就引起了我的极大关注，即当自然状况下的任何一种动物或植物有着较高的利用价值，或因为某种特殊原因而引起了

□ **栎树果**

物种与变种的界限，并不分明，传统物种学所认为的可疑物种只有少数几种的观点，也是不科学的。博物学者们经过试验发现，大量被划定为物种的生物，其构造上有明显的变异情况发生。如栎树，在它们被确定为物种的12个以上品种中，博物学者最终发现它们皆有变异性状，都属于变异类型。

人们的强烈关注，那么它的变种几乎就会被普遍地记录下来，从而被著者归为物种。比如普通的栎树，关于它们的研究是如此的精细，但一位德国著者却从那些被植物学者们所普遍认为是变种的类型中确定出了12个以上的物种；在英国，一些植物学方面的权威人士和实践者认为，无梗的栎树和有梗的栎树是良好而独特的物种，但仍有一些人认为它们只是变种而已。

在这里，我要谈一下最近由得康多尔所发表的关于全球栎树的讨论报告。在对物种的区分上，他所搜集的资料最为丰富，而且他对栎树的研究也最为热心、敏锐。首先，他详细列举出了大量物种在构造上的变异情况，并用数字计算出了变异的相对频率。他还细致地列举出了发生在同一枝条上的变异，这些变异的性状达到了12种以上，有的变异是因为年龄和发育的原因，有的则是毫无原因。当然，这些性状并不具有物种的价值，但正如阿萨·格雷评论的那样，这些性状一般都带有物种的定义。紧接着，得康多尔继续论述说，他之所以把这几种类型归为物种，是因为在同一株树上，在性状绝不可能出现变异的地方，这几种类型发生了变异，而且它们之间并无任何的中间连锁。然后，他强调说："有些人反复地告诉我们，绝大多数的物种都有着明确的界限，而且可疑物种也就那么几种，这种说法是错误的。只有当一个属还没有完全被认知，而且它的物种只存在于少数的几个标本上，也就是当它们是被假定的情况下，这种说法才可能成立。当我们加深了对其的了解之后，其中间类型就会不断出现，而对物种界限的怀疑也会相应地增大。"最后，他又补充道：只有那些被我们所熟知的物种，才具有最大数目的自发变种和亚变种。比如夏栎，它拥有28个变种，除了其中的6个变种以外，其他的变种都围绕着有梗栎、无梗栎及毛栎这3个亚种而展开。正如阿萨·格雷所说的那样，目前，这些中间类型已经十分稀少，如果完全灭绝的话，这3个亚种的相互

□ 百合

百合属约有100多种，主要产自北半球的温带和寒带，中国也是其主要产地之一。百合的变种极其繁多，在中国历史上，野百合及其变种的记载是最多的。百合的变种有药百合、有斑百合、窄叶百合等。图为有斑百合，它是渥丹百合的变种。

关系，就会变得完全和那些环绕在典型夏栎周围的四五个假定物种一样了。最后，得康多尔还承认，其“绪论”中所列举的 300 种栎科物种中，至少有 2/3 的栎科物种是假定物种，严格地说，他本人也不能完全确定它们是否适合上述的诸种定义。最后要补充说明的是，得康多尔已经不再相信物种是不变的创造物，转而坚信“转生学说”才是最符合自然的学说，他说：“该学说是与古生物学、植物地理学、动物地理学、解剖学以及分类学的已知事实最相符的学说。”

当一个青年博物学者初次对一个生物群类进行研究时，令他最棘手的，往往是不知该如何界定物种和变种各自的差异。因为他根本就不知道这个生物群类所发生的变异量和变异种类。但如果他能把注意力集中在固定地区的固定生物上，那么他很快就能对大部分的可疑类型进行分类了。接下来，他大概会列举出许多物种，正如以前所谈到的养鸽爱好者和养鸡爱好者那样，他所不断研究的那些类型的变异量给他留下了深刻的印象。与此同时，他非常缺乏其他地区、其他生物群类相似变异的一般知识，以致他的最初印象无法被校正。一旦他的观察范围扩大之后，困难就会接踵而至，因为他将遇到数目更多的相似类型。不过，当他的观察范围继续扩大，就能作出最后的决定了。他如果想在这方面获得成就，就必须敢于承认大量的变异，但承认这项真理往往会引发其他博物学者的争议。今天，如果他从不连续的地区找来近似类型加以研究的话，他就不可能从中找到中间类型，因此，他只得完全依靠类推法，但这种方法会使他面临极大的困难。

有些博物学者认为，亚种已经非常接近物种了，只是尚未达到物种的级别。事实上，在物种和亚种之间，还不曾有过一条明确的界限，同样地，在亚种和显著的变种之间，在不大显著的变种和个体差异之间，也是一样。这些差异在无形中被一条难以发现的系列混淆在了一起，而该系列则被人们当作演变的真实途径。

因此，虽然分类学家对个体差异不大感兴趣，但我认为这对我们来说却是极为重要的，因为这些差异是导致轻微变种的最初步骤，同时我还认为，任何程度上的较为显著且较为永久的变种都是走向更显著且更永久的变种的步骤，而且变种是在经历了亚种之后，才最终走向物种的。在许多情况下，从一个阶段的差异到另一个阶段的差异，可能是因为生物的本质和生物长久居于不同物理条件之下的简单结果，但对于那些更重要且更能适应的性状而言，从一个阶段的差异到另一个阶段的差异，则应被归为将在后面文章中所提到的自然选择的累积作用，以及器官的增强使用和不使用的效果。因此，把一个显著的变种称为初期物种的观点是否合理，仍需加以判断。

不要以为所有的变种或初期物种都可以达到物种级别，其中不排除灭绝或长期停留在变种阶段的情况，正如沃拉斯顿先生所指出的马德拉的某些陆地贝类变种和得沙巴达所指出的植物变种的例子一样。如果某个变种的数量超过了真种，那么它就会被列为物种，而真种反而会成为变种；变种甚至会将真种彻底消灭并取而代之；还有一种可能就是两者并存，被分别归为独立的物种。

综上所述，我认为“物种”这一名词是为了便于区分一群彼此之间密切亲近而且类似的个体才被随意使用的，它和“变种”的本质是一样的。变种指的是差异较小且相似之处较多的类型。另外，所谓的变种与个体差异的对比，也是为了便于区分才被使用的。

范围广的、分散大的和普通的物种变异最多

最繁盛的物种，或者说最有优势的物种，它们分布最广，个体数量也最多——最为频繁地产生显著的变种。

按照理论的指导，我曾有过这样的想法，即从几种编著较好的植物志中找出所有变种，然后排列成一个表，借此来研究其中变化最多的物种的相关特性。这项工作看似容易，实施起来却非常困难，所幸得到了沃森先生和胡克博士的帮助，才使我得以完成。至于所有的难点和各变异物种的比例数目表格，我将放到以后的其他著作中进行讨论。在此，我尽量把复杂的问题简单地进行表述，但难免要涉及一些将在后面讨论的问题，如“生存斗争”“性状的分歧”等。

得康多尔和某些人都阐述了这样一个观点：在一般情况下，分布很广的植物都会出现变种。这一观点是有依据的，因为这些植物生活在不同的自然条件下，必须和各类不同的生物进行斗争。在我的表格中，我对此作了更为深入的解释，即在任何一个受限制的地区里，最普通的物种，即个体数量最多的物种，以及在所在区域内分布最广的物种，发生变种的频率最高。这些变种有着极为显著的特征，因此被植物学者认为极具记载价值。所以说，最繁盛的物种，或者说最有优势的

物种，它们分布最广，个体数量也最多——最为频繁地产生显著的变种。关于这一点，不难理解。因为如果变种要在所有阶段都变为永久，那么它就必须和该区域内的其他生物进行斗争；那些已经取得优势的物种，将最适合于产生后代，尽管这些后代的变异程度不如其亲代，但它们仍会遗传其亲代胜于同地生物的一些优点。这里所讲的优势，指的是那些互相进行斗争的类型，尤其是指同属或同纲的生活习性极度相似的成员，至于个体的数目，或物种的普通性，则指的是同一群类的成员。例如，我们将一种高等植物和生活在类似条件下的其他植物进行比较，前者的个体数目更多，分布也更广，那么我们就可以说它获得了优势。这些植物的优势并不会因为本地水里的水绵或一些寄生菌的个体数目更多、分布更广而被削弱。但如果某种水绵或寄生菌在上述各点上都胜过了它们的同类，那么它就会在自己的这一纲中获得优势。

大属物种的变异多于小属物种

如果把记载在任何一部植物志上的某地的植物分为对等的两个群，即大属（含有许多物种的属）作为一个群，小属作为另外一个群，我们就会发现，在大属里，那些最为普通且分布极广的物种或优势物种的数量更大。

如果把记载在任何一部植物志上的某地的植物分为对等的两个群，即大属（含有许多物种的属）作为一个群，小属作为另外一个群，我们就会发现，在大属里，那些最为普通且分布极广的物种或优势物种的数量更大。这一点也不足为奇，单看栖居在某一地区中的同属物种所存在的事实，就可以知道。当地的有机和无机条件必然会在某些方面有利于这个属。因此，我们可以预见的是，大属里的优势物种比例更大。但是有如此多的原因足以让结果变得模糊不清，正如我的表格所示，大属这一边的优势物种只比小属的稍多而已。在这里，我想解释一下两个模糊不清的原因。一般情况下，淡水产的和喜盐的植物，分布都很广，且极为分散，这与它们居住地的性质有一定的关系，而和该物种所归的属的大小几乎没有关系。另外，低级植物的分布一般比高级植物广，这也和属的大小无关。其真正的原因

□ 甲虫

甲虫是鞘翅目的通称，最早出现于古生代，在中生代逐渐发展成优势种群，繁衍至今。鞘翅目包括一些最大的和最小的昆虫，是世界上分布最广的昆虫目。鞘翅目中比较大的科如步甲科、叶甲科等，产生变种的比例明显大于较小的科，如细木节角虫科等。

将会在“地理分布”一章中进行讨论。

在我看来，物种只是特性显著且界限分明的变种，所以我猜想，各地大属物种出现变种的频率会高于小属物种。因为按照通常的规律，在那些已经形成了密切亲近且相似的物种（即同属的物种）的地区，也许有大量的变种即初期物种正在形成。比如在许多大树生长的地方，我们有希望找到幼树。如果某个地方的同属的大量物种都发生了变异，就说明该地的各种条件都有利于变异。因此，我们有理由相信，这些条件将会继续有利于变异。相反地，如果我们假定各个物种是被分别创造出来的，那么我们就无法找到充分的理由来说明，为什么物种数目较多的群类出现变种的频率会高于物种数目较少的群类。

为了证实我的猜想，我把 12 个地区的植物以及两个地区的鞘翅[1]类昆虫分成了两个数目接近的群，大属的物种在一边，小属的物种在另一边。事实证明，大属中产生变种的物种比例明显大于小属。另外，在变种的平均数上，大属的物种也远比小属的物种产生得多。哪怕采用另一种分群方法，即排除掉只有 1~4 个物种的最小属，我们得到的结果也与上述情况相同。这些事实对于显著而永久的变种而言，有着明显的意义。因为在物种被制造的地方，我们往往能看到这样的活动在继续，这也证实了新物种的制造过程是一个极为缓慢的过程。如果把变种当作初期的物种，那么上述这点肯定是正确的，因为我的表格作为一般规律清楚地解释了——在任何一个许多同属物种曾经形成的地方，该属的物种所产生的变种（初期的物种）的数目就会在平均数之上。这并非是说，在今天，由于一切大属

[1] 鞘翅：鞘翅为昆虫翅膀的一种。鞘翅目昆虫的前翅已全部骨化，变得坚硬，主要用于保护后翅与背部。

的变异都很大，因此它们的数量一直在增加；也不是说小属都不变异，所以其物种数量也不再增加。我们要说明的是，通常情况下，在曾经形成了许多同属物种的地方，还有许多物种正在形成，这才是合乎实际情况的。

大属物种之间的关系受地域限定

大属物种之间的相互关系与任何一个物种的变种之间的相互关系是类似的。同一属的所有物种在彼此区别上又是不相等的。在一般情况下，我们可以把它们区分为亚属、级，甚至更小的群类。

大属物种与有记载的大属变种之间，存在着值得注意的其他关系。我们已经论述过，物种与显著变种之间的区别并没有明确的标准，当两种可疑类型之间没有任何中间形态存在时，博物学者只好根据其彼此间的差异量来决定，并用类推法来对这些差异量进行判定，以决定是否能把其中一种或两种都升到物种的级别。因此，差异量就成了划归两种类型的至关重要的标准。弗瑞斯和韦斯特伍得曾分别对植物和昆虫的各个方面进行了这样的诠释——大属物种之间的差异量通常很小。我曾用平均数的方法来努力证明这一点，所得到的结果恰好证明了他们的这一观点是正确的。我还为此询问过几位经验丰富的观察家，他们在经过仔细的考虑后，也赞同了这一观点。因此，从这一方面来看，大属物种与小属物种相比，就显得更像是变种了。也许这种情况还能有另一种诠释，即在大属中（目前，在这些属里，有超过平均数的变种即初期物

□ 兜兰

兜兰属是兰科中的一个大属。其根据开花习性的不同，可以分为两大类：春冬类和夏秋类。兜兰的大部分品种分类范围狭窄，具有一定的区域性。如小叶兜兰，长瓣兜兰、白话兜兰等品种，主要分布在中国的贵州和云南等部分地区；而紫纹兜兰、带叶兜兰等品种，则主要分布于北回归线两侧的南亚热带地区。

□ 非洲象

非洲象为象科的一个属。它们体型庞大而笨重，是最大的陆地动物和第二高的动物。非洲象的分布极具地域性：非洲草原象一般栖息在非洲东部和南部的牧草地和林地；非洲热带雨林象则生活在非洲中部和西部的密集雨林中。

种正处于制造中），由于物种间的差异量还没有普通的大，因此，许多已经制造完成的物种在某种范围内仍然与变种相似。

另外，大属物种之间的相互关系与任何一个物种的变种之间的相互关系是类似的。同一属的所有物种在彼此区别上又是不相等的。在一般情况下，我们可以把它们区分为亚属、级，甚至更小的群类。弗瑞斯曾指出，小群物种通常是像卫星一样，环绕在其他物种的周围。所谓的变种只不过是一种类型，它们彼此之间的关系不尽相同，都环绕在它们的亲种周围。毫无疑问，变种和物种之间存在着一个极其重要的不同点，即变种之间的差异量，或变种与亲种之间的差异量，比同属的物种之间的差异量要小得多。对此，我将在讲述“性状的分歧”的原理时加以说明。

一般情况下，变种的分布范围受到了很大的限制，这一点值得注意。其实，大家对此是心知肚明的，因为如果我们发现一个变种比它的假定亲种的分布范围更广，那么我们就应该把它们的称谓颠倒过来。所以，我们也有理由相信，与其他物种极为亲近且类似于变种的物种，其分布范围常常受到了极大的限制。沃森先生曾把精选的《伦敦植物名录》（第四版）中的63种植物拿来给我看，该名录将这些植物全部归为不同的物种，但沃森先生却认为，它们同其他物种极为相似，因此其价值值得怀疑。为此，沃森先生还作了大不列颠区划，这63个可疑物种平均分布在6.9个区中。《伦敦植物名录》里还记载了53个公认的变种，它们的分布范围为7.7个区，而这些变种所属的物种的分布范围却达到了14.3个区。显而易见，公认的变种和与其他物种密切亲近且类似变种的类型，在其分布范围上几乎都受到了相同的限制，这些密切亲近的类型正是沃森先生所谓的可疑物种，但这些可疑物种却几乎被所有的大不列颠植物学者们归为良好、明确的物种了。

第3章 生存竞争

CHAPTER 3

生存竞争和自然选择有关——生物数量以几何级数增加——抑制增长的性质——动植物在自然界中的复杂关系——同种个体间和变种间生存的斗争最剧烈。

生存竞争和自然选择有关

只要某一物种的一些个体能从其他生物那里，以及它们生活的物理条件的无限复杂关系中得到好处，那么这些个体就会将这样的变异保持下去，并遗传给它们的后代，使其获得更好的生存机会。

首先，我们得清楚，这里的“生存竞争”是带着广义和比喻意义的。这一术语所涵盖的，除了某一生物对另一生物的依存关系，还包含着个体生命的保持，以及它们能否成功地遗留后代。两只狗类动物在饥饿时会相互抓咬，其实它们是为了获得食物和生存而互相竞争。生长在沙漠边缘的一株植物为了生存而抵御干燥，其实是它们依存于湿度。一株植物每年可以结上千粒种子，却只有一粒种子能够开花结果，事实上，它是在和已经覆盖在地面上的同类和异类植物进行竞争。槲寄生依存于苹果树和少数其他的树而活，但如果非要说它是在和这些树相竞争，也讲得通，因为如果一株树的寄生物过多，它就会因衰弱而死去。但是如果几株槲寄生的幼苗密集地寄生在同一枝条上，那么就可以肯定地说，这些幼苗是在互相竞争，因为槲寄生的种子是由鸟类散布的，所以它的生存便决定于鸟类。也就是说，在引诱鸟来吃它的果实借以散布它的种子这一点上，它是在和其他的果实植物相竞争。为了方便，我便在这几种彼此相通的意义中，采用了一般术语——“生存竞争”。

在此之前，我不得不简明地说一下“生存竞争”与“自然选择”之间的关系。通过前文的论述，我们知道，在自然状态下，生物存在着某种个体上的变异。关于变异，虽然尚存一些争论，但就我们所讨论的问题而言，将一群可疑类型称为物种或亚种或变种，都不重要。

□ 蚱蜢与兵蚁的战争

达尔文的进化论指出，“优胜劣汰，适者生存”是生物界生存竞争的法则。图中是一只兵蚁勇敢地向体积数倍于自己的蚱蜢发起猛攻，为了打败对手，更好地生存下去，它义无反顾，别无选择。在生物界中，这样的例子不计其数。

□ **遭鳄鱼攻击的野牛**

塞伦格提平原上的迁徙性野牛群每年都会成为尼罗鳄的主要食物来源，在与尼罗鳄的长期斗争中，野牛变得十分警惕，不会轻易落入鳄鱼之口。这就是生存竞争导致的结果，为了更好地生存，弱者也会逐渐变得强悍不可欺。上图表现的是尼罗鳄猎杀野牛屡试屡败的场景。

只要承认一些显著变种存在的事实，那么无论把不列颠植物中的200到300种可疑类型归为哪一级都不会有问题。但是，如果仅仅知道个体变异和某些少数显著变种是必要的，也不能帮助我们去理解物种是如何在自然状态下产生的。身体构造的这一部分对于另一部分及对于生存条件的一切巧妙适应，以及这一生物对于另一生物的一切巧妙适应，又是如何完成的呢？从啄木鸟和槲寄生身上，我们能很明显地发现这种美妙的相互适应；而对于附着在兽毛或鸟羽之上的最下等寄生物，对于潜水甲虫的构造，对于在微风中飘荡着的具有冠毛的种子，我们却只能模糊地看到这种适应。简而言之，在生物界的每一个角落，这种美妙的适应都是存在的。

还有一个问题，即那些被我称为初期物种的变种，最终是如何成为良好、明确的物种的呢？显然，在绝大多数情况之下，物种之间的差异比同种变种间的差异要多得多。那些构成不同属的种群之间的差异比同属物种间的差异要大得多，而这些种群又是如何产生的呢？我要告诉大家的是，这些都是从生存竞争中得到的。不管这种竞争是多么微不足道，也不管究竟是什么原因导致了变异的产生，只要某一物种的一些个体能从其他生物那里，以及它们生活的物理条件的无限复杂关系中得到好处，那么这些个体就会将这样的变异保持下去，并遗传给它们的后代，使其获得更好的生存机会。虽然任何物种都能按时产生许多个体，但只有少数部分能够生存，因此我将那种把每一个有用的细微变异都保存下来的原理称为“自然选择”，以便与人工选择相区分；但是，斯潘塞先生却称之为“最适者生存”，后者更加确切，也同样方便。我们可以看到，人类利用选择产生了一些伟大的结果，并通过累积“自然”所给予的细微且有用的变异，使生物变得对人类自己更为有利。但是，我们以后将看到，“自然选择”是一种不断活动的力量，与微薄的人力相比，它有着极其显著的优越性，二者的差别正如“自然”的工作和“人工”的工作一样。

现在，我们将对生存竞争进行详细的讨论。在我计划出版的另一部著作里，还会着重讨论这一问题，因为它有这样的价值。早在这之前，知识渊博的老得康多尔（瑞士的植物学家，植物地理学的奠基者）和莱尔就已经详细阐述了这个问题——一切生物都生存在激烈的竞争中。

关于这个问题，曼彻斯特区教长赫伯特以无与伦比的气魄和才能针对植物进行了讨论，当然，这有赖于他渊博的园艺学知识。在我看来，没有什么比在口头上承认普遍的生存竞争这一真理更容易的了，但同时，也没有什么比在思想上永远牢记这一结论更困难的了。但是，如果在思想里没有彻底体会这一点，我们就会对包含着分布、稀少、繁盛、灭绝以及变异等多种元素的整个自然组成产生模糊的认识甚至误解。我们能看到自然界呈现出丰盛而喜悦的活力。但我们却看不到或者忘记了那些在我们周围闲适地唱歌的鸟，多数是以昆虫或种子为食的，因此它们常常毁灭生命；或者我们忘记了这些唱歌的鸟或它们的蛋，或它们哺育的小鸟，会被其他的食肉动物所毁灭。我们也许从未想过，食物在今天是过剩的，但明天未必如此。

生物数量以几何级数增加

即使繁殖速度缓慢如人类，也能在25年内使人口增加一倍，按这种速度计算，不到1 000年，人类的后代就会毫无立足之地。

由于一切生物都具有高速增长的倾向，因此它们彼此之间就免不了要发生生存竞争。自然界中的各种生物，几乎都会产下一些卵或种子，但这些卵或种子总会因各种原因而遭到毁灭，否则，要是按正常的几何级数增长下去的话，其数目就会多到没有空间可以容纳。由于产下的个体比可能生存下来的个体要多，因此，在各种情况下，生物之间一定会出现生存竞争，其中既有同种个体之间的生存竞争，也有不同物种个体之间的生存竞争，以及自然生存条件的竞争。因为在这种情况下，是无法人为地增加食物，也无法有效地限制交配的。当然，某些物种还是能够迅速地增加数目的，但并不是所有的物种都可以这样，因为世界无法容纳它们。

各种生物都高速而自然地增长，如果不毁灭掉一部分，仅一对生物的后代就能迅速地充满地球，这是一条没有例外的规律。即使繁殖速度缓慢如人类，也能在 25 年内使人口增加一倍，按这种速度来计算，不到 1 000 年，人类的后代就会毫无立足之地。林奈曾作过这样的演算：一株一年生的植物只产生两粒种子，它们的幼株在第二年又产生两粒种子，如此下去，20 年后就会出现 100 万株这种植物。而且，这里设置的是最低生殖力。众所周知，大象是所有已知动物中繁殖最慢的动物，我曾认真去计算它在自然增长中的最小可能速度。保守地假设，大象在 30 岁时开始生育，一直生育到 90 岁，其间共生 6 只小象，并且它能活到 100 岁。按照这样的频率，在经过了 740 到 750 年以后，地球上就应该存在将近 1 900 万只由第一对大象传下来的后代。

□ **蚂蚁**

蚂蚁，全球广泛分布，以热带更为常见。其体小，身长为0.5~2.5厘米，但能搬动比自己重几倍的物体。蚂蚁交配后8~21天开始产卵，第一批卵一般有200~300粒。它们是群居生活，以一窝为一个家庭，每窝有500~3 000个成员，最多可达上万个。蚂蚁每到一定的时期就会新生产出一批“繁殖蚁”，其繁殖速度惊人。

除了理论计算外，对于这一问题，我们还有更好的证明，即无数的事例表明，自然状态下的许多动物，如果连续两三季都生活在适宜它们的环境中，它们就会迅速地增长。还有一个更值得人们关注的证据，这一证据来自那些已经回归野生状态的家养动物。比如，繁殖缓慢的牛和马在南美洲和澳洲出现了快速增长的记载，如果不是有凭为证，我们一定不敢相信。植物也是这样，以外地移入的植物为例，在十年之内，一株植物的后代就会遍布全岛，从而成为普通植物。有几种植物，如拉普拉塔[1]的刺叶蓟和高蓟，它们原产于欧洲，如今却普遍生长在拉普拉塔的广大平原上，在它们所分布的地面上，几乎没有其他植物。另外，我听福尔克纳博士说，美洲大陆被发现之后，人们从那里移栽了一些植物到印度，如今，这些植物已经从科摩林角[2]分布到了喜马拉雅山地区。通过这些事例，我们可以看出，

[1] 拉普拉塔：拉普拉塔市是阿根廷布宜诺斯艾利斯省的省会城市。
[2] 科摩林角：印度泰米尔纳德邦的岩石海角，是南亚次大陆的最南点和豆蔻丘陵的最南端。

□ 鼠

鼠是哺乳动物的一科。其门齿终生持续生长，常借啮物来将其磨短。鼠的繁殖速度惊人，种类极其繁多，是地球上比人类数量更多的动物。它们遍布世界各地，适应多种生活方式。

动植物的能育性不会无缘无故地增加。合理的解释就是，由于那里的生活条件高度适宜，即使是年老的和年幼的生物都很难被毁灭，而且几乎所有的幼小生物都能长大且繁殖。它们按几何级数增长着，其结果永远是惊人的，这就解释了它们为什么能在新家园中迅速增长并广泛地分布开来。

在自然状态下，每一株发育完全的植株几乎每年都能结出种子；而动物则几乎每年都要交配。因此，我们可以断定，一切生物都具有按照几何级数增长的倾向，凡是在那些适合生长的地方，它们都能迅速地布满每一个角落，而且这种倾向会因为生命中某一时期的毁灭而遭到抑制。至于那些为我们所熟知的大型家养动物，又另当别论了。虽然我们没有看到它们被大量地毁灭，但我们不要忘了，每年有成千上万只动物被屠杀以供食用。还有一个不可忽略的原因就是，在自然状态下，有大量数目的生物因为种种原因而被处理掉。

有的生物每年产下数以千计的卵或种子，而有的生物则只产下极少数的卵或种子，它们二者之间只存在一个区别，即在同等条件下，繁殖缓慢的生物要布满所在地区所需要的时间更长。 但我们不能否认一个事实，即一只南美秃鹰能产下两个卵，一只鸵鸟能产下 20 个卵，但在同一个地区，南美秃鹰的数目可能会超过鸵鸟；一只管鼻鹱[1]一次只产一个卵，可是人们却相信它是世界上数目最多的鸟；一只家蝇一次产数百个卵，而其他的蝇，如虱蝇[2]，一次只产一个卵，但卵的多少并不能决定这两个物种在一个地区内所能存活下来的个体数目。对那些因食物数量发生变化而随之变化的物种，其卵的数量是至关重要的，因为食物充足时，

[1] 管鼻鹱：鸟类中一些海鸟因鼻孔像一条管子而被称为管鼻鸟，管鼻鹱就是其中的一种。这类鸟生活在北欧斯堪的纳维亚以及格陵兰北部等地区的沿海地带。

[2] 虱蝇：热带十分常见的一种蝇类，体型大，身体扁平呈圆形，头部小，常进入伤口吞啮，如若拂去，会导致其头部留在伤口，引起感染，最好是用油、酒精或热水使其落下。

它们的数量可以迅速增加。而大量的卵或种子生产的真正意义，却是补偿生命中某一时期的严重毁灭，这一时期一般是生命的早期。如果一个动物有足够的能力来保护它们的卵或后代，那么即使是少量的繁殖同样能够充分保持它们的平均数量。反之，它们就必须大量生产，否则其物种将有灭绝的危险。打个比方，如果有一种树的平均寿命为 1 000 年，而在这 1 000 年中它只结出一粒种子，假设没有任何东西可以毁灭这粒种子，而这粒种子又恰好在适宜的地方萌芽，那么这种树就能充分保持其数目了。所以对于生物来说，其平均数量只是间接地依赖于卵或种子的数目。

以上这些论点，对于我们观察大自然是非常重要的，所以一定要牢记！

抑制增长的性质

诚然，食物数量决定了物种的一个增长极限，但是，获取食物的多寡并不能决定物种的平均数，真正起决定作用的是该物种被其他动物所捕食的多寡。

每个物种的自然增长倾向都会受到抑制，但其原因却很难说清。对此，已经有不少作者进行过很好的讨论，我希望在将来的一部著作里能进行详细的讨论，这里就只作一个简短的谈论，以使大家注意到下列的几个要点。

一般情况下，对于动物来说，似乎卵或年幼的动物受害最多，但并不绝对。至于植物，普遍认为其种子被毁灭得最多，但按照我的一些观察，我发现在已布满其他植物的地面上，处于发芽状态的幼苗才是受害最多的，大量的幼苗被各种敌人所毁灭。比如，在一块 3 英尺（1 英尺 = 0.304 米）长、2 英尺宽的土地上耕作后进行除草，以使那里不会受到其他植物的抑制。当土著杂草长出之后，我在它们的所有幼苗上标下记号。最后发现，在 357 株杂草中，有不下 295 株被毁灭了，它们主要是被蛞蝓和其他昆虫毁灭的。在被长期刈割的草地上，如果任由杂草自然生长，不健壮的植物即使得到了充分的成长，也还是会被较为健壮的植物慢慢消灭。被四足类动物仔细啃食过的草地，也有类似的情况。统计发现，在一小块被刈割过的草地（4 英尺长、3 英尺宽）上，原本生长着 20 种物种，其中的九种物种因其他物种的自然生长而全部死亡了。

诚然，食物数量决定了物种的一个增长极限，但是，获取食物的多寡并不能决定物种的平均数，真正起决定作用的是该物种被其他动物所捕食的多寡。因此，毫无疑问，任何一片广阔区域里的鹧鸪、松鸡、野兔的数量主要取决于它们被多少敌害动物所毁灭。在英格兰地区，虽然人们每年要猎杀数十万只猎物，但如果从今以后，该地区的人们不再猎杀任何一种猎物，同时也不毁灭任何一种猎物的敌害动物，那么20年内，猎物的数量很有可能比现在的还要少。也有一些特殊的情况，比如大象，当小象被母象保护，甚至连印度虎都不敢对其进行攻击，所以它们几乎不会被猎杀。

气候对决定物种的平均数有着重要的作用，而且在高寒或极旱的周期季节，抑制作用尤为明显。1854至1855年冬季，我通过计算我所住地区的鸟巢数量，发现其中被毁灭的鸟多达4/5（主要是由于在当年的春季，鸟巢数量大量减少）。这的确是一场严重的毁灭，因为我们都知道，如果人类因传染病而死亡了10%，就算是异常惨重的毁灭了。表面看来，气候的作用似乎与生存竞争毫无关系，而实际上，它的主要作用是减少食物，这就促使了同种或异种的个体之间出现了激烈的斗争，因为所有的物种都要依靠食物来维持生存，特别是当严寒直接发生作用时，受害最大的便是那些体质不健壮的个体，或者那些在冬季获取食物最少的个体。如果我们从南向北，或者从湿润地区向干燥地区旅行，我们定然会发现某些物种正在逐渐减少，直至消失。但是，如果我们因此而把整个效果都归因于气候的直接作用，无疑太过武断，我们不要忘了，即使各种物种在其最繁盛的地区，也经常会因遭遇敌害的侵袭，或同一地区对同一食物的竞争而出现大量毁灭。但是，气候的作用也是不容小觑的。只要气候

□ **海蛞蝓**

海蛞蝓属于雌雄同体。两只海蛞蝓相遇，其中一只海蛞蝓的雄性器官与另一只海蛞蝓的雌性器官交配，间隔一段时期，彼此交换性器官再进行交配。然而，这种情况并不常见，通常总是几个或者十几个海蛞蝓联体、成串地交合、产卵。海蛞蝓产卵较多，但成活率恒定，它们这种繁殖倾向的被抑制，正是为了避免过度繁殖。

有些许改变，而且稍微对某些物种有利的话，它们的数目便会增加。由于各个地区都已经布满了生物，因此其他物种必然会减少。不过，南北也是有差异的。当我们向北旅行，也会出现某一物种数量正在减少的情况，但效果不像向南旅行时那样明显，因为各类物种数量都随着北移而减少，竞争者也随之减少。因此，我们在北方所见到的植物通常较之南方更矮小，这是由于气候的直接有害作用所致。我们在北极区、在积雪的山顶、在纯粹的沙漠，通常会发现几乎所有的生物都在同自然环境作生存斗争。

□ **青蛙**

青蛙又名田鸡，具有很强的繁殖能力。通常一只青蛙一年可以产卵4 000～5 000粒，然而，每一只青蛙从出生到成年，都会经历许多意想不到的危险，其中能存活下来的大约只有15%。用生物学来解释，这是大自然的平衡法则起了作用。

被栽培在花园中的数量庞大的植物完全能够忍受气候的变化，但却永远无法归化，这是因为它们无法同当地植物进行斗争，而且也无法抵御本地动物的侵害。由此可见，气候主要是间接有利于其他物种的。

当一个物种生活在非常适宜的环境条件下，并在一小块区域里出现了过度增长，就会导致传染病的发生，至少在一般情况下，我们的猎物就是很好的例子。在这其中，就有一种同生存竞争无关的增长抑制。但某些所谓的传染病是由寄生虫引起的，这种传染病在动物聚集区是非常容易传播的，于是这里就发生了寄生物和寄主之间的竞争。

另一方面，物种要想得到有效保存，其同种个体的数量必须要比它们的敌害数量多得多才行。我们之所以能轻易地在田间收获大量的谷物和油菜籽等，就是因为它们的种子数量远远超过了以它们为食的鸟类的数量。而鸟类虽然在这一季里有着异常丰富的食物，但它们的数量却无法因为种子的增加而增加，因为它们的数量在冬季受到了抑制。对于同种大群个体的保存是很有必要的，我相信这一观点可以用来解释自然界中的某些奇特现象，比如极度稀少的植物有时会在少数适合它们生存的地方生长得异常繁茂；某些丛生性植物，在其分布范围的边缘上，有时还能再次丛生，也就是说，它们的个体是繁盛的。在此情况下，我们有理由相信，只有在多数个体能够共同生存的有利生活条件下，单独的个体才能生存下来，这样才能使该物种得以保存。在这里，我要补充一点，杂交的优良效果和近亲交配的不良效果，在这些事例中体现得淋漓尽致，不过我不准备在此进行详细讨论。

动植物在自然界中的复杂关系

基本上，所有物种都会在其生命的不同时期、不同季节、不同年份，遭受到多种不同的抑制作用，一般来说，其中的一种或者几种抑制作用最为突出。但决定物种的平均数抑或生存的，是所有抑制作用的共同力量。

从记录的事例来看，在同一地方中，那些相互进行着生存竞争的生物之间的抑制作用和相互关系复杂得令人难以想象。在此，我将举一个让我很感兴趣的例子，虽然极为简单。我的一位亲戚在斯塔福德郡（位于英国英格兰西部）有一片领地，他给了我一个在那里进行充分研究的机会。那里有一大块未经耕种过的土地，另有数英亩同样的土地，在25年前曾经被人为地围了起来，并用来种植苏格兰冷杉。于是，在这片荒地上所种植的部分土著植物群落发生了极为明显的变化，其变化程度比在两种完全不同的土壤中种植出来的植物群落的变化程度更为明显。在这片荒地中，不但植物的比例数完全改变了，甚至还有12个一般不会出现在荒地中的植物种群（禾本草类及莎草类除外）开始在苏格兰冷杉区域内繁衍生息。对此，昆虫受到的影响就更加明显了，因为6种一般不会出现在荒地中的食虫鸟现在却遍布在整个苏格兰冷杉区域内，另外还有两三种不同的食虫鸟会经常飞到这片荒地中来。在这里，我们可以发现，仅仅是引入了一种树就会产生如此巨大的影响，而且当时人们所做的只不过是把土地围了起来，以防止牛进去。在萨里（伊朗北部城市，马赞德兰省省会）的费勒姆附近，我也同样意识到，把一块地方围起来的做法是一种非常重要的因素。在萨里的费勒姆附近也有一大片荒地，远处的小山顶上也分布着少量的几片老龄苏格兰冷杉区域。自从最近的十年以来，许多地方被围起来之后，原本是自然散布的种子现在却生出了无数小树，它们非常紧密地连接在一起，以至于各自都无法成长起来。当我确定这些幼树不是通过人工播种或栽植而形成的时候，我惊异于它们的庞大数量，于是，我又察看了其他的一些地方，并观察了还没有被围起来的数百英亩荒地。在那里，除了原来种植的老龄苏格兰冷杉外，再也看不到一株这样的幼树了。但当我对荒地灌木的茎干进行仔细观察时，总算找到了答案——那里的许多幼苗和小树大多是因为被牛吃掉而无法长大的。我对距离某片老龄冷杉100码远的地方进行了计算，在这片区域内，共有32株小树，其中一株有26圈年轮。多年来，它曾多次试图将树顶伸出荒地灌木的树干之上，但都没能成功。难怪一旦把荒地围起来，那些幼龄的苏格兰冷杉便生机勃勃地密布而来。但令人意外的是，这片荒地如此辽阔与荒芜，牛竟然能如此细心地到此寻找食物并且收获颇丰。

□ **食草动物——兔子**

在生物界中，同一地方的动物与植物之间有着令人难以想象的复杂关系。例如兔子，它是一种典型的食草动物，与草有着千丝万缕的关系。在冬季，草类减少，兔子数量也相对减少，而狼的数量也跟着减少；到了春季，雨量充沛，草类增多，兔子的数量也随之增多，狼的数量同样跟着增加。在大多数情况下，这三者的数量总是保持在相对稳定的状态，即“生态平衡”。

虽然在这个例子中，牛对苏格兰冷杉的生存起着绝对的作用，但在世界上的一些地方，比如巴拉圭，昆虫却决定着牛的生存。巴拉圭没有野生的牛、马或狗，虽然在它的以南和以北，这些动物都是存在的。亚莎拉和伦格曾对此解释说，这是由于巴拉圭的某种蝇过多之故；当这些动物才出生时，这些蝇就已经开始在它们的肚脐中产卵了。不过，这种蝇的增长也会受到某种抑制，这种抑制可能来自于其他寄生虫。如果巴拉圭的某种食虫鸟减少了，而寄生虫的数量相对增多，那么这些在肚脐中产卵的蝇就会随之减少，牛和马也就有了成为野生的可能，而这样的改变也会带来植物群落的大变动（我的确曾在南美洲的一些地方看到过这种现象）。同时，植物的改变也会在很大程度上影响到昆虫，从而影响到食虫鸟，这一点与我在斯塔福德郡所见到的情况一模一样，而且这种复杂关系的范围还会不断地扩大。其实，自然界里的各种关系远比这复杂：战争中还包含着战争，且一直持续

□ 三叶草

植物与动物之间也能形成一个关系网，即便二者的等级相距遥远，也有可能存在着复杂的关系。比如三叶草与蜜蜂，二者之间就存在着紧密联系，前者只能依靠后者传播花粉才能受精，因为别的昆虫根本不会造访它。

不断并循环往复着，这场战争的胜利者有可能就是下场战争中的失败者，而失败者则有可能在下场战争中转败为胜。但从整体来看，各种势力之间却总保持着平衡，这也是自然界可以长期保持相同面貌的原因。事实正是如此，最细微的一点差异就可以使一种生物战胜另一种生物，而且最终的结果也是这样的。由此可见，我们是多么无知：只要听到一种生物灭绝了，就会大惊小怪；又因为不知道是什么原因导致了这种生物的灭绝，于是只有用灾变来解释其灭绝的原因，或者又强推一些法则来套在这种现象上，使之合理。

我再用一个例子来说明，在自然界中，等级相距很远的植物和动物是如何通过复杂的关系网被连接在一起的。所有的兰科植物都必须通过昆虫来传播它们的花粉，使它们受精。我从试验中发现，三色堇似乎只有依靠土蜂来受精，因为别的蜂类根本不会来造访它。我还发现有几种三叶草必须依靠蜂类来传播花粉从而受精，比如白三叶草。它的 20 个头状花序一共结出了 2 290 粒种子，而另外 20 个因被遮盖起来而未让蜂接触到的头状花序，却没有结出一粒种子。又比如，红三叶草的 100 个头状花序一共可以结 2 700 粒种子，但另外被遮盖起来的头状花序也有 100 个，这 100 个头状花序是不会结出一粒种子的。而且只有土蜂才会造访红三叶草，因为别的蜂类都无法触及它的蜜腺。有人曾经说，蛾类有使各种三叶草受精的可能，但我却并不这么认为，因为它们的重量太轻，根本无法将红三叶草的花瓣压下去。因此，我们可以很明确地作出这样的推论，即如果英格兰的土蜂都灭绝或变得极为稀少了，那么三色堇和红三叶草也会全部灭亡或变得极为稀少。再来说一说土蜂。土蜂的数量在很大程度上是由野鼠的数量决定的，因为野鼠能摧毁它们的蜜房和蜂窝。纽曼上校对土蜂的习性进行了长期研究，他认为“全英格兰 2/3 以上的土蜂都是被野鼠毁灭的”。而野鼠的数量，在很大程度上是由猫的数量决定的。纽曼上校说：“在村庄和小镇的附近，我看见的土蜂窝比别的地方多得多，我认为这是由于有大量的猫在毁灭着鼠的缘故。”因此，我们完全可以相信，如果一个地方存在着大量的猫类动物，那么该地区内某些花的数量也会比较庞大。

基本上，所有物种都会在其生命的不同时期、不同季节、不同年份，遭受到多种不同的抑制作用，一般来说，其中的一种或者几种抑制作用最为突出。但决定物种的平均数抑或生存的，是所有抑制作用的共同力量。在某些情况下，不同地区的同一物种所受到的抑制作用完全不同。也许有人听说过，在美洲，当一片森林被砍伐后，那里就会出现许多差异巨大的植物群落。在美国南部的印第安部落的废墟形成之前，当地的树木必然是被清理干净的，可时至今日，那里的废墟已经布满植物，和周围的处女林如此相似，都呈现出美丽的多样性，而且连各类植物的比例都是相同的。在漫长的岁月中，那些每年要散播数以千计的种子的树木之间，必然存在着极其激烈的竞争；昆虫和昆虫之间，以及昆虫和鸟类、走兽类之间的竞争也异常激烈。为了增长各自物种的数量，它们或吃掉对方，或吃树，或吃树的种子和幼苗，或吃那些最早密布在地面上的植物——这些植物抑制了树的生长。由此可见，无数植物和动物之间的关系何其复杂。经历了漫长的数个世纪之后，物种之间的作用和反作用决定了今天那些生长在印第安人废墟上的各种树木的比例数及其种类。

从某种程度上来说，生物之间的依存关系，与寄生物和寄主之间的关系是相似的。而且这样的依存关系大多发生在生物系统中关系比较远的生物之间。当然，在系统关系比较远的生物之间也存在着生存竞争，比如在飞蝗类和食草兽之间。但不可否认的是，同种个体之间所进行的生存竞争必然是最激烈的，因为它们要争夺相同的环境和食物资源，并且还受到相同危险的威胁。在一般情况下，同种个体的变种之间的斗争同样激烈。只是，这样的竞争总能在很快的时间内得到解决。

□ **野生孟加拉虎**

孟加拉虎是虎类中现存数量最多的一个亚种，主要生活在孟加拉国和印度。野生孟加拉虎主要在夜间捕食，以白斑鹿、印度黑羚和印度野牛为主食，强大的肉食性使它成为食物链的最高级，对生存环境起很大的控制调节作用。

比如，把几个小麦变种栽培在一起，然后再把它们的种子混合起来进行播种，那些最能适应该地土壤和气候的，或者天生繁殖能力就很强的变种就会打败别的变种，结出更多的种子。只需数年的时间，它就能将其他所有的变种都排斥掉。甚至在那些极其近似的变种之间，如将颜色不同的香豌豆进行混合种植时，我们必须每年分别采集它们的种子，并按适当的比例进行混合播种，否则较弱的种类便会不断地减少直至灭亡。绵羊的变种也是如此，有人曾断言，某些山地绵羊的变种具有将别的变种饿死的能力，所以二者不能养在一处。如果把不同变种的医用蛭养在一处，也会产生这样的结果。如果让任何家养植物的变种和家养动物的变种之间进行类似于自然状况下的任意斗争，如果每年对它们的种子或幼兽也不按比例进行保存，那么这些变种所拥有的体力、习性和体质是否能完全相等，以及一个混合种群（在不进行杂交的前提下）的原有比例是否能保持六代以上，都值得怀疑。

同种个体间和变种间生存的斗争最剧烈

每种生物以最基本的构造且常常是最隐蔽的性状，和一切其他生物的构造发生着联系，它们互相争夺食物、住所，要么躲避，要么掠夺。

由于同属物种在习性、体质以及构造方面永远是那么相似（尽管不是绝对相同），因此它们之间的竞争远比异属物种之间的激烈。我们可以从下列事实中了解到这一点：近年来，在美国的一些地方，由于一个燕子种群的扩展而导致另一个种群数量的减少；苏格兰一些地方专食槲寄生种子的槲鸫增多了，直接导致善鸣鸫大量减少。不仅如此，我们还经常听说这样的事例：在极端不同的气候下，一种鼠类代替了另一种鼠类；在俄罗斯，小型的亚洲蟑螂到处驱逐着大型的亚洲蟑螂；在澳洲，蜜蜂的引入导致了当地小型无刺蜂的灭亡；一个野芥菜种代替了另一个物种……类似的事例不胜枚举。这就从某种意义上向我们解释了，为什么在自然界中，总是占有相同地位的近似类型之间的竞争最为激烈。即便如此，仍有疑惑未解：在激烈的生存竞争中，一个物种何以能战胜另一个物种？

从上述可知，每种生物以最基本的构造且常常是最隐蔽的性状，和一切其他生物的构造发生着联系，它们互相争夺食物、住所，要么躲避，要么掠夺。虎牙或虎爪的构造，以及附着在虎毛上的寄生虫的腿和爪的构造也充分说明了这一点。但是，蒲公英的羽毛状种子和水栖甲虫的扁平的、生有排毛的腿，在最初看来，似乎都仅仅和空气以及水有关系。但不可忽略的是，羽毛状种子的优点和密布着其他植物的地面有着极其密切的关系，只有这样，羽毛状种子才能分布得更加广阔，并且落在空地上。水栖甲虫腿的构造非常适于潜水，便于和其他水栖昆虫相竞争，能更好地捕食食物或逃避其他动物的捕食。许多植物的种子里都储藏着养料，少有人会想到这和其他植物有关系。然而事实是，当这样的种子，比如豌豆和蚕豆的种子，被播种到高大的草类群之间时，由此出生的幼苗才能茁壮地生长。从中我们可以看出，种子中养料的主要用途是为了有利于幼苗的生长，因为只有这样，它才能和四周的其他茂密植物进行竞争。

□ **鱼鹰　奥杜邦　水彩画　19世纪**

鱼鹰为鸟科中鹰属部分种类的通称。它们经常栖息在湖泊、水库、池塘、河口与海湾，以鱼为主食。由于长期在水中捕鱼，鱼鹰的翅膀进化得窄而长，便于在水下活动。可以说，鱼鹰是以它最基本的构造，与它的食物源——鱼类的构造发生着联系，当它进化出一种更利于在水中捕鱼的翅膀构造，才能生存地更好。

有一个让人疑惑的问题，即为什么一种分布在中央范围的植物的数量难以成倍地增长？我们知道，它完全能抵抗稍热、稍冷、稍潮湿、稍干燥的环境。显然，在这种情况下，如果要让这种植物具有增长其自身数量的能力，就必须使它占据优势，以对付它的竞争者和敌害动物。显然，在地理分布范围上，如果植物的体质能够因气候的变化而发生变化，那这对它无疑是有利的。但我们有理由认为，这就是只有少数植物或动物能分布得非常广阔的原因，因为最后大多数生物都会被严酷的气候消灭。在还没有到达生存范围的极限（如北极地区或沙漠的边缘）之前，它们之间的生存竞争是不会停止的。也许，在一些非常寒冷或干燥的地方生存着的少数几个物种或同种的个体，它们为了获得最温暖或最潮湿的住所，彼此之间也会展开激烈的竞争。

由此可见，当一种植物或动物被放在了一个新的地方并面对新的竞争者时，就算新地方的气候和它的原产地完全相同，它的生活条件也已经发生了本质的变化。如果要增加它在新地方的平均数，我们就不能再采用其原产地的增加方法，而必须使用新的方法来增加它的数量，只有这样，我们才能让它们在与一群不同的竞争者和敌害的生存竞争中获得优势。诚然，这样的想法是好的，但我们根本不知道应如何去做才能达到这样的效果。这也使我们更加确信这样一个事实，即我们对一切生物之间的相互关系是非常无知的。如此一来,我们只能牢记这样一点：每种生物都按照几何级数努力地增长着。每种生物都会在其生命的某一时期、某一季节、每一代或间隔几代的时期里展开生存竞争，从而大量毁灭。但是，我们可以用这样一种乐观的信念来自慰——自然界的战争从来没有停止过，而且生物无法感觉到恐惧的存在。在通常情况下，死亡是迅速的，而强壮、健康且幸运的生物却能生存并繁衍下去。

第 4 章
自然选择

CHAPTER 4

自然选择——性选择——自然选择作用的例证——个体之间的杂交——自然选择所具备的几大有利条件——自然选择所导致的灭绝——性状分歧——自然选择经由性状分歧和灭绝发生作用——论生物体质倾向的进步及其程度——性状趋于相同——本章重点。

自然选择

自然选择无时无刻不在仔细关注着最细微的变异，它将坏的清除掉，把好的保存下来并加以积累。无论何时何地，只要有机会，它就会悄无声息地进行着极度缓慢的工作，它改进着生物的有机生存条件和无机生存条件之间的关系。

在上一章，我们对生存竞争进行了简单的讨论，那么，变异究竟是怎样发生作用的呢？人工选择原理，是否也同样适用于自然界呢？我相信，它是能够发挥极其有效的作用的。请记住，家养生物中存在着数不胜数的轻微变异和个体差异，而自然状况下的生物也一样。同时，我们也不能忽视了遗传倾向的力量。在家养状况下，生物的某些体质变得具有可塑性。正如胡克和阿萨·格雷所说，几乎所有我们知道的家养生物的变异，都不是由人力直接产生出来的。人类不具有创造变种的能力，也无法防止变种的产生，人类能做的，只是把已经产生了的变种加以保存和累积，并在无意识中把生物放到新的、变化中的生存条件中去，这样，生物的变异就发生了。但是，生存条件的相似变化的确能够在自然状况下产生。我们还应该记住，生物之间的相互关系以及它与生存的物理条件之间的关系是极其复杂和密切的。因此，充满分歧的构造，对于那些处在不停变化中的生存条件的生物永远是有用的。既然对于人类有用的变异肯定出现过，那么，在随处可见且又极其复杂的生存竞争中，对于每种生物在某些方面有用的其他变异，难道在连续的许多世纪中就不曾出现过吗？如果这些有用的变异确实能够发生（必须记住的是，产生的个体比能够生存下来的要多得多），那么，比其他个体更为优越（即使程度是轻微的）的个体就会拥有最佳的机会，以便能够生存并繁衍，这有什么值得怀疑的呢？另外，我们可以确定，任何有害的变异，即使程度非常轻微，也会给该物种带来严重的灾难，甚至使其灭绝。我把这种对有利的个体差异和变异的保存，以及对有害变异的毁灭，叫作“自然选择”或“最适者生存”。而那些无用也无害的变异则不受自然选择的作用，它们要么成为不固定的性状，就像我们在某些多形的物种里所看到的那样；要么最终成为固定的性状，这都是由生物的本性和外界条件所决定的。

有几位著者误解或者反对“自然选择”这一术语。他们有人认为，“自然选择”能诱发变异，但它其实只具有保存已经发生的、对生物在其生存条件下有利的那些变异而已。没有人会质疑人工选择的巨大效果，但其前提必须是先有曾在自然界中出现过的个体差异，然后人类才能有目的地加以选择。而那些反对“选择”这一术语的人，却认为这个词具有这样的含义，即被改变的动物能够进行有意识的选择。在他们看来，既然植物没有意识，那么“自然选择”就不能应用于它们。如果硬要咬文嚼字，那么“自然选择”这一术语是不精准的，然而，谁又曾反对过化学家所说的各种元素有选择的亲和力呢？严格说来，我们的确不能说一种酸选择了它愿意化合的那种盐基。有人对我把“自然选择”说成是一种动力或“神力”产生怀疑，然而，又有谁反对过一位著者说的万有引力控制着行星的运行呢？每一个人对这种比喻都了然于心。出于简单明了的目的，这个名词几乎是非常必要的；另外，很难避免“自然”一词的拟人化，但我所谓的“自然”，只是指许多自然法则的综合作用及其最终结果的产物，法则指的是经我们确认的各种事物的因果关系。

对某个正在经历着一些轻微的物理变化，如气候变化的地区进行研究，将能够很好地帮助我们理解“自然选择”的大致过程。一旦该地区的气候发生了变化，那里的生物比例几乎也会随之发生相应的变化，有些物种甚至会灭绝。从我们所知道的世界各地生物的密切且复杂的关系看来，我们可以推论出，即使不考虑气候的变化因素，如果某种生物的比例发生变化，也会严重地影响到其他生物。如果该地区的边界是开放的，则必然会有新类型迁徙进来，从而严重地扰乱某些原有生物之间的关系。我们必须谨记：从外地引进的树或哺乳动物的影响力是极其巨大的，

□ 鹰

在自然界中随处可见且极为复杂的生存竞争中，很多生物都会在某一方面或某些方面发生相关变异，而其中的一些极为有利的变异，往往会被世代保存下来，即所谓的“最适者生存”。比如鹰有敏锐的视觉，能在高空飞翔时看到地面上的猎物。它上喙尖锐弯曲，下喙较短，四趾具有锐利的钩爪，这些特征都是自然选择的结果，便于它抓捕猎物。

□ 斑马

在弱肉强食的动物世界，没有伪装是很难生存下来的。斑马家族是马科动物中唯一进化成有条纹的成员，它们的条纹都是黑白相间的，这样的保护色能帮助它们躲避天敌的捕获。因此，当危机来临时，它们往往比同科其他动物更具有优势。

对此前面已有所论述。但是，如果在一个岛上，或在一个被障碍物部分环绕的地方，比较容易适应新环境的新型物种无法自由迁入的话，那么，该处的自然组成中就会空出一些位置，这时如果某些原有生物按照某种途径发生了变异，它们就会把那些位置填充起来。在此情况下，只要出现了轻微的变异，只要在任何方面对任何物种的个体有利，并使这些个体能够更好地去适应已经发生了改变的外界条件，那么，这种变异就有被保存下来的倾向，而自然选择也会在改进生物的工作上有了余地。

正如我在第一章中所阐述的那样，我们有足够的理由相信，生存条件的变化能够引发变异性的增加。上一节的论述则告诉我们，一旦外界条件发生变化，变异产生的有利机会便会随之增多。显然，这对自然选择是非常有利的。如果有利的变异没有出现，那么自然选择也就无法发挥其作用了。然而不要忘了，“变异”这一名词所包含的仅仅只是个体差异而已。当人类把个体差异分类积累起来后，就能使家养动植物产生巨大的变化。同样地，自然选择也能够做到这一点，而且比人类更加容易，因为它有无限多的时间去发挥作用。我认为，不一定必须要有巨大的物理变化，如气候的变化，或者高度的隔离来阻碍迁入，才能在自然的组成中腾出一些新的位置来，使某些变异的生物在自然选择的作用下填充进去。因为各地区的所有生物都以极为平衡的力量进行着竞争，当一个物种的构造或习性发生了极为细微的变异时，这种变异常常能使它比别种生物更具优势。只要这个物种继续生活在相同的生存条件下，并且以同样的生存手段和防御手段去获得利益，那么，同样的变异就会更加深入，其优势也会越来越明显。截至目前，尚未发现有一处区域的全部本地生物已经完全相互适应，同时对它们所生活的物理条件也完全适应，以至于它们都能适应更好的改进。因为在所有的地区，外来生物常常能够战胜本地生物而占据这片土地。既然如此，那么我们就有充分的理由去断言：本地生物也会发生有利的变异，以便能更好地抵御外来生物的入侵。

既然人类用有计划的和无意识的选择方法产生出了伟大的结果，那么为什么自然选择就不能呢？人类只能作用于外在的和可见的性状，而“自然”——如果允许我把“自然保存”或“最适者生存”拟人化的话——并不关心外貌，除非这些外貌对于生物是有用的。“自然”能对各种生物的内部器官、各种细微的体质差异以及生命的整个机制发挥作用。人类只为自己的利益而进行选择，而“自然”则只为它保护着的生物本身的利益而进行选择，正如每种被选择的物种所展示出来的事实那样，这些性状都充分地经受着来自于自然的考验。人类把多种生长在不同气候下的生物移栽到同一个地方，而“自然”则很少用某种特殊而适宜的方法来锻炼各个被选择出来的物种。它用相同的食物饲养长喙和短喙的鸽，用寻常的方法去训练长背或长脚的四足类动物。它把长毛的和短毛的绵羊养在同一种气候的区域里，不允许最强壮的雄性通过斗争来占有雌性。它不会严格到把所有的劣等物种都毁灭掉，而是在力所能及的范围内，在各个不同的季节里保护它的所有生物。它常常根据某些半畸形的类型，或只根据某些明显对自己有利的变异来选择。在自然状况下，物种构造上或体质上的一些极微细的差异，就足以打破生活斗争中微妙的平衡。因此这些极微细的差异就被保存了下来。人类的愿望和努力只是片刻之间的事，而人类的生命又非常短暂，因此，如果与“自然”在所有地质时代的累积结果相比，人类所得的结果是非常稀少的。事实上，“自然”的产物比人类的产物所具有的“真实”性状要多得多。这些产物能无限地适应极其复杂的生活条件，而且尤为明显的是，“自然”的产物所表现出来的技巧要比人类的产物的技巧更加高级。对此，有什么值得我们惊奇的呢？

我们可以用比喻的手法来说，在这个世界上，自然选择无时无刻不在仔细关注着最细微的变异，它将坏的清除掉，把好的保存下来并加以积累。无论何时何地，只要有机会，它就会悄无声息地进行着极度缓慢的工作，它改进着生物的有机生存条件和无机生存条件之间的关系。除非被时间提醒，否则我们将永远无法察觉出这种缓慢的进程。然而，我们对于那些遥远的地质时代的认知极为有限，也就只知道现今的生物类型和从前的生物类型并不相同而已。

假设一个物种想要实现大量的变异，那么它就必须在变种形成之后，经过很长一段时间，再次发生相同性质的有利变异或个体差异。而且这些变异还必须能够再次被保存下来。这样，该物种的变异才能一步一步地发展下去。由于相同类型的个体差异在现实中大量出现，因此，也不能说这种假设是没有根据的。但其是否正确，我们只能通过它是否符合并且是否能解释自然界的一般现象来进行判断。另一方面，人们普遍相信变异量是有严格限度的，这种信任同样也是一种不折不扣的假设。

虽然自然选择只能通过并只会为了各种生物的利益而发挥其作用，但它也常常在那些对我们来说极不重要的性状和构造上发挥其作用。当我们看见吃叶子的昆虫是绿色的，吃树皮的昆虫是斑灰色的，高山的松鸡在冬季是白色的，而红松鸡是石楠花色的，我们就会明白，这些颜色是为了保护这些鸟和昆虫免受侵害。如果松鸡不在其生命周期中的某个时期被杀害，它就必然会无限繁殖，我们知道，绝大多数的松鸡都是被食肉鸟所捕杀的。鹰的眼睛十分锐利，它依靠眼睛追捕猎物，以至于在欧洲大陆上的某些地方，人们都不敢饲养白色的鸽子，因为这类鸽子极易被鹰捕杀。因此，自然选择便呈现出了这样的效果，即赋予各种松鸡以适当而纯正的颜色，并使它永久地保存下来。不要以为偶然性地除掉一只颜色非常特别的动物无关紧要，要知道，在一个白色的绵羊群里，除掉一只略带黑色的羔羊是一个极为巨大的损失。我们在前文中提到过，吃“赤根”的维基尼亚猪会以自身颜色来决定生存还是死亡。在植物方面，植物学者们对果实的茸毛和果肉的颜色极不重视，然而我们却从优秀的园艺学者唐宁那里听说，在美国，象鼻虫对那些没有果皮的果实有着极大的危害，而对于有茸毛的果实的危害却要小得多。某种疾病对紫色李子的危害要比对黄色李子的危害大得多，另外，黄色果肉的桃子比拥有其他颜色果肉的桃子更容易受到某种疾病的侵害。如果借助于人工选择的所有方法，使一些变种在栽培时因一些细微差异而产生巨大差异，那么，在自然状况下，一种树必然会同另一种树以及大量敌害作斗争。这时，感染病害的难易程度就会有力地决定哪一个变种可以取得成功——不管是没有果皮的还是有毛的，也不管果肉是黄色还是紫色的。

在观察物种间的许多细微差异（以我们有限的知识来判断，这些差异似乎很不重要）时，我们也不能忽略掉气候、食物等对它们所产生的某种直接作用。同时我们还必须谨记，由于相关法则的作用，如果一部分物种发生了变异，并通过自然选择累积起来，那么其他的变异也将随之发生，并具有意想不到的性质。

我们已经知道，在家养状态下，物种在生命周期中的任何一个特殊时期所出现的变异，都会在其后代的相同时期中出现，比如蔬菜和农作物的变种的种子形状、大小及风味，家蚕变种的幼虫期和蛹期，鸡蛋的颜色以及雏鸡的绒毛颜色，绵羊和牛在接近成年时的角的形状，大都如此。同样地，在自然状态下，自然选择也能在任何时期对生物发挥作用，并使其改变。因为自然选择可以把这一时期的有利变异保存并累积起来，使之遗传下去。在自然选择的作用下，风可以把一种植物的种子吹得很远，使之得到利益，其困难程度远小于棉花种植者用选择的方法来增长和改进棉花。自然选择能使一种昆虫的幼虫发生变异，使之能应对一些偶然事故。通过相关作用，这些变异还能够影响到成虫的构造。反过来，成虫的变异也会影响幼虫的构造。但总的来说，自然选择将保证那些变异都是有利的。

□ **尺蠖**

在生物界中，有一些生物喜欢在形态、行为等特征上模拟另一种生物，从而使自己避免或减少伤害。尺蠖就是这种“拟态”生物的代表。它们能模拟树枝的形态而使敌害不易发现。生物的这种拟态行为是因自然选择保存某种有利变异而完成的。

自然选择能使子体的构造根据亲体发生变异，也能使亲体的构造根据子体发生变异。在社会性的动物里，自然选择能使每个个体的构造适应群体的利益，那些被选择出来的变异都是有利于群体的。相反，自然选择并不能改变一个物种的构造，使之为另一个物种带来利益，而不能为自身带来任何利益。如果动物一生中只用过一次的构造对其生存极其重要，那么自然选择就能使这种构造发生很大的变异。比如某些昆虫专门用来破茧的大颚，或者某些还未孵化成功的雏鸟用以啄破蛋壳的坚硬喙端等，都是自然选择的作用。有人曾这样说过：“死在蛋壳里的最好的短嘴翻飞鸽比能够破蛋而出的要多得多，养鸽者应在其孵化时给予帮助。”如果“自然”为了鸽子自身的利益，使它们都长有极短的嘴，那么这种变异过程应该是极为缓慢的。同时，蛋内的雏鸽还要受到严格的选择，被选择的将是那些具有最强大的喙的雏鸽，而所有具有弱喙的雏鸽都会死亡。另外，那些蛋壳较脆弱而易破的鸽蛋也将被选择，因为我们知道，蛋壳的厚度和所有物种的构造一样，也是可以变异的。

在这里，我还得补充一点，即所有生物都必然会遭遇到偶然的大面积毁灭，但是，这种毁灭对自然选择的影响极小，甚至不存在任何影响。比如，每年都有大量的蛋或种子被吃掉，但如果它们发生了某种变异，就能够避免被敌人吃掉，这些蛋或种子就能够通过自然选择发生改变。但是如果大量的这类蛋或种子不被吃掉并成为个体的话，它们也许比那些因发生了变异而幸存下来的个体的生存适应性要好很多。还有，大多数处于成长期的动物或植物，无论它们是否能够适应当前的生存条件，都必然会在每年的某个时期，由于一些偶然的原因而遭到毁灭。虽然它们在构造和体质上发生了某些变异，而且这些变异在某些方面也有利于它们本身，但这种偶然的死亡丝毫不会有所减少。不过，即使成长期的生物被毁灭得再多，只要还有幸存者——即使蛋或种子被毁灭得再多，只要有1%或0.1%能够发育，如果生存下来的适应性最强的个体向着任何一个有利的变异发展，那么其繁育的后代就能比那些适应性较差的个体更多。如果所有的个体都因为上述的原因被淘汰（这种情况在实际生活中也常常出现），那么自然选择对某些有利方向的变异也就无能为力了；但我们不能因此而否定自然选择在别的时期和别的方面的作用，因为我们根本没有任何理由去假设物种曾经在同一时期和同一区域内发生过什么样的变异，并因为变异而得到了怎样的改进。

性选择

性选择并不是生物间为了生存而发起的斗争，而是同性之间的斗争，通常情况下，它是雄性为了占有雌性而产生的。在斗争中，失败的竞争者并不会因此死亡，但是它的后代可能会很少，甚至没有。

在家养环境下，一些特性只会呈现在一种固定的性别之上，且只会遗传给这一性别的后代，在自然环境下，此种情况也可能发生。如此一来，性选择将会对一种性别与另一种性别的功能关系进行修改，且这种修改可能会涉及两性的全部生活习惯。对于“性选择”一词，我要作一些说明。性选择并不是生物间为了生存而发起的斗争，而是同性之间的斗争，通常情况下，是雄性为了占有雌性而产生的。在斗争中，失败的竞争者并不会因此死亡，但是它的后代可能会很少，甚至没有。因此，性选择可能没有自然选择那么残酷。在大多数情况下，健壮的雄性会比较占优势，并能最大程度地留下它们的后代。不过，胜利并不是依靠强壮的身体，而更多的是依靠雄性所独有的特殊武器。一头无角的雄鹿或者一只无距[1]的公鸡几乎没有留下后代的机会。由于性选择总是允许胜利者繁殖，因此，它确实可以增强生物不屈不挠的勇气、距的长度、翅膀拍击距脚的力量。这种选择如同斗鸡者选择斗鸡一样，总是选择最后的胜利者。至于在自然界中，要降到何种等级，才会没有性选择，我也无从知道。我看到过这样的描述：当美洲的雄性鳄鱼想要占有雌性鳄鱼时，它们会战斗、咆哮、环走，就像印第安人的战争舞蹈一样。人们还发现，雄性鲑鱼整天都在战斗；雄性锹形甲虫经常遍体鳞伤，那是被它的同性竞争者用巨型大颚所咬的。伟大的观察者法布尔经常看到某些膜翅类雄虫为了一只雌虫而斗争，而雌虫总是停留在旁边，一副漠不关心的样子，当战斗结束后，它会和战胜者一同离开。最为激烈的战争大多会在多妻动物的雄性之间爆发，这些雄性动物都生有特殊武器。雄性食肉动物本来就拥有很好的武装，但在性选择的时候，它们还会长出特殊的防御武器来，雄狮的鬃毛和雄性鲑鱼的钩曲腭就是这样。这时候，盾牌的作用同剑和矛的作用同样重要。

□ 雄狮的夺偶大战

仔细观察就会发现，雄狮与雌狮有一个最大的不同，即雄狮长有浓密的鬃毛，雌狮却没有。达尔文指出，在性选择的时候，许多雄性动物会长出特殊的防御武器，雄狮的鬃毛就是为此而生的，它可以保护雄狮的脖颈在与同性的夺偶大战中不受伤害。但也有研究者表示，雄狮的鬃毛起着装饰的作用，目的是吸引异性或震慑“情敌”。

[1] 距：是附跖骨后方突出的骨棍，外面包裹鸟类皮肤衍生的角质鞘，常见于鸡形目的鸟，其中以雄鸟的距最为发达。

□ 雄海豹的较量

海豹实行“一夫多妻”制，雄海豹拥有多名“妻室”。每当雄海豹进入发情期，就会追逐雌海豹，因此，一只雌海豹身后同时跟着多只雄海豹的情况时有发生，而雄海豹之间也不可避免地要发生争斗。这样的较量可不是小打小闹，而是激烈和血腥的。弱者往往会在战斗中被撕破鼻子，或挖掉眼珠。战斗一结束，胜者便会和雌海豹一起下水，开始交配。

在鸟类中，这种斗争相对平和些。但凡接触过这一问题的人应该都了解，雄鸟之间最严酷的竞争方式只不过是用歌唱来吸引雌鸟。圭亚那的岩鹟、极乐鸟以及其他一些鸟类，当它们求偶时，总喜欢聚集在一处，然后由雄鸟们接二连三地将自己华丽的羽毛展示出来，并在雌鸟面前做出许多怪异的动作，而此时的雌鸟就像观众一样看着它们表演，最后，它会选择最吸引它的一个来做自己的配偶。那些对鸟笼中的鸟作过细致观察的人都清楚地知道，这些鸟都有自己的好恶。赫伦爵士曾经讲述过这样一件事情：一只斑纹孔雀可以吸引全部雌性孔雀，这是一件令人匪夷所思的事。我想，人类尚无法完全理解鸟类的择偶标准。在无数的世代中，选择音调最为优美，或以它们的标准来看是最美丽的雄鸟，可能已经产生了显著的效果。关于雄鸟和雌鸟羽毛不同于雏鸟羽毛的某些著名法则，可用性选择对于不同时期内发生的，并且在相当时期内发生的单独遗传给雄性或雌雄两性的变异所起的作用来作部分解释，但我在这里不便详细讨论这个问题。

我相信，如果任何动物的雌雄两性只在构造、颜色或装饰上有所不同，那么，产生这些不同的主要因素一定就是性选择。这就解释了为什么一些雄性个体在它们的武器、防御手段或者美观方面比其他同性更具有优势，而具有这些优势的性状又可以在以后的世代中只遗传给自己的雄性后代。但我却不愿意把所有性的差异都归因于这种作用，因为我们曾在家养动物中发现，有一些为雄性所专有的特性显然不是通过人工选择而变得更加明显的。

自然选择作用的例证

如果在狼最难捕捉到猎物的季节，恰巧这一地区的偶然一种变化导致了鹿群数量的减少，或者是其他猎物数量的减少，那么，毋庸置疑，只有速度最快和体重最轻的狼才会猎取到鹿，从而拥有最好的生存机会，并因此被保留或被选择下来。

为了验证自然选择是否是像我所认为的那样发挥作用，请允许我虚构一两个事例。让我们以一只捕食各种动物的狼为例，在捕食过程中，因捕食对象的不同，它有时需要靠自己的技巧，有时需要靠自己的体力，有时则需要靠敏捷的速度。我们再以鹿这种最为敏捷的猎物为例，如果在狼最难捕捉到猎物的季节，恰巧这一地区的偶然一种变化导致了鹿群数量的减少，或者是其他猎物数量的减少，那么，毋庸置疑，只有速度最快和体重最轻的狼才会猎取到鹿，从而拥有最好的生存机会，并因此被保留或被选择下来。当然，它们捕食其他动物的原理也是一样的。这和人类通过细致且有计划的选择，或者通过无意识的选择（人们尝试保存最优良的狗，但根本没有想到去对这种品种的狗进行改变）就能够改进长躯猎狗的敏捷性是一样的。在这里，我要补充一点趣味性的东西：皮尔斯先生说，在美国的卡茨基尔山生活着两种发生了变异的狼，一种体形轻快像长躯猎狗那样，它们追捕鹿；另一种身体较庞大，腿较短，它们常常袭击牧人的羊群。

需要重申一点，在我刚才所虚构的这一个事例中，我所说的被保存下来的狼是指个体体重最轻的那种，而不是说只要发生了单独且显著的变异就会被保存下来的狼。在此之前，我曾提到，后者的出现次数也很多。我发现，个体差异具有十分突出的重要性，这促使我要对人类无意识选择的结果作充分的讨论。人类的这种无意识选择的目的是要把具有一些价值的个体保存下来，并将有害的个体销毁。我还发现，在自然状态下，一些偶然的构造偏差被保留了下来，比如畸形物种被保留就是不寻常的事[1]。尽管按照常理来说理应如此，但当我读了刊登在《北部英国评论》上的一篇拥有有力证据和价值的论文后，我才知道无论是微细

[1] 即使畸形在最初就被保留下来了，但经过漫长的岁月，也应该会因为与正常个体杂交而消失。

□ 伪装高手——变色龙

变色龙是一种“善变”的树栖爬行类动物，为了逃避天敌的侵犯和接近自己的猎物，它们会在不经意间改变皮肤的颜色，然后一动不动地把自己融入到周围的环境之中。久而久之，这种善于伪装的本领便被自然选择保存下来。

还是显著，单独的变异能被长时间保留下来的事例都是十分罕见的。这篇论文的作者以一对动物为例，它们一生中共繁衍的200个后代，却因种种原因遭到了毁灭，最后只剩下大约两个后代能够生存并繁殖它们的种类。事实上，对大部分的高等动物而言，这是一个非常高的估计，但对大量低等动物而言却并不是这样的。于是作者指出，如果有一个独立的个体能够存活下来，同时，它又在某一方面发生了变异，而这一变异又导致它的生存概率是其他个体的两倍，那么仍然会出现因为死亡率太高或者其他一些原因，而致使它的生存受到严重威胁的情况。即便它能够生存而且繁殖下去，并且有一半的后代也遗传了这种有利的变异，那么，正如本篇论文的作者所继续指出的那样：其后代的生存与繁殖的机会也只能稍稍好转。而且这种机会还会随着时间继续减少下去。我完全赞同这种论点。比如某一种类的一只鸟，当它的喙因变得钩曲而能够更容易地获得食物，而且它的后代也遗传了它的这种变异并因此而繁盛起来，其单个个体是否就能将其他普通的类型排除掉，从而使自己的种类继续被保留下去呢？答案是否定的——这样的概率很小。从发生在家养状态下的一些情况来判断，在许多世代中，如果我们保存了一些具有钩曲喙的个体，并且毁灭了那些具有直喙的个体，那么，上述的结果仍有可能出现。

有这样一个问题不容忽视：由于相似的体质会受到相似的作用，因此，一些非常显著的变异就会反复再现（没有人将这种变异当成个体差异来看）。对于此种情况，我们可以从家养生物中举出很多事例。在这种情况下，就算变异的个体不马上把才获得的新性状遗传给后代，但只要生存条件不变，那么，毫无疑问，它早晚还是会把这种按同样方式变异，且更加强烈的倾向遗传给后代。同样，由于按照同样方式进行变异的倾向总是那么强烈，所以同一种类的所有个体都会在毫无选择余地的情况下发生相同的变异，可能只有1/3或1/5，甚至1/10的个体会受到这种影响。对此，我可以举出不少事例。比如葛拉巴曾计算过，非罗群岛上有1/5的海鸠都具有同一种特征非常显著的变异，并曾被列为一种独立的物种，称为Uria Lacrymans。在这种情况下，如果变异是有利的，那么在最适者生存的法则下，原有的类型很快就会被发生了变异的新类型代替。

事实上，大多数的动物和植物都喜欢固守在原有的疆土中，不到万不得已，它们是不会在外活动的。候鸟就是这样，它们在越冬后几乎是一定要回到家乡的。对自然状态的变种而言，有一条普遍的规律，即它们最初通常是被限制在了一个地方。因此，发生同样变异的个体会快速地聚集成一个小团体，然后就地繁育。如果新的变种取得了生存斗争的胜利，那么它们便会以自己的聚集地为中心，缓慢地向周边扩张，逐渐扩大，并且在自己的边界上与那些未曾变化的个体进行斗争，并战胜对方。

还有一些更为复杂的事例可以证明自然选择的好处。比如，有些植物分泌甜液是为了将体液里的有害物质排泄出来。某些荚果科植物的托叶基部的腺就分泌这种液汁，而普通月桂树的叶背上的腺也分泌这种液汁。这种液汁的分量很少，且总是被昆虫贪婪地吸食掉。不过昆虫对这种汁液的吸食并不会让植物得到任何好处。现在，让我们作一个假设，假如在任何一种植物的部分个体中，都会从内部分泌这种液汁或者花蜜。在昆虫吸食花蜜的过程中，会把花粉从一朵花带到另一朵花上去。同种的两个不同个体的花也因此而杂交，那么这种杂交出来的幼苗就会非常强壮，这一点已得到了证实，这些幼苗也因此得到了繁盛和生存的最好机会。如果某种植物的花具有最大的腺体即蜜腺，那么，它们就一定能分泌出最多的蜜汁，从而受到大量昆虫的光顾，最为频繁地发生杂交。长期下去，它就会独占优势，成为一个地方变种。也有另外一种

□ **鼹鼠**

鼹鼠的前脚大而向外翻，爪子有力，像两只铲子，头紧接肩膀，看起来像没有脖子，整个骨架矮而扁，如挖掘机一样。以上这些特点是自然选择保存下来的变异，以使鼹鼠更适合在狭长的地下或隧道里自由生活。

情况，如果花的雄蕊和雌蕊的位置与前来访问的某一特定昆虫的身体大小和习性相适应，而且在任何程度上都有利于花粉的输送，那么这些花也会得到巨大的好处。有些昆虫来往于花丛之间，并非为了吸取花蜜，而是为了采集花粉，让我们以此为例：花粉的形成是为了受精，所以它的毁灭对于植物而言，是一种相当大的损失；但如果只有少量的花粉被昆虫吃掉，其余花粉从这朵花被带到那朵花上去，最初出现这种情况可能源于偶然，但在这之后就会成为一种惯例。如果植物因此而达到了杂交的目的，哪怕有90%的花粉被吃掉，它也依然获益匪浅。同时，那些能产出更多花粉的，且具有更大花粉囊的植物个体就会被选择保留下来。

当植物周而复始地持续上述过程之后，它们就能够很容易地吸引昆虫，而昆虫也会在不知不觉间，按时地在这些植物的花与花之间传授花粉。大量显著的事实证明，昆虫可以极为有效地从事这一工作。我只举一个例子，它可以说明植物在雌雄分化中的一个步骤。有些冬青树只开雄花，它们有四枚雄蕊，而且这四枚雄蕊只产生少量的花粉，另外，它还有一个发育不全的雌蕊。而有些冬青树却只开雌花，这些雌蕊的个头都相当合适，可是它们的四枚雄蕊上的花粉囊却都萎缩了，里面没有一粒花粉。在距离一株只开雄花的冬青树54米远的地方，我曾找到一株有雌花的冬青树，我在它们的枝条上各摘了20朵花，并用显微镜来观察这些花的柱头。结果，我在这20朵花的柱头上都发现了几粒花粉，其中几个柱头上的花粉稍多。我注意到，在那几天里，风都是从雌树吹向雄树的，因此花粉当然不是由风传带过来的。同时，当时的天气非常寒冷且不时有狂风暴雨，可以说，这样的天气对于蜂类也是很不利的。但就是在这样一种情况

□ **冬青树**

达尔文指出，一些植物有着雄雌分化的过程。如冬青树，它们的个体中，有的只开雄花，有的只开雌花，但是，在这样的情况下，雌蕊的柱头上依然有一些花粉。经过观察发现，让雌蕊受精的，不是风的传播作用，而是蜂类。这就证明了达尔文的假设：当植物发展到能够高度吸引昆虫的时候，其花粉便被昆虫按时地从这朵花传到那朵花。

下，我检查过的每一朵雌花，都通过蜜蜂而有效地受精了。现在回到我们的假设中来：当植物发展到能够高度吸引昆虫的时候，其花粉便被昆虫按时地从这朵花传到那朵花，于是，一个新的过程就此开始了。我想，任何人大概都不会怀疑生理分工的有利性吧。所以，我们应该相信，如果两朵花或两株植物各自只生雄蕊或只生雌蕊，对于其中一种是有利的。但是，当植物被栽培或被放在新的生活条件下，其雄性器官或雌性器官，多少会变得不大成熟。如果我们假设，在自然状态下也存在这种情况，不论其程度多么轻微，那么，由于花粉已经按时从这朵花传到那朵花，并且依照分工的原则，植物的较为完全的雌雄分化是有利的，所以这种倾向愈加明显的个体，就会继续得到利益而被选择下来，最终达到两性的完全分化。依据二型性和其他途径，各种植物的雌雄分离正在进行着，其步骤就不在此详解了。我要补充说明的是，北部美洲的某些冬青树，根据阿萨·格雷所说的，正好处于一种中间状态，多少是杂性异株的。

□ **蜻蜓的结构示意图**

和许多节肢动物一样，蜻蜓是通过遍布它们肌体中的微型气管直接吸收氧气，而不是通过血液间接吸收氧气。所以，在古生代后期，因为大气中氧气浓度极高而催生了一种巨型的蜻蜓，它们的双翅展开后可达70厘米左右，像鹰一样。和蜜蜂一样，蜻蜓也充当着为植物传花授粉的角色。

让我们把话题转回到只吃花蜜的昆虫上来吧。有例可证，蜂类在吸食花蜜的过程中是十分节省时间的。它们有一种习性，即通过在某些花的基部咬一个洞来吸食花蜜，尽管它们只需要克服一点点的麻烦就可以从花的口部进去。这就说明，在某些环境里，就算吻的曲度和长度的差异微细到了让人无法觉察的地步，但是对于蜂或其他昆虫来说却有可能是有利的，它们将会使某些个体比其他个体更快地获得食物。这些差异也会促使它们所属的这一族群更加繁盛，并生出更多的具有相同遗传特性的后代。如果不仔细观察，你将难以发现普通红三叶草和肉色三叶草的管形花冠在长度上所存在的差异，而蜜蜂能够很轻易地吸食到肉色三叶草的花蜜，却无法吸食到普通红三叶草的花蜜，只有土蜂才有能力吸食到普通红三叶草的花蜜。因此，尽管普通红三叶草遍布整个田野，但它们却不能把珍贵的花蜜提供给蜜蜂。其实，蜜蜂是非常喜欢普通红三叶草的花蜜的，在秋季时节，我曾多次看到许多蜜蜂从土蜂在它花管基部所咬破的小孔里去吸食花蜜。这两种三叶草的花冠长度决定了蜜蜂能否吸食，它们彼此之间的相差程度也是非常微细的。我曾听说，当普通红三叶草被收割一次后，其第二茬的花会比第一茬的略小，于是，大量的蜜蜂就会飞来吸食第二茬的花。我尚不知道这一传闻是否属实，也不知道另外一种已经发表的记录是否可靠——据说意大利种的蜜蜂（学术界的普遍观点都认为这种蜜蜂是普通蜜蜂种的一个变种，它们的最大特点是彼此之间可以自由交配）能够飞到普通红三叶草的泌蜜处去吸食花蜜，因此，在长有此种红三叶草的地区，那些吻略微长一些的，即吻的构造略有差异的蜜蜂可以获得巨大的好处。另一方面，这种三叶草的受精也完全要依靠这种吻略微长一些的蜂类来完成。在任何一个地区，如果当地的土蜂非常稀少，那么，那些花管较短或花管分裂较深的植物便相对更受益，因为这样的构造更便于蜜蜂吸取它的花蜜。通过这些事例，我总结出，一旦持续保留具有微小构造偏差且这种偏差能达到互利效果的所有个体，花和蜂将同时或先后发生变异，最终二者将达成最完美的相互适应。

我很明白，如果仅用上述这些假设出来的例子来对自然选择学说进行解释，无疑会遭到人们的反对，一如当初莱尔的“地球近代的变迁，可用作地质学的解说”这一宝贵意见所遭到的反对一样。但当人们用至今仍然存在的各种作用来解释深谷的出现或内陆长形崖壁的形成时，我很少听到有反对之声。自然选择的作用，只是把每种有利于生物的微小遗传变异保存并积累起来。它既不能连续创造新生物，也不能使生物的构造发生任何巨大的或突然的变异，它是一个缓慢积累的过程。

个体之间的杂交

雌雄异体的动物和植物生育的前提，是两性之间必须交配。但在雌雄同体的情况下，这一点就不那么明显了。不过，我们有理由相信，所有雌雄同体的两个个体会在偶然间或习惯性地结合在一起以繁殖它们的后代。

在这里，我必须要对不属于本书的一些话题进行讨论。雌雄异体的动物和植物生育的前提，是两性之间必须交配（除了那种奇特且让人无解的单性生殖）。但在雌雄同体的情况下，这一点就不那么明显了。不过，我们有理由相信，所有雌雄同体的两个个体会在偶然间或习惯性地结合在一起以繁殖它们的后代。虽然我手上的材料足以让我作充分的讨论，但是在这里，我决定把这个问题极度简略化：所有的脊椎动物、昆虫以及其他动物必须通过交配才能生育。通过近代的研究，以前那些被当作是雌雄同体的生物如今已被认定为雌雄异体，因此，雌雄同体生物的数量大大减少了。事实上，大多数真正的雌雄同体生物也必须交配才能生育，这也就是我们所要讨论的问题，但是也有一些雌雄同体的动物并不是经常进行交配的，而且绝大多数的植物是雌雄同株的。于是就出现了一个问题：是什么样的原因使我们可以假设，在这种场合里两个个体是为了繁衍而进行交配？对此，我进行了一般的考察。

第一，我曾搜集过大量事实，并且做过大量实验，以证明动物和植物的变种之间存在杂交，或者同一变种但不同品系的个体间存在杂交，以此提高后代的体质和繁殖能力。与之相反，近亲交配则会使其体质和繁殖能力衰退，这也是饲养家们的

□ **蜻蜓交尾　李元胜　摄影　当代**

蜻蜓的交配姿势独特，如图所示，雄体用腹部末端的抱握器握住雌体的头或前胸，通过它的动作引诱雌体将其腹部前弯，接触到雄体腹部基部的交尾器，从而进行交配。

普遍观点。单凭这样一个事实就足以使我相信，为了本族群的永存，一种生物不会让自己的卵细胞接受自己的精子，这一法则是自然界的一般法则；与另一个体偶然性的或者相隔一个较长时间的交配，是必不可少的。

当我们相信这是自然法则，才能更好地理解以下事实。因为如果用别的观点来解释这些事实，恐怕无法解答。相信培植杂种的人都知道，有一些花将自己的花粉囊和柱头完全暴露在雨中，这对于花的受精是非常不利的，但是这样的花却又是那么多！尽管植物自己的花粉囊和雌蕊生得这么近，几乎可以保证自花受精，但是如果偶然的杂交是不可缺少的，那么必将可以使其他花的花粉充分地自由进入。由此，便可以解释雌雄蕊暴露的情况了。然而，有许多花却不同，它们的结子器官是紧闭的，如蝶形花科即荚果科这一大科便是如此。但这些花对于来往的昆虫，却拥有美妙的适应。蜂的来访对于它们是如此必要，如果蜂的来访受到阻止，它们的能育性就会大大降低。昆虫的作用有如一把驼毛刷子，这刷子只要先触着一花的花粉囊，随后再触到另一花的柱头，就可以完成受精。但这并不意味着蜂就能产生出大量的种间杂种来。因为，假如某种植物自己的花粉和从另一物种带来的花粉落在同一个柱头上，而它自身的的花粉占有更大的优势，那么它便会不可避免地要完全毁灭外来花粉的影响，而杂种也就不会产生了，对此，盖特纳曾指出过。

当一朵花的雄蕊突然向雌蕊“跳去”，或者雄蕊的枝逐渐地向雌蕊弯曲，那么，这样就能完成一次完美的自花受精。不过，要使雄蕊向前弹跳，常常需要昆虫的助力，科尔路特所阐明的小蘖情况便是这样。在小蘖属[1]里，似乎都有这种浑然天成的动作或姿势发生，大大有利于自花受精。想必大家都知道，如果把极度类似的类型或变种栽培在邻近的地方，我们就难以得到纯粹的幼苗。由此可见，植物之间进行着大量自然的杂交。许多事实证明，自花受精一直是非常不便的，因为它们的某些特性能够有效地阻止自己的柱头接受自己的花粉。综合斯普伦格尔和别人的著作以及我自己的观察，下面我将对这一点进行解释。比如，亮毛半边莲确有十分美丽而精巧的装置，能够把花中相连的花粉囊里的无数花粉粒，在本花柱头尚未接受它们之前，全部扫除出去。我所观察到的这种花从来没

[1] 小蘖属：该属包含了450～500种植物，为常绿或落叶灌木。它们常被培养为园艺观叶品种，或作为矮篱笆墙。

有昆虫来访，所以它从不结子。然而当我把一花的花粉放在另一花的柱头上，却能结子，并由此培育出许多幼苗。而另一种半边莲，却有蜜蜂来访，因而能够自由结子。事实上，在大多数的情况下，就算没有其他特别的装置来阻止柱头接受自己的花粉，某些花的花粉囊也会在柱头受精之前开裂，或者其柱头在花粉未成熟以前已经成熟，这就是所谓的两蕊异熟的植物，它们的雌雄已经分化了，而且经常进行杂交。最近，斯普伦格尔、希尔德布兰德及其他人都指出了这一点，这和我所证实的事实是一致的。二型性和三型性交替植物的情况与此相同。这些事实是何等奇妙！同一花中的花粉位置和柱头位置是如此接近，好像专门为了自花受精似的，但在通常情况下，它们又根本派不上用场，这同样是十分奇妙的！如果我们用不同个体的偶然杂交是有利的或必须的来解释这些事实的话，我们很容易就能够明白了！

□ **郁金香 巴西利厄斯·贝斯勒 水彩画 17世纪**

郁金香，原产于地中海沿岸和中亚细亚地区。由于气候原因，形成了郁金香耐寒不耐热的特性，其种球必须经过一定的低温阶段才能开花，花期通常为每年3～4月。目前，郁金香主要通过人工杂交增加染色体组从而增加不同的物种，其品种已超过8 000种。

如果把甘蓝、萝卜、洋葱以及其他一些植物的几个变种各自栽种在邻近的地方，并让它们结子，那么就此培育出来的大多数实生苗都是杂交品种。比如，我把几个甘蓝的变种栽培在一起，并培育出了233株实生苗；在这233株实生苗中，能够纯粹地保留自身种类性状的只有78株，而且其中还有一些并非是完全纯粹的。但我发现，每一朵甘蓝花的雌蕊不但被自己的六个雄蕊所围绕，同时还被同株植物上的许多花的雄蕊所围绕。即使没有昆虫的助力，各花的花粉也会轻易地落在自己的柱头上，并结出大量的种子。但这些杂种的幼苗又是从哪里来的呢？这必然是因为其他变种的花粉比自己的花粉更占优势的缘故。这是同种的不同个体互相杂交能够产生良好结果的一般法则。但如果是不同的物种进行杂交，情况则相反，因为这时植物自己的花粉几乎都要比外来的花粉占优势。关于这一问题，

□ 交配的蚱蜢

蚱蜢通常生活在树叶、草丛中。雄性蚱蜢在求偶时会以摩擦翅膀来发出独特的声音，雌性蚱蜢听到声音便会去和雄蚱蜢进行交配。交配时雄蚱蜢将精子射入雌蚱蜢的受精囊储存，等到卵子成熟后才受精，受精后雌蚱蜢将产卵器插入土中产卵。

我们以后再作讨论。

面对一棵开满花的大树时，一定会有人说，这棵树的花粉几乎很难传到另外一棵树上去，最多只会传到同一棵树的另一朵花上去。不仅如此，这棵树上的花，只是狭义上的不同个体。我相信这种说法具有一定的可信度。但是，大自然对于这种可能的事却已经作好了充分的准备，它将一种强烈的倾向赐予了树木，这种倾向使树木生长出了雌雄分化的花。当雌雄分化了，虽然雄花和雌花仍然同株，但花粉总会被按时传递，这样，雌雄分化的花就为花粉偶然从一棵树传送到其他树提供了较好的机会。一切属于“目”的树，在雌雄分化上都比其他植物的雌雄分化更为普遍。胡克博士告诉我，这一规律并不适用于澳洲。但如果大多数的澳洲树木都是两蕊异熟的，那么，其结果就和雌雄分化的花的情况是一样的了。

接下来，我将对动物作一个简短的概述。许多陆生动物都是雌雄同体的，比如陆生的软体动物和蚯蚓，但它们仍然需要交配。目前为止，我还没有发现有哪一种陆生动物是自体受精的。这一显著的事实，与陆生植物形成了鲜明的对比，但如果用偶然杂交是必不可少的这一观点来看待的话，这一问题也是可以理解的。因为，精子的性质决定了它不可能像植物那样依靠昆虫或风作传播媒介，所以如果两个陆生动物的个体不进行交配的话，那么，偶然的杂交就无法实现。但在水生动物中，许多雌雄同体的物种是可以进行自体受精的。显然，流动的水成为了它们偶然杂交的介质。我同这方面的最高权威赫胥黎教授进行过讨论，希望能找到这样一种雌雄同体的动物，即它的生殖器官被严严地封闭在了体内，而且通向外界的通道也被彻底阻绝，同时它还不能接受不同个体的偶然影响。结果就像上文所假设的花的情况一样，我失败了。受此影响，我在很长一段时间内感到蔓足类动物是很难被解释的物种。幸运的是现在有了一个机会，能让我证明，就算是两个自体受精的雌雄同体，有时也会进行杂交。

无论是在动物还是植物中，同科中甚至同属中的物种，即便在整个体制上彼此一致，仍然有些是雌雄同体，有些是雌雄异体。这令很多博物学者感到十分诧异。但如果所有雌雄同体的生物在现实中都存在偶然杂交的话，那么从机能的角度来看，它们与雌雄异体的物种之间的差异就会非常小。

通过以上这些观察，以及我多方搜集但无法在此处一一列举的一些特殊事实来看，就算动物和植物的两个不同个体间的偶然杂交不是普遍的，但也不会是偶然的。

自然选择所具备的几大有利条件

自然选择的作用基本上都是非常缓慢的，它必须经历很长的时间，并始终只作用于同一地区的少数几种生物才会显现出来。

这是一个极其复杂的问题。毫无疑问，大量的变异（这些变异中还包含着许多个体差异）是有利的。如果个体数量极大，那么，它在一定时间内发生有利变异的机会便相对多些，就算每个个体的变异程度很低，也会因为其数量的庞大而得到弥补。因此，我相信庞大的数量是变异成功的关键。尽管大自然给予了自然选择长久的时间让其进行工作，但这样的时间并非是无限的，因为每一种生物都在分秒必争地争夺着自然组成中的位置。当任何一种生物的竞争者发生一定程度的变异和改进，而该生物却没有发生相应的变异和改进，那么，这种生物便难逃灭绝的命运。不管怎样，有利变异都会遗传给后代，就算不全部遗传，也会遗传一部分，唯有如此，自然选择才能发挥作用。返祖倾向可能常常会抑制或阻止自然选择的作用，但这种倾向是无法阻止人类用选择的方法来形成大量家养族的，既然如此，它又怎么可能真正战胜自然选择并使它无法发挥作用呢？

在有计划选择的情况下，饲养家会为了一定的目的进行选择。如果他允许这些个体自由杂交，那么，他的工作最终将以失败告终。而另外有些人，尽管他们

□ 猕猴桃

达尔文指出，同一区域内的同一物种的个体很容易发生杂交。根据相关研究发现，猕猴桃属的许多种之间形态性状重叠，这应该是大量的自然杂交形成的。如果要使同一物种或变种的个体在性状上保持纯粹和一致，最有效的办法就是阻止其杂交。

没有改变品种的意图，却无一例外地对品种有一个几乎相同的完善标准——用最优良的动物来繁殖后代。虽然这种无意识的选择没有把选择下来的个体分离开，但势必也会使这些品种逐渐得到改进。自然状态下的情况也是这样。因为在一个局限的区域内，自然构成中还存在着一些空出的位置。只要是在向正确方向发生变异的个体，就算它们的变异程度不同，也都可以被保留下来。但如果这个局限区域的幅员十分广阔，那么，这一区域中的几个片区就必然会出现不同的生活条件。如果同一个物种在不同的片区内发生了变异，这些新的变种就需要在各自片区的边界上进行杂交。我将会在第六章里对这一问题进行深入的探讨，即生活在中间区域的中间变种，普遍会在一段较长的时间内被邻近的某类变种所代替。凡是那些必须交配才能生育且流动性很大、繁育速度却很慢的动物，特别容易受到杂交的影响。所以，具有这种本性的动物，例如鸟，其变种一般仅局限于隔离的地区内。而另外一些动物比如偶然进行杂交的雌雄同体，还有每次生育必须交配但很少迁移而增殖甚快的动物，就能在任何地方迅速形成新的和改良的变种，并常常在那里聚集成群，最后散布开去，所以这个新变种的个体常会互相交配。

在那些必须交配才能生育且繁殖较慢的动物里，我们也不能认为自由杂交能够抵消掉自然选择的作用，因为我可以举出很多的事实来说明这一点。在同一地区内，同种动物的两个变种，在经过了漫长的时间以后，其区别依旧分明。之所以会这样，也许是因为栖居地不同，或繁殖的季节存在着略微的差异，或每一种变种的个体喜欢同发生了与自己相同变异的变种个体进行交配。

在自然界中，如果要使同一物种或同一变种的个体在性状上保持纯粹和一致，那么，防止其杂交是极为关键的。尤其是对于每次生育必须交配的动物，杂交作用显得更为明显。但正如我们前面所讲的那样，所有的动物和植物都会偶然地进行杂交，即使这种杂交的间隔时间很长。而且，在这种偶然杂交情况下所出生的幼体，在强壮和能育性方面都将远胜于长期连续自体受精生下来的后代，因此，它们会有更多的生存机会和繁殖机会。在这种情况下，哪怕间隔的时间再长，杂交的影响依然很大。至于那些等级较低的生物，它们既非有性生殖，又不相互结合，因此，根本就无杂交可言。在同一生活条件下，它们只能通过遗传和自然选择，把那些离开固有模式的个体消灭掉，以达到性状一致的目的。如果它们的生活条件改变，类型发生了变异，那么，只有依靠自然选择对于相似的有利变异的保存，变异了的后代才能获得性状的一致性。

在自然选择所引起的物种变异中，隔离也起到了重要的作用。在一个局限的或者隔离的地区内，如果是在一个小范围内，那么有机的和无机的生存条件几乎是一致的，因此自然选择也就趋向于使同种的所有个体按照同样的方式进行变异，如此一来，杂交也会受到阻碍。最近，瓦格纳发表了一篇相关的论文，这篇论文很有趣。在文中，他认为隔离在新变种间的杂交中起到了很好的阻碍作用，而且这种作用比我们想象的还要大。瓦格纳认为，迁徙和隔离是形成新种的必要因素，对于这一论断，我不大赞同。当气候、陆地高度等外界条件发生了物理变化之后，隔离在阻止那些适应性较强的生物的移入方面同样很重要。当外来生物被阻隔在外，这一区域的自然组成里就会空出新的位置，并逐渐因为旧有生物的变异而被填充起来。如此一来，隔离就会为新变种的缓慢改进提供时间，这一点有时也非常重要。但是，如果隔离的地区很少，或者周围有障碍物，或者物理条件很特别，那么生物的总数就会很少，从而导致有利变异发生的机会相对减少，而通过自然选择产生新种就要受到阻碍。

我还要重申一点就是，时间本身并无作用，它对自然选择不利，但也并无妨害。我之所以要申明这一点，是因为有人曾对此产生过误会，在他们看来，既然我曾假设过时间对物种的改变起着十分重要的作用，那么所有的生物种类应该都会因为某些内部法则而发生必然的变化。鉴于此，我的解释是，时间的重要性只体现在它能为变异的发生、选择、累积和固定等提供更好的机会上，同时，时间还增强了物质生活条件对各种生物体质的直接作用。

为此，我们可以在自然界中来验证上述说明的正确性。但是，我们所能观察的，只是任何一个被隔离的小区域，比如一个海洋中的岛屿，我们可能会发现，生活在这个岛屿上的物种数目很少，事实上，它们是该区域的特有物种，在世界的任何地方都很难找到。因此，在第一次看到这些物种时，我们会误以为是该海岛为新物种的产生提供了极大的好处。所以，我们要明确一点，即我们到底是对一个隔离的小地区进行研究，还是对一个开放的大地区——比如一片大陆——进行研究。如果想要弄清楚哪一种地区更有利于出现生物的新类型，我们就应该在同一时间对两种地区进行比较，但我们根本不可能做到这一点。所以，要在自然界中验证时间对变异的作用，是非常困难的。

尽管隔离对新物种的产生具有极为重要的意义，但如果从全局来看，我更倾向于相信地区的广袤比隔离更加重要，特别是对那些能够经历长时间且能够广为分布的物种的产生。在广袤的开放区域，新的物种能更好地维持同种的大量存在，因此，那里发生有利变异的机会更多。另外，由于广袤而开放的地区已经存在着大量的物种，因此，那里的外界条件比较复杂。当这些物种中的一部分已经变异或发生了改进，那么，生存的本能会促使其他物种也跟着进行相应的变异或改进。当一个新的类型发生了极大程度的改进之后，它会向开放的、相连的地区扩展，因此，就不可避免地要与许多其他类型的物种进行生存斗争。除此之外，那些相互连接着的广袤地区，也会因为原来的地面变动而呈现断开的状态。所以隔离的优良效果在某种范围内一般是曾经发生过的。

综上所述，我们可以得出这样的结论：虽然小的隔离地区在某些方面对于新种的产生是极为有利的，但发生在广袤地区的变异过程却要快得多。更重要的是，产生于大地区内并战胜过许多竞争者的新类型，往往分布得最广远而且产生出最多的新变种和物种。因此，它们在生物界的变迁史中便占有比较重要的位置。

基于这一观点，我们对于某些事实就有了大致的理解。比如，澳洲这样一些比较小的大陆上的生物，与如今的欧亚大陆上的生物相比，要低一个档次。究其原因，是因为澳洲大陆的生物都是在其所处的岛屿上进行变异的。在小岛上，生存斗争远不如大陆激烈，因此，变异的机会也就少得多，而且物种灭绝的情况也相对较少。与海洋或陆地相比，所有的淡水盆地则只是一个小小的地区，因此淡水生物之间的生存斗争没有其他地方那样剧烈，新类型的产生也要缓慢得多，旧类型的灭亡同样是比较缓慢的。硬鳞鱼[1]类在古代是一个占有优势的目科，我们

---

[1] 硬鳞鱼：分布于西大西洋（从加拿大与美国马萨诸塞州到巴西）。其身上与尾柄呈黑色，间以白色小斑点。

曾在淡水盆地找到了它遗留下来的7个属，而且我们还在淡水中找到几种当今世界上形状最为奇怪的动物——鸭嘴兽和肺鱼，这些动物非常原始，它们与当今自然界中的一些等级上相差很多的目有着联系。人们称之为“活化石”，因为它们居住在有限的地区内，发生的变异比较少，且生存斗争也不那么剧烈，因此，才得以被保留至今。

□ 肺鱼

任何一个被隔离的小区域内的生物变异量，都比一个较大的开放地区的生物变异量小，因为小区域内的生存斗争不如大地区激烈，新类型的产生也更缓慢。比如硬鳞鱼类的一个属——肺鱼，它们在古代就已经生存，但因为居住的地区狭小，极少发生变异，因此得以保留至今。

现在，我将对自然选择中的有利条件和不利条件下一个结论。我的结论是：对生活在陆地上的生物而言，地面发生过多次改变的广袤地区对产生大量的新生物类型是非常有利的，这样的地区既适合新生物的长期生存，也有利于它们在此地广泛分布。如果这是一片大陆，那么这里的生物个体就会有很多种，并且生物间的生存斗争也会异常激烈。如果该地区的地面出现了下陷，并形成了若干个四面环水的大岛，而且每个岛上都有许多同种的个体，那么在新物种所在边界上的杂交就要受到抑制。不管任何种类的物种发生了怎样的物理变化，迁入都会受到妨碍，因此，每一个岛的自然组成中的新位置，都会因为原有生物的变异而被补充。时间也能使各个岛上的变种发生充足的变异和改进。如果地面再次升高，又成为了大陆，那么，新一轮剧烈的生存斗争又会爆发，斗争的结果将使最有利的或最改进的变种的种群扩散到最大化，而改进较少的类型就会大量灭绝，之后，这个新大陆上的生物比例又会再次发生变化。到最后，这里会再一次成为自然选择的绝佳场所，自然选择会在这里更加深入地对生物进行改进，并产生大量的新物种。

我必须承认，在一般情况下，自然选择的作用是极为缓慢的。而且，自然选择只会在一个区域的自然组成中还有空位置时，用现存的生物变种去占据。另外，只有当一些能够很好地适应该区域生存条件的物种在迁入时被阻止，现存生物的变种才有机会去占据这些位置。一旦少数的旧有生物发生变异，那么，其他生物之间所建立的关系就会因此而被打乱，在这种情况下，新的位置也就出现了，并等待那些具有良好适应能力的物种来填充。不过这一过程是极为缓慢的，尽管同种的个体所存在的差异微乎其微，但是如果要让生物体质的各部分都发生适当的变化，就需要大量的时间，因为自由杂交会使这个过程显得非常缓慢。我坚信，自然选择的作用基本上都是非常缓慢的，它必须经历很长的时间，同时始终只作用于同一地区的少数几种生物才会显现出来。我之所以会坚信这一结果，是因为这和地质学所认同的生物变化的速度和方式十分吻合。

选择的过程虽然是缓慢的，但既然连力量有限的人类都可以在人工选择方面大有作为，那么，在很长的时间里，通过自然选择，即通过最适者生存，我相信生物的变异是没有终点的；所有的生物，彼此之间以及与它们的物理生存条件之间所存在的那种美妙而又复杂的相互适应关系，也是永无止境的。

自然选择所导致的灭绝

当新物种通过自然选择而形成后，其他物种就会相应地越来越少，最终彻底灭绝。那些与正在进行变异和改进的新物种作生存斗争的物种，其斗争是最严酷的，牺牲也是最大的。

关于物种的灭绝，我在后面的相关章节中会进行深入的讨论，但由于该问题与自然选择有着密切的关系，所以，我必须提前在这里谈谈它。自然选择的作用全在于保留生物在某些方面的有利变异，并引导其一直存续下去。由于所有生物都以几何比例高速增加，所以生物布满了世界的每个角落。同时，发生有利变异的类型也在大量增加，这就使得那些较为不利的类型大量减少，变得稀少。地质学告诉我们，稀少就是种族灭亡的前兆。我们知道，那些只留下了少数几个个体的生物，一旦遇到十分异常的季候性变化，或者其天敌数量突然增多，它们就极有可能面临灭绝。说得再明白点，就是既然新的物种类型已经产生，那么，除非我们承认具有物种性质的类型可以无限增加，不然许多老的物种类型必定灭亡。然而地质学还告诉我们，任何一种具有物种性质的生物类型都没有出现过无限增加的情形。接下来，我将对全世界的物种数目为什么没有无限增加进行说明。

我们已经知道，在任何阶段，个体数目最多的物种，总能拥有出现有利变异的最佳机会。所以，个体数目稀少的物种在任意一个时间段内的变异或改进都是迟缓的。毫无疑问，在残酷的生存斗争中，它们势必会遭到那些已经发生了变异和对自己后代进行了改进的普通物种的攻击，并最终走向灭绝。

□ **适应生存的鸟喙**

鸟喙的形状因品种不同而异，所以鸟类以不同的食物为食，以适应不同的生存环境。这些改变是经过长期的适应累积才形成的。比如蜂鸟的喙和舌都很长，可伸进花中吸取花蜜；红隼的喙呈钩状，可撕碎猎物。许多生物今天的性状，是经过自然选择保留下来的，那些不能适应生存竞争的种类，都已被取代，直至灭绝。比如牛，就经过了长角牛取代黑牛，短脚牛取代长角牛的过程。这表明，一个性状的变异地能导致一个品类的灭绝。

通过上述的这些论点，我们无疑会得出下列结论：当新物种通过自然选择而形成后，其他物种就会相应地越来越少，最终彻底灭绝。那些与正在进行变异和改进的新物种作生存斗争的物种，其斗争是最严酷的，牺牲也是最大的。在“生存竞争”一章中，我们讨论过，任何两种关系密切且近似的类型——同种的一些变种，以及同属或近属的一些物种——由于具有相似的构造、体质和习性，经常要争夺相同的食物和栖息地，因此它们彼此间的斗争最为剧烈。每一个新变种或新物种在形成的过程中，一般都会直接感受到来自与它最为接近的亲类型的压迫——压迫感最强。不仅如此，它们的近亲还有着消灭它们的强烈倾向。人类对家养生物的改良便是运用了同样的原理，即通过用一种生物去消灭它们的近亲来达到改良的目的。通过这种方式，牛、绵羊以及其他动物的新品种，还有花卉的变种，迅速地代替了那些古老的和低劣的品种。从约克郡的历史中可知，古代的黑牛被长角牛所代替，长角牛又被短角牛所扫除，“好像被某种残酷的瘟疫所扫除一样”（这里我引用一位农学家的话）。

性状分歧

在一块小的区域内，如果允许其他外来物种自由迁入，那么个体与个体之间的斗争将会异常激烈，我们从中就能看到生物的巨大分歧性。

性状分歧这一原理是极其重要的。我坚信可以用它来解释大量的重要事实。首先，即使各种变种具有明显的特征，即使它们或多或少地具有物种的性质，但在许多情况下，人们却难以对其进行分类。不过，有一点可以肯定，它们彼此之间的差异比那些纯粹而明确的物种之间的差异要小得多。在我看来，所谓的变种就是物种在形成过程中的一种形态，所以我也曾将它称为初期的物种。那么，变种之间的这些较小差异又是如何扩大为物种之间的较大差异的呢？自然界中的物种间有着显著的差异，而变种作为未来的显著物种的假想原型和亲体，却只存在着极为微细且模糊的差异。我们可以认为，这仅仅是一个偶然或者可能致使一个变种在某些性状上与亲体有所差异，以后其后代与其亲体在同一性状上又会具有更大的差异。但如果只有这一点上的差异，仍然不能说明同属异种间的差异是这么常见和巨大。

对此，我习惯于通过对家养生物的实践去探索事实真相。在这里，我们也能够看到类似的情形。所以必须承认，两种性状相异的族群，比如短角牛和赫里福德牛，赛跑马和驾车马，以及鸽子的各种品种等，绝不是在连续的世代中，由相似变异的偶然累积而产生的。比如，一只喙稍短的鸽子引起了一个养鸽者的注意，而另一只喙比较长的鸽子却引起了另一个养鸽者的注意。在“养鸽者不要也不喜欢中间标准，只喜欢极端类型”这一惯常原则下，他们往往选择养育那些喙越来越长的或越来越短的鸽子，翻飞鸽的亚品种实际就是这样产生的。另外，我们可以设想，在历史的早期，有的民族或区域的人们需要快捷的马，而别的民族或区域的人却需要强壮和粗笨的马。这样的选择之初，差异可能是极不明显的。但是随着时间的推移，当这两种选择继续分头持续，那么差异就会明显起来，并因此而形成两个亚品种。又过了若干世纪，这些亚品种就变为稳定的、相异的品种了。一旦差异变大，那些既不快捷也不强壮的中间类型的马，将不会用来育种，并逐渐被消灭。如此一来，我们便从人类的产物中看到了所谓分歧原理的作用。它引起了物种间的细微差异，随着这些微小差异的逐渐增大，品种之间及其与共同亲体之间的性状分歧也将随之出现。

人们可能要问，怎样才能把类似的原理应用于自然界呢？首先，我相信这一想法是可行的。因为简单地说，任何一个物种的后代如果在其构造、体质和习性上的分歧越大，那么它在自然组成中所能占有的地方就越大，其数量也越多。

□ **罂粟与虞美人　雷杜德　水彩画　19世纪**

人们经常无法区分罂粟和虞美人，因为二者极为相似。罂粟和虞美人同属罂粟科，该科共有近百个罂粟属，广泛分布于世界各地。二者虽然外形接近，但实际上区别很大，性状和功用也完全不同。罂粟植物体光滑无毛，果实较大；虞美人全株被毛，果实较小。它们的进化程度都很高，因为只有进化高级的植物，其花的颜色才会呈现出多种色彩。

尤其是在那些生活习性简单的动物中，这种情况更为明显。以食肉性的四足类动物为例，在任意一个可以维持生活的地方，它们的数目早就达到了饱和的平均数。如果它们的数量要继续增加的话（生存条件没有任何变化的情况下），就只得依靠变异的后代去取代其他动物目前所占据的位置，以便于它们的个体都有栖身之地。为此，四足类动物中的一些还会变成以新物种为食物的捕猎者。而另外一些四足类动物则会住在一些新的地方，它们爬树、涉水，其食肉习性也在此过程中日趋减弱。随着时间的推移，这些食肉动物后代的习性、构造之间的差异也将越来越大，它们在生物构成中所占据的位置也会越来越多。同时，我相信，能应用于一种动物的原理，也能应用于所有世代的所有动物——只要它们发生变异。如果不发生变异，自然选择便是毫无作用的。对于植物来说，同样如此。试验证明，如果在一块土地上仅播种一个草种，同时在另一块类似的土地上播种若干不同属的草种，那么后者就能够生长出更多的植物，收获更多的干草。如在两块同样大小的土地上，分别播种一个小麦变种和混杂地播种几个小麦变种，其结果也是一样的。所以，任何一个正在继续进行着变异的草种，如果其变种被连续选择着，那么它们将像异种和异属的草那样彼此相区别，虽然区别程度很小。而这个物种的大多数个体，包括它的变异了的后代在内，就能成功地在同一块土地上生活。我们知道，任何一种物种和变种的草，每年都会散播无数种子，以此不断地增加其个体的数量。结果，在若干代以后，任何一个草种的最显著的变种都会有成功的最好机会，从而排斥那些较不显著的变种，增加自身的数量。当这些变种最后都有了明显的差异后，它们就不再是变种，而是物种。

由于性状的分歧，生物得以维持最大数量的生存，这一原理的正确性可以从许多自然情况中得到证实。在一块小的区域内，如果允许其他外来物种自由迁入，那么个体与个体之间的斗争将会异常激烈，我们从中就能看到生物的巨大分歧性。我曾看见过这样一块草地，它的面积为12平方英尺，它长年累月地暴露在完全相同的条件下。在这块草地上生长着20种不同的植物，它们属于18个属和8个目，由此可见植物间的彼此差异是如此之大。另外，在具有相同情况的小岛上，植物和昆虫也是这样的，淡水池塘中的情况亦如此。农民们几乎都知道，将完全不同“目”的植物同时进行交叉种植，收获的粮食会更多，人们称之为“套作”。当大量的动物和植物密集地生活在一片狭小的区域内，而且其中的绝大多数物种都能生存下来（假设这片土地不具有特殊的性质），其间，它们必然经历了剧烈的生存斗争。在这种斗争激烈的地方，按照一般规律，性状分歧的利益，以及与其相伴随的习性和体质的差异的利益，决定了那些彼此争夺得最厉害的生物是被我们叫作“异属”和“异目”的生物。

同样的原理，植物还能通过人类的作用完成异地归化。有人可能会这样想，那些可以在任意一块土地上发生异地归化的植物，一般都是和本土植物有着密切亲缘关系的种类，因为普遍认为，本土植物是为本土而生的。也有人可能会想，已经发生了归化的植物只是少数的几种而已，而且它们都能够很快地适应新的环境。

□ 粮药套作

在一块局限的区域内，如有外来物种自由迁入，本地物种与外来物种之间的生存斗争便会格外激烈，此时生物性状的分歧性也更大。农民根据这个原理，发明了“套作”的种植方式，即将两种或两种以上的作物同时种植在一个区域内，这样一来，作物的产量会更高，因为生存斗争越剧烈，作物的存活率反而更高。图为粮药套作。

但事实却恰好相反，得康多尔在他的那部伟大著作里曾明确地说过，如果将已经发生了归化的植物的属和物种的数目作比较，则会发现新属和新种的数量要远远多于本土的。阿萨·格雷博士在他的《美国北部植物志》的最后一版里，曾列举出260种已经发生了归化的植物，这些植物分别归属于162个属。从中我们发现，那些归化了的植物与本土植物大不相同，因为在162个归化的属中，非土生的就有100多个。如此一来，美洲的属的数量就增加了不少。

□ 黑鹳

鹳为一个大型水鸟科的通称。它们通常有着细长的腿和带蹼的爪子，以及长而结实的尖喙。鹳鸟与鹭和鹮有亲缘关系。图为黑鹳。黑鹳曾经分布广泛，十分常见，但时至今日，其种群数量在全球范围内明显减少，因为它们的主要食物如鱼类和其他小型动物的来源日益减少。

在任何地区内完成归化的植物或动物，都在与土著生物的斗争中得到了胜利。当我们对其本性加以考察，便可以大体知道，某些土著生物必须发生怎样的变异，才能击败竞争者。至少有一点是毋庸置疑的，即当性状分歧达到新属的差异，于它们是有利的。

事实上，同一地方的生物因性状分歧而产生的利益，与其个体的各个器官因生理分工而产生的利益是相同的，对于这一点，米尔恩·爱德华兹已经详细论述过了。几乎所有的生理学家都认同一个观点，即一个专门消化植物的胃或者专门消化肉类的胃，能够从植物或者肉类中吸收最多的养料。因此，在任意一块土地的一般系统中，如果动物和植物在生活习性上的分歧越大和越完善，那么，能够生活在这块土地上的个体数量就会越多。一群性状分歧很小的动物与一群性状分歧大得多的动物进行生存竞争时，前者胜利的概率几乎微乎其微。比如，澳洲各类的有袋动物可以分成若干群，但彼此差异不大，正如沃特豪斯先生和很多人都已经指出来的那样，它们似乎代表着食肉的、反刍的、啮齿的哺乳类，但它们能否成功地战胜那些发育良好的目，就很值得怀疑了。我们所看到的澳洲的哺乳动物，它们所处的性状分歧的过程，尚属早期。

自然选择经由性状的分歧和灭绝发生作用

在习性、体质和构造等方面都非常近似的类型之间，其生存斗争总是最为剧烈的。因此，那些中间类型和原始祖先本身，大都存在灭绝的倾向。

根据前一小节的讨论，我们是否可以认为，任何一个物种的后代，其构造上的分歧越大，就越容易成功，也越能抢夺其他生物的位置。现在让我们来看一看，生物是如何从性状分歧中得到这种利益的，其原理是什么，这一原理与自然选择原理和灭绝原理结合起来之后，又能起到怎样的效果。

为此，我提供了下面这张图表，以帮助我们更为直观地理解上述所提的复杂问题。如图所示，从A到L分别代表一个地域内一个大属中的各种物种。假设它

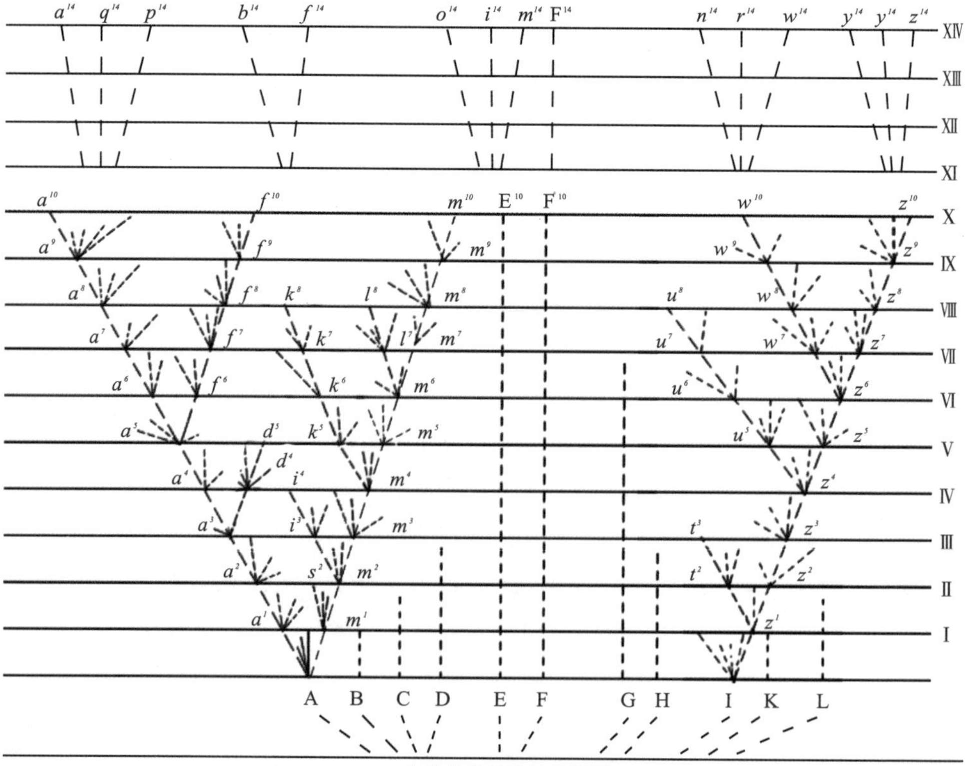

生物的性状分歧示意图

□ **猫头鹰**

猫头鹰属夜行食肉动物。夜晚，它们主要靠听觉定位捕食，其左右耳不对称，左耳道比右耳道宽阔，且左耳拥有发达的耳鼓，能根据猎物移动时产生的响动，不断调整扑击方向。因此，猫头鹰依靠敏锐的听觉，即使在黑暗的环境中，也能捕捉到猎物。

们的相似程度并不一致，不过事实上也是如此。我要强调一下，我所说的是一个人属，正如我在前文曾说过的，大属中的物种比小属中的物种发生变异的概率要高得多，而且其变种的数目也较小属的多。我们可以从图中发现，最普通且分布最广的物种所发生的变异要比罕见且分布狭小的物种更多。假设A是最普通、分布最广、变异性最强的物种，且属于本地的一个大属。那么，我们看到从A处发出了几条长度不尽相同且呈分叉状的虚线，它们代表了A的变异后代。假设A的变异程度极为细微，但其变异后代在性状上的分歧很大，同时我们设想这些后代通常并不是在同一时间段内发生的变异，而是间隔很长时间才发生的，并且它们在发生变异以后，其存活的时间也各不相等。那么，只有那些有利的变异才会被保存下来，或被自然地选择下来。这里，便凸显出了由性状分歧能够得到利益的重要性。这正是导致差异最大或分歧最大的变异（由外侧虚线表示），受到自然选择的保存和累积的原理所在。当一条虚线遇到一条横线，就在那里用一字母标出，那是假设变异的数量已得到充分的积累，因而形成一个很显著的并在分类工作上被认为有记载价值的变种。

图表中横线之间的距离（如Ⅰ到Ⅱ、Ⅱ到Ⅲ之间的距离），代表一千或一千个以上的世代。在一千个世代之后，假设物种A产生了两个差异极为显著的变种，我们暂且将之命名为a^1和m^1。在一般情况下，这两个变种所面临的情况与其亲代发生变异时所面临的情况是相同的。由于其亲代的变异性的遗传倾向很高，所以它们也同样具有极高的变异倾向，并且差不多也会像它们的亲代那样在某一个阶段发生变异。另外，这两个变种只是发生了轻微变异的类型，因此，它们依旧会将A的优点遗传给它们的后代，因为这些优点使A比本地生物的繁殖更为繁盛。除此之外，它们还会将A所属的大属的一般优点遗传给自己的后代，因为正是这些优点才使得这个属在该地域内发展成为了一个大属。以上这些条件对于新变种的产生都极为有利。

如果这两个变种还能继续变异，那么，一般来说，它们在变异中的最大分歧将在此后的一千个世代中被全部保存下来。经过了这一千个世代以后，a^1产生了新的变种，假定为a^2，那么根据分歧原理，a^2和A之间的差异性就要比a^1和A之间的差异性大。假设m^1与a^1不同，它一共产生了两个明显不同的变种，即m^2和s^2，那么，m^2、s^2和A之间的差异比m^1和A之间的差异更大。我们可以用同样的步骤把这一过程延长到任何久远的时期。有些变种，原本在每一千代只产生一个变种，但在变异越来越大的条件下，有些会发展为产生两个或三个变种，而有些却不再产生变种。因此，由共同亲代A的变异而成的变种，一般会继续增加它们的数量，并且继续在性状上进行分歧。在图表中，这个过程表示到一万（X）代为止，在压缩和简单化的形式下，则到1.4万（XⅣ）代为止。

在这里，我必须要说明一点，即我并不是想假设这种过程会如图表中所显示的那样是很规则地进行的（而且我在制作图表时，也将其本身制作得不那么规则），事实上，变异过程不可能如此规则，而且它也不是连续的。最普遍的情况是，每一类型在保持某个长时期内不变后，才又发生变异。我也从未假设过，分歧最大的变种一定会被保存下来。一个中间类型也许能够长期存续，也许可能，也许不可能产生一个以上的变异了的后代。由于自然选择常常按照未被其他生物占据的，或未被完全占据的地位的性质而发生作用，而这一点又由极其复杂的关系来决定。但是，按照一般的规律，任何一个物种的后代，其构造上的分歧越大，它们的变异了的后代也越能增加。在我们的图表中可以看出，时间

□ 蝉的身体构造图

蝉是昆虫类同翅目蝉科的典型物种，有两对膜翅，复眼突出，单眼三个，会鸣的是雄蝉，因为其腹面有发声器，鸣声很响，有三种不同的类型：集合声，受每日天气或其他雄蝉鸣声的影响而发出；交配前的求偶声；被捉住或受惊飞走时粗粝的鸣声。

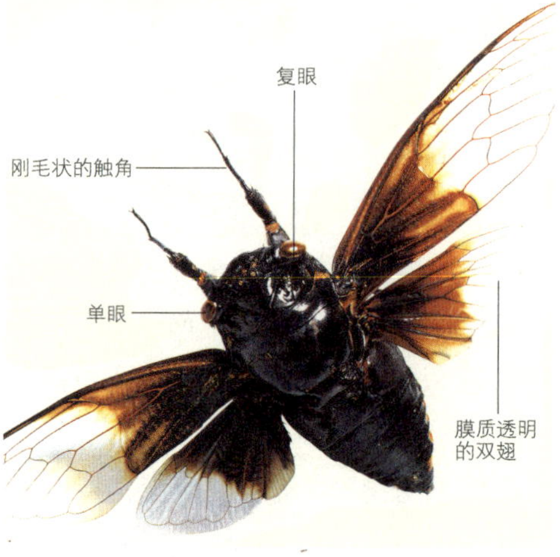

间隔是有规则的，而系统树在时间间隔内是中断的。其中的小写数字是代表连续的类型，由于这些类型与原始类型（A到L）之间有着明显的不同，因此，它们完全可以被列为变种。但这些中断是想象的，只要时间间隔设置合适，就能使分歧得以积累，那么，这种中断就可以在表中的任何地方出现。

□ **豪猪**

豪猪属于啮齿目动物中的一类。为了保暖，绝大多数啮齿目动物的毛发都是软毛，而豪猪的毛发却很粗硬，这是因为豪猪的祖先始豪猪已经有着肥大的体形，并时常成为猛兽的食物，为了更好地保护自己，始豪猪的软毛才逐渐变得粗硬，直至进化成现在的样子。

由于从一个普通的、分布广的且属于一个大属的物种中产生出来的变异后代能够继承亲代遗传下来的全部优点，因此，在一般情况下，它们的总量不仅会增加，而且其性状分歧也会继续加大。关于这点，我们从图表中用几条从A中分出的虚线来表示。从A产生的变异后代，以及系统树上的高处所出现的分支都是在变异上得到很大改进的分支，它们常常会占据那些出现得比较早或改进得比较少的分支的地位，也就是将它们消灭掉。在图表中，我们用几条较低的没有达到上面横线的分支来表明。在某些情况下，变异过程只限于一支系统线，这样，虽然分歧变异在变大，但变异了的后代在数量上并未增加。如果把图表里从A发出的各条线都去掉，只留a^1到a^{10}那一支，便可表示出这种情况，英国的赛跑马和英国的向导狗便属此类，它们的性状显然是从原种缓慢地分歧，既没有分出任何新支，也没有分出任何新族。

经过一万代后，假设A产生了a^{10}、f^{10}和m^{10}三个类型，由于在经过历代性状的分歧之后，它们相互之间及与共同祖代之间的区别将会很大，且不相等。如果我们假设图表中两条横线间的变化量极其微小，那么这三个类型也许还只是十分显著的变种。但如果我们假设这变化过程在步骤上较多或在量上较大，就可以把这三个类型变为可疑的物种或者至少变为明确的物种。因此，这张图表展示了由区别变种的较小差异，到区别物种的较大差异的各个步骤。如果把同样的过程延续更多世代（如压缩了的和简化了的图表所示），我们便得到了8个物种，系用小写字母a^{14}到m^{14}所表示，所有这些物种都是从A衍生而来的。因而如我所相信的，物种增多了，属便形成了。

在大属里，发生变异的物种往往不止一个。在图表中，我假设第二个物种I以与物种A类似的步骤，经过一万个世代的变异，产生了两个具有明显差异的变种或物种，即w^{10}和z^{10}。对于它们的规划，则要根据横线之间所表示的假设变化量来决定了，在1.4万个世代后，假设六个新物种（从n^{14}到z^{14}）都产生了，那么，在任何一个属中，性状分歧较大的物种，一般会产生出最大数量的变异后代。由于这些后代在自然组成中拥有更多的机会来占有新位置和更加广阔的地域，因此在图表中，我选择了最普通的物种A和物种I，作为变异最大的和已经产生了新变种和新物种的物种。原属中的其他物种（除A和I之外），在漫长且不同的时期内，可能会出现不再发生任何变异的后代。在图表中，我用不等长的向上虚线表示。

另外，如图所示，在变异过程中，灭绝原理也起到了举足轻重的作用。因为，但凡在有生物的地方，自然选择必然会使那些在生活斗争中更为有利的类型获得更多的利益，当一个物种的后代被自然选择所改进，那么该后代的后代必然会有进一步改进的倾向。在此后的每一阶段中，这些后代都会将它们的亲代以及祖先从本地区排挤出去或消灭掉。我们不要忘了，在习性、体质和构造等方面都非常近似的类型之间，其生存斗争总是最为剧烈的。因此，那些中间类型和原始祖先本身，大都存在灭绝的倾向。正如图表中的大多数旁支一样，它们会被出现更晚且改进更多的分支所灭绝。但是，如果一个物种的变异后代并未与其祖先在同一区域生存，而是成功进入并很快适应了一个全新的地方，那么，它与其祖代之间的生存斗争就不存在了，取而代之的则是两者并存的局面。

如果我们的图表所表示的

□ 鸳鸯

鸳鸯是亚洲一种亮斑冠鸭，鸳为雄鸟，鸯为雌鸟，它们一般成对出现，十分恩爱。鸳鸯的雄雌毛色相差较大，雄鸟羽毛鲜艳，雌鸟则较为暗淡。这种自然进化便于它们识别、选择配偶。

变异量很大，那么物种A以及所有其属内的早期变种都会灭亡，从而被8个新物种（从a^{14}到m^{14}）所取代；而物种Ⅰ则将被6个新物种（从n^{14}到z^{14}）所取代。

在作进一步的论述之前，我们假设该属的这些原种之间的相似程度并不相等，而事实大多如此。比如，物种A与物种B、C、D之间的关系比它和其他物种（如物种G、H等）的关系更加亲近；物种I和G、H、K、L的关系又比它和其他物种（如物种A、B）的关系更加亲近。同时，我们假设A和I都是很普通而且分布很广的物种，而且它们本身就比同属中的大多数物种占有更多的优势。在经过1.4万个世代以后，它们的变异了的后代一共将产生14个物种，而且它们的一部分相同优点将遗传给这些后代。当然，物种A和I的变异后代们在此后的每一阶段中都将以各种不同的方式进行变异和改进，也就是说，它们将在自然组成中抢夺或占据更多的位置。因此，它们不但极有可能会抢占亲种A和I的地位并把它们消灭掉，还有可能会消灭某些与亲种最亲近的原种（如物种B、G等）。事实上，在现实世界中，几乎没有一个原种能够传递1.4万个世代的。我们可以假设与其他9个原种关系最疏远的两个物种E与F中，只有物种F可以将其后代传到这一系统的最后阶段。

如图所示，这11个原种传下来的新物种共有15个。由于自然选择造成分歧的倾向，a^{14}与z^{14}之间在性状方面的极端差异量远比这11个原种之间的最大差异量要大。还有，新种间亲缘关系的远近也各不相同。从A传下来的8个后代中，由于a^{14}、q^{14}和p^{14}都是新近从a^{10}分出来的，所以这三者的亲缘关系比较相近。而b^{14}和f^{14}则是在较早的时期从a^{5}分出来的，故与上述3个物种在某种程度上有所差别。再看o^{14}、i^{14}和m^{14}，它们彼此在亲缘上是相近的，但是因为在变异之初便有了分歧，所以与前面的5个物种大有差别，可以成为一个亚属或者成为一个明确的属。

从图中可以看出，从I传下去的6个后代，将会形成两个亚属或两个属。但是由于原种I与A之间的差异很大，而且I在原属里几乎是一个极端的物种，因此，从I分出来的6个后代，仅仅因为遗传的原因，就能与A所分出来的8个后代有着极大的区别。假设这两个物种后代的性状依旧保持着各自的方向继续加深分歧，而连接在原种A和I之间的所有中间种（这是一个很关键的论点），除了F以外，都将全部灭绝，不留后代。那么，从I传下来的6个新种和从A传下来的8个新种必然会被归入完全不同的属中，甚至还有可能被列为完全不同的亚科。

综上所述，我认为，两个或两个以上的属大多都是经过上述的遗传变异，从同一属中的两个或两个以上的物种产生而来的。另外，我们还可以假设两个或两

□ 驼鹿

驼鹿是鹿类中最大的一种。它有着粗壮的脖子、发达的鬃毛、宽长的吻鼻部及喉下皮肉垂。驼鹿的这些特征都是其进化过程中区别于同科其他鹿类的标志，它也因此成为鹿科驼鹿属的唯一物种。驼鹿多生活在湿润的森林里，无固定住所，但有一定的活动范围和路线。

个以上的亲种是从早期的某一个属中的同一个传下来的。关于这点，我在图中用大写字母下方的虚线来表示，其分支向下收敛，趋集一点。这一点代表一个物种，我们假设它就是几个新亚属或几个属的祖先。新物种f^{14}的性状相对比较特别，我们假设它的性状未曾发生过稍微大一点的分歧，所以仍然保持着F的体形，没有任何改变或稍有改变。在这种情况下，它和其他14个新种的亲缘关系，便有了奇特而疏远的性质。因为它是从我们假设已经灭亡的不为人知的A和I这两个亲种之间的类型传下来的，那么它的性状应该也介于这两个物种所传下来的两群后代之间。但是，由于这两个群的性状已经与其亲种类型之间存在着巨大的分歧，因此，新物种f^{14}并不会直接介于亲种之间，而是介于两群的亲种类型之间。我想，每个博物学者应该都能想到这种情况。

前面我已经说过，这张图表中的各条横线都代表一千个世代，当然，它们也可以代表一百万甚至更多的世代，它们甚至还可以代表包含有灭绝生物遗骸的地壳的连续地层的一部分。在后面的章节中，我将再次使用到这张图表，到时候我们还能从这张图表中找到关于灭绝生物的亲缘关系的启示。这些生物虽然大多与现存的生物属于同目、同科或同属，但其性状却多少介于现存的各群生物之间。对此我们能够理解，因为灭绝的物种生存在各个不同的遥远时代，那时它们的性状还只是较小的分歧。

我现在所讲解的变异过程不只局限在属的形成中。在图表中，如果我们假设虚线上的各个连续的群所代表的变异量是巨大的，那么从a^{14}到p^{14}、b^{14}到f^{14}，以及o^{14}到m^{14}的类型，将形成三个完全不同的新属。而且物种I所传下来的两个后代也将形成两个完全不同的属，这与A的后代完全不同。根据图表所表示的分歧变异量，该属的两个群将形成两个不同的科或目。这两个新科或新目，是从原属的两个物种传下来的，而这两个物种又假设是从某些更古老的和不为人所知的类型传下来的。

从上述的论述中，我们可以清楚地了解到，每个地区最常出现变种的物种，几乎都来自于大属。当然，这是可以被预料到的一种情况。因为自然选择只会对那些在生存斗争中有利的物种产生作用，而大属的物种正是如此。对于任何一个大群的物种来说，它们都从共同祖先那里遗传了一些共同的优点。因此，产生新的、变异了的后代的斗争，主要发生在努力增加数目的所有大群之间。一个大群将慢慢战胜另一个大群，使对方的数量减少，进而使之继续变异和改进的机会也一样减少；在同一个大群里，后起的和趋于完善的亚群，由于在自然组成中分歧出来并占有许多新的地位，便常常来排挤和消灭较早的且改进较少的亚群。长此以往，那些小而衰弱的群及亚群迟早会彻底灭亡。对于未来的物种，我敢预言，现存的这些具有巨大优势的而且击败了其他种群，或者在生存斗争中损失最少的种群，能够在未来很长一个时间段内继续增加。但谁会成为最后的胜利者就不得而知了。因为我们知道，许多种群在古代曾有过非常辉煌的历史，但现在却都灭绝了。因此，对于所有的物种而言，能把后代传到遥远未来的只是其中的一小部分而已。所以，我们能够从中明白，为什么在动物界和植物界的每一主要大类里，现存的纲是如此之少。

论生物体质倾向的进步及其程度

自然选择的作用在于它对生物的各种变异进行保留和累积，不管生物存活于任何时期内，处于有机还是无机条件下，这些变异都是极为有利的。自然选择的结果就是改进各种生物与外界条件的关系，从而促成世界上绝大多数生物体质的进步。

自然选择的作用在于它对生物的各种变异进行保留和累积，不管生物存活于任何时期内，处于有机还是无机条件下，这些变异都是极为有利的。自然选择的结果就是改进各种生物与外界条件的关系，从而促成世界上绝大多数生物体质的进步。说到此，我们又遇到了一个极为复杂的问题——博物学者对于体质的进步还没有一个统一的定义。在脊椎动物中，只要它们的智慧程度以及构造与人类相近，那么，这种脊椎动物的体质无疑就是进步的。任何一种生物，当它从胚胎发育到成熟时，我们似乎都可以把其身上的各部位和各器官所产生的变化量作为一种比较的标准。但是，有些情况却比较特殊，比如，某些寄生的甲壳动物，它身体的各个部位反而会在发育中变得不完全，所以，我们不能认为它的成虫比幼虫更为高等。相比之下，我认为冯贝尔所定的标准似乎更容易被广泛应用，因为这个标准指的是同一生物的各部分的分化量。这里的分化量指的是成体的状态，同时还包括了它们身体上各种机能的专业化程度，这与米尔恩·爱德华所说的生理分工相一致。如果仔细观察，我们就会发现，鱼类似乎更能体现这个问题的复杂性。有些博物学者把鱼类中最接近两栖类的种类，比如鲨鱼列为最高等，而另外一些博物学者则把普通的硬骨鱼列为最高等，因为这两种鱼都呈现出了鱼类的形状，而且它们还和其他脊椎纲的动物极不相像。在植物方面，这个问题依然是复杂和模糊的。首先，我们必须要说明一点，植物是不包括智慧这个标准的。有些植物学家对高等植物的界定，就是其花上的各个器官，如萼片、花瓣、雄蕊和雌蕊等都发育充分；而另外一些植物学家却认为，任何一种植物，只要其花上的几种器官产生了极大的变异，且数目相对减少，那么它就是最高等的。我比较赞同后者的观点。

□ **獾**

獾广泛分布于北半球的欧洲大陆和北美洲，常生活在丛林的阴暗僻静的土穴中。由于生存需要，它们的四肢变得粗壮，前爪比后爪发达，这样的形态特征对于它们掘土、挖穴都更为有利。

如果我们将已经发育成熟的生物身上的几种器官的分化量和专业化量（这里包括为了智慧目的而发生的脑的进步）作为体质高低的标准，那么，自然选择显然会倾向于这种标准。生物学者们都承认，器官的专业化程度对生物是有利的，因为器官的专业化可以使各种机能发挥得更好，所以，生物的各种器官向专业化方面进行变异和积累是属于自然选择的范畴。当我们联想到所有生物都在尽全力地高速繁殖，并在

自然组成中想方设法地占据一切可能占据的位置，我们就会相信，自然选择是能够使某种生物逐渐符合以上状况的，同时，这种生物身上的几种器官将会变得多余，甚至无用。一旦出现这种情况，生物体质的进步就会变得缓慢甚至停滞，进而退化。不过，我认为把生物整体体质的进步与否，放在“地质的演替”一章中来讨论更为方便。

对于以上论述，也有反对意见：如果所有生物的等级都呈上升趋势，那为什么世界上依然有如此多的最低等生物类型存在？在每个大的纲里，为什么某些类型会比其他类型发达得多？为什么某些高度发达的类型并不能完全取代那些低等类型的地位并消灭它们？对此，拉马克也相信，从所有生物的内在结构来看，它们都是倾向于更加完善的，所以，以上这些问题令他非常困惑，以至于他不得不假设新的生物类型和简单的生物类型能够连续不断地自然出现。不过，直至今日，依然不能证明他的这种观点正确与否。如果根据我们的理论，低等生物能一直存在下去，是能够解释的，因为自然选择遵循的是“适者生存”原则，因此，生物体质并不是非得具有进步性才能存在，自然选择只对有利的变异产生作用。有人还会提出这样的问题：既然如此，那么高等构造对于一种浸液虫[1]，以及对于一种肠寄生虫，甚至对于一种蚯蚓，又会带来什么样的利益呢？对此，地质学告诉我们，浸液小虫和根足虫这类最低等类型，已经保持着今天的状态有很长的一段时期了。也就是说，当高等构造对生物类型没有利益，那么自然选择就不会发生或少量发生，而生物类型的低等状态也就不会有所改变。但是，如果因此而认为许多现存的低等类型自生命初期以来就丝毫没有进步，也未免太过极端。因为只有那些曾经解剖过现今被列为最低等生物的博物学者们才清楚，这些生物奇异而美妙的体质能将人深深打动。

根据一个大群里各级体质的不同，我们基本能判定，以上的论点也同样适用于大群中。比如，在脊椎动物中，哺乳动物和鱼类并存；在哺乳动物中，人类和鸭嘴兽并存；在鱼类中，鲨鱼和文昌鱼（文昌鱼是一种构造非常简单的动物，它们和无脊椎动物很接近）并存。而且，哺乳动物和鱼类之间几乎没有任何的生存竞争。虽然几乎整个哺乳类动物这一纲都进步到了最高级，但它们并没有因此而取

[1] 浸液虫：纤毛虫纲的原虫，能在枯草等浸水中生长，身被细纤短毛，有大核细胞和小核细胞，部分寄生于人体内。

□ **王鸟（上）与红尾鹰**

王鸟，亚鸣禽中最大的一科，喜居开阔的环境。王鸟在长期的演化中，生出了利于飞行的长尾，在空中可以敏捷转向。但这样的长尾不利于它们在地面上的行动，因此王鸟多停留在树枝上。

代鱼类的地位。要解释这一问题也不难，正如生理学家认为的那样，脑必须有热血的灌注才能高度活动，因此必须进行空气呼吸。也就是说，如果温血的哺乳动物要在水中生活，它们就必须经常到水面进行呼吸，这对它们来说是极其不便的。所以，哺乳类动物和鱼类之间几乎没有生存的竞争。至于鱼类，鲨鱼科是不会取代文昌鱼的，正如弗里茨·米勒所说的那样，文昌鱼在巴西南部荒芜沙岸旁的唯一伙伴和竞争者是一种奇异的环虫。另外，哺乳类中三个最低等的目，即有袋类、贫齿类[1]和啮齿类[2]，它们在南美洲与大量的猴子共同生活在一个区域，但是彼此之间的冲突极少。综上所述，全世界生物的体质虽然都进步了，而且还在进步着，但在等级上将会永远呈现出不同程度的完善。因为某些纲，或每一纲中的某些成员的高度进步，并没有使那些不与它们发生密切生存竞争的类群灭绝。同时，我们还发现，某些体质低等的类型，由于栖息在局限的或者特别的区域内，至今依然存在着，因为它们所在的区域内并没有生物与它们发生剧烈的生存竞争，不过，由于它们的数量在该区域内过于稀少，所以发生有利变异的机会也大大减少，后文中我们再来细谈。

除了上述原因，我认为许多体质低等的类型至今尚存是有多种原因的。比如，一些有利的变异或个体差异从未发生，因而自然选择不能对其发生作用并加以积累。而在某些少数情况中，个体体质的退化，主要是因为在极简单的生活条件下，高等体质没有用处，或者说高等体质会带来害处；因为体质越纤细，就越

[1] 贫齿类：基本上属于南美洲的固有类型，是最原始的有胎盘哺乳动物之一，在进化的早期便与其他哺乳动物分道扬镳。

[2] 啮齿类：哺乳动物中的一目，特征为上颌和下颌各有两颗会持续生长的门牙，而且必须通过啃咬来不断磨短这两对门牙。除了南极洲，所有大陆都可以看到它们的身影。

不容易被调节，因而也会越容易遭到破坏。

回顾生命的最初期，我们相信，那个时期的所有生物的构造都是最简单的。于是，问题随之而来：生物的各个器官的进步，也就是所谓的分化，最初是如何发生的呢？对此，赫伯特·斯潘塞先生也许会说，当简单的单细胞生物因为生长或分裂的原因变成了多细胞生物，或者单细胞生物附着在任何支持物体的表面时，他提出的“任何等级的同型单位，按照它们和自然力变化的关系，而比例地进行分化”的法则，便发生了作用。但是，这只是没有事实根据的一个设定而已，并不那么可靠。还有就是，如果假设在许多类型产生之前，因为生存竞争并不存在，所以就没有自然选择，那么，无疑会让人走入这样一个误区：一旦生长在隔离地区的一个单独物种发生了有利的变异，那该地区的所有个体都会随之发生变异，或者，因此而产生两个不同类型的生物。对此，我要提醒大家的是，物种和变种的起源之所以至今仍无法被解释，是因为人们尚不能对世界上的许多生物之间的相互关系有一个科学合理的估量。

性状趋于相同

我们都知道，结晶体的形态，仅由分子之间的作用力来决定，所以有时候不同物质会呈现出相同的形态是不足为奇的。而对于生物而言，每种类型的生物都是由已经发生了的变异来决定的，而变异产生的原因又复杂到令人难以解释的程度。

H.C.沃森先生认为，我夸大了性状分歧的重要性，因为在他看来，性状趋同也发挥着一定的作用。下面让我们对这个问题进行探讨。

依据H.C.沃森的观点，我们可以假设，如果所属的属不同，但彼此的属又密切相近的两个物种，皆因性状分歧而产生了许多新类型，而在这些类型中又可能出现一些彼此密切相近，甚至可以归为同一个属的物种。如此一来，原本不同属的后代就又成为了同一个属的生物。但是，如果我们仅仅因为两种类型的后代的性状趋同，就把这些后代归为同一个属，那么无疑是极其轻率的。我们都知道，结晶体的形态，仅由分子之间的作用力来决定，所以有时候不同物质会呈现出相同的形态是不足为奇的。而对于生物而言，每种类型的生物都是由已经发生了的变异来决定的，而变异产生的原因又复杂到令人难以解释的程度。其复杂性在于，它是由被保存的或被选择的变异的性质来决定的，而变异的性质则是由周围的物理条件来决定，尤其重要的是由同它进行生存斗争的周围生物来决定。最后，变异的产生还要通过无数来自祖先的遗传因素决定，而所有祖先的类型又必须通过同样复杂的关系来决定。因此，我很难赞同，来自于两种不同属的生物后代可以如此密切地趋于相同，至于它们整个体质都近乎一致的说法，更觉得不可置信。如果这种事情真的存在，那么在相距较远的地层中，我们应该会看到毫无遗传联系的同一类型生物反复出现。但是，我所掌握的证据和这种假设完全相反。

对于自然选择的不间断作用再加上性状分歧，就可以产生无数物种类型的说法，华生先生持反对态度。如果单纯地在无机条件下，也许很多物种很快就能适应各种不同的热度和湿度。但我必须承认，与这些无机条件相比，生物间的相互关系更为重要。不过，随着物种的持续增加，有机条件会变得越来越复杂。以至于最初看来，性状的有利分歧量似乎是无限的，所以也能产生出无限的物种数量。至于在生物最繁盛的地区，是否已经充满了物种的类型，我们并不清楚。比如好望角和澳洲，那里物种的数量大得惊人，可是许多欧洲植物还是在那里归化了。然而，地质学告诉我们，从第三纪早期开始，贝类的数量同第一纪中期开始的哺乳类的数量都未大量增加，或根本就没有增加。那么，其中抑制物种数量无限增加的因素又是什么呢？一个地区所能维持的生物数量必定有所限量，这一限量是由该地的物理条件所决定的，因此，如果在一个地区内栖息了大量的物种，那么几乎所有的物种或每一个物种的个体数量都会很少。

□ **趋同进化**

鱼龙、海豚、企鹅等海洋动物与鲸一样，都具有流线型的身体，这有利于它们在水中快速游泳。它们之所以具有相似的身形，是因为它们长期生活在同一环境（海洋）里，有相同的适应变化过程。生物学把这种现象称作“趋同进化”。

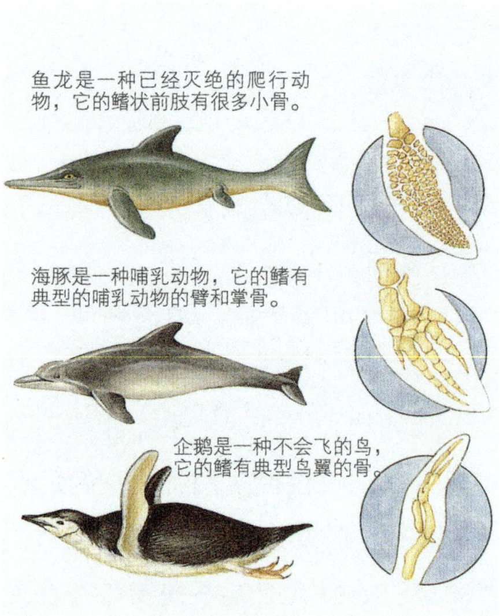

这样一来，每个物种都有可能因为季节性质或敌害数量的偶然变化而面临灭绝，而且这样的灭绝大多是极为迅速的。而另一方面，新物种的产生永远是缓慢的。于是，就可能出现一种非常极端的情况：以英国为例，如果那里的物种和个体的数量一样多，那么，当一个极度寒冷的冬季或一个极度干燥的夏季过去，便会有无数物种灭绝。而在任何一个地方，如果物种的数量无限增加，那么每种物种的个体数量必然变得稀少，因此，物种在一定时期内所能产生的有利变异也是很少的。如此一来，新物种的产生过程就会受到阻碍。当任何一种物种变得极其稀少时，它们就会进行近亲交配，这也将导致物种的灭绝。博物学者认为，立陶宛野牛、苏格兰赤鹿和挪威熊的衰颓，都是近亲交配的结果。

□ **黑斑林莺**

黑斑林莺具有莺类的共同特征——叫声清脆悦耳。它们的雄性在求偶时，会充分发挥它的歌唱家本领，鸣唱出动听的恋曲，而雌性的感官听觉一旦接受到外来的刺激，就会产生性选择。

最后，我觉得还有一个最重要的因素不可忽视，即一个具有优势的物种，一旦它击败了自己故乡的竞争者们，就会开始向周围散布，并逐渐取代周围其他物种在自然结构中的位置。得康多尔曾经这样阐述说，在一般情况下，分布广阔的物种会散布得更广。其结果就是，它们在许多地方都能够取代众多物种的位置，从而导致这些物种的灭绝。如此一来，它们的存在就会抑制世界上许多物种类型的增加。正如胡克博士最近所说，有许多入侵者从地球的不同地方入侵到了澳洲的东南角，从而导致当地的澳洲本土物种大量减少。综合以上论点，我们就可以知道，这些入侵者一定会在很多地方抑制物种的无限增加。

本章重点

在许多动物里，性选择对普通选择起到了帮助的作用，它确保了最强健的、适应力最好的雄性个体能最大化地产生后代。

不管生活条件如何变化，有一个事实是无可争辩的，那就是生物体在其每一部分的构造上几乎都表现出了个体差异。另外，由于生物是以几何比率的速度在增加，因此它们会在其年龄的某个阶段、某个季节，或某个年代发生激烈的生存斗争。在此情况下，再结合所有生物之间以及生物与生活条件之间的极度复杂的关系，就会使生物在构造上、体质上、习性上发生对于它们有利的分歧，谁要是说，这个世界上从来没有发生过一起能够使任何一种生物种群繁荣的变异，恐怕没有人相信。但是，如果的确曾发生过有利于任何一种生物的变异，那么，这些具有有利变异性状的个体肯定能在生存斗争中获胜。根据遗传原理，这些个体能产生具有同样性状的后代。我把这种保存原理，即“最适者生存”，称为“自然选择”。自然选择使得生物能根据有机的和无机的生活条件进行自我改进。在大多数情况下，自然选择的结果会引起生物体质的进步。然而，对于那些低等的、简单的生物类型而言，由于它们所需要的生活条件过于简单，因此，它们可以长久地保持不变。

根据不同品质对应不同年龄期的遗传原理，自然选择能够对卵、种子、幼体进行改变，这和改变成体一样容易。在许多动物里，性选择对普通选择起到了帮助的作用，它确保了最强健的、适应力最好的雄性个体能最大化地产生后代。性选择还可以使雄体获得有利的性状，以便使它能和同性个体进行斗争或对抗，这些性状将按照普遍进行的遗传形式传给某一固定的性别或雌雄两性。

要判断自然选择是否真能产生如此大的作用，使各种生物类型适应它们各自的生活条件和生活地点，就必须对以下各章所举的证据有深刻的了解。但是，我们已经看到，自然选择是如何导致生物灭绝的。从世界史和地质学上，我们已清楚地知道灭绝的作用是如此巨大。自然选择还能引发性状分歧。因为生物在构造、习性、体质上分歧越大，生物所处区域内能存在的生物数量就越多，关于这一点，我们只需对任何一处小地方的生物以及外地归化的生物加以考察就能证明。所以，在任何一个物种的后代的变异过程中，以及在所有物种为了自身族群个体数目的增长而不断进行的斗争中，如果物种后代的分歧越大，那么它们在生存斗争中所能获得成功的好机会就越多。如此一来，在同一物种中，不同变种之间的微小差异就会逐渐增大，直到增大成为同属物种之间的较大差异，甚至是增大成为异属间的较大差异。

在每一个纲中，能发生最大变异的，是每个大属中的那些最为普通的、四处分散的，以及分布范围比较广的物种。这些物种具有把它们的优越性——在本土成为优势种的优越性传给变化了的后代的倾向。正如上面所说，自然选择能导致性状分歧，并使那些改进较少的中间类型大量灭绝。根据这些原理，我们就可以对全世界各纲中无数生物间的亲缘关系以及普遍存在的明显区别进行说明。这的确是一件奇特的事情，但由于我们已经见惯不惊，因此就把它的奇特性给忽视了。在所有时间、空间内的所有动物和植物，都以群来进行划分，这些群之间彼此联系着，正如我们四处所见的那种情况——同种变种之间的关系最为密切，同属物种之间的关系则较为疏远而且不均等，于是属和亚属就形成了。异属物种之间的关系相对更为疏远，而且属与属之间的关系会因为不同的远近程度而形成亚科、科、目、亚纲及纲。任何一个纲中的几个次级类群都不能被列入单一行列，但它们都是围绕着几个点，而这些点又围绕着另外一些点。这样层层围绕，几乎就形成了一个无穷的环状集合。如果物种是独立创造的，那么，这种分类就无法被解释，但是根据遗传，以及根据引起灭绝和性状分歧的自然选择的复杂作用，这一点是可以得到解释的。

□ **游泳能手**

比起其他的猫科动物，老虎擅长游泳，泳程可长达几十公里。这是因为老虎的汗腺不发达，常待在水中散热，从而演化出它们高超的游泳技术。

同一纲中的所有生物，其亲缘关系常常可以用一株大树来表示。我相信这种描述方式在很大程度上能真实地表达所有情况。绿色的、生芽的小枝可以代表现存的物种，稍粗壮的枝条可以代表长期的、连续的灭绝物种。在每一个生长期

□ **雉类**

雉类，鸡形目雉科，全世界共有雉类16属51种，其中多数分布于中国。由于习惯在陆地上生活，其翅膀的飞行功能逐渐退化，变得不擅飞行。野生雉类主要栖息在森林中，由于森林生态遭到人类的持续破坏，有些雉类已经濒临灭绝。

中，所有生长着的小枝都试图向各方分枝，并且都有遮盖和扼杀周围新枝和枝条的倾向。同样地，物种和物种的群在巨大的生存斗争中，随时都在压倒其他物种。巨枝先是分为大枝，再逐步分为越来越小的枝，不过在树尚幼小的时候，它们也曾一度是生芽的小枝。这种旧芽和新芽由分枝来连接的情形，可以代表所有灭绝物种和现存物种的分类，它们在群之下又分为群。当这树还只是一株矮树时，在它的许多茂盛的小枝中，只有两三个小枝成长为大枝，并生存至今，且负荷着其他枝条。生存在久远地质时代中的物种也是这样，它们当中只有极少数变异了的后代被遗传并保存，从这树开始生长以来，许多巨枝和大枝都已经枯萎并且脱落了。这些枯落了的、大小不等的枝条，可以代表那些没有留下生存的后代而仅处于化石状态的全目、全科及全属。正如我们经常看到的那样，一个细小的、孤立的枝条从树的下部分杈处生出来，并且由于某种契机，至今还在旺盛地生长着。鸭嘴兽或肺鱼之类的动物就是这样，它们由亲缘关系把生物的两条大枝连接起来，并由于生活在有庇护的地点，竟从致命的竞争里得到幸免。芽在生长中生出新芽，如果这些新芽健壮的话，就会分出枝条遮盖四周许多较弱的枝条，所以我相信，这巨大的“生命之树”在其传代中也是这样，这株大树用它的枯落的枝条填充了地壳，并且用它的生生不息的美丽枝条遮盖了地面。

第 5 章
变异法则

CHAPTER 5

改变了的外界条件的效果——使用与废止的效果——环境适应性——与成长有关的变异——与生长有关的补偿和节约——低等动物更容易发生变异——物种的异常发达部位更容易发生高度变异——物种在性状方面比属更容易发生变异——第二性征更容易发生变异——物种的相似变异性——本章重点。

改变了的外界条件的效果

处于两种完全不同的外界条件下的同一物种，有可能产生相似的变种；而处于完全相同的外界条件下的同一物种，却可以产生不同的变种，这两种情况都有事实为证。

有时，我把发生在家养状态下生物的变异程度说得是那样的普遍、多样，而把发生在自然状态下生物的变异程度说得相对轻微些，就好像自然状态下生物的变异是由于偶然的原因才发生的一样。在此，我必须声明一点，我的这种说法是完全不正确的，它表明我们对各种特殊变异的原因是多么无知。有的著者认为，是生殖系统的机能导致了个体差异或轻微构造偏差的出现，正如使孩子长得像其父母那样。但是，在家养状态下，由于变异和畸形比在自然状态下更频繁地发生，而且分布广的物种的变异性比分布不广的物种大，于是，通过这些事实，我们就得出了这样一个结论：在一般情况下，变异性的大小与生活条件有着密切的关系。在第一章中，我曾试图说明，已经发生了改变的外界条件是按照两种方式发生作用的，一种是直接地作用于整个身体或作用于身体的某几个部分，另一种是间接地通过生殖系统产生作用。在第一种情况中，含有两种因素，一是生物的本性，二是外界条件的性质，二者相比，前者更为重要。已经发生了改变的外界条件的直接作用产生了一定的或不定的结果。在第二种情况中，身体构造似乎是具有可塑性的，其间我们可以看到很大的不明朗变异性。

□ **南极“绅士”**

企鹅为企鹅目，分布于南极岛屿，以及非洲、澳大利亚、新西兰和南美洲的寒冷海滨。它们在水里把翅膀当鳍使用，在陆地上则把翅膀当作前脚。这是特殊的自然气候、地理环境发生作用的结果。

要了解外界条件的改变，如气候、食物等的改变，在一定方式下曾经产生过多大的作用，是非常困难的。必须承认，随着时间

的推移，它们的效果必定大于事实所能看到的。但值得肯定的是，我们不能把构造上所出现的无数复杂的相互适应，如在自然界生物中所见，单纯地归因于这种作用。在以下的几种情况中，外界条件似乎只产生了一些微小的效果：福布斯声称，生长在南方浅水区中的贝类，其颜色比生活在北方的或深水中的同种贝类要鲜明。然而事实并非完全如此。古尔德先生认为，同种的鸟，生活在明朗大气中的，其颜色比生活在海边或岛上的要鲜明；而沃拉斯顿深信，海边环境会影响昆虫的颜色；另外，摩坤·丹顿曾列出一张植物表，根据这张表所举的植物证明，当生长在近海岸处时，叶子的肉质比在别处多。这些来自于生物的轻微变异是十分有趣的，因为它们所表现的性状，与局限在同样外界条件下的同一物种所具有的性状是相似的。

当一种变异只对生物发生极其微小的作用时，我们就无法判定这种变异的成分中，自然选择的累积作用和生活条件的作用分别占了多大比例。皮货商人虽然清楚，同种动物，其居住地越往北，它的毛皮就会更厚更优质，但他也说不清楚，毛皮最温暖的个体在许多世代中由于得到利益而被保存下来占了多少的比例，严寒气候的作用又占了多少比例。处于两种完全不同的外界条件下的同一物种，有可能产生相似的变种；而处于完全相同的外界条件下的同一物种，却可以产生不同的变种，这两种情况都有事实为证。另外，还有些物种，虽然它们所在地区的气候与它们本来的理想生活气候完全不同，但它们仍然可以保持其物种的纯粹性，甚至完全不变，这样的事例比比皆是，每一个博物学者应该都了然于心。于是我认为，周围条件的直接作用并不如那些我们完全不知道的原因而引起的变异倾向重要。

从某种意义上来说，生活条件不但能直接或间接地引发变异，同样，它还能把自然选择包含其中，因为生活条件决定了各个变种能否生存。但当人类在充当选择的执行者时就可以看出，变化的两种要素差异是非常明显的：变异性以某种方式被激发起来，这是人的意志，它使变异朝着一定方向累积起来；而后者的作用则相当于在自然状况下“最适者生存”的作用。

使用与废止的效果

无翅马德拉甲虫之所以如此之多，主要是因为自然选择与不使用作用结合在了一起。这两种作用的结合使得该地区的甲虫在连续世代中，或因发育问题而使得翅膀不完整，或因习性懒惰而很少飞翔，以至于它们不会在飞翔过程中被风吹到海里去，从而获得更多的生存机会。

从第一章可以了解到，在家养动物中，有些动物的器官会因为使用而得到加强并增大，因为没有使用而衰退并缩小。我是比较认同这类事实的，并认为它是可以遗传的。在自由的自然状态下，由于我们不清楚物种祖先的类型，所以没有可作比较的标准来对长久连续使用和不使用的效果进行判断，但是，许多动物所具有的构造，是可以从已经停止使用后显现出来的效果来作出最佳解释的。欧文教授曾说，在自然界中，没有什么能比鸟不能飞行更令人惊奇的了，但有一些鸟还真的如此。比如，南美洲的大头鸭就只能在水面上拍动它的翅膀，其翅膀几乎和家养的艾尔斯伯里鸭一样。据坎宁安先生讲，大头鸭的幼鸟是可以飞行的，成鸟则会失去这种能力。究其原因，是因为在陆地上觅食的大型鸟类，除了逃避危险外，几乎不需要飞行，所以，曾经或至今仍栖息在无食肉兽出现的几个海岛上的几种鸟，几乎都是无翅膀的。不过，作为栖息在大陆上的大型鸟类，鸵鸟在无法飞离危险时，它会像四足类动物一样，利用自己的双腿有力地踢打敌人来保护自己。我们可以推测，鸵鸟祖先的习性原本应该和野雁比较相似，但由于其体形和重量在连续的世代中不断地增加，以至于它频繁地使用腿，而很少使用翅膀，最终变得无法飞行。

□ **决斗 安纳普·沙 摄影 当代**

鸵鸟是现存体积最大但不能飞行的鸟类，一般生活在非洲干旱的草原上。它们原本能用翅膀飞翔，但由于长期生活在陆地上，很少使用翅膀，久而久之翅膀就退化了。所以，即使鸵鸟在争夺配偶时，也不能像其他鸟类那样在空中追逐，而是竖起羽毛，用脚向对手踢去。

科尔比曾描述过这样一个事

实：许多以粪便为食的雄性甲虫，其前趾节，即前足常常是断的。为此，他采集了16个标本来做研究，结果显示，这些断处无迹可寻。以阿佩勒蜣螂为例，在通常情况下，它的前足跗、节都是断的，很多著作中把它描绘成一种没有跗节的昆虫。而其他属里的一些昆虫，尽管有跗节，却往往是不完整的，被埃及人奉为圣物的圣甲虫就是这样。尽管目前对于偶然性缺损是否会被遗传的问题尚无定论，但布朗·税奎在对豚鼠的观察过程中，却发现通过外科手术所形成的结果可以遗传。在我们抑制一些遗传倾向时，应对这一类典型事例加倍小心。在看待那些没有前足跗节，或仅残存有跗节痕迹的昆虫的问题时，最稳妥的做法就是不把它当作损伤的遗传，而是看作由于长期处于不使用状态而产生的结果。需要说明的一点是，许多以粪便为食的甲虫，在它们的生命早期，一般都没有跗节，而跗节对这类昆虫而言也没有多大意义。

□ **鸭**

在生物进化的漫长过程中，用进废退的原则一直发挥着作用，其具体表现为：当物种频繁地使用某种器官时，这种器官的功能就会加强；反之，如果某个器官的利用率较低，则这个器官的功能就会退化。我们都知道，家养鸭子的祖先是野鸭，因此鸭子在被驯养的早期是具有飞翔能力的，然而当它逐渐适应陆地生活，不再需要翅膀飞翔时，其翅膀功能便日益退化，最终导致它失去飞翔的能力。

在某些情况下，我们很容易将全部或主要由自然选择而引起的构造变异当作是由于不使用而造成的。沃拉斯顿先生曾提出，生活在马德拉[1]的550种甲虫（现今已超出这个数目）中，有200种甲虫因不具有完整的翅膀而无法飞行，而且在29个土著的属中，有至少23个属的昆虫都是这样！世界上许多地方的甲虫，常常被风吹到海中溺死，而据沃拉斯顿观察，马德拉的甲虫相对比较聪明，它们会一直等到大风过后才出来。在几近空旷的德塞塔群岛[2]，无翅甲虫的比例比马德拉的更大，而且在这里还存在一种非常异常的现象，那就是，广泛分布于各地的必须使用翅膀的大型甲虫，在这里却几乎看不到。以上事实使我相信，无翅马德拉

[1] 马德拉：葡萄牙的一个岛，位于非洲西海岸。
[2] 德塞塔群岛：属于北大西洋马德拉群岛的一部分，由3个空旷无人的长条形荒岛组成。

甲虫之所以如此之多，主要是因为自然选择与不使用作用结合在了一起。这两种作用的结合使得该地区的甲虫在连续世代中，或因发育问题而使得翅膀不完整，或因习性懒惰而很少飞翔，以至于它们不会在飞翔过程中被风吹到海里去，从而获得了更多的生存机会。而那些喜欢飞行的甲虫却因此而遭遇不幸，并最终走向灭绝。

在马德拉，还存在着许多不在地面上觅食的昆虫，比如，有的鞘翅类和鳞翅类昆虫就是在花朵中觅食的。为了获取食物，这些昆虫不得不经常使用它们的翅膀，所以，这些昆虫的翅膀应该不会缩小，而是变得更大了，这种变异也完全符合自然选择的作用。我们可以想象，当一种新类型最初来到这个岛上时，增大还是缩小它们翅膀大小的自然选择的倾向，将决定该类型中绝大多数个体的命运，要么战胜风而生存下来，要么彻底放弃和风的战斗，减少飞行次数甚至不再飞行，以此获得生存机会。这就好比一艘船，在海岸线附近出现了破损，对于船员来说，如果善于游泳的话，就直接跳下水游回岸上；如果不善于游泳的话，就只有紧紧地抓住船上的支撑物或栏杆，等待救援为上策。

鼹鼠以及某些穴居啮齿动物的眼睛只剩下残迹，或者完全被皮毛遮盖。之所以出现这种情况，大概是因为它们居住的地方太黑，眼睛派不上用场，以至于渐渐缩小退化。不过，这里面也有自然选择的作用。南美洲有一种叫作栉鼠的穴居啮齿类动物，据说它们的眼睛通常是瞎的——我曾养过一只活的栉鼠，它的眼睛的确是瞎的。在对它的眼睛进行解剖之后，我才知道导致它眼睛瞎的原因竟然是瞬膜发炎。要知道，对于任何动物而言，眼睛发炎都会造成极大的危害，但由于眼睛对于穴居动物而言并不那么重要，所以，它们任其发展。这就导致它们的眼睛缩小，上下眼睑粘连，而且长了毛。众所周知，有几种完全不属于同一个纲

□ **盲鱼**

大约在数万年前，盲鱼的祖先被水流带到了光线极少甚至完全没有光线的地下洞穴内，经过漫长的岁月，其眼睛因无用武之地而退化，于是变成了今天的盲鱼。虽然眼睛失去了它应有的作用，盲鱼却能够依靠其他器官的特殊感觉正常生活。

的动物共同栖息在卡尔尼奥拉[1]及肯塔基[2]的洞穴里，它们的眼睛都是瞎的。至于某些没有眼睛的蟹，它们的眼柄却依然存在，就好像没有了透镜的望远镜一样，架子还是存在的。对于生活在黑暗中的动物而言，眼睛对它们可能确实没有什么用，我们也不知道彻底失去眼睛会给它们带来什么害处，所以只能将它们失去眼睛的原因归结为不使用。有一种叫洞鼠的盲眼动物，被西利曼教授在距洞口半英里（1英里=1 609.344米）的地方捉到过两只，由此可见，它们并未住在洞的深处。但洞鼠的两只眼睛大而有光。西利曼教授告诉我，只要将洞鼠放在逐渐加强的光线下，只需一月，它们就可以朦胧地辨认面前的东西了，可见它们的眼睛并非因为不使用而完全瞎掉的。

□ **昆虫的终结者——绿蛤**

绿蛤在凉爽潮湿的夜晚出来捕食昆虫，有时它们会跳进村庄，在街灯或其他招引昆虫的光源附近捕猎。其皮肤花绿，为捕食形成很好的掩护。它们没有牙齿，只能将昆虫整个吞进肚子里。

我相信，再没有什么生活条件能比在几乎相似气候下的石灰岩洞更为相似的了。如果按照盲眼动物分别是从美洲和欧洲的岩洞里创造出来的旧观点，可以推断出它们的身体构造和亲缘是极其相似的。但是经过我们对于这两处的整个动物群的观察，却发现事实并非如此；关于昆虫，希阿特曾说：“我们不能用纯粹地方性以外的眼光来观察全部现象，马摩斯洞穴（位于美国的肯塔基州）和卡尔尼奥拉洞穴之间的少数类型的相似性，也不过是欧洲和北美洲的动物群之间所一般存在的类似性的明显表现而已。”在我看来，我们必须先假设美洲动物在大多数情况下具有正常的视力，然后，它们在以后的世代中，会慢慢地从外界移入肯塔基洞穴的深处，就如同欧洲动物移入欧洲的洞穴里那样。不过我有证据能证明这种习性。希阿特曾说：“我们把地下动物群看作是从邻近地方受地理限制的动物的小分支，它们一旦生活到黑暗中去，也能很快适应周围的环境。最初从光明转入到黑暗的动物，与普通类型相距并不远。接着，构造适于微光的类型继之而起；最后是适于完全黑暗的那些类型，它们的形成是十分特别的。”然而，我认

[1] 卡尔尼奥拉：是位于中欧南部，与阿尔卑斯山比邻的小国——斯洛文尼亚的一个省。
[2] 肯塔基：美国中东部的一个州。

□ **考艾岛洞狼蛛**

1971年，考艾岛洞狼蛛被发现于夏威夷的考艾岛上。科学家发现，它们所生活的洞穴已经有360万年至560万年的历史，而长时间的洞穴生活使得这种狼蛛的视力逐渐退化，但它们的触觉却慢慢灵敏起来。

为希阿特的这番话并不适用于同一物种，而只适用于不同物种。当动物经过无数世代而进入了洞穴的最深处后，它们的眼睛因为不使用，几近完全消失了，而自然选择常常会引起别的变化，如触角或触须的增长，作为对它们盲眼的补偿。尽管有这种变异，我们还是能分别看出美洲和欧洲的洞穴动物与其大陆别种动物的亲缘关系。我听达纳教授说过，美洲的某些洞穴动物确实是这样的，而欧洲的某些洞穴昆虫与其周围地方的昆虫也极其密切相似。如果按照它们是被独立创造出来的普通观点来看，我们就很难合理解释盲眼的洞穴动物与欧洲和美洲大陆的其他动物之间的亲缘关系。新旧两个世界的几种洞穴动物的亲缘应该是密切相关的，我们可以从这两个世界中的大多数已知的其他生物间的亲缘关系联想到此。因为埋葬虫[1]属里的一个盲眼的物种，就生活在离洞穴口外很远的阴暗的岩石下，该属洞穴物种基本上都已经成了瞎子，这应该与其在黑暗中生活有关。其实，这一切都很自然，既然一种昆虫失去了视觉器官，那么，它就容易适应黑暗的洞穴了。另一盲眼的盲步行虫属也具有这种显著的特性，据默里先生的观察，他只在洞穴里看到过这种生物。然而栖息在欧洲和美洲的一些洞穴里的物种却不是这样的，也许它们的祖先在没有失去视觉之前，曾广布于这两个大陆之上，后来由于某些原因，除了那些隐居在洞穴里的之外，其他的都灭绝了。一些特别的穴居动物，如阿加西斯曾谈到的盲鳉、盲螈，又如欧洲的爬虫类，它们的后代存活下来的却不多，要知道住在黑暗洞穴中的动物毕竟非常稀少，而且这里的生存竞争也并不激烈。

[1] 埋葬虫：属于鞘翅目。这类昆虫是一种具有“奉献精神”的腐肉类甲虫，它们不仅以动物尸体为食，还在埋动物尸体的地方把子女抚育长大。

环境适应性

在某些场合中，习性的使用或者不使用，对于体质和构造的变异有着重要的作用，但这一效果，往往和内在变异的自然选择相结合。

植物的习性具有遗传性，主要体现在其开花的时间、休眠的时间、种子发芽时雨量的多寡等方面。在此，我只略谈一下植物的环境适应性。

在热带地区和寒带地区，同属不同种的植物并存是极为常见的现象。如果同属的所有物种都是由一个单一祖先所传下来的话，那么，环境适应性就会很轻易地在物种世代传承的过程中发生作用。众所周知，任何一种物种都是非常适应其本土气候的，如同在热带地区，那些来自寒带以及温带的物种都无法忍受其炎热的气候，反之亦然。另外，许多富含汁液的植物都无法忍受潮湿的气候。尽管如此，物种对于其生活地区的气候适应能力，还是常常被低估了，我们可从下列事实加以证明。对于一种外来植物，我们常常无法正确评估其是否能忍受当地的气候，但事实证明，大量的外来植物和动物都可以在这里健康地生活。因此，我们有理由相信，因为与其他生物竞争的原因，物种在自然状况下的分布会受到严格的限制，这一限制和物种对于特殊气候的适应能力十分相似，甚至这一限制的作用大于物种的适应能力。但是在大多数情况下，不管这种适应能力是否密切，我们都有证据证明：在某种程度上，某些植物已经习惯于在不同的气温环境下生活了，这就说明，它们已经被气候所驯化了。胡克博士从喜马拉雅山采集了许多同种的松树和杜鹃花属的种子，这些种子是从喜马拉雅山的几个地方分别采来的，它们的生长地都不在同一个海拔高度上。随后，他将它们栽培在英国，经过观察，他发现它们的抗寒力各有不同。思韦茨先生告诉我说，他在锡兰看到过相同的事实。H. C. 沃森先生也曾把欧洲种的植物从亚速尔群岛带到英国作过类似的观察，其结果和胡克博士的完全相同。除此之外，我还能举出很多别的例子来。至于动物，也有很多已经被证实的事例可以引证。可见，从有生命开始，物种一直都在最大限度地扩展其分布范围，它们从较暖的纬度扩展到较冷的纬度，是一种反方向扩展。虽然在一般情况下，我们认为动物已经完全地适应了它们的本土气候，但事实是否真的如此，我们却无法断定，我们也不知道它们后来对于它们的

□ 菊芋

菊芋的环境适应能力很强，具有极好的抗寒、抗旱、抗风沙能力。因为它采用块茎繁殖，不会产生变种，因此其超常的环境适应能力会一直延续下去。

新家乡是否会变得比它们的本土更适应。

我们可以假设，家养动物最初之所以被未开化的人类选择，是因为它们有利用价值，同时容易在封闭的状态下生育。因此，我们的家养动物不仅能够适应各种不同的气候，而且完全能够在不同的气候中生育（这对它们来说是非常严格的考验）。根据这点，我们似乎可以得出这样一个结论：今天，许多生活在自然状态下的动物能够很轻易地抵抗各种不同的气候。但是，这一结论的适用范围不能过大，因为我们的家养动物的野生祖先可能不止一个。比如，在我们的家养狼中，可能混合有热带地区和寒带地区的狼的两种血统。鼠类和鼷鼠类也不能被视为家养动物，但是它们被人带到世界的许多地方去，其分布之广，超过了其他任何一种啮齿类动物。在北方寒冷的气候下，在南方温暖的气候下，甚至在热带地区的岛屿上，我们都可以发现它们的踪迹。因此，对于任何特殊气候的适应性，可以看作是这样一种性质，它能够容易地移植于内在体质的广泛揉曲性里去，而这种性质是大多数动物所共有的。根据这种观点，人类自己和他们的家养动物对于极端不同气候的忍受能力，以及灭绝了的象和犀牛只能忍受冰河期的气候，而它们的现存种却具有热带和亚热带的习性，这些都不足为奇，应看作是很普通的体质揉曲性在特殊环境条件下发生作用罢了。

物种对特殊气候的适应能力中，单纯的习性和不同内在体质的变种的自然选择各占了多大比例，两者的结合又占了多大比例，我们尚不能总结出一个确切的答案。以上面的述说为基础进行类推，再加上农业著作以及古代中国著作中所不断出现的忠告——自古以来，动物从一个地方运到另一个地方时都非常小心，因此，我相信其习性或习惯对环境的适应性都有一定的影响。同时，人类并不一定能成功地选择出那么多的品种及亚品种，并使之都具有特别适于该地区的体质，因此，我认为，之所以会造成这样的结果，其原因一定是习性。另一方面，自然选择必然倾向于保存那些生来就具有最适于它们居住地的体质的个体。在许多有关栽培植物的论文里，学者们说，一些变种比其他变种更能抵抗某种气候；美国出版的果树著作明确阐明，某些变种经常被推荐在北方种植，另一些则被推荐在南方种植，而这些变种大多数都起源于近代，所以它们的体质差异不能归因于习性。在英国，菊芋[1]从来不是用种子进行繁殖的，因此，它也没有产生过新变种，这个例子曾被提出来证明环境适应性是没有什么效果的，因为未产生新变种的菊芋还一如既往地娇嫩着。再比如菜豆，它和菊芋的特征相似，因此也常常被引证，而且更具有说服力。但我们不能定论菜豆的实生苗在体质上从来没有发生过变异，因为据某个报告说，某些菜豆的实生苗的确比其他实生苗具有更强的抗寒能力，而且我自己就曾看到过这种明显的例子。

综上所述，我们可以得出这样的结论：在某些场合中，习性的使用或者不使用，对于体质和构造的变异有着重要的作用，但这一效果，大都往往和内在变异的自然选择相结合。在某些特殊的情况下，内在变异的自然选择作用甚至还会支配这一效果。

与成长有关的变异

与成长有关的变异指的是，整个物种体质在其生长和发育中，与变异紧密地结合在了一起，由此导致当任何一部分发生细微变异而被自然选择并产生累积时，其他部分也要随之发生相应的变异。

在此，与成长有关的变异指的是，整个物种体质在其生长和发育中，与变异紧密地结合在了一起，由此导致当任何一部分发生细微变异而被自然选择并产生累积时，其他部分也要随之发生相应的变异。我们对于这个重要问题的理解却极不充分，而且完全不同种类的事实本身也极容易产生混淆。在不久的将来，我们会看到，单纯的遗传常常会表现出相关作用的假象。最明显的事例之一，就是

[1] 菊芋：洋姜，是一种菊科向日葵属宿根性草本植物。原产于北美洲，后经欧洲传入中国。

动物在幼年期或幼虫期所发生的构造上的变异，能直接影响到成年动物的构造。有着同源的、在胚胎早期具有相同构造的且处于相似外界条件下的物种，其身体的某些部分必然存在着按照同样方式进行变异的倾向。当这些物种身体的右侧和左侧按照同样的方式进行变异时，其前脚和后脚甚至连腭和四肢也会同时进行变异。因此，某些解剖学者推论，下腭和四肢是同源的。我相信，这些倾向或多或少地受自然选择的支配。比如，曾经存在过一群头上只长一只角的雄鹿，如果这一特点对于它们是有利的，那么自然选择也许就会让该物种永远地存活下来。

某些博物学者曾经认为，物种的同源部位有合生的倾向。关于这一点，在畸形的植物里比较常见。比如，花瓣结合成管状是一种最普通的正常构造里同源器官的结合；坚硬的部分似乎能影响到相连的柔软部分的形状。某些博物学者认为，鸟类骨盘形状的分歧能使其肾的外形也发生明显的分歧。而另外一些人则相信，人类女性的骨盘形状会影响胎儿头部的形状。在施莱格尔看来，蛇类的身体形状和吞食食物的状态决定了其最重要的几大内脏的位置和形状。

至于物种的这种结合性质的起因，我们尚不大清楚。小圣提雷尔先生指出，有几种畸形可以共存，而有几种畸形则无法共存，但是，我们暂时无据可考。事实上，很多现象我们都无法解释：在猫类中，纯白毛色和蓝色眼睛与耳聋之间的关系，毛色呈龟壳色的猫与雌性的关系；在鸽类中，有羽毛的脚与外趾间蹼皮的关系，刚出生的幼鸽的绒毛数量与其成年后羽毛颜色的关系；在狗类中，土耳其裸狗的毛和牙之间的关系。虽然同源在这里起着显著的作用，但它依然无法解释这些现象中的奇特关系。关于这一作用的最后一个事实是，哺乳动物中表皮最异常的二目，即鲸类和贫齿类（比如犰狳、穿山甲等），都有着最异常的牙齿，我认为这应该不是偶然的现象。虽然这一规律中也存在着特例，但就如密伐特先生曾说过的那样：这些特例的价值很小。

□ 胎儿

胎儿在子宫中发育时，总是双手抱头，并且双手的位置靠近下颌，这种现象为某些学者认为的下颌和四肢是同源的观点提供了有力的证据。

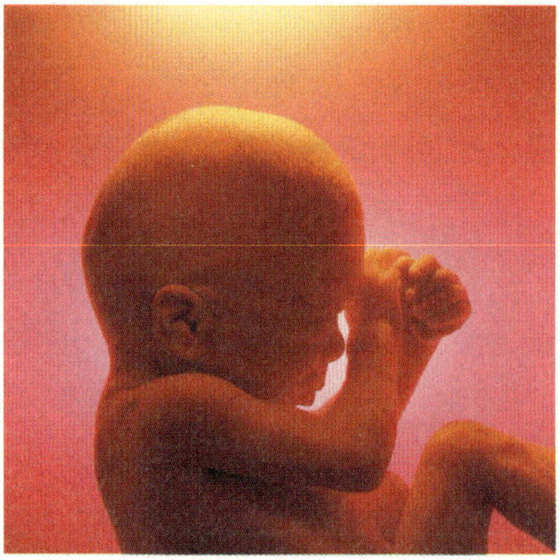

我认为，在阐明那些与使用无关的，

□ **天竺葵**

天竺葵，别名洋绣球，牻牛儿猫科，天竺葵属，原产南非，是多年生草本花卉。其喜阳光，好温暖，耐寒性差，怕水湿和高温。达尔文指出，当天竺葵花序中央花的上方两瓣失去浓色的斑点，则表示其蜜腺退化严重。

也就是与自然选择无关的相关法则和变异法则的重要性方面，再无比菊科和伞形科植物的内花和外花的差异更具有说服力的了。众所周知，雏菊的中央小花和射出花是有差异的，这种差异往往伴随着生殖器官的部分退化或全部退化。而某些植物的种子在形状和刻纹上也有差异。人们或将这些差异归因于花苞对花的压力，或将它归因于两者彼此间的互相作用力，而且某些菊科植物的种子的情况正好与之相一致。但胡克博士告诉我，在伞形科植物中，内花和外花之间差异最大的，绝不是花序最密的那些物种。我们可以想象，射出花的花瓣的发育是靠着从生殖器官吸收养料，这就造成了生殖器官的发育不全；但这不见得是唯一的原因，因为在某些菊科植物里，花冠并无不同，而内外花的种子却有差异。也许养料在流向中心花和外围花时，由于流向的不同从而导致了种子之间的差异，至少我们知道，关于不整齐花，那些最接近花轴的最易变成化正花（在本来开不整齐花的植物上所生出的整齐花），即变为异常的相称花。关于这一现象，我再补充一个事例，亦可作为相关作用的一个显著例子，即在许多天竺葵属植物里，如果出现花序的中央花的上方两瓣失去浓色斑点的现象；那么其附着的蜜腺即严重退化，因而中心花便成为化正花。如果上方两瓣中只有一瓣失去颜色，那么，蜜腺的退化不会十分严重，只是大大地缩短了而已。

关于花冠的发育，斯普伦格尔认为，射出花的用处在于引诱昆虫，昆虫作为一种媒介，对于这些植物的受精是高度有利或者必需的，这种观点非常合理；如果真是如此，那么自然选择可能已经发生作用了。但是，种子的形状千奇百怪，也不经常和花冠的差异相关，因而似乎没有什么利益。在伞形科植物里，这种差异具有如此明显的重要性：由于外围花种子的胚珠有时候是直生的，中心花种子的胚珠却是倒生的情况时常出现，以至于得康多尔主要用这些性状对此类植物进行分类。分类学者们认为，价值程度相对较高的构造变异，应该都是由变异和相关法则所导致的，不过这一结论，对于物种根本没有一点用处。

物种的整个群所共有的，并且确实单纯由于遗传而来的构造，常被错误地归因于相关变异；因为一个古代的祖先通过自然选择，可能已经获得了某一种构造上的变异，而且经过数千代以后，又获得了另一种与上述变异无关的变异；这两种变异如果遗传给习性分歧的全体后代，那么自然会使我们想到它们在某种方式上一定是相关的。此外，还有些其他相关情况，显然是由于自然选择的单独作用所致。例如，得康多尔曾经说过，有翅的种子从来只见于裂开的果实。关于这一规律，我可以这样解释：除非蒴裂开，种子就不可能通过自然选择而渐次变成有翅的；因为只有在蒴开裂的情况下，稍微适于被风吹扬的种子，才能比那些较不适于广泛散布的种子占有优势。

与生长有关的补偿和节约

当生活条件发生改变时，如果一种曾经有用的构造，现在没有多大用处了，那么，这种构造的缩小就是有利的，它可以避免养料白白浪费在建造一种无用的构造上。

老圣提雷尔先生与歌德几乎在同一时间提出了物种生长的补偿法则，即平衡法则。对此，歌德说："自然为了要在一边消费，因此，就被迫要在另一边节约。"我认为，这一说法在某种范围内也同样适用于我们的家养动物：当养料过多地流向一个或少数几个器官，那么相应地，流向其他器官的养料就不会充足了，因此，要获得一只产乳多且又容易长胖的牛是很困难的。同理，属于同一变种的甘蓝，如果产生了茂盛且富含汁液的叶子，那么就难以结出大量的含油种子。家养鸡的头上有一大丛冠毛的，一般都伴随着缩小的肉冠，如果是多须的，则几乎都会伴随着缩小的肉垂。对于自然状态下的物种而言，我们要总结出这一法则的规律非常困难，但许多优秀的观察者和植物学者都相信它的真实性。我认为，要辨别以下的效果很困难，一方面，物种的一部分器官因为自然选择的作用而大大地发达起来，而其连接部分却由于同样的作用或不使用的原因缩小了；一方面，由于连接部分的过分生长，大量的养料都被其剥夺了。

另外，根据我的推测，某些补偿的事实源于自然选择不断地试图来节约身体构造的每一部分：当生活条件发生改变时，如果一种曾经有用的构造，现在却没多大用处了，那么，这种构造的缩小就是有利的，它可以避免养料白白浪费在建造一种无用的构造上。当我在对蔓足类进行考察时，更加深了我对这方面的认识。我还从中看到了一个大量存在的事实：如果一种蔓足类寄生在另一种蔓足类体内，并受到保护时，它的外壳（蔓足类的背甲）就会几近消失。雄性四甲石砌属就是最好的例证，寄生石砌属的存在更具说明性。非寄生型的蔓足类的背甲都非常发达，其结构是由非常发达的头部前端的非常重要的三个体节所构成，并且具有巨大的神经和肌肉，但寄生型的和受保护的寄生石砌却正好相反，它们的头部前端发生了严重的退化，以至于只能附着在具有捕捉作用的触角基部，而且还缩小到仅留下一点非常小的残迹。一旦大而复杂的构造变得多余，它就会自动将其省去。这一做法对于该物种的各代个体都具有决定性的作用和巨大的利益，因为对于处在生存竞争中的各个动物来说，最大限度地节省养料，无疑会使自己获得更好的生存机会。

□ **雏菊　雷杜德　水彩画　19世纪**

雏菊又名春菊、延命菊、马兰头花，原产欧洲。这种两年生的草本植物在初春或春季开花，花期很长，其时，根叶将大量营养转移至花朵，以供其所需。

因此我相信，对于物种而言，身体的任何一个部分，一旦由于习性的改变而成为多余部分时，自然选择就会使其缩小，但不会相应地使其身体中的其他某个部分变得发达；反之亦然。

低等动物更容易发生变异

在自然状态下，低等生物比高等生物更容易发生变异。这里的低等指的是那些在身体构造上的分工不是很专业，以至于没有特殊机能器官的低等生物。

小圣提雷尔曾指出："在任意一种物种或变种中，如果同一个体的任何部位或器官被重复了多次（如蛇的脊椎骨、多雄蕊花中的雄蕊），那么其数量就容易产生变异；但是，以上这些部分或器官，如果数量较少，则容易保持稳定，这似乎已成了一条规律。"他和一些植物学家还一致认为，重复器官最容易产生构造上的变异。欧文教授把此现象称为"生长的重复"，这是低等体质的重要标志。于是，众多博物学者认为，在自然状态下，低等级生物比高等级生物更容易发生变异。这里的低等指的是那些在身体构造上的分工不是很专业，以至于没有特殊机能器官的低等生物。当同一器官不得不承担多种工作时，我们便能理解以上的观点了，因为自然选择对该器官形状上的偏差所做的保存或排斥都比较宽松，它不会像对专营一种功能的部分那样严格，好比一把被用来切割各种东西的刀子，它的形状几乎是不重要的，但反过来，若是专门为某一特殊目的而出现的工具，那么就必须具有符合该特殊目的的特殊形状。永远不要忘记，自然选择只对对生物有利的部分发生作用。

□ **海带**

海带，海带科，海带属，典型的藻类植物。在植物的进化过程中，除了藻类植物以外，其他植物都出现了胚，都属于高等植物。而藻类无胚，是低等植物。

前面讲到，残迹器官极易发生变异。关于这一问题，我会在以后的文章中深入讨论。在此，我想申明一点，残疾器官之所以因为毫无用处而引起变异，实际上是由于自然选择无力抑制它们构造上的偏差所致。

物种的异常发达部位更容易发生高度变异

在自然状态下，如果任何一个物种的某一部位比同属的其他物种的相同部位要发达得多，我们就可以断定，这一部位自几个物种从共同祖先那里分出的时候，就已经发生了巨大的变异。

若干年前，沃特豪斯先生提出了标题上这个论点，我被深深打动。最近，欧文教授似乎也得出了类似的结论。对此，我希望用我所搜集的一系列事实来支持他们的论点。然而，我在这里又不可能把它们全都列举出来。我能说的是，根据搜集的事实证明，这是一个极为普遍的规律，但这一规律无法被应用到单一物体的任何部位上，即使是异常发达的部位也不可能，因为只有当它和许多与它密切近似物种的同一部位相比较时，在能明显地表现出它在一个物种或少数物种里异常发达时，才能应用这一规律。例如在哺乳动物中，蝙蝠肉翅是一个最异常的构造，但是这一规律却无法在该部位上得到应用，因为所有的蝙蝠都有肉翅。如果某一物种的翅膀比同属其他物种的翅膀明显更发达，那么，在这种情况下，这一规律就能够被应用。当次级性征以一种极其异常的方式出现时，这一规律就完全可以被应用了。“次级性征”是由亨特先生提出来的，指的是属于雌雄两性的其中一方，但与生殖作用没有直接关系的性征。这一规律适用于雌雄两性，但相对更适用于雄性，因为雄性大多具有显著的次级性征。这一规律之所以能被应用在次级性征上，可能是因为这些性状不管是否以异常的方式出现，都总是具有巨大的变异性。但这一规律又并非仅仅局限在次级性征，在雌雄同体的

□ **蝙蝠**

蝙蝠的肉翅在哺乳动物中异常少见，它虽然极其发达，但是长久以来未曾有所变异。按照达尔文的观点，只有当某一种蝙蝠的翅膀比其他种类蝙蝠的翅膀明显发达，才会导致其变异。

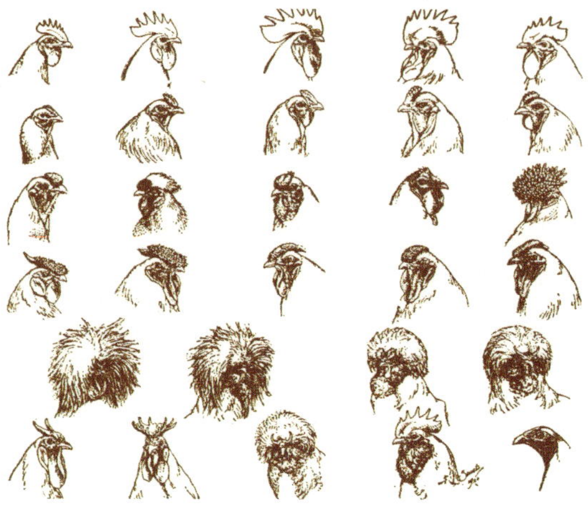

□ 鸡冠的进化 张鹏飞 线描 当代

鸡冠的进化从大到小，从肥硕到瘦弱，是人工选择的结果。在自然状态下，它几乎不会发生这样的变化。

蔓足类中，它也同样适用。我在研究这一目时，特别留意了沃德豪斯的话，因为我有充足的理由相信，这一规律几乎完全能够被应用。我将在以后的著作中把那些显著的事例列成一个表格，但在此，我只能举一个典型事例以说明这一规律的最大应用性。无柄蔓足类（岩藤壶属的一种）的盖瓣，从各方面来讲，都是很重要的构造，即使在不同的属里，它们的差异也是极微小的。但在四甲藤壶属的若干物种里，这些盖瓣却呈现出极大的分歧；这种同源的盖瓣的形状有时在异种之间竟完全不同；在同种个体里，其变异量也非常之大。所以，如果我们说这些重要器官在同种各变种间所表现的特性差异大于异属间的，也并不算夸张。

至于栖息在同一地方的同属鸟类，其变异的可能性很小。我曾特地留意过它们的变异，发现这一规律同样适用于它们。但在植物方面，我还没有发现这一规律的可适用性。

当我们看到一个物种的任意部位或器官以明显的方式发达起来时，应该想到，它对于该物种是非常重要的，同时也是最容易发生变异的。为什么会出现这样的情况呢？如果按照各个物种是被独立创造出来的观点，即所有部位形成之初都像我们今天所看到的样子，那我也就找不出任何解释的理由了。但如果按照各个种群是从其他某些物种传下来，并且通过自然选择而发生了变异的观点，我们就能从中解释一些问题的真相了。首先让我对其中的几个问题进行一下解释。如果我们对于家养动物的任何一个部位或整体不曾采取任何人工选择的话，那么这些部位（比如多径鸡的肉冠）或整个品种，就不会像今天这样以一个相同的性状出现在我们眼前了。换言之，这一品种就退化了。关于残迹器官和某些具有特殊目的却并不专业化的器官，以及多形类群等的形成，是因为自然选择并未充分发生作用，甚至根本无法发生作用，因此物种的构造就处于一种不稳定的状态。但是，在我们的家养动物里，那些被连续选择，并且其构造在当今发生着迅速变化的物种，也呈现出显著的变异。以同一品种的鸽子的不同个体为例，只要仔细观察一下翻飞鸽的嘴、信鸽的嘴和肉垂、扇尾鸽的姿态和尾羽等，我们就会发现其中的差异是如此巨大！这些差异正是如今英国养鸽家们的主要关注点。甚至在同一个亚品种里，如短面翻飞鸽，要培育一只近乎完全标准的这类鸽子几乎是不可能的。在现实中，绝大多数的鸽子都与其标准存在着很大的差距。因此，可以毫不隐晦地说，在我下面所讲述的两方面之间一直存在着斗争：一方面是回到较不完全的状态上去的倾向和发生新变异的一种内在倾向；另一方面是保持品种纯真的不断选择的力量。后者往往会获得胜利，因此我们不必担心因失败而造成在优良的短面鸽品种中培育出如同普通翻飞鸽那样劣质的品种来。当选择发生作用时，那些正发生着变异的部分无疑将具有巨大的变异性。

在自然状态下，如果任何一个物种的某一部位比同属的其他物种的相同部位要发达得多，我们就可以断定，这一部位自几个物种从共同祖先那里分出的时候，就已经发生了巨大的变异。一般来说，这一时期距今不会太遥远，因为很少有一个物种能连续生存一个地质时代以上。这里所谓的异常变异量，是指非常巨大的且长期连续的变异性，这种变异性是由自然选择不断保存并累积起来的。如此一来，按照一般规律，我们可以想象，与这些器官相比，在更为长久的时期内，保持稳定的其他部分所具有的变异性该是何其巨大。所以，我相信以下事实：一方面是自然选择，另一方面是返祖和变异的倾向，二者之间的斗争经过一个时期会停止下来；异常发达的器官会成为稳定的器官。因此，一种器官不管怎样异常，既然以近于同一状态传递给了许多变异的后代，如蝙蝠的翅膀，那么按照我们的理论，它一定在很长的时期内保持着差不多同样的状态；这样，它就不会比任何其他构造更易于变异。只有当变异是新近的且异常巨大的情况下，我们才能发现所谓发育的变异性依然高度存在。因为在这种情况下，由于那些符合要求且程度发生了变异的个体能继续选择，同时又由于能返祖变异的状态比较少，并一直被排除着，因此，变异性很少能固定下来。

物种在性状方面比属更容易发生变异

当某一性状从原属的共同特点变成了某些物种的单独特点，那么就算它的生理重要性不变，它的变异性也由稳定变得不稳定了。

物种的异常发达部位更容易发生高度变异这一规律，也可应用于本节将要讨论的这个问题。我们都知道，物种的性状比属的性状更易发生变化，最简单的例子就是，颜色作为物种的一种性状，在一个大属的植物里，它有时候是蓝色的，有时候又是红色的。当开蓝花的物种变成开红花的物种或二者相反时，任谁都会感到惊奇。但是，如果一个属里的所有物种原本都开蓝花，那么，蓝色就是该属的性状；而当这些物种突然都开了红花，那就是一件十分异常的事了。我之所以举这个例子，是因为绝大多数博物学者所提出的解释都无法在这里应用，他们把物种的性状之所以比属的性状更易变异，归因于物种的分类依据的生理重要性小于属的分类依据的生理重要性。我认为，这种解释比较片面。一直以来，我都十分留意博物学著作里所提到的那些重要性状。曾经有一位博物学者惊奇地发现，某一重要器官或部位在物种的大群中是极其稳定的，在有密切亲缘关系的物种中反而不太稳定，且常常发生变异。通过这一事实，我们可以看到，当某一性状从原属的共同特点变成了某些物种的单独特点，那么就算它的生理重要性不变，它的变异性也由稳定变得不稳定了。也许，畸形物种中也存在着同样的情况，就像小圣·提雷尔坚信的那样，如果一种器官在同属的不同物种中的差异性越是常见，那么，受畸形所支配的个体的数量就越多。

如果按照物种是独立创造出来的理论为根据，那么，在独立创

□ 矢车菊

矢车菊，别名蓝芙蓉，菊科，矢车菊属。原产欧洲东南部。它的花较大，扁漏斗形，花期长，原生种为蓝色，后来人们培育出了各种颜色的矢车菊。下图为紫色矢车菊。

造的同属各物种之间，为什么其构造上的差异部位会比密切近似的部位更容易发生变异呢？相信这是难以作出任何解释的。但是，按照物种只是特征显著的固定变种的观点，我们可以想象，在近期内，发生了变异且彼此之间的构造出现了差异的部位还将继续变异。或者，还可以用另一种方式来说明，即凡是一个属的一切物种的构造彼此相似，而与近缘属的构造相异的各点，就叫作属的性状。这些性状应该归因于共同祖先的遗传，因为自然选择很少能使若干不同的物种按照完全一样的方式进行变异，而这些不同的物种已经适应了不同的习性。事实上，属的性状其实是在物种最初从共同祖先分出来之前就已经遗传下来了。从那以后，这些性状就从未发生或只发生些许的变异，所以，到了今天，它们大概也不会发生什么变异了。另一方面，同属物种间某些部位上的不同，应该被叫作物种的性状。这是因为物种从共同祖先分出来以后，由于变异而出现了差异，而这些部位也许还会在某种程度上经常发生变异，至少与那些长时间保持稳定的部位相比，它们更容易发生变异。

第二性征更容易发生变异

不管是什么原因导致了第二性征的变异性，毋庸置疑的是，它们都具有高度变异性。因此，性选择的作用范围就相对广阔，从而就能成功地使同属物种在第二性征方面比在其他性状更容易显示出巨大的差异。

在这里，我就不再详加讨论第二性征的高度变异性了，因为几乎所有的博物学者们都认同这个观点。除此之外，他们还认为，同属的物种间的第二性征的差异比身体的其他部位的差异更加广泛。比如，雄性鹑鸡[1]类的第二性征差异要比雌性鹑鸡类的第二性征差异明显得多。虽然这些性状的原始变异性的原因并不完全清楚，但我们知道，它们之所以没有像其他性状那样表现出固定性和一致性，就在于它们是被性选择所积累起来的，而性选择的作用并不像自然选择作用那样

[1] 鹑鸡：鸟类的一种生态类群，具有中型的强健后肢，趾端有钩爪，善走不善飞，以爪拨土觅食。

□ 孔雀开屏

孔雀因能开屏而闻名。孔雀中雄性比雌性更漂亮，因为雄性的尾屏比雌性的更加色泽美丽、明艳动人。事实上，尾屏是孔雀的第二性征，只有雄孔雀才能自然开屏。每当雄孔雀想要吸引雌性孔雀的注意时，就会展开它那五彩缤纷的尾屏，做出各种各样优美的舞蹈动作。

严格，它不会导致生物的死亡，但会使那些比较不利的雄性后代越来越少。不管是什么原因导致了第二性征的变异性，毋庸置疑的是，它们都具有高度变异性。因此，性选择的作用范围就相对广阔，从而就能成功地使同属物种在第二性征方面比在其他性状更容易显示出巨大的差异。

同种两性间的第二性征差异，一般都表现在同属各物种彼此差异所在的完全相同的部位，这值得我们特别关注。关于这一点，我以两个事例来说明。由于在这两个事例中，差异所具有的性质非常普遍，因此，它们的关系绝不是偶然的。比如，绝大部分甲虫类存在着一种共同性状——它们的足部跗节的数目相同。但是韦斯特伍德指出，在木吸虫科[1]里，跗节的数目变异很大，而且就算是在同种的两性间，这个数目也有差异。还有就是，在掘地性膜翅类中，大部分的物种都拥有翅脉这一性状，这也是该属的一个重要性状。但在某些属里，翅脉却因物种的不同而产生差异，而且即使是在同种的两性间，这种差异依然存在。对此，卢伯克爵士认为，一些小型甲壳类动物的第二性征就极好地证明了以上事实的正确性。例如，对于角镖水蚤属来说，其第二性征主要体现在触角和第五对脚上，同时，它的物种间差异也主要表现在这些器官上。要解释这种关系，首先得清楚两点，即同属的所有物种都是由一个共同祖先传下来的；任何一个物种的两性也都是由一个共同祖先传下来的。因此，不管其共同祖先或早期后代的哪一部位发生变异，都极有可能会被自然选择或性选择所利用，以便使一些物种在自然构成中能找到适合自己的位置。同时，这也使得同种的两性之间能够相互适应，或者说，能够帮助

[1] 木吸虫科：鞘翅目，为完全变态昆虫，其成长过程要经历卵、幼虫、蛹和成虫四个阶段。其成虫以树液和腐果为食，低、中海拔山区较为常见。

雄性在争夺雌性时，能够较好地与其他雄性进行斗争。

因此，我总结出，物种的性状——每个物种所拥有的独特性状，比属的性状——同属物种所具有的共同性状，更容易发生变异。当物种的某一部位比同属其他物种的同一部位发达得多时，这一部位通常具有高度的变异性。但不论这一部位如何发达，只要它是同属的所有物种所共有的，那么，它的变异性就是比较稳定的。第二性征的变异性是巨大的，并且在具有密切亲缘关系的物种之间，其差异也是巨大的。第二性征的差异和常见的物种差异，一般都会表现在其身体构造的同一部位上，所有的这些原理之间都存在着密切关系。同属的物种都是一个共同祖先的后代，这个共同祖先遗传给了它们许多共同的东西，导致这一切的主要原因是——在最近的一个时期内，发生巨大变异的部位与遗传已久但还未发生变异的部位相比，其持续变异性更高。随着时间的流逝，自然选择能够或多或少地完全克服返祖倾向和进一步变异的倾向，同时，性选择没有自然选择那样严格，同一部位的变异曾经被自然选择和性选择所积累。因此，在这些原因的作用下，它适应了第二性征的目的以及一般的目的。

物种的相似变异性

当一个品种和其他品种杂交后，就算只杂交了一次，其后代也必然会在之后的许多世代里出现杂交的倾向——有人说大约是12代或多至20代，就会偶尔出现只有外来品种才具有的性状。

不同物种间往往呈现出相似的变异性，因此一个物种的某个变种通常表现一个近似物种所固有的一种性状，或者再现一个早期祖代的某些性状。我们可以通过观察家养物种来理解这些观点。比如一些相距遥远且品种之间存在巨大差异的鸽子品种，呈现出头部长有逆毛、脚上生有羽毛的亚变种性状——这些性状并非岩鸽原本就有的。这些性状其实是两个或两个以上的不同物种的相似变异。一般情况下，突胸鸽有14根或16根尾羽，而扇尾鸽的尾羽多达36根，这一差异就可以被视为是一种变异。它也反映出这几种不同的鸽子在相似且未知的影响下，从一个共同的祖先处遗传了相同的体质和变异倾向。在植物界里，同样有相似变异的例子，比如瑞典芜菁和芜菁甘蓝都有肥大的茎部（一般人将之视为根部），一些植物学者把它们看成是由一个共同祖先演变而成的两个变种。若非如此，便是两个不同物种相似变异的例子了。除这两种以外，还可加入第三种物种——普通芜菁。如果按照每种物种都是被独立创造出来的观点来看，我们必然不能把这三者的肥大茎部的相似性归因于它们拥有共同祖先这一真实的原因，也不能归因于它们是按照同样的方式进行变异，我们只能将之归因于三种独立但又有着密切联系的创造结果。诺丹和其他作家就曾在葫芦这一大科，以及谷类作物里找出相似变异的相同事例。在自然状况下，这种现象也是存在的。近来，沃尔什先生还详细地讨论过这一问题，并把它归纳到他的“均等变异性”法则里去了。

鸽子是个特例，在它中间还有另外一种情况存在，即在所有的鸽子品种中偶尔会出现石板青色的鸽子。这种鸽子的翅膀上有两条黑带，腰部为白色，尾端也有一条黑带，外羽近基部的外缘呈白色。由于这些颜色都是岩鸽祖先所具有的，因此，我将这种现象假设为一种返祖现象，而不是出现在一些品种中的新的相似变异，相信大家都会同意我的这一假设。因为我们有充足的理由来得出这一结论——正如我们所看到的那样，这些具有标志性的颜色非常容易地出现在两个颜色各异的不同品种的杂交后代中。这就说明，石板青色以及几种色斑的重现并不是由于外界生活条件的作用，而只是受到了遗传法则中杂交作用的影响。

有些性状在消失了许多个世代，甚至是数百个世代后还会重现，这样的事实无疑会让人感到无比震惊。然而事实上，当一个品种和其他品种杂交后，就算只杂交了一次，其后代也必然会在之后的许多世代里出现杂交的倾向——有人说大约是12代或多至20代，就会偶尔出现只有外来品种才具有的性状。从一个祖先得来的血液（这是最通俗的说法），在12个世代之后，其比例为2 048：1。但是，一般的观点认为，返祖倾向是被这种外来血液的残余部分所保持着的。在一个未曾杂交过，但其双亲已经失去了祖代的某种性状的品种里，重现该性状的倾向，无论是强还是弱，几乎都可以传递给无数世代，即使我们可以看到相反的一面，也是如此。让我们来作一个极易理解的假设，当一个品种的某一种性状在消失了很久之后，又再次出现了，这并不是这个个体突然又获得数百代前的一个祖先所失去了的性状，而是这种性状在每个世代里都潜伏存在着，最后在某种未知的有利条件下再次得以重现。比如很少出现蓝色鸽子的排孛鸽就是如此。其实，该品种在每一世代中都有生长蓝色羽毛的潜在倾向。这种在无数世代中被传递下来的倾向，与那些几乎没有一点用处的器官即残迹器官被传递下来的倾向相比，其可能性小不了多少，产生残迹器官的倾向有时的确是这样遗传下去的。

□ **芜菁甘蓝**

芜菁，别名圆菜头、圆根、盘菜，十字花科，芸薹属。原产欧洲，现在欧洲、亚洲和美洲均有栽培，其茎部十分肥大。芜菁甘蓝是与芜菁亲缘关系密切的一种根用蔬菜，它和瑞典芜蔷的茎部都十分肥大，植物学家们因此将芜菁甘蓝和芜蔷看成一个共同祖先所演变成的两个变种。

既然将同属的所有物种都假定为来自于同一个祖先，那么就可以推测，它们偶尔会以相似的方式进行变异，从而也就可以得出我们本节开头的结论。也许，纯粹是因相似变异而产生的性状，其性质并不重要，因为所有机能上的重要性状的保存，都因物种的不同习性，通过不同的自然选择的方式来决定。因此，我们可以进一步推测，同属物种必然会偶尔重现已经失去很久的性状。但是，由于我们并不认识任何一个种群的共同祖先，因此也就无法把重现的性状与相似的性状加以区分。比如，如果我们不知道亲种岩鸽是否有脚毛或倒冠毛，那么，当在家养品种中出现了这种性状时，我们就不能贸然把这一现象归为返祖现象或相似变异。但是，我们可以在色斑上得出这样一种结论——蓝色是一种返祖现象。因为色斑和蓝色是有关联的，而这许多色斑并不会一起出现在一次简单的变异中，特别是当不同颜色的品种进行杂交时，蓝色和其他一些色斑常常会大量出现，因此，我们更有理由得出上述结论。在自然状况下，我们常常难以判定什么性状是存在已久的，什么性状是新的或相似的变异。但是我发现，一个物种的变异后代往往具有同群的其他个体已经具有的相似性状。变异物种之所以难以区别，是因为它们好像在模仿同属中的其他物种。另外，介于两种物种之间的变种实在是不胜枚举，而这两种物种本身是否可以列为物种还是一个疑问，除非我们把所有这些具有密切亲缘关系的类型都看作是被分别创造出来的物种，否则，上述所说的就只能证明，它们在变异中已经获得了其他物种的一些性状。但是，最能证明相似变异的，还在于性状比较稳定的部分或器官，只是这些部分或器官偶尔也会发生变异，使得其与一个近似物种的同一部分或同一器官相似。根据我搜集的

□ 葫芦龟

2008年，在中国安徽淮北发现了一只外形酷似葫芦的乌龟（如图）。这只乌龟是因为在生长过程中体态发生了变异，才形成如此奇特的葫芦状的外形。

一系列事例证明，这种情况的确存在。

在此，我要举一个奇特而又复杂的例子，这是一个任何重要性状都完全不受影响的例子，但它却出现在同属的许多物种中——有的出现在家养状态下，有的出现在自然状态下，而且这个例子几乎可以被定为是返祖现象的典型事例。驴的腿上时有明显的横条纹出现，这一点和斑马腿非常相似。观察发现，幼驴腿上的条纹最为明显。而驴肩上的条纹是双重的，其长度和轮廓很容易发生变异。有一头白驴（并非由于变白症），它的脊上和肩上没有条纹：在深色的驴子里，这种条纹也不是很明显，有的甚至已经完全消失了。据说帕拉斯野驴的肩上有双重的条纹，而布莱斯先生也曾经亲见过，尽管它本来是不应该具有这种条纹的。普尔上校告诉我，在一般情况下，该物种的幼驹腿上都有条纹，而其肩上的条纹却是模糊的。斑驴体部有明显的斑马状条纹，而腿上却没有，但在格雷博士所绘制的标本中，斑驴的后脚踝关节处却有非常明显的斑马状条纹。

关于马，让我们以它的条纹为例：暗褐色和鼠褐色的马腿上生有横条纹的较多见；暗褐色的马有时在肩上生有不明显的条纹；我在一匹赤褐色马的肩上也曾看到了条纹的痕迹；我儿子为我仔细检查和描绘了双肩和腿部都生有条纹的一匹暗褐色比利时驾车马；我亲眼见到一匹暗褐色的德文郡矮种马的肩上生有三条平行条纹；还有人向我仔细描述过一匹小型的韦尔什矮种马，它的肩上也生有三条平行条纹……

普尔上校告诉我，印度西北部的凯体华马大体都是有条纹的。他曾为印度政府查验过这个品种，没有条纹的马被认为是不纯正的凯体华马。一般情况下，它们的脊背和腿上都生有条纹，其肩上的条纹比较普通，但有时候会出现双重甚至是三重条纹，某些凯体华马的脸部侧面也有条纹。一般来说，幼小的凯体华马的条纹最明显，而老年的凯体华马的条纹有时会完全消失。普尔上校见过刚出生的凯体华马，发现无论是灰色还是赤褐色的都有条纹。从W.W.爱德华先生给我的材料中，我得出这样的结论：幼小的英国赛跑马的脊纹比成年马普遍得多。最近，我饲养了一匹小马，它是由赤褐色雌马（东土耳其雄马和佛兰德雌马的后代）和赤褐色英国赛跑马交配后产下的。这匹幼驹在出生一周后，其臀部和前额产生了许多极狭的、暗色的斑马状条纹，腿部也渐生极轻微的条纹，但所有这些条纹不久又全部消失了。这一事实也许正好印证了前面的论证。我从搜集的许多证据中发现，产自不同地方的不同品种的马，其腿部和肩部都生有条纹，从英国到中国东部，从北方的挪威到南方的马来群岛，都是这样。同时我还总结出，在世界各地的马中，是暗褐色和鼠褐色的条纹最常见。“暗褐色”这一名词，包括的范围非常广，它不仅涵盖了所有介于褐色和黑色之间的颜色，还包括那些接近于淡黄色的颜色。

史密斯上校曾就这个问题发表过论文，他指出，马的某些品种是从一些原始品种传下来的，其中一个原始品种的肤色就是暗褐色的，而且还生有条纹。他认为，这种马的外貌源于古代其他品种与暗褐色的原始品种杂交所致。但是，我们似乎有理由驳斥这种意见：强壮的比利时驾车马、韦尔什杂种马、挪威矮脚马、细长的凯体华马等，它们都各自生存在世界上的不同地方，而且相距甚远，如果说它们都曾经与这个假设的原始品种杂交过，实在是让人难以相信。

现在，让我们来讲一讲马属中几个物种的杂交效果。罗林先生曾断言，驴和马杂交所产生的普通骡子，其腿部特别容易出现条纹。而戈斯先生也说，在美国某些地方，那里的90%以上的骡子腿部都有条纹。我就曾见到过这样的骡子，其腿上的条纹非常多，以至于人们以为它是从斑马杂交而来的。在W.C.马丁先生的一篇关于马的卓越论文中，我发现一幅骡子的图画与我所看到的那匹骡子非常相像。另外，我曾见过四张驴和斑马的杂种彩色图，它们的腿部都有着极明显的条纹，而且远比它们身上其他部位的条纹显眼，其中一匹的肩上还生有双重条纹。莫顿爵士有一匹著名的杂种骡子，它是由栗色雌马和雄斑驴杂交而成的，这匹杂种与后来由同一匹栗色雌马和另一只黑色亚拉伯马所生的纯种后代，在腿部都长有比纯种斑驴更为明显的横条纹。格雷博士也曾绘制过一幅画，这幅画上的杂种是由驴和野驴交配所生，他告诉我他亲见过这只杂种。尽管驴的腿部条纹只是偶尔才有，而野驴的腿部并没有条纹，甚至连肩部也没有条纹，但这幅画中的杂种的四条腿上都生有条纹，而且这种条纹和暗褐色的德文郡马以及韦尔什马的杂种一样；另外，它的肩部还生有三条短条纹，在脸的两侧也生有一些斑马状的条

□ 马驴杂交

骡子是马和驴杂交的产物，雌驴所生的叫驴骡，雌马所生的叫马骡。然而，摩洛哥菲斯地区的一头灰白驴骡居然产下一个“似驴非骡”的“小精灵”，而且这位“母亲”用母乳喂养自己的孩子。英国科学家采集这对“神奇母子”和同群其他牲畜的血样，进行了多次DNA测验，最终测定出“父亲”是一头黑色毛驴。

纹。对此，我完全相信，这些条纹绝不是像我们通常所说的那样是偶然出现的。所以，我不得不去请教普尔上校这样一个问题：条纹显著的凯体华马的脸上是否也曾出现过条纹？结果他的回答和我料想的一样，都是肯定的。

以上这些事实，我们应该如何说明呢？我们所见过的几个不同的马属品种，通过简单的变异，就像斑马似的在腿上生有条纹，或者像驴似的在肩上生有条纹。特别是当暗褐色接近于该属其他物种的一般颜色而出现时，这种倾向就会变得更加强烈。需要说明的是，条纹的出现，并不会对其形态和性状有任何影响。我们发现，在所有出现条纹的倾向中，最为强烈的倾向来自于那些几乎是不同的物种之间所产生的杂种。比如几个鸽品种，它们是从具有某些条纹和其他标志的一种浅蓝色的鸽子（包含两个或三个亚种或地方族）传下来的。如果它们中的任何一个品种因为简单的变异而变成浅蓝色时，这些条纹和其他标志必然会再次出现，但这些鸽子的形态以及其他性状都不会发生任何变化。当各种不同颜色的最古老的和最纯粹的品种进行杂交时，我们会发现，这些杂种具有重现蓝色、条纹以及其他标志的强烈倾向。对于这种古老性状的重现，我之前已经作了明确的解释。我还敢自信地说，在成千上万代以前，有一种动物具有斑马状的条纹，其构造与现今大概很不相同，这就是家养马、驴、亚洲野驴、斑驴以及斑马的共同祖先。

如果根据所谓的马属的各个物种是独立创造出来的主张，每个物种一出生就被赋予一种倾向，在自然状况下和在家养状况下都按照这种特别方式进行变异，使得它常常像该属其他物种那样变得具有条纹。同时，当它和相隔甚远的物种进行杂交时，所产生出的杂种在条纹方面并不像它们自己的双亲，而像该属的其他物种。我认为，倘若接受这种观点，就意味着我们得承认，那些已经成为化石的贝类从来就不曾在地球上出现过，它们只不过是在石头里被创造出来的模仿海边贝类的东西而已。

本章重点

物种的性状——物种从一个共同祖先分出来以后所发生的不同性状，比属的性状更容易发生变异——属的性状遗传比其他遗传更加久远，其变异性也更为稳定。

可以说，我们对于变异法则的理解，尚处于一个比较低级的阶段。只有当我们使用比较法时，才可以看到，同种变种之间的差异比同属物种之间的差异要小，但是，它们都受到相同法则的支配。外界条件的变化一般只会使变异变得不稳定，但不会向某一个固定方向一直发展下去，不过，它有时也会引起一定且直接的效果。这些效果将随着时间的推移而变得日益强烈和显著。关于习性，它可以使常用的器官强化，也可以使不常用的器官削弱和缩小，很多时候，它都表现出强大的效果。同源的部位有着按照同一方式进行变异的倾向，同时还有合生的倾向。坚硬部位和外在部位的改变往往能影响较柔软的内在部位。当一个部位特别发达时，它也许就有向邻近部位吸取养料的倾向。在构造上，如果某一部位无关紧要，那么它就会慢慢被淘汰掉。早期构造的变化可以影响后来发育起来的部位。重复部位在数量上和构造上都更容易发生变异，原因也许在于它们没有任何特殊机能而无法变得专业化，因此它们的变异没有受到自然选择的严格节制。也许这个原因还导致低等生物比高等生物更容易发生变异，因为后者的整个身体构造更加专业化。而残迹器官也因为相同的原因易于变异。物种的性状——物种从一个共同祖先分出来以后所发生的不同性状，比属的性状更容易发生变异——属的性状遗传比其他遗传更加久远，其变异性也更为稳定。以上是指现今还在变异的特殊部分或器官，因为它们在近代发生了变异而有所区别，但我们在第二章里看到，同样的原理也可以应用于所有的个体。在某地区发现了一个属的许多物种，它们在此之前曾经有过许多变异和分化，而今，我们可以从中发现极多的变

□ 北美山羊

北美山羊是欧洲羚羊的近亲，但变异明显。它们全身长着白色长毛，雌雄都有角；它们比欧洲羚羊更肥壮，其体重甚至是后者的三倍多。

种。次级性征是高度变异的，这种性征在同群的物种间的差异很大。身体构造中同一部分的变异性，一般曾被利用以产生同一物种中两性间的次级性征的差异，以及同属的若干物种中的种间差异。任何部位或器官，如果比其近缘物种的同一部分或器官发达得多，或呈异常状态，那么，自该属产生以来，这些部位或器官必然经历过极为大量的变异；我们还可以从中理解到，它之所以至今还会比其他部分具有更大的变异性，是因为变异是一个长久、持续和缓慢的过程，而自然选择在上述情况中并没有充分的时间来克服更深程度的变异倾向，以及克服再现较少变异状态的倾向。但是，如果一个具有某种异常发达器官的物种成为了许多已发生变异了的后代的祖先，我认为，这一定是一个极其缓慢的过程。在这种情况下，无论这个器官是以何种异常的方式发达起来的，自然选择都会成功地使它以固定的性状出现。当把由一个共同祖先所传下来的几乎同样体质的物种放入相似的条件下，这些物种就会自然而然地拥有产生相似变异的倾向。另外，这些相同的物种偶尔也会再现它们共同祖先的某些性状。虽然重要的新变异不是由于返祖和相似变异而发生的，但它们无疑增加了自然界美妙和谐的多样性。

不论是何种原因导致后代和亲代之间出现了轻微差异，也不管每一个差异的原因何在，我们都有理由相信，这些有利的差异会被逐渐且缓慢地积累起来，它将引起物种构造上的所有比较重要的变异，而这些构造与习性相关联。

第 6 章
自然选择学说的难点与异议

CHAPTER 6

关于学说上的难点——关于过渡变种的完全不存在或极少存在——对特殊生物变异过程的讨论——完善且复杂的器官——过渡的方式——自然选择学说中的重大难题——自然选择作用下的不太重要的器官——所谓“功利说”的真实性——统一法则和生存条件法则——关于物种寿命的异议——勃龙的几个异议——关于植物的一些异议——关于反对我的各种异议——本章重点。

关于学说上的难点

如果现存物种是由其他物种逐渐演化而来的，那么，为什么我们没有随处见到一些过渡类型呢？为什么出现在我们面前的物种都恰好有着明显的区别，而无一丝混乱的迹象呢？

□ 长颈鹿的尾巴

长颈鹿的尾巴非常长，约有五十厘米。它的这条长尾巴是用来甩动以驱赶蚊虫的，当它甩动尾巴时，尾端的长毛就会拍打在身上，把蚊虫赶走。

想必读者朋友们在初读本书时，就已经遇到了太多难点。之于我，有些重难点一样是存在的。但我深信它们还不足以威胁到我的学说。

我把这些难点和异议分为以下几点：

第一，如果现存物种是由其他物种逐渐演化而来的，那么，为什么我们没有随处见到一些过渡类型呢？为什么出现在我们面前的物种都恰好有着明显的区别，而无一丝混乱的迹象呢？

第二，如果一种动物有着蝙蝠那样的构造和习性，那么它是否是由另外一种习性和构造都与蝙蝠完全不同的动物演化而成的呢？我们能否相信，自然选择能够一面产生出毫无用处的器官，比如只能用作驱赶蚊蝇的长颈鹿的尾巴；一面产生出如眼睛那样的奇妙器官？

第三，本能能否从自然选择中获得？自然选择能否改变它？我们应当如何解释，引导蜜蜂营造蜂房的本能实际上出现在学识渊博的数学家的发现之前？

第四，我们又该如何解释，杂交的物种或其后代为什么会出现不育，而当变种杂交时，为什么其能育性却不受损害？

本章中，我将讨论前面两个问题，后面两个问题我将在后面的章节中继续讨论。

关于过渡变种的完全不存在或极少存在

通常情况下，这些中间变种不会存在太久，因为生存的地理条件使得它们的个体数量比与它们有连接的两个变种的个体数量要少得多，也正因为如此，它们最终难逃被灭绝的命运。

由于自然选择的作用是保存有利变异，所以，在充满生物的区域内，每种生物类型都有一种倾向，即代替并最后消灭比自己改进较少的亲类型，以及与它竞争生存机会但不利的类型，也就是说，灭绝和自然选择是同时进行的。所以，假设每一物种都是从某些未知类型传下来的，那么，一般情况下，它的亲种和所有变种，都会在这个新类型的形成和完善过程中被消灭。

如果根据以上学说，那么无数的变异过程中的类型一定曾经存在过，可为什么我们至今无法找到大量埋存它们的地层呢？我相信问题的关键主要在于地质纪录的不完全性是十分严重的。地质层是一个巨大的博物馆，但自然界所采集的样品并不齐备，而且这种采集有相当长的时间间隔。但无可厚非的是，当一些有着密切亲缘关系的物种栖息在同一区域内时，我们的确应该在今天看到许多过渡类型才对。比如，当我们在大陆上从北往南旅行时，我们一般会在各个地区看到有着密切亲缘关系的或具有代表性的物种，它们几乎占据着相同的地位。这些具有代表性的物种常常会相遇进而混合，最后形成此消彼长的结果。但如果在这些物种相混合的地方来比较它们，我们则必然会看出它们在构造上的一些细微之处都是各不相同的，这就好比从各种物种的中心栖息地点采集来的标本一样。按照我的学说，这些亲缘物种是从一个共同亲种传下来的；在变异的过程中，各种物种都已适应了所在区域的生活条件，并已排斥和消灭了原来的亲类型以及所有过渡变种。因此，我们没有理由要在随处都遇到无数的过渡变种，即便它们必定都曾存在过，并且可能以化石状态被埋存着。但是，为什么在具有中间生活条件的地带，我们依然没有看到过渡变种呢？这一难点也长久地使我迷惑，但我还是试着去解释它。

如果我们只看到一处至今还是连续的地方，就认为它原本就是连续的，那无疑是轻率、不严谨的。根据地质学可知，许多大陆在第三纪末期也还是分裂的岛

□ 始祖鸟化石

始祖鸟是迄今为止发现最早、最原始的鸟类，它兼具爬行动物和鸟类的特征，被认为是由爬行类进化到鸟类的中间类型。

屿，在这些岛屿的中间地带不可能存在中间变种，因为不同的物种也许是分别形成的。由于陆地的地理和气候变化，现今看到的连续海面不可能是在最近的地质时代以前形成。我也相信，许多界限分明的物种是在本来严格连续的地面上形成，但我并不怀疑现今连续地面曾经的断离状态，对于新种特别是自由杂交而漫游的动物的新种形成，起着重要作用。

如果仔细观察，我们会发现，分布在一个广阔地域内的物种，它们的数量是相当多的，但一到了边界处，其数量就会越来越少，并最终消失。由此可见，两个代表物种之间的中间地带比每个物种的独占地带要狭小得多。在登山时，我们也可以发现这样的事实——正如得康多尔所发现的那样，一种普通的高山植物突然消失了，这是极易引起人们关注的。而福布斯在用捞网探查深海时，也曾注意到这样的事实。由于不少人把气候和物理生活条件当成是影响物种分布的最重要因素，因此，上述事实理应引起这些人的惊异，因为气候、高度以及深度都在不知不觉中发生着改变。我们曾经讨论到，假如每一物种在它分布的中心区域没有与之竞争的物种，那么，其个体数目几乎将增加到难以计数。还有就是，物种只有两种命运：要么吃掉别的物种，要么被别的物种吃掉。总之，只要我们牢记每种物种都与别的物种之间有着直接或间接的关系，我们就能理解，任何地方的物种的分布范围绝不是完全取决于那个在不知不觉中发生变化的物理条件，而大部分要取决于其他物种的存在。也就是说，任何一种物种，要么依赖于其他物种才能存活，要么被其他物种消灭，要么与其他物种进行生存斗争。任何一种物种的分布范围，由于要依存于其他物种的分布范围，所以其界限就会十分明显。还有那些在其分布范围的边缘上数目较少的物种，由于它的敌害或猎物数量的变动，或季候性的异常变化，将会轻易被毁灭。因此，这些物种的地理分布范围的界限就愈加明显了。

我们知道，当近似的或具有代表性的物种共同生存在一个连续的地域内时，每个物种都有广阔的分布范围，而它们之间会存在着一个比较狭小的中间地带，该地带里的物种会逐渐变少。因为变种和物种之间并不存在本质上的区别，所以同样的法则也可以应用于变种中。我们以一个栖息在广阔区域内的正在发生变异的物种为例，其中必然会存在这样两个适应于两个大区域的变种，而在这两个变种的狭小的中间地带，有第三个变种存在。由于这个中间变种栖息在如此狭小的地带内，因此，它的个体数目就比较少。事实上，在我看来，这一规律只适合于自然状态下的变种。而藤壶属中的位于两种变种之间的中间变种就是最典型的例子。沃森先生、阿萨·格雷博士和沃拉斯顿先生给我的材料也可以证明，当两个变种之间存在着中间变种的时候，这个中间变种的个体数目大都要少得多。从以上这些事实和推论中，我们就能够理解为什么中间变种无法长时间地存续下去。因为按照一般规律，中间变种会比它们原来所连接的那两种变种灭绝或消失得早。

我们前面就曾讨论过，任何一种个体数目较少的变种，在灭绝的可能性上要远远高于个体数目较多的变种。把这一规律运用到中间变种中，那么它无疑就很容易被两边存在着的具有密切亲缘关系的类型所侵犯。不光如此，还有更加重要的理由：在两个变种变成两个完全不同物种的进一步的变异过程中，个体数目较多的两个变种，因为栖息在比较广阔的地域内，因此比那些栖息在狭小中间地带内的个体数目较少的中间变种占有更大的优势。这是因为在一般情况下，个体数目较多的变种，比个体数目较少的变种有更多的机会来加强更有利的变异，并最终被自然选择所作用。同时由于不普通的变种在改变和改良上要相对缓慢一些，因此，便会在生存斗争中被普通变种压倒和代替。我相信，该原理也同样可以用来解释为什么每个地区的普通物种比该地区的稀少物种呈现出更多的特征。下面我将举一个例子来对此进行解释：假设有三个绵羊变种，第一个适合在山区生存，第二个适合在比较狭小的丘陵地带生存，第三个适合在广阔的平原生存。那么，山区和平原的绵羊数目必定比狭小的丘陵地带多。假设这三个地区的居民都决意要利用选择来改良绵羊的品种，那么，拥有多数绵羊的山区或平原的饲养者将有更多的成功机会，他们改良品种的效率更高。经过较长的时间以后，改良的山地品种或平原品种就会迅速代替改良较少的丘陵品种。这样，本来个体数目较多的这两个品种，彼此之间的联系就会越来越紧密，而那些幸存的丘陵地带的中间变种就会被夹在山区和平原这两大变种之间。

以上事实让我们更加坚信，物种是永远有着明显界限的实物，不论何时，它们都不会因为无数正在发生变异的中间连锁的存在而出现难以分辨的混乱。当然，我这样说是有理由的。

第一，由于变异本身是一个缓慢的过程，因此，新变种的形成也就相对缓慢。如果没有有利的个体差异或变异发生，自然选择便无从发挥其作用。同时，当这个地区的自然结构中没有多余的位置可以让一个或更多正在发生变异的生物来占据，那么自然选择同样无所作用。这些新位置的有无，取决于气候的缓慢变化或者新生物的偶然移入，尤为重要的是，某些旧有生物的缓慢变异也会决定这些新位置。由于新类型会和旧有生物互相发生作用和反作用，因此，不论何时何地，我们都会看到只有少数物种在构造上表现出较为稳定的轻微变异。

第二，现在连续的地域，在之前的一个地质时期内往往是隔离的，存在于这些地方的许多变种，尤其是那些每次生育时都需要进行交配且漫游范围极广的变种，已经变得十分不同了，甚至可以被列为具有代表性的物种。而一些代表物种和它们的共同祖先之间的中间变种，一定曾在这个地区的各种隔离区存在过。但是这些中间变种在自然选择的过程中都已被压制、替代，并最终灭绝了，所以，今天我们已经看不到它们的存在了。

第三，如果两个或两个以上的变种是在一个连续地域中的不同部分形成的，那么，在中间地带应该会存在中间变种。但通常情况下，这些中间变种不会存在太久，因为生存的地理条件使得它们的个体数量比与它们有连接的两个变种的个体数量要少得多，也正因为如此，它们最终难逃被灭绝的命运。在进一步发

□ **软体动物化石**

软体动物分布广泛，从寒带、温带到热带，从海洋到河川、湖泊，从平原到高原，到处都有。它们身体柔软，体不分节，大多数在进化中长出了外壳，借以保护柔软的身体。图中这块软体动物化石，可能是因为海洋生物被突如其来的泥崩掩埋后形成的。科学家在加拿大的伯吉斯页岩中发现了它。

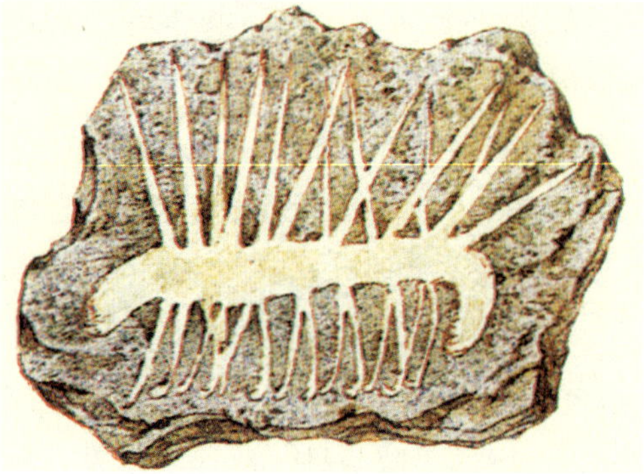

生变异的过程中，由于那些与中间变种有连接的变种的个体数量较多，因此，其发生变异的机会也就越多，自然选择对它们的进一步改进也越多。最终，它们的优势会变得越来越大，从而侵犯这些中间变种，并逐渐压倒并代替中间变种。

第四，如果我的学说是正确的，那么，从所有经过的时期来看，无数的中间变种肯定曾经存在过，而且是它们把同属的所有物种都密切联系在了一起。但正如我们在前面讨论过的那样，自然选择常常具有使亲种和中间变种灭绝的倾向。因此，能证明它们曾经存在的，就只有化石，而这些化石的保存，就如我将要谈及的那样，是极不完全且断断续续的。

对特殊生物变异过程的讨论

当同种的不同个体之间发生了习性分歧或习性改变，自然选择总能轻易地使动物的构造适应其他已经发生改变的习性，或者专门适应许多习性中的一种习性。

反对我观点的人曾提出这样一些问题："一种陆生的食肉动物是如何变得具有水生习性的？这种动物在其变异过程中是如何生存的？"事实上，要回答这些问题并不难。从严格意义上来讲，现今的许多食肉动物都有着陆生和水生的双重习性，二者之间有着中间连锁的类型。我们知道，各种动物之间必须为了生存而斗争，所以，它们势必要很好地适应其在自然界中所处的位置。看看北美洲的水貂吧，它的脚有蹼，它的毛皮、短腿以及尾的形状都像水獭。在夏季时，它以捕鱼为生，为了捕鱼，它练就了游泳的本事，而一旦到了冬季，它就会离开冰冻的水面，变得像鼬鼠一样，以鼷鼠和别的一些陆生动物为食。

然后又有人问："一种以昆虫为食的四足类动物是如何转变成能飞的蝙蝠的？"这个问题看似较难，但是我认为，这一难点的重要性并不大。

在此，我处于十分不利的局面，因为从我搜集的许多典型事例里，只能举出一两个来说明近似物种在变异过程中的习性和构造，以及同一物种中的恒久或暂时的多种习性。在我看来，像人们提到的如蝙蝠这样的特殊情况，一定要把变异过程中各种物种的状态事例列成一张长表，才能对我们的解答有所帮助。

先让我们来看一下松鼠科吧，它们的身体构造各有特点。有的松鼠的尾巴稍微扁平，有的身体背部非常宽阔、两肋的皮膜张开得相当充满。从这些种类开始，一直到所谓的飞鼠，中间又被分别划分成了几个极其细微的等级。飞鼠的四肢和尾巴的基部，都由大量的皮膜连接着；皮膜的作用与降落伞的原理是一样的，是为了使飞鼠在空中从一棵树上滑翔到另一棵树上，而且滑翔距离之远，令人惊叹。毫无疑问，每一种构造对于各种栖息在不同地区的松鼠而言，都有着各自的独到之处。有的构造可以帮助松鼠逃避食肉鸟或食肉兽的追捕，有的构造使之较快地采集食物，或者可以使它们减少偶然跌落的危险。即便如此，我们还是不能轻易地下结论说，在所有可能的条件下，每种松鼠的构造都是最好的构造。因为一旦气候和植物发生了变化，一旦其竞争者——其他啮齿类或新的食肉动物迁移进来，一旦旧有的食肉动物发生了变异……如此一来，我们能想象到，某些松鼠的数量定会有所减少，甚至是灭绝，除非它们的构造能以相应的方式进行变异和改进——正如那些两肋旁的皮膜越张越大的个体将被继续保存下来一样。对于每一次变异，我相信都是有用的，都会被自然选择累积下来，并最终会有一种完全的飞鼠产生。

再让我们看一下猫猴类，即所谓的飞狐猴。起初，博物学者曾将它归为蝙蝠类，而现在，它又被人们认定为食虫类。飞狐猴有着极大的皮膜，皮膜的额角一直延伸到了尾巴，就连长有长指的四肢也被囊括其中，而且在这种皮膜上还长有扩张肌。现在，虽然我们尚不能找到适合于在空中滑翔的构造的中间连锁把猫猴类的级进与其他食虫类联结起来，但是可以认定，在此之前，它们必然有着这样的连锁，而且它们应该是由各类具有不完全滑翔能力的飞鼠发展起来的。身体上的各种构造必然都是曾经对物种本身有用的。我认为，没有任何一种难点使我怀疑，连接猫猴类的指头与前臂的

□ **海洋生物中的游泳冠军——乌贼**

乌贼的游泳速度非常快，与一般鱼靠鳍游泳不同，它是靠肚皮上的漏斗管喷水的反作用力飞速前进，其喷射原理如同火箭发射，可以使它从深海中跃起，跳出水面高达7～10米。乌贼的身体就像炮弹一样，能够在空中飞行50米左右。乌贼在海水中游泳的速度通常可达到每秒15米以上，最大时速可达到150公里。

膜，因为自然选择而大大地增长了。仅以飞翔器官而论，就可以使猫猴类动物变成蝙蝠。某些蝙蝠的翼膜从肩端起一直延伸到尾巴，并且把后腿也囊括其中。也许，我们可以从中看到一种曾经适合于滑翔而不适合飞翔的构造痕迹。

□ 水貂

北美水貂的脚有蹼，其毛皮、短腿以及尾的形状很像水獭。它们夏季以捕鱼为生，游泳本事极为了得；到了冬季则变得像鼬鼠一样，以鼷鼠和别的一些陆生动物为食。

如果已知有大约12个属的鸟类灭绝了，那么，谁敢大胆地推测出下列的哪几种鸟类曾经存在过：翅膀只用来击水的鸟类，如大头鸭等；在水中把翅膀当鳍使用，在陆地则把翅膀当前脚来使用的鸟类，如企鹅；把翅膀当风篷使用的鸟类，如鸵鸟；翅膀已经不存在任何功能作用的鸟类，如几维鸟等。虽然上述的翅膀看起来都没有派上“正途”，但在这每一种的生活条件下，它都是有用处的，因为每一种鸟都必须在竞争中求生存。不过这些翅膀的作用并非在所有可能的条件下都是最好的。因此，我们绝对不能武断认为翅膀的构造（它们大概都由于不使用的结果）是鸟类实际获得完全飞翔能力所必经的历程，但以此表示它们变异过程中的方式应该是可能的。

当我们看到如甲壳动物和软体动物等少数具有水陆的双重习性的生物，看到飞鸟、飞兽和飞虫，当我们了解到在很久之前曾经存在过飞行爬虫，我们便可以想象，那些依靠鳍的拍击而逐渐上升、旋转，并且能在空中滑翔很远的飞鱼，是有可能变成有翅膀的并完全能够飞行的动物的。如果这种想象真的成为现实，那么谁会想到，它们曾是大洋中的居民呢？恐怕更令人难以置信的是，使它们具有初步飞翔能力的器官，最初只是专门用来使其逃脱被其他鱼类所吞食的命运。

时至今日，一些物种的构造已经适合于任何特殊习性并达到高度完善的程度，比如鸟类的翅膀。但我们不能忘记，那些在构造上具有早期级进的变异性质的动物很少能够长期幸存，因为它们会被后继者消灭掉，而这些后继者正是通过自然选择的作用才日趋完善的。这就意味着，在早期的时候，鲜有一种构造能适应不同的生活条件，而且这种构造的变异状态很少能大量发展，当然也不会有太多从属的类型。因此，让我们再次回到假想的飞鱼例子中来。真正会飞的鱼，也许并非

□ 南方鹤鸵

生物界的一些物种，如企鹅、鸵鸟及鸸鹋等，虽然都是由会飞的共同祖先进化而来，都已经不会飞行。究其原因，在于它们所生存的环境中，已没有太多的危险，不需要它们花费力气逃生或觅食。久而久之，它们的进化倾向便失去了原有的飞行能力。图为南方鹤鸵，是一种不会飞的鸟。

是为了在水路条件下以多种方法来捕捉食物，而仅仅是众多从属类型中的一种而已。但是，一旦它们的飞翔器官达到高度完善，并在生存斗争中占有了决定性优势时，它们就会真正地发展起来。因此，能在化石中发现具有处于变异过程中的级进构造的机会并不多，因为这些个体的数目少于那些在构造上充分发达的物种的个体数目。

当同种的不同个体之间发生了习性分歧或习性改变，自然选择总能轻易地使动物的构造适应其他已经发生改变的习性，或者专门适应许多习性中的一种习性。关于习性的分歧，有无数例子可以列举。我在南美洲时，常常观察一种暴戾的鹟[1]，它时而像一只茶隼[2]似的翱翔，从一处飞到另外一处，时而静静地立在水边，像翠鸟似的出其不意地冲入水中捕鱼。在英国，我们可以看到，大茬雀有时几乎像旋木雀似的攀行枝上，有时又像伯劳鸟似的啄小鸟的头部，把它们弄死，我还多次看到它们像鳾[3]似的在紫杉树上啄食种子。赫恩曾说，他在北美洲看到黑熊张大嘴巴在水里游泳数小时，像鲸鱼一样凶猛地捕捉水中的昆虫。

既然我们偶尔看到一些个体具有不同于同种或同属异种所共有的习性，那么我们可以推测，这些个体或许也能偶尔产生具有异常习性的新种。而且它们的构造或多或少会有所改变，从而对它们的构造模式产生明显的影响。在自然界里，这类事例并不少见。我们应该再也举不出比啄木鸟用爪子抓住树干并从树皮的裂缝中捕捉昆虫更能说明适应性的贴切事例吧？然而就在北美洲，却生活着一些以

[1] 鹟：一种鸟类，身小巧，上身黑褐色，下身淡白色，嘴扁平，捕食害虫，为益鸟。
[2] 茶隼：小型猛禽，栖息于山地和旷野中，或单个或成对活动，飞得较高。
[3] 鳾：一种体形较小的鸟，背部呈青灰色，腹部为黄褐色，嘴长而尖，脚短爪硬，喜攀缘。以树上的昆虫和植物种子为食。

果实为食的啄木鸟。此外，还生活着一些啄木鸟，它们飞行在天空中，捕捉那些暴露在外的昆虫。拉普拉塔平原上几乎没有什么树存在，在那里，有一种被称为“平原䴕”的啄木鸟，它们有四只趾，两趾向前，两趾向后，舌长而尖，尾羽尖细而坚硬（但不如典型的啄木鸟），这样的构造使得它们能在树干上保持直立的姿势。另外，它的嘴也是直而强的，但依然不如最典型的啄木鸟。不过，一样能够让它在树上打孔。因此，总的看来，这种鸟的所有主要部位都具有啄木鸟的明显特征，甚至连那些不重要的性状，如羽色、粗糙的音调、波动式的飞翔方式，都明确地表明了它们与英国普通啄木鸟之间有着密切的血缘关系。根据我和亚莎拉的观察，在某些大的地区内，它们是不会抓树的，而且它们一般在堤岸的穴洞中营巢。然而据赫德森先生说，在其他的一些地方，就是这种啄木鸟，却常常来往于树木间，并在树干上凿孔做巢。另外，据沙苏尔描述，有一种墨西哥的啄木鸟，它们在坚硬的树干上打孔，以储藏橡果。

众所周知，海燕是所有鸟类中最具海洋习性的鸟，但是在火地岛的静谧海峡间，有一种名叫水雉鸟的海燕，从它的一般习性到它的潜水力，再到它在游泳和起飞时的姿势，都会使人们把它误认为是海乌[1]或水壶卢[2]。然而，本质上它还是一种海燕，只是它身体构造的许多部分已经在新的生活习性的关系中发生了明显的变异，相比之下，拉普拉塔平原的啄木鸟则仅有轻微的变异。关于河乌，如果仅从它的尸体检验报告来看，就算是最敏锐的观察者也无法总结出它有半水生的习性。事实上，这种与鸫科近似的鸟却以潜水为生，它在水中用翅膀潜游，用两脚抓握石子。膜翅类这一大目的所有昆虫都是陆生性的，而卢伯克爵士却发现卵蜂属有水生的习性：它常常进入水中，不用脚而用翅膀，到处潜游，它在水中能逗留四小时之久。然而值得注意的是，它的构造并不随着这种变化的习性而发生变化。

有些人坚持认为，今日我们所看到的生物，和它们最初被创造出来的样子一样。但如果他们无意中发现一种动物的习性与构造不一致时，一定会感到万分奇怪。鸭和鹅之所以长有蹼脚，毋庸置疑是为了游泳。然而产于高地的鹅，虽然也

[1] 海乌：海鸦，分布于北大西洋，夏季在北极地带繁殖。其头、背羽和喙为黑色，腹部为白色。形似企鹅，人称“北极的企鹅”。
[2] 水壶卢：喙尖，嘴短而钝，翅短而窄，尾退化。主要分布在温带的大陆与岛屿。雌雄两性均担任筑巢、孵卵和育雏的任务。

□ **森林医生——啄木鸟**

啄木鸟以在树皮中探寻昆虫和在枯木中凿洞为巢而著称。其品种约有180种，除澳大利亚和新几内亚，几乎遍布全世界，以南美洲和东南亚数量最多。大多数啄木鸟为留鸟，但少数如北美的黄腹吸汁啄木鸟及扑动啄木鸟有迁徙习性。

长着蹼脚，却很少近水，更别说游泳了，除了奥杜邦鸟之外，相信没有人看见过四趾都有蹼的军舰鸟曾经降落在海面上。另一方面，作为水生鸟的水壶卢和水姑丁，它们的趾仅在边缘上长着膜。涉禽类[1]动物那长而无膜的趾，是为了便于在沼泽地和浮草上行走，这也是显而易见的。鹬[2]和陆秧鸡就属于这一目。然而前者几乎和水姑丁一样是水生性的，后者则几乎和鹌鹑或鹧鸪一样是陆生性的。这些例子以及其他能够举出的例子都证明，有时候动物的构造并不会随着习性的变化而变化。

而那些认为生物曾是无数次地被创造出来的人则认为，上述事例的存在，只能证明造物主喜欢用新模式的生物去代替旧模式的生物。但在我看来，这只是用神圣庄严的语言把事实重新陈述了一遍而已。只有那些相信生存斗争和自然选择原理的人，才会承认各种生物都在不断努力地增加本种族的个体数目。而且他们相信，任何一种生物，只要其习性或构造上发生了些微变异，那么，它们就能在同一地方比其他物种获得更多优势。不管新的位置与其原来的位置有多大的不同，这些物种都能够进一步地掌握本物种在自然构造中的位置。当他们对上述的事实有所了解以后，他们就不会对下面的事实感到奇怪了：具有蹼脚的鹅和军舰鸟，一般都生活在干燥的陆地上，它们很少降落在水面上；长有长趾的秧鸡，一般都生活于草地上而不是湿地上；某些啄木鸟生活在几乎没有树的地方；潜水的鸫和膜翅类[3]动物以及海燕，都具有海鸟的水生和陆生习性。

[1] 涉禽类：鸟类的一个类群，包括丹顶鹤、白鹭等。此类鸟两翼强大，嘴、颈、脚和趾都很长，能在浅水中涉行，捕食鱼、虾和水生昆虫等。

[2] 鹬：一种水鸟。体型与鸡相似，背羽暗青灰色，腹面灰黑色，腹部中央灰白色，脚暗绿色。栖于河湖近旁，以昆虫和鱼贝为食。

[3] 膜翅类：有翅亚纲，全变态类，因其翅膀透明而得名。该目包括蜂和蚂蚁。

完善且复杂的器官

低等动物的眼睛构造通常具有广阔性、分歧性和逐渐分级性；所有的现存类型在数量上绝对要比所有已经灭绝的类型的数量少得多。

眼睛具有不可复制的结构，它可以根据距离的远近调节其焦点，容纳不同量的光，校正球面和色彩的像差和色差。坦白地说，如果提出眼睛是由于自然选择的原因而形成的观点，定会让人觉得荒谬至极。这就好比当初曾有人说太阳是静止的，地球一刻不停地环绕着太阳旋转一样，人类的常识把它当成是一种谬论。但是，在科学的领域里，诸如“民声即天声”这样的古谚语，也是不可相信的。理智告诉我，如果能够证明从不完善且简单的眼睛到完善且复杂的眼睛之间有着多个等级的存在，并且每一级对于它的所有者都是有用的；同时，如果眼睛也曾经发生过变异，而且这些变异都是能够遗传的；再就是这些变异对于身处不断变化着的外界条件下的所有动物是有用的。那么，就有理由去相信，完善且复杂的眼睛是可以因为自然选择的原因而形成的。虽然让人接受这一观点似乎很困难，但它却无法对我的学说造成颠覆性的威胁。神经的感光问题，就如同生命的起源问题一样，都不属于此书的研究范围。但我可以指出一点：在一些最低级的生物体内，并不存在任何的神经，但是它们同样也能够感光。因此，我们可以假定，在它们的原生质里必然存在着一些感觉的元素。这些元素聚集起来，发展成为了一种具有特殊感觉特性的神经。严格说来，这些假说似乎并不是没有可能的。

在探求每个物种的器官所赖以完善的级进时，我们本该专门观察它的直系祖先，但这几乎是不可能的。于是我们不得不去观察与之同群的别的物种和属，也就是其共同始祖的旁系，由此找出在完善化过程中有哪些级是可能的，也许还有机会找出遗传下来的没有改变或仅有细微改变的某些级。但是，对于不同纲的同一器官的状态，在它达到完善化所经过的步骤中，往往会有所提示。

最简单的眼睛必须具备这样一些条件，即由一条视神经构成，其周围环绕着色素细胞，并被一层半透明的皮膜所遮盖；但它不含任何形态的晶状体或其他折射体。然而根据乔丹先生的研究，我们甚至可以再往下降一步，把它看作是色素细胞的集合体。它本质就是视觉器官，却没有任何神经，只是着生在肉胶质的组

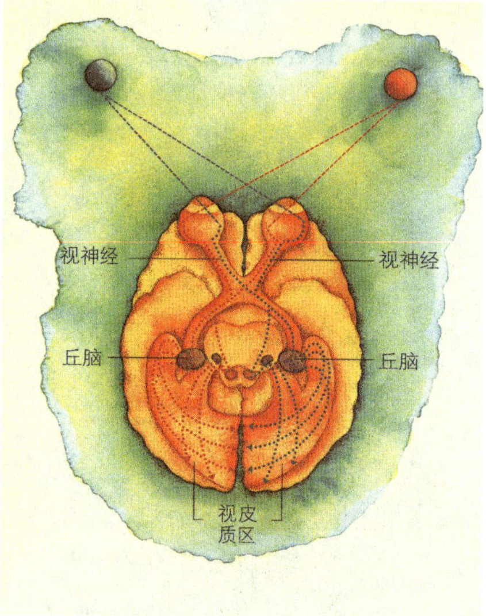

□ **视神经解剖图**

左右视神经在视神经交叉处相会合。在这里，从视网膜右侧传来的信号携带了视野左侧的信息，经丘脑到达大脑的左侧；而从左侧视网膜传来的信号与此相反。这就是说，从视野左侧传递来的信息最终被支配右手的左侧大脑所处理。

织上面。以上所描述的是简单性质的眼睛，是无法清晰看见物体的，它只能够用来辨别明暗。另外，乔丹先生还曾经这样描述过某些星鱼的眼睛：其神经色素层周围有许多小的凹陷，里面充满了透明的胶质，其表面凸起，如同高等动物的眼角膜。对此，乔丹先生认为，这些东西的作用不在于反映形象，而是用来集中光线，使星鱼对周围光线的感觉变得更加敏感。然而我们也由此获得了导致眼睛能够形成且反映实像的最初并且是最重要的步骤。因为只要把视神经的裸露端[1]安放在一个与集光器官的距离非常适当的地方，那么，眼睛上便会形成影像。

再来看看关节动物这个大纲，我们发现，最原始的视神经是单纯由色素层所包围着的，这种色素层有时会形成一个瞳孔，但并无晶状体或其他光学装置。我们知道，在昆虫巨大的复眼的角膜上有着无数的小眼，它们形成了真正的晶状体，而且这种晶状体中含有奇特的发生了变异的神经纤维。但是，本纲的视觉器官具有极大的分歧性。

有两点需要重申一下，即低等动物的眼睛构造通常具有广阔性、分歧性和逐渐分级性；所有的现存类型在数量上绝对要比所有已经灭绝的类型的数量少得多。通过这两点，我们就能很容易理解，自然选择是可以把被色素层包围且被半透明的皮膜遮盖着的那条简单的视神经装置，改变成任何关节动物都具备的那样完善的视觉器官。

忠实于本书的读者也许会发现，书中的大量事实根本无法用别的方法进行解

[1] 裸露端：在低等动物中，视神经的裸露端的位置是无法固定的，有的被埋在了体内，有的则接近于体表。

释，而只能通过自然选择中的变异学说来加以阐释。因此，我们不必怀疑，任何一种眼睛，甚至如雕的眼睛那样完善的构造也是在自然选择的作用下形成的，虽然在此情况下，我们并不知道雕是如何经历其变异过程的。有人曾反对说，为了能使眼睛发生变化，而且还能够被当作一种完善的器官而保存下来，必须同时发生许多的变化。若真的如此，这样的变化断不可能由自然选择来完成。但正如我在论家养动物的变异时曾竭力说明的那样，如果变异是极其微细且缓慢的，就无须假定所有变异都是在同一时间内发生的。同时，各种变异也可能是为了同一个目的服务，正如华莱士先生所说："如果一个晶状体的焦点太短或者太长，那么它就可以通过改变曲度或密度来进行调整。因为如果曲度不规则，就会导致光线不能聚集于一点，这时只需要增加曲度的规则性，就可以使光线聚集在一点，而这种改变就是一种改进。因此，虹膜的收缩和眼睛肌肉的运动，对于视觉来说并不是必要的，它们只不过是使这一器官的构造在任何阶段中被添加了进去，从而使眼睛的完善化程度更进一步而已。"在动物界中，处于最高等地位的是脊椎动物，然而它们的眼睛起初也是非常简单的。比如文昌鱼，它的眼睛只是一个由透明皮膜所构成的小囊，在小囊上长着神经，而神经周围分布有色素，除此之外，再无其他装置了。关于鱼类和爬行类，欧文教授曾经说过："折光构造的各级范围是很大的。"而微尔卓先生提出了更高明的观点：人类的这种完善的透明晶状体在胚胎期也是由袋状皮褶中的表皮细胞的堆积而形成的。而玻璃体是由胚胎的皮下组织形成的。这个事实意义重大。尽管如此，关于这种奇异但却绝非完善的眼睛是如何形成的，目前尚无定论，但是理性最终会战胜想象。

无法避免的是，眼睛和望远镜总会被拿来比较。我们知道，望远镜是人类最高智慧的结晶，是人类长期努力的成果。正因为如此，我们才会想到眼睛也可以通过某种类似于望远镜的制造方式形成。但是，这种推论是否太过牵强了？我们有何理由去认为"造物主"也拥有着和人类一样的智慧，而且还是以人类的方式来工作？如果我们一定要把眼睛和光学器具拿来作比，我们就应当假定，它有一层厚的透明组织，而且其空隙中还充满了液体。它的下面具有能够感光的神经；同时我们还得假设，这个厚层内的各种部分的密度一直在缓缓且不断地发生着变化。唯有如此，才能分离出不同密度和厚度的各层。层与层之间的距离是各不相同的，每层的表面都在缓慢地改变着形状。除此之外，我们还必须假设，这个世界上存在着自然选择的力量，即最适者生存，它对这个透明层的每个细微变化都

□ **肉豆蔻解剖图**

植物解剖学为植物学的分支学科，其研究已持续了数百年。它运用显微技术，研究微管植物内部构造及其发育规律。图为1795年绘制的肉豆蔻解剖图。

投入了全部的注意力。在外部条件不断变化的情况下，它都会竭尽所能地产生较为明确的变异，且把每一个变异都仔细地保存下来。最后我们还要假设，这一器官的每种新状态都是以百万倍的速度在增长着，且一直被保存下去，直到更好的新状态出现时，它才会被完全毁灭。在生物体内，变异会引起一些轻微的改变，生殖作用会使这些改变几乎无限地倍增着，而自然选择则以准确的技巧把每一次的改进都挑选出来。这种变异的过程在许多世代里一直进行下去，且每年都能够产生数以万计的新个体。这种生物体上的“光学器具”比用玻璃制造的望远镜要好得多，如同“造物主”的工作比人的工作做得要好一样，难道这也值得怀疑吗？

过渡的方式

两种不同的器官，或两种形态完全不同的同类器官，可以同时在同一个个体中发挥相同的功能，而且这在变异的过程中是一种极为重要的方式。

如果能够证明，任何一种复杂器官无须经过无数的、连续的、轻微的变异就能形成，那么我的学说就会彻底被质疑，但至今尚未出现这种情况。事实上，我们的确不知道现存的许多器官，在它们变异的过程中究竟存在过多少的中间等级。如果仅仅依靠那些十分孤立的物种来证明，情况就更是如此。因为依照我的学说，与这些孤立物种相关的物种基本上都已灭绝了。即使我们以一个纲内的所有成员所共有的一种器官为论题，情况也依然如此。因为共有器官早在古老的时代就已经形成了，而且本纲内的全体成员都是在共有器官出现之后才发展起来的。如果要找到共有器官在最初的变异过程中所存在的级进，就只得对极为古老的始祖类型进行观察，但是这些类型早已灭绝。

当我们怀疑某一种器官不必通过某一种类的变异级进就能够形成时，我们势必更加谨慎。因为低等动物的无数事例已经向我们证明，相同器官是可以同时拥有截然不同的功能的。比如蜻蜓的幼虫和泥鳅，它们的消化管还具有呼吸的功能；比如水螅，它可以让自己的内部和外部互换，这样，外层就具有了消化功能，而原来负责消化的内层则具有了呼吸功能。此种情况下，自然选择可能使全部或一部分本来拥有两种功能的器官变成专门负责一种功能的器官。如果借此可以使生物获得利益的话，那么，在不知不觉中，器官的性质就会发生大的改变。比如说，许多种植物在正常情况下能够同时产生不同构造的花。如果这些植物只产生一类花的话，那么这一物种的性质就会发生大的变化；如果同一株植物产生了两类花的话，那么也许这两类花是由原来的一类花在经过了分级极细的步骤后分化出来的。而这些步骤，说不定在今天的某些少数植物中仍在进行着。

另外，两种不同的器官，或两种形态完全不同的同类器官，可以同时在同一个个体中发挥相同的功能，而且这在变异的过程中是一种极为重要的方式。在动物中，鱼类是比较典型的例子，它们用鳃呼吸溶解在水中的空气，同时用鳔呼吸游离的空气——鳔被布满血管的隔膜分开，鱼通过鳔管获得空气。在植物中，同样有例可证。植物大概有三种攀缘方法，通常是不同的植物群只使用其中的一种方法，但也有几种植物兼用两种方法或同一个个体同时使用三种方法的情况存在。在所有这些情况里，两种器官当中的一个可能比较容易被改变和完善化，以担当全部的工作，它在变异的过程中，也会

□ **水螅**

水螅，体形小，肉眼可见，呈管状，上端有口，周围生有6～8条小触手，满布刺细胞，用以捕获食饵。达尔文指出，同一器官能拥有不同功能，水螅负责消化的内层翻到外面即成为呼吸器官就是证明。

受到另一种器官的帮助。而另一种器官则可能会被完全不同的另一个目的所改变，或整个被消灭掉。

鱼类的鳔就很好地向我们解释了一个极为重要的事实，即本来为了一种目的——漂浮构成的器官，转变成了目的完全不同的呼吸器官。所有生理学者都承认，鳔在位置和构造上都与高等脊椎动物的肺是同源或是相似的。因此，可以说鳔实际上已经变成了肺，即变成了一种专门用于呼吸的器官。在某些鱼类里，鳔还是听觉器官的一种补助器。

因此，我们似乎可以推断出，所有具有真肺的脊椎动物是由一种具有未知的漂浮器的古代生物传下来的，即鳔。在此推断中，我参照了欧文教授关于这些器官的有趣文章。通过这一结论，我们便明白了，为什么咽下去的食物和饮料都必须经过气管上的小孔——要知道，尽管在那里有一种奇妙的装置可以使声门紧闭，但还是有落入肺部的危险。现今的高等脊椎动物的鳃已经完全消失，但在其胚胎里，颈部两旁的裂缝和弯弓形的动脉都清楚地告诉我们，这些地方曾经都是鳃部。不能否认，有这样一种可能性存在，即如今已经完全消失的鳃，也许是被自然选择利用在了某一不同的目的。兰陀意斯就曾说过，昆虫的翅膀是由气管发展而成的。因此，我们可以想象，在这个大的纲里，曾经的呼吸器官很可能已经变成了飞翔器官。

我们研究器官的演变，这应该特别注意上述这种功能的转变性，因此我要在这里多举一些例子。所有的有柄蔓足类都有两个很小的皮褶，我称其为“保卵系带”，它会分泌黏液来把卵粘在一起，直到卵在袋中孵化。这类生物没有鳃，其全身表皮、卵袋表皮和小“保卵系带”，都具有呼吸器。而无柄蔓足类的藤壶科却完全不同，它没有“保卵系带”，卵松散地置于袋底，外壳将其紧包于内，但在相当于系带的位置上却生有大而多皱的膜，将系带与身体的循环小孔相连，起到

□ 鱼的内脏构造示意图

鱼的大部分内脏器官都在其身体的下半部（见图中所示的欧洲鲈鱼）。鱼的整个身体由几大肌节组成，这些肌节的活动使鱼尾摆动，从而使它能在水里游动。鱼鳔的作用则是在活动中控制起伏。

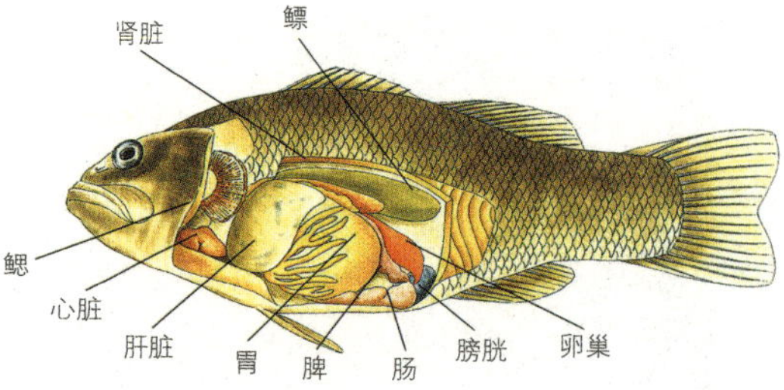

了鳃的作用。我想，这一科的“保卵系带”相当于那一科的鳃，它们是逐渐在相互转化的。因此，不管是系带，还是那两个小皮褶，定然都是因为自然选择才出现的。若要转变成鳃，只需增大皮褶，使那些黏液腺消失就可以了。当所有的有柄蔓足类果真灭绝了（有柄蔓足类所遭到的灭绝的时间比无柄蔓足类要早得多），谁又会想到无柄蔓足类的鳃当初只是用来防止卵被冲出袋外呢？

□ **海中活电站——电鳐**

鳐又名平鲨，由鲨的同类进化而来，和鲨有亲缘关系。它们分布于温暖的咸水中，身长10～670厘米，每胎产1～60枚卵。有些鳐类在头及胸鳍之间有成对的大型发电器，可以放射出50A的电流，电压可达60～80V，因而被称为“海中活电站”。

另一种在过渡中可能存在的方式，就是提前或延迟生殖时期。这是最近由美国的科普教授和另外一些人提出来的。我们知道，有些动物还没有发育完全就能够生殖了。当这种能力在一个物种里得到彻底的发展到普及时，成体的发育阶段很可能就会消失掉。长此以往，特别是当幼体和成体有着明显的不同时，该物种的性状便会有所改变或退化。很多动物在成熟以后，仍会在整个生命期中不断地改变其形状。例如哺乳动物，它们的头骨形状会随着年龄的增长而不断地改变。对此，穆里博士曾经用海豹的例子来进行说明。另外，鹿越老，其角的分支越多；越老，其羽毛发展得越美丽，这些都是最好的例证。还有就是，有些蜥蜴的牙齿会随着年龄的增长而改变其形状。而弗里茨·米勒也曾记载，在甲壳类动物中，许多微小的部位和一些重要的部位，在成熟以后还会显露出新的性状。当然，例子远不止这些。总的说来，如果生殖的年龄被延迟了，物种的性状（至少是成年期的性状）就会发生变异。在某些情况下，早期的发育阶段会很快结束，甚至最终消失掉也说不定。物种的演变是否经常或偶尔经过这种过渡方式，还尚未明确，但是如果这种情况曾经发生过，那么幼体和成体之间的差异，以及成体和老体之间的差异，应该都是逐渐获得的。

自然选择学说中的重大难题

在完全没有亲缘关系或者亲缘关系非常疏远的生物里，某些器官发展程度不同，但外观却十分相似，它们最终都获得了同样的结果和功能。

在自然选择学说里，我们除了无法用连续、细小、变异的级进产生的观点来给器官下定论之外，无疑还面临着许多重大难题。

最大的难点之一是关于中性昆虫。这些昆虫的构造大多与普通的雄雌虫的构造不同。而鱼的发电器官也是一大难题，它的产生至今仍是个谜。不过我连这些器官的用处都还不完全知道呢！在电鳗和电鲼里，这些器官无疑是强有力的防御或捕食手段。关于鹞鱼，据玛德希观察，它的发电器官在尾巴上。当它受到强烈的刺激时，其发电器官也只能发出极少的电量，根本没有什么威力。不过，麦克唐纳博士还曾指出，在鹞鱼的头部附近还有另一个器官，虽然它并不带电，但似乎是电鲼发电器官的同源器官。在内部构造和神经分布，以及对各种试药的反应状态上，一般认为器官和普通肌肉之间存在着巨大的相似。其次，这些鱼的肌肉在发生收缩时就一定会放电，这一点应该引起高度重视。正如拉德克利夫博士所说的那样："电鲼的发电器官在静止时的充电似乎与肌肉和神经在静止时的充电极其相像，而它的放电并没有什么特别，大概只是肌肉和运动神经在活动时放电的另一种形式罢了。"除此以外，似乎找不到更满意的答案。由于我

□ 水中高压电——电鲶

电鲶，原产非洲刚果河。它体内的发电器官由许多电板组成，这些电板分布在皮肤和肌肉之间。其头部为正极，尾部为负极，电流是从头部流向尾部。电鲶放出的电一般在150V左右，最高可达200V，有效范围的半径为6米左右。不要以为电鲶释放出的强大电流只能击死小动物，它能击死比它大得多的水生动物。除了电鲶，现在已知本身能发电的鱼还有象鼻鱼、电鲠鱼、电鲟鱼、电鳗鱼、胆量鱼等。

们对发电器官的用处知之甚少，同时对于电鱼始祖的习性和构造也并不清楚，所以，如果现在就断定这些器官不可能是由有用的变异级进逐渐发展而来的，未免太过武断。

在自然选择学说中，发电器官可能还引起了另一个重大难题，那就是具有该器官的鱼大约有12个种类，其中有几个类彼此的亲缘关系更是相距甚远。如果某些生活习性几乎不同的成员拥有着相同的器官，我们则会把这个器官存在的原因归为共同祖先的遗传，而把这一纲中其他成员不具备这个器官归为不使用或因自然选择而导致了器官的消失。所以，如果认为发电器官是从共同祖先遗传下来的，那就意味着所有的电鱼都应该存在着特殊的亲缘关系，但事实并非如此。地质学上也无法提供强有力的证据，证明大多数鱼类的发电器官是古来有之，只是在变异之后，其后代将这些发电器官丢失掉了。深入观察之后，我们会发现，在拥有发电器官的一些鱼类里，其发电器官的地位不同，构造上也不同，例如电板的排列法。据巴契尼说，发电的过程或方法也是不同的。同时，发电器官的神经来源也是不同的，这才是至为关键的一点。由此可以看出，鱼类的发电器官并不都是同源器官，它们只不过在功能上相同而已。所以，它们是从共同祖先遗传下来的假设并不成立，否则它们应该在各方面都表现得非常相似才对。如此一来，最大的难题之一——关于表面上相同，实际上却是从几个亲缘相距很远的物种发展起来的器官，就此攻破了。现在只剩下一个难度稍小的难题，即在各种不同群的鱼类里，这种器官是经历了怎样的分级步骤才发展起来的?

完全不同科的几种昆虫，其发光器官处于身体的不同部位。在此类知识匮乏的情况下，它为我们提出了一个与发电器官同等难度的难题。还有一些其他类似的情况，比如在植物中，红门兰属[1]和马利筋属[2]就拥有着一种共同的奇特装置，即花粉块生在具有黏液腺的柄上。这两个属在显花植物中的亲缘关系相距甚远。此种情况下，二者的相似构造也并非同源器官。从中我们可以看到，在分类地位相距甚远而又生有相似器官和特别器官的所有生物中，这些器官的一般形态和功能虽然是相同的，但它们之间的根本差异也是显而易见。比如，属于头足类

[1] 红门兰属：被子植物门兰科下的一个属，为地生草本。分布于北温带、亚洲亚热带山地和北非的温暖地区。
[2] 马利筋属：马利筋族，萝藦科，为多年生草本。分布于美洲、非洲、南欧和亚洲热带和亚热带地区，中国的华南地区较为常见。

□ 紫点红门兰

红门兰隶属于兰亚族。该亚族中各属的最主要区别特征是：属中各个成员的花部结构中均有一个近球形的黏液囊，黏液囊内包裹着两个黏质球，每个黏质球内藏有一个黏盘，黏液囊位于蕊喙上，近球形，向外突出，在蕊柱前面、唇瓣基部的距口上方。

的乌贼，其眼睛和脊椎动物的眼睛在外观上极其相似。但是，这两个类群在系统上的间隔却非常远，因此，这种相似在理论上无法被归于共同祖先的遗传。所有的视觉器官都得由透明组织形成，而且必须含有某种晶状体，以使影像能投射到暗室的后方。除了这种表象的东西外，乌贼的眼睛和脊椎动物的眼睛几乎没有任何别的相同点。参考一下汉生先生关于头足类眼睛的报告吧，这份报告写得相当精彩，我们可以从中了解到一些。高等乌贼的晶状体由两个部分组成，它们就好像两个透镜一样前后排列着，二者的构造和位置与脊椎动物的有所不同。乌贼和脊椎动物的视网膜也完全不同，其主要部分也是完全颠倒的，乌贼的眼膜内还含有一个巨大的神经节。另外，二者的肌肉之间也无密切关系，而其他部分也是如此。因此，在描述头足类和脊椎动物的眼睛时，我们要谨慎使用术语。诚然，大家都有权利否认以上二者之一的眼睛是通过连续的、轻微的、变异的自然选择而发展成的。但是，如果承认其中某一个是经自然选择而形成的，那么另一个必然存在着相同的情形。如果从这个观点出发，那么，这两个种群在视觉器官构造上的基本差异，势必存在着，就如同两个人分别创造出一个相同的发明。综上所述，自然选择为了各个生物的利益而工作着，它利用着所有可利用的有利变异，在不同的生物中，产生出了功能相同的器官，这与共同祖先的遗传并无关系。

对此，弗里茨·米勒曾经非常慎重地进行了一场讨论。他指出，甲壳动物的个别科中的几个物种具有呼吸空气的器官，适于在陆地生活。米勒重点研究了其中的两个科，二者的关系很接近，各自物种的所有重要性状也都极其一致，比如感觉器官、循环系统、胃中的丛毛位置、用于在水中呼吸的鳃的构造，甚至还有用来清洁鳃的细微小钩等。因此，我们有理由相信，在这两个科中的少数陆生物种里，作为重要器官之一的呼吸器官也应当是相同或者相似的。但事实却并非如此，它们这一为了相同目的而出现的器官并不相似，甚至几乎是不同的。

米勒根据我的学说，把它解释为密切相似的器官的物种，必然是由共同的祖先遗传下来的。但是，由于上述两个科的其他物种像大多数其他甲壳动物一样，都是水生习性的，所以若要说它们的共同祖先曾经适于呼吸空气，自然是极不可能的。后来，米勒在所有呼吸空气的物种里仔细地观察了这种器官，他发现，各种物种的这种器官在一些重要点上，比如呼吸孔的位置、开闭的方法，以及其他若干附属构造上，都存在着差异。如果我们假设，属于不同科的物种逐渐地变得适应水外生活和呼吸空气，那么，这种差异就很容易理解了，甚至还能被大致想象出来。由于这些物种所属的科不同，因此，它们必然在某种程度上存在着差异，且根据变异的性质，它们依靠两种要素——生物的本性和环境的性质，其变异性必然也会不尽相同。所以我们得出的最终结论是：自然选择为了取得功能上的同一结果，就只得在不同的变异上下功夫。而它们获得的构造自然也是不完全相同的。如果根据分别创造作用的假说，以上所有情况就无法理解了。

另一位已故的杰出动物学家克莱巴里得教授曾作过相同的讨论，并得到相同的结论。他解释说，属于同属的不同亚科和科的寄生性螨虫都生有毛钩，但该器官必然是分别产生的，因为它们并不是从共同祖先那里遗传下来的。这些毛钩的来源，根据属的不同而异：或通过前腿的变异，或后腿的变异，或下颌、唇的变异，或身体下部附肢的变异而形成。

从上述的情况中，我们看到，在完全没有亲缘关系或者亲缘关系非常疏远的生物里，某些器官发展程度不同，但外观却十分相似，它们最终都获得了同样的结果和功能。不光如此，使用各种方法同样可以达到相同的结果，甚至在亲缘关系十分密切的生物里，亦是如此，这是一条贯穿整个自然界的共同规律。鸟类的翅膀长有羽毛，蝙蝠的翅膀长有皮膜，两者在构造上是完全不一样的，但其功能却完全相同；蝴蝶长有四个翅膀，苍蝇长有两个，甲虫也有两个鞘翅，它们在构造上是如此不同，但其功能同样是一样的。双壳类的两壳在构造上是能开合的，但从胡桃蛤的综错复杂的齿到贻贝的简单的韧带中就可看出，两壳铰合的样式是何其繁多！就植物种子的传播方式来看，有的是靠自身的轻巧来传播；有的是靠自身的蒴变成轻的气球状被膜来传播；有的是埋在果肉内，不光含有养分，还具有鲜明的色泽，以吸引鸟类来啄食，借此帮助它们传播；有的是靠长着各种钩或

□ 墨兰

墨兰又名中国兰，常生于山地林下溪边，也见于常绿阔叶林或混交林下草丛中。其叶片丛生，狭长剑形，花期2～3月，花序直立，花朵较多，可达20朵左右，香气浓郁，花色多变。墨兰是许多珍贵的观赏兰花的培育母体。

锚等性状的物体以及锯齿状的芒，借助附着在走兽的毛皮上来传播；有的靠自身各式各样精巧的翅和毛，随风传播。雌雄异株的植物和一些雌雄同株但花粉却无法落在柱头上的植物，大多需要借助外力才能完成受精。我们可以举出两个比较常见的例子：花粉粒轻而松散，被风吹荡，抓住机会散落在柱头上，这大概是最简单的方法；还有一种方法就是，植物会在对称花上分泌少数几滴花蜜，以此招引昆虫来访，接着就可以借助昆虫把花粉带到柱头上。这种情形在许多植物中也经常出现。

基于此，我们可以依次看到许多各式各样的装置，它们都有着相同的目的，并且以本质相同的方法发挥着作用，但它们最终却导致花的各部分都发生了变化。花蜜可储藏在各种形状的花托内。它们的雄蕊和雌蕊也以各种方式发生着变化：有时候能够生成陷阱似的装置；有时会因为刺激性或弹性而进行巧妙的适应运动。这样的变化可以从这样的构造开始，一直到克鲁格博士最近描述过的盔兰属那样异常适应的例子。这种兰科植物的唇瓣，即它的下唇，有一部分是向内凹陷的，如此一来它就变成了一个“水瓢”，在它上面有两个角状体，分泌出近乎纯粹的水滴，不断地滴落在瓢内。当滴满半瓢时，水就会从一边的出口向外溢出。唇瓣的基部其实是“水瓢”的上方，它也凹陷成了一个腔室，两侧均有出入口，腔室内部有奇特的肉质棱。如果不是亲见了这一原理的运行，相信即使是最聪明的人，也难以想象出这些构造的奇特用处。克鲁格博士曾看见成群的大土蜂去访问这种兰科植物的巨型花朵，令人奇异的是，它们不是去吸食花蜜，而是去咬食腔室内的肉质棱。在它们咬食肉质棱的时候，彼此之间总会发生冲撞，以至于很多土蜂跌进“水瓢”里；当它们的翅膀被浸湿后，几乎无法再飞起来，最后只得被迫从那个出水口或水溢出的通道中爬出来。克鲁格博士曾亲眼看到，大量的蜂在经过非自愿的“洗澡”后，就此狼狈地爬了出来。这两条通道都是非常狭窄的，其上都盖着雌雄合蕊的柱状体。当土蜂用力爬出来时，它的背部会不可避免地和这些柱状体的柱头发生摩擦。如此一来，附着在黏腺上的花粉就会因为摩擦而落在蜂的背部，并被蜂带到其他的花上去。克鲁格博士曾寄给我一朵浸在酒精里的巨型花朵和一只蜂，那只蜂是在没有完全爬出通道的时候死掉的，它的背部还粘着明显的花粉块。可以想象，当带着花粉的蜂访问另一朵花或再度访问同一朵花时，它又一次被同伴挤落到“水瓢”里，然后从通道爬出去。这时，它背上的花粉块必然首先与胶黏的柱头相接触，并粘在柱头上面，于是花的受精便完成了。现在我们已经会意了花的每一部分的用处了，如分泌水的角状体和半满“水瓢”的用处是防止蜂飞走，强迫它们从通道爬出去，从而使它们在适当的位置上与胶黏的花粉块和胶黏的柱头相摩擦。

还有一种叫作须蕊柱的兰科植物，它与盔兰属兰科植物的亲缘关系十分密切。它的构造，虽然为了同一个目的，却十分不同。蜂来访问它的花，也像造访盔唇花一样，是为了咬吃唇瓣；当它们这样做的时候，就不免要接触一条长的、细尖的、有感觉的突出物，我称之为触角。触角一旦被触到，就会发生振动并传达到一种皮膜上，那皮膜便立刻裂开，由此发出一种弹力，使花粉块像箭一样地射出去，使胶黏的一端无误地粘在蜂背上。这种兰科植物是雌雄异株的，雄株的花粉块就这样被带到雌株的花上，在那里碰到柱头，而柱头本身是黏性的，其黏力足以绷断弹性丝而把花粉留下，这就方便受精了。

从上述所讲的以及其他无数的例子中，我们似乎还面对着这样的问题：如何才能够理解这种复杂且逐渐分级的步骤，以及物种究竟是如何通过各式各样的方法来达到同样的目的呢？正如前面已经说过的那样，彼此之间已经稍微有所差异的两个物种在发生变异时，它们的变异性质不会是完全相同的，所以就算是为了同样的目的，它们在通过自然选择后所得到的结果也不会是相同的。我们还应牢记，所有高度发达的生物都经历过了多种的变异，而且其每一次变异后的构造都具有遗传倾向，所以每一种变异都不会轻易地消失，只会一次又一次地深化。无论每个物种的各个构造是出于什么样的目的，它们无疑都是大量遗传变异的综合产物，是物种为了适应新的习性和生活条件而不断连续变化后所得到的。

虽然在许多情况下，要猜测器官是通过怎样的过渡方式才达到了今天的状态无疑是非常困难的，但我们应该相信自然史里那句古老格言“自然界里没有飞跃”所蕴含的道理。正如米尔恩·爱德华曾经精辟地说过，“自然界”在变化方面是奢侈的，但在革新方面却是吝啬的。如果根据自然选择的学说，我们就能够理解，为什么“自然界”不能采取突然的飞跃。因为自然选择只是利用微细的、连续的变异而发生作用，它从来就不具备使物种产生巨大且突然飞跃的能力，它只能以一定的、短暂的、确实的、缓慢的步骤前进。

自然选择作用下的不太重要的器官

现在被看作不是很重要的器官，在一些特定环境下，也许对于该生物的早期祖先却是非常重要的。它们在某个时期逐渐被完善，之后又慢慢变得不再有用处，但仍会用几乎相同的状态遗传给现存的生物以及这些生物的后代。

自然选择通过“适者生存”的生存法则来发挥作用。这对我们在研究不是很重要的器官的起源或形成时，造成很大的困难。我觉得其研究难度几乎和研究最完善、最复杂的器官的情况是一样的，虽然二者并不相同。

第一，由于我们对任何一种生物的构造知识都太过缺乏，所以我们根本无法分清轻微变异中哪些重要，哪些不重要。在之前的章节里，我曾举过一些微细性状的事例，比如果实上的茸毛、果肉的颜色、四足类动物的皮和毛的颜色，它们的这些性状要么与体质的差异相关，要么与是否抵挡昆虫的攻击有关，总之这些性状的形成确实是出于自然选择的原因。长颈鹿的尾巴相当于一个人造的蝇拂，如果说它的用途从一开始就只是为了赶走苍蝇，而且它还经过了连续且微细的变异后才形成今天的样子，可能会让人难以置信。不过，在作出肯定的回答之前，我们也必须要认真考虑一番。要知道，在南美洲，牛和其他动物的分布范围及生存状况完全取决于它们对昆虫攻击的抵抗能力。也就是说，无论用什么方法，只要能抵抗这些敌害个体的进攻，动物们就可以生存下来，并获得巨大的优势。那些大型的食草兽，虽然不至于被苍蝇所消灭（除了一些个例外），但是它们会在不断地抵抗苍蝇的侵扰中，浪费大量的体力，在精神上备受折磨，从而也就比较容易得病，或者在饥荒到来的时候无力找寻食物，也无法逃避食肉动物的攻击。

现在被看作不是很重要的器官，在一些特定环境下，也许对于该生物的早期祖先却是非常重要的。它们在某个时期逐渐被完善，之后又慢慢变得不再有用处，但仍会用几乎相同的状态遗传给现存的生物以及这些生物的后代。它们在构造上的任何有害偏差，都会被自然选择的作用所抑止。从尾巴对于大多数水生动物的重要性中，也许可以解释为什么它在多数陆生动物（从肺或鳔的变异中我们可以知道，它们的祖先也是水生动物）里都存在着，而且用途还如此广泛。某些水生动物的发达尾巴，可能会在将来发展出多种用途，例如作为蝇拂、握持器官，或者像狗尾那样地助其转弯。虽然对于某些动物来说，尾巴在帮助转弯上并无太多的用武之地，比如山兔，它几乎没有尾巴，但它确实能帮助动物非常迅速地转弯。

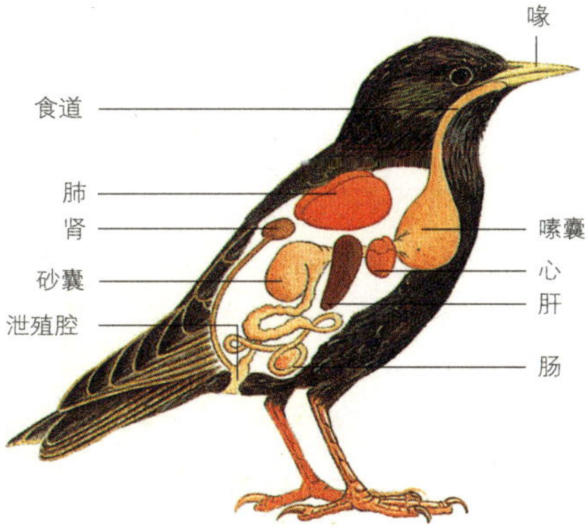

□ **椋鸟的内脏系统示意图**

大多数鸟的身体是由肌肉、心、肺和消化系统组成。鸟类有两个胃，就如图中的这只椋鸟，它的第一个胃即嗉囊，用来储藏食物；第二个胃即砂囊，用来将食物磨成浆状。

第二，我们很容易误解某些性状的重要性，并误以为它们是通过自然选择而发展起来的。这里，有几点是不可忽视的：变化了的生活条件的作用所产生的效果；那些似乎与外界条件少有关系的所谓自发变异所产生的效果，重现消失已久的性状之倾向所产生的效果，相关作用、补偿作用、一部分压迫另一部分等复杂的生长法则所产生的效果，性选择所产生的效果。通过性选择，某一性常常获得有用性状，并能把它们完全地传递给另一性，虽然这些性状对于另一性可能毫无用处。这些间接获得的构造，虽然起初也许并没有什么利益，但此后却会被它的变异了的后代在新的生活条件下和新获得的习性里加以利用。

假设我们只发现了绿色的啄木鸟，而忽视了其他许多种黑色和杂色啄木鸟的存在。那么，我们大有可能会认为它之所以是绿色的，是为了适应周围的生存条件，为了使自身能频繁往来于树木之间而不会被敌害发现。这样一来，我们就把绿色当作了一种重要的性状，而且是通过自然选择而获得的。但事实并非如此，这一颜色的获得途径主要是通过性选择。在马来群岛上，有一种藤棕榈，它依靠生长在枝端的钩攀缘到那些高大的树木上。这种装置的结构十分精巧，对于该植物而言，它无疑是极有用处的。同时我在许多非攀缘性的植物上也看到过这样的钩，但从非洲和南美洲的生刺物种的分布来看，我推测，这些钩最初是用来防御草食兽的。这就说明，藤棕榈的钩最初可能也是为着这种目的发展而来的，只是当这种植物进一步发生了变异并且变成攀缘植物后，它的钩就被改良和利用了。秃鹫的头上有一块裸露的皮，一般观点认为，它是为了能适应腐败物而存在的。这是一种可能，同时也存在另一种可能，即是由于腐败物质的直接作用而导致出现了这样的一块皮。不过，在作此类推论的时候，我们务必小心谨慎。因为不难发现，吃清洁食物的雄火鸡的头皮也是如此裸露的。在幼小的哺乳动物的头骨上有一道缝，人们认为这是为了顺利产出而生成的。毫无疑问，这道缝的确使哺乳动物的生育变得更容易，也许它的确是为了生育的便利而存在的。但我们不要忽略了一个事实，即幼小的鸟类和爬虫都是从破裂的蛋壳里爬出来的，而它们的头骨上也有缝。所以，我们可以把这种构造当作是生物的生长律，只是后来高等动物把它利用在了生育上。

我们对每一个轻微变异或个体差异的起因，都了解得极为不够。特别是当我们对各地家养动物品种间的差异进行细致研究，发现那些生活文明程度较低的国家里的家养品种极少被进行有计划的选择，我们就能更深切地体会到这一点。由世界各地尚未开化的人所饲养的动物还必须得为了生存而进行斗争，而且在某种程度上要受自然选择作用的影响。那些体质有细微改变的个体，在不同的气候下最易成功。牛对于来自蝇的侵犯的感受性与颜色有关，如同它对某些具有毒性的植物的感受性一样。所以，这些动物就连颜色也要服从自然选择的作用。某些博物学者认为，潮湿的气候会影响毛的生长，而角又与毛有关。山地品种与低地品种之间常常存在着差异，前者由于常常要用到

□ 秃鹫

秃鹫体形很大，是高原上体格最大的猛禽。它们以动物尸体为食，用带钩的嘴轻易地啄破和撕开坚韧的牛皮，拖出沉重的内脏，裸露的头极为灵巧地伸进尸体的腹腔。其头顶的这块裸露，是为适应腐败物而存在的。

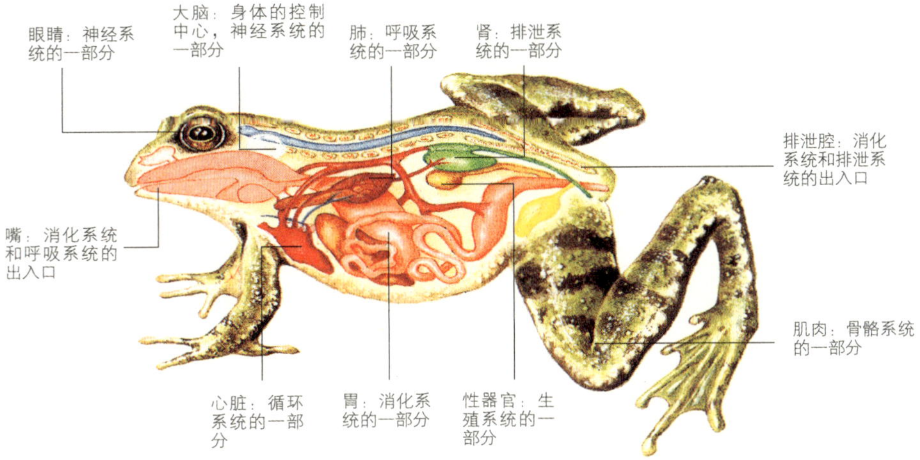

□ **青蛙的体内器官结构示意图**

动物体内有各种不同的器官（如上图的青蛙）。这些器官的形状和大小各不相同，都有自己的作用。几种器官分别组成身体的各个系统，如消化系统、循环系统和生殖系统等。其中神经系统和内分泌系统操纵和调节体内的其他系统。

后腿，因此就连它们的骨盘形状也可能受到影响。在此情况下，根据同源变异法则，山地品种的前肢和头部也有可能随之受到影响。另外，骨盘的形状可能会因为受压而影响到还处于子宫里的幼体的某些部分的形状。在高地地区，所有生物都必须费力呼吸，许多确凿的证据使我们相信，费力呼吸会导致胸部扩张，从而引起相关变异。适量的运动和丰富的食物对于生物的整个身体构造极为重要。冯·那修西亚斯在他的一篇优秀论文中指出，适量的运动和丰富的食物显然是导致猪的品种发生巨大变异的一个主要原因。但是我们对一些已知的变异原因和未知的变异原因的相对重要性，仍然因为知识的欠缺而难以解释。虽然绝大多数博物学者都承认，一些家养品种的变异是由一个或几个亲种在经历了许多个平常的世代后才发生的，但是如果我们不能解释它们彼此之间出现性状差异的原因，那么，我们对于自然界中物种之间的细微差异的真实原因就无从知晓，但也不必对此看得太严重。

所谓“功利说”的真实性

尽管在整个自然界中，一个物种经常会利用其他物种的构造来获得利益，但自然选择不可能只使一个物种产生出对另一个物种利益的变异。

近来，有博物学者对“功利说”中的一个主张提出反对意见，即生物的各个构造都是为了其所有者的利益而产生的。由于我在前面的章节中引用并肯定了这一论点，因此，我有义务在此加以解释。在许多反对者看来，多数生物的构造都是为了美观而被创造出来的——为了使人或“造物主”（但“造物主”是属于科学范畴之外的存在）喜欢，或者仅仅是为了增添一些新花样。我在前文中就已经说过，如果这些观点是正确的，那么我的学说就会被推翻。我承认，有大量的生物构造现今已无直接用处，更甚是它们对其祖先也不曾有过多大的用处。但是，并不能因为如此，就肯定它们的形成原因仅仅只是为了美观或新异。毫无疑问，处于变化之中的外界条件对于构造而言一直发挥着作用。在此之前，我曾总结过变异的各种原因，不管生物是否通过这些变异获得利益，我们都不能否定一点，那就是：这些变异都曾产生过或大或小的效果。但最为重要的是，各种生物的某些主要构造，都是由遗传而得到的，因此每种生物都能在自然界中找到它所适合的位置。但是，许多的构造和生物现今的生活习性已没有十分密切和直接的关系了。因此，我们难以相信高地鹅和军舰鸟的蹼脚对它们有何用处，也无法相信猴子的手臂内、马的前腿内、蝙蝠的翅膀内、海豹的鳍脚内，相似的骨头，对于它们各自的主人有什么特别的用处。我们可以确定这些构造都来自于遗传。但蹼脚对于高地鹅和军舰鸟的祖先无疑是有用的，就好比蹼脚对于大多数现存的水鸟而言都是有用的一样。所以我们完全可以相信，海豹的祖先并不是长有鳍足，而是长着具有五趾的更适合于行走或抓握的脚。基于此，我们甚至可以大胆推测，猴子、马、蝙蝠的四肢上所长的那几根骨头，也许是从哺乳纲的某些古代鱼形祖先的鳍内的多数骨头，经过缩减发展而成的，其形成就是依照功利原则。不过，对于诸如外界条件的作用、自发变异，以及生长的复杂法则等，究竟各占多大的比例，依然是难以决定的。撇开这些重要的例外不说，我们可以断言，不管是在过去还是现在，生物的构造对于其所有者而言，总是有着直接或间接的用处。

对于反对者们所认为的生物是为了迎合人们的喜好才被创造得美观的观点，我还有话要说。首先，我得谈谈关于美的感觉。显然，这一问题完全是凭人类的心境而定，与生物的本质无关，而且人类的审美观并不是天生的或者一成不变的。例如人类对于女性的审美标准，则从来达不成统一。如果美这种东西只是为了供人欣赏才被创造出来的话，那么世界在人类出现以前的美，应该比不上人类出现之后了。可是，你难道会相信，在始新世时期出现的美丽的螺旋形和圆锥形贝壳，以及第三纪时期的精致刻纹的鹦鹉螺化石，是为了让人类在多年之后可以在博物馆中欣赏它们而被创造出来的吗？而美丽无双的矽藻[1]的细小矽壳，难道是早早地被创造出来，然后等着人类在高倍显微镜下观察和欣赏它们吗？事实上，包括矽藻在内的许多生物的美，完全是因为它们的生长对称所致。花是自然界中最美丽的生物，有了绿叶的衬托，它们看上去才更美，才会因此而格外引人注目，从而更好地被昆虫发现。我之所以作出这种结论，是因为我发现，风媒花[2]从来没有华丽的花冠。一般来说，植物的花可以分为两种：一种色彩明丽，可以更好地吸引昆虫；一种是闭合且没有什么色彩的，这些花一般都没有花蜜，所以很少有昆虫来接近它。而风媒花就属于后者，事实上它们是依靠风来传粉的。从上述事实中，我可以断定，如果地球上没有昆虫出现，我们的植物就不会刻意地开出鲜艳而美丽的花。正如枞树、栎树、胡桃树、梣树、茅

□ **进化的指猴**

指猴的中指不但细长，而且坚如铁钳，指猴用它们来抠树干中的虫卵、掏椰壳中的果肉。约3 000万年前，一些灵长动物进化成了最早的猴和猿，即使是最早的猴也是爬树的好手。1789年，法国探险家见到指猴时，把它当作松鼠的一种，但到1860年，分类学家对其进行解剖后，发现它是一种灵长类动物。

[1] 矽藻：一个浮游生物的大类群，分布于世界的各种水体中。它那被矽化的细胞壁形成了小盒子似的壳体，为对称状，有复杂细致的花纹，被誉为“海洋宝石”。
[2] 风媒花：利用风力作为传粉媒介的花，如玉米花、杨树花。此类花通常小而不艳，花被退化或不存在，无香味和蜜腺。被子植物中的风媒花比例较大。

草、菠菜、酸模、荨麻等风媒花，它们所开的花就不怎么美。以上论点也同样适用于果实，成熟的草莓或樱桃既好看又可口，同时人们都承认，桃叶卫矛的果实和枸骨叶冬青树的猩红色浆果都是十分美丽的东西。但是，它们的美，只是为了吸引鸟兽来啄食，一旦这些果实被吞食后，便会随着鸟兽的粪便被排泄到其他地方，如此一来，这些植物也就成功地散布开来。对于任何一种包裹着种子的果实（生长在果肉里或柔软的瓤囊里的种子）而言，它们一般都有着鲜艳的颜色或者是能吸引动物注意力的黑色或白色，因为只有这样，其种子才能通过啄食它们的动物而被散布得更广。对于这一法则，我还不曾发现有一个例外。

另一方面，我承认大多数的雄性动物，比如所有美丽的鸟类，某些鱼类、爬行类和哺乳类，以及艳丽的蝴蝶，都是为了美观而拥有靓丽的外形。但这些都来自于性选择的作用，也就是说，那些比较美的雄性个体曾经连续数代都被雌性个体所选中，因此，其后代也就变得越来越美了，而不是为了取悦人类。鸟类的鸣叫声也是如此。从中，我们可以推论出，大部分动物对于鲜艳的颜色和动人的音乐都有极为相似的偏好。当雌性个体也拥有了如雄性个体那样的美丽颜色时[1]，最简单形态的美的感觉，就是从某种颜色、形态和声音中得到一种赏心悦目的快乐。对于美是如何在人类和低级动物心理发展起来的，是一个难以解释的问题。如果我们要对诸如为什么某种香和味可以给予快感，而别的却给予不快感等问题刨根究底时，我们同样会感到棘手。在所有这些情形中，在某种程度上，习性似乎发挥了一定的作用，但是我认为，在每个物种的神经系统里，一定还存在着某种基本的还未被我们所发现的原因。

尽管在整个自然界中，一个物种经常会利用其他物种的构造来获得利益，但自然选择不可能只使一个物种产生出对另一个物种有益的变异。诚然，自然选择常常能够产生出直接对其他动物有害的构造，比如我们所看到的蝮蛇的毒牙、姬蜂的产卵管等（姬蜂能够依靠产卵管把卵产在其他有生命的昆虫体内）等。如果我们能够证明各个物种的任何一部分构造完全只是为了另一物种的利益而形成的，那么就意味着我的学说会被彻底推翻，因为这些有利于其他物种的构造是不可能通过自然选择而产生的。尽管诸如此类的描述在众多博物学著作里都能找到，但在

[1] 此种情况在鸟类和蝴蝶中比较常见，因为其后代都是通过性选择获得颜色的，这种遗传并不限于雄性个体，而是可以传递给两性。

我看来都毫无意义。众所周知，响尾蛇的毒牙是用来自卫和捕杀猎物的，但某些博物学者却认为它那与毒牙同时具备的响器却是不利的，因为这种响器会预先发出警告，使猎物警觉。起初，我也认为，猫在准备跳跃时卷动尾端，只是为了让已经被它视为猎物的老鼠有所警觉。但根据深入研究，我发现关于响尾蛇使用响器最为可信的观点是：眼镜蛇膨胀它的颈部皱皮以发出响声，与蝮蛇在发出很响而粗糙的嘶声时会把身体胀大相似，其目的只是为了恐吓那些连最毒的蛇也会进行攻击的鸟兽。这和母鸡看见狗在接近它的小鸡时就会竖起羽毛、张开双翼的道理是一样的。动物防范和驱赶敌害的方法五花八门，但在这里，由于篇幅所限，我就不再详细描述了。

□ **姬蜂的的产卵管**

姬蜂的分布较广，多为黄褐色。雌蜂的尾后有一条长带，即产卵器，通常比身体长。如此长的产卵器在昆虫中极为少见。

自然选择向来会让一切生物产生对于自己利多害少的构造，因为自然选择只会对生物的有利变异而起作用。正如帕利所说，没有一种器官的形成是为了给予它的所有者以苦痛或损害。如果公平地衡量由各种部分所引起的利和弊，那么我们承认，从整体来说，各个部分都是有利的。只是，经过时间的推移和生活条件的改变，如果某部分变为有害的，那么它就得改变，否则该生物就要面临灭绝。

自然选择的作用在于，使每一种生物进化得与栖息在同一地方的、和它竞争的其他生物一样完善，或更加完善。这就是自然状况下所谓的完善化的标准。新西兰土著生物的性状都是相对比较完善的，但是，一旦它们面对来自欧洲的动植物时，就会迅速地屈服了。自然选择不会产生绝对的完善，所以我们也不曾在自然界里遇见过如此高的完善的标准。正如米勒曾经所说，即便是像人类的眼睛那样完善的器官，对于光线色差的校正，也是不完善的。赫姆霍兹曾在肯定了人类的眼睛具有奇异的功能之后，又说了以下一番让人信服的话："我们发现在这种视觉机构和视网膜上的影像里有不正确和不完善的情况，这种情况不能与我们刚刚遇到的感觉领域内的各种不调和相比较。自然界为了要否定内外部之间预存了协调这一理论，便会积累矛盾。”这就告诉我们，在我们热烈地赞美自然界中有无数奇特装置的同时，也应理性地认识到，其中的某些装置其实是不完善的。就如蜜蜂的刺针，通常被看作是完善的，但当它用刺针刺多种敌害的时候，常因刺上生有倒长的小锯齿而无法拔出，从而把自己的内脏也拉了出来，导致死亡。

可以说，蜜蜂的刺在其遥远的祖先时代就已存在，只不过最初仅仅是被用作穿孔的锯齿状器具而已，就如这个大目里现今的许多成员一样，只是随着时间的推移而有所改变，但这种改变并非是完全的。比如它的毒素，原本只是为了产生树瘿[1]，后来才逐渐变得强烈。如此一来，我们或许就能理解为什么蜜蜂在使用其刺针后常会导致自己死亡。因为从整体来看，刺针的能力对于蜜蜂的社会生活是有用处的，虽然它常常引起少数成员的死亡，但无疑是满足了自然选择的所有需求。我们可能会惊叹于许多昆虫的雄虫会依靠嗅觉来找到它们的雌虫。但是，只为了完成生殖任务而存在的雄蜂，对于蜜蜂的整个群体毫无他用。正因为如此，它们在交配结束后就会被那些只能劳动却无法生育的姊妹工蜂所杀死，难道这也值得赞赏吗？答案自然是否定的，但我们同时又会惊叹于蜂王的野蛮本能——为了争夺蜂后，它会下令杀死未破蛹的蜂王，如果有两只蜂王并存，它们之间则会进行殊死斗争以争夺王台，最后必有一方战死。毫无疑问，这种做法对于整个蜜蜂群而言是有好处的，对于自然选择的坚定原则也是一样。如果我们会惊叹于兰科植物和其他许多植物的几种巧妙装置，能引导昆虫来帮助其受精，那么当看到枞树所产生出来的如同密云一般的花粉，只有其中的少数几粒能够碰巧被风吹到胚珠上去时，你还会认为它们是比较完善的吗？

[1] 树瘿：树木因受到真菌或害虫的刺激，其局部细胞增生形成的瘤状物。

统一法则和生存条件法则

所谓的统一法则，是指在同纲生物中，不论其生活习性如何，其构造基本上是一致的。根据我所提出的学说，统一法则源于祖先的系谱的统一。

在本章中，我们已经把可以用来反对这一学说的难点和异议几乎都讨论过了。其中不乏一些极为严重的，但是在本章的讨论中已有许多事实得到了说明。只是如果依照特创论的观点，这些事实始终是一知半解的。

显而易见的是，物种在任何一个时期的变异都不是无限的，也不都是由无数的中间级进所联系起来的。其中一部分原因在于，自然选择的过程永远是极为缓慢的，它只对少数的类型产生作用；另一部分原因则是，自然选择本身就包含了对早期中间级的不断排斥，并致其灭绝。现存于连续地域上的具有密切亲缘关系的物种，必然是在该地域尚未连成片，且生活条件不尽相同时就已经形成了。在此情况下，两个不同地方的变种的中间地带一定会产生一个中间变种。根据前面的理由，这个中间变种的个体数量通常要比其两边所连接的变种的数量少得多。这就导致在变异的过程中，由于两边的变种个体数量较多，因此它们比个体数量较少的中间变种更具优势。如此一来，它们就会快速地把中间变种排斥或消灭掉。

根据本章内容，我们知道，在断言极不相同的两种生活习性不能逐渐彼此转化的时候，比如断言蝙蝠不能通过自然选择从一种最初只在空中滑翔的动物而形成一样，我们必须十分谨慎。

我们已经看到，物种会为了适应新的生活条件而改变自己的生活习性，换言之，它可以同时具备

□ **濒危野生动物——猞猁**

猞猁，又称猞猁狲。猫科，体形远大于猫，身体粗壮，尾巴极短，耳尖耸立着一簇黑毛。栖息于多岩石的森林中，夜行性，以小型哺乳类为食。分布于中国各地，以及欧洲和美洲，为世界濒危野生动物。因其体态似猫，曾被怀疑是猫的祖先，但后来证明猫的祖先是古猫兽。

□ 鳄鱼

鳄鱼为鳄目动物的统称，目前全世界共有20多种。其性情大都凶猛暴戾，喜食鱼类和蛙类等小动物，甚至噬杀人畜。绝大多数鳄鱼分布于非洲、美洲和亚洲的热带地区的河川、湖泊、海岸中。鳄鱼是现存生物与史前恐龙时代的爬虫类动物相联结的最后纽带。

多种生活习性，且其中某些习性会大大异于它的最近种类的习性。因此，我们相信，各种生物都在努力使自己能够适应不同的生活环境，同时也能理解脚上有蹼的高地鹅、栖居地面的啄木鸟、潜水的鸫和具有海鸟习性的海燕是怎么回事了。

如果要将眼睛这种完善器官的形成，归功于自然选择的作用，我相信任何人都会有所犹豫。但是，不论何种器官，只要我们知道在其形成和发展的过程中，有着逐渐的、复杂的过渡级，且对其所有者都是有利的，那么，在生活条件不断变化的情况下，它们都可以通过自然选择的作用达到一种比较完善的程度，那么在逻辑上，这是有可能的。但是，在我们尚不清楚有中间状态或过渡状态存在的情况下，倘若要断言这些状态并不存在，则必须极为慎重。因为许多器官变态的存在使我们知道，机能上的奇异变化也是可能的，比如鱼的鳔器官，显然已经转变成呼吸空气的肺了。一种器官同时具有多种不同的机能，且有一部分或全部都变为专门的一种机能，以及两种器官同时具有同种机能，且其中的一种器官受到另一种器官的帮助而变得更为完善，这两种情况常常会促使变异的产生。

我们也发现，在自然界中，亲缘关系相距甚远的两种生物里，有时也会出现具有相同用途且外观十分相近的器官，它们都是各自独立形成的。可是经过仔细检查，我们常常发现，它们的构造在本质上是不同的。根据自然选择的原理，这一结果也是必然的。另一方面，生物的无限多样化的构造，往往是为了达到同一个目的，这是整个自然界的普遍规律，也是自然选择的作用所致。

因为知识的匮乏，我们甚至会提出这样的主张：由于某些部位或器官对物种没有多大的利益，因此当它的构造发生变异时，自然选择也不会对其进行累积。还有许多情况下，变异可能是变异法则或生长法则的直接结果，与因此而获得的任何利益无关。但是，就算是这些不太重要的构造，也会在将来新的生活条件下，为了物种的利益而常常被利用，并且还要进一步变异下去，我认为这一观点是可信的。我们还可以相信，曾经极为重要的部分，即使它现在变得不再重要了，也不再通过自然选择继续发生有利变异，但这些部位或器官还是会被一直保留下去（比如水生动物的尾巴仍然保留在它的陆生后代里）。

自然选择不会在一个物种里产生出对另一个物种完全有利或有害的任何东西，虽然它能够有效地产生出对于另一物种极其有用的不可缺少的东西，或者对于另一物种极其有害的器官和分泌物，但前提是对它们的所有者有用。在生物繁生的各种地方，自然选择往往通过生物的竞争而发生作用。最后也是依照这个地方的标准，在生活竞争中产生出成功者。因此，普遍的规律是，较小地方的生物常常屈服于较大地方的生物。因为在大的地方里，有比较多的个体和比较多样的类型存在，竞争相对比较激烈，所以完善化的标准也就比较高。依照我们有限的才能来判断，自然选择不一定能导致绝对的完善化，而绝对的完善化也不是随处可以断定的。

前面我们已经讨论过“自然界里没有飞跃”这句格言的充分意义。如果单从世界上的现存生物来看，这句格言并不是严格正确的；但如果我们结合过去的所有生物来看，无论已知或未知的生物，这句格言都是完全正确的。

一般认为，生物都是根据“统一”和“生存条件”这两大法则形成的。所谓的统一法则，是指在同纲生物中，不论其生活习性如何，其构造基本上是一致的。根据我所提出的学说，统一法则源于祖先的系谱的统一。曾被居维叶所坚持的生存条件的说法，完全可以归入自然选择的原理之内。自然选择的作用，使各种生物的变异部分能够适应于今天的有机和无机的生存条件，或者使它们在之前的世代里就能够适应这些生存条件。因此，在许多情况下，物种的构造都会受器官使用频率的影响，或受外界生活条件的直接作用的影响，而在所有情况下，都会受到一些生长法则和变异法则的支配。因此，“生存条件法则”应该算是一个比较高级的法则，因为通过以前的变异和遗传，它把统一法则包括在了其中。

关于物种寿命的异议

如果把一种两年生植物或者一种低等动物放到寒冷的地方去，它们一到冬季就会死去；可是由于生物可以通过自然选择来获得利益，因此，它们的种子或卵又会在来年重新生长。

最近有人在批判我的学说时指出，长寿对于所有物种都是极为有益的。那么，所有相信自然选择的人，都应该在他所制定的“系统树”上，找出所有后代都比其祖先更长寿的证据。我想，这位批评家可能不知道，如果把一种两年生植物或者一种低等动物放到寒冷的地方去，它们一到冬季就会死去；可是由于生物可以通过自然选择来获得利益，因此，它们的种子或卵又会在来年重新生长。最近，E.雷蒙德·兰克斯特先生曾就此问题进行过讨论。他作出的结论是：就一般情况而言，在这个问题的极端复杂性所许可的范围内，长寿与物种自身身体构造的等级标准有关，同时与在生殖和普通活动中的消耗量也有关。而这些条件可能大部分是由自然选择决定的。

在一场关于埃及的动植物的讨论中，一种观点认为，在过去的三四千年里，这里的动植物应该是没有发生过任何变化。由此推论，世界上任何一处地方的生物千百年来也许都不曾发生过变化。但是，正如刘易斯先生所说的，这种观点并不科学。就拿那些被刻在埃及纪念碑上或是被制成木乃伊的古代家养动物来说，虽与现存的家养动物极为相像，甚至相同，但所有博物学者经研究证明，这些家养动物是通过它们的原始类型的变异而产生的。自冰河时期以来，也许仍然存在着许多保持不变的动物，这算是比较特殊的例子了，因为它们曾经遭受过气候的巨大变化，也迁移到距离遥远的地方。而埃及恰好相反，因为在过去的数千年里，那里的生活条件是完全相同的。这对那些反对内在的和必然的发展法则的人们，是有一定助力的。但如果将之用来反对自然选择，即最适者生存学说的话，就效果甚微了，因为自然选择学说的主要思想就是：只有当有益的变异或个体差异发生的时候，它们才会被保存下来，但这只有在某种有利的环境条件下才能完成。

勃龙的几个异议

生物的所有部分并不是同时发生的。为了适应某种目的的最显著变异，往往经过了连续的变异过程，哪怕该变异只是轻微的，也是先在某一部分，然后在另一部分发生。

著名的古生物学者勃龙在把本书翻译成德文的时候，提出了这样一个问题："按照自然选择的原理，一个变种怎么可以和亲种共同生存呢？"对此，我要解释一下。如果两者都能够适应略有不同的生活习性或生活条件，那么就会有可能。但如果我们撇开多形物种（它的变异性似乎具有某些特殊性），以及暂时的变异，比如大小、皮肤变白症等不谈，只看其他那些较为稳定的变种，事实就和我阐释的一样，亲种和变种一般都是生息于不同地点的，要么分别生存在高地和低地，要么是干燥地区和潮湿地区。另外，那些喜欢四处游走以及自由交配的动物的变种，大都不会被局限在同一个地区。

勃龙还指出，从古到今，不同物种的形状差异，并非只在某一部位，而是在多个部位。因此他提出疑问："身体构造中的许多部位是如何因为变异和自然选择的原因而同时发生改变的呢？"我认为，生物的所有部分并不是同时发生的。为了适应某种目的的最显著变异，往往经过了连续的变异过程，哪怕该变异只是轻微的，也是先在某一部分，然后在另一部分发生。同时，因为这些变异都是连续不断地传递下去的，因此让人觉得好像是同时发生的。对以上问题最有说服力的，是有些家养族由于人类选择的力量，向着某种特殊目的而进行的变异。大家可以看看赛跑马和驾车马，或者长躯猎狗和獒，在人工选择的作用下，它们的整个身体，乃至心理特性，都已经发生了改变。但是，在研究其变化史的过程中，我们发现，其中的每一阶段，尤其是最近的几个阶段，都无法看到巨大且同时发生的变化。取而代之的是，变异首先发生在某一部分，随后进行的另一部分的轻微变异和改进一般是难以察觉的。当人类只对物种的某性状进行选择时（栽培植物在这方面可以提供最好的例子），我们就会看到，无论是花、果实还是叶子，当它的某一部分被大大地改变了，那么与此同时，该物种的几乎所有的其他部分也会发生相应的轻微改变。关于其中的原因，大概可以归为相关生长和自发变异相结合

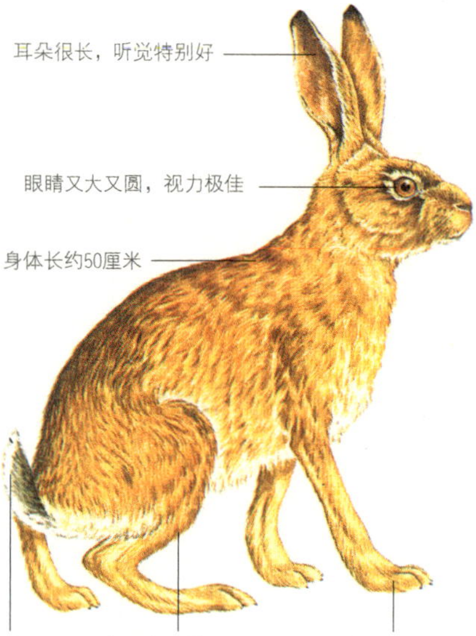

□ **长耳大野兔的器官结构**

北美的长耳大野兔跑得很快，最快可达80公里每小时以上，在炎热的沙漠里，其长耳极为重要，可以散掉多余的热量。

的原理。

近来，勃龙和布罗卡还提出了一个更为强烈的异议，他们认为，许多对于其所有者而言并无用处的性状，其存在不能受自然选择的影响。对此，勃龙还以不同的山兔和鼠的耳朵与尾巴的长度、动物牙齿上的珐琅质的复杂皱褶，以及许多类似的情况为例进行了论证。关于植物，奈格里曾写了一篇优秀的论文来对此进行讨论。他首先承认，自然选择具有很大的影响力，但他坚持认为，各科植物之间的差异仍以形态上的为主，而这些性状并不能决定物种的繁盛。因此，他相信生物有一种内在倾向，该倾向引领生物永远朝着进步且完善的方向发展。随之，他以细胞在组织中的排列以及叶子在茎轴上的排列为例，来解释自然选择没有发挥作用的原因。除此之外，还有花的各种部位的数目、胚珠的位置，以及种子的形状（尽管种子的形状在传播时没有起到任何的作用）等。

可以说，上述这一反对观点对我的学说颇具威胁。不过，我还是能从以下三点加以反驳。第一，在推断某一构造对物种是否有用时，我们应十分小心。第二，不要忘了，某一部分发生变化时，大都会引起其他部分也发生变化。其中的原因稍显复杂，比如，由于养料流动所引起的养料不均，造成各部分之间互相压迫，先发育的一部分也必然影响到后发育的一部分等。此外，引起许多相关作用的神秘事例的原因，我们尚不明确。这些作用，应该都可以包括在生长法则这一规律里。第三，我们必须考虑到改变了的生活条件所起到的直接作用，以及所谓的自发变异中的环境性质所起到的次要作用。芽的某些变异，例如在普通蔷薇上生长出苔蔷薇，或者在桃树上生长出油桃，都是自发变异的好例子。但在这些情况里，如果我们记得虫类的一小滴毒液在产生复杂的树瘿上的力量，我们就不应十分确信，上述变异不是由于环境改变而引起的。树液性质的局部变化的结果，对于每一个细微的个体差异，以及对于偶然发生的更显著的变异，必有其充分的原因。并且如果这种未知的原因连续地发生作用，那么这个物种的所有个体几乎都会发生相同的变异。

在本书的最初几版中，我曾低估了自发变异性的频度和重要性，但现在看来，它们对生物而言都是非常重要的。但并不意味着物种的构造之所以能如此好地适应于外界的生存条件，就应归功于自发变异。在人工选择原理未被了解之前，曾有一些老一辈的博物学者对赛跑马和长躯猎狗的较强的适应力惊叹不已，但我不相信我们可以用自发变异的原因来对此进行解释。

至于所有的物种都有一些部位和器官是无用的，这也毋庸置疑，因为即使在我们最熟知的高等动物里，仍然有许多这样的无用构造存在着。它们是如此发达，以至于没有人认为它们是不重要的，然而它们的用处至今还没有被确定下来，或者只在最近才被确定下来。既然勃龙以一些山兔和鼠类的耳朵和尾巴的长度为例，试图证明这些性状差异并无多大用处。那么根据薛布尔博士的观点，普通鼠的外耳具有很多以特殊方式分布的神经，以用作触觉器官，因此耳朵的长度也是有用的。另外，我们前文就讨论过，尾巴对于某些物种是一种非常有用的把握器官，因而它的用处必然要受长短影响。

关于植物的一些异议

一种通过长久且持续的选择而被发展起来的构造，一旦失去其有利的效用，便很容易发生变异，就像残迹器官那样，因为它们已经不再受同样的选择力量的支配了。

就植物而言，由于奈格里在他的论文中已经讨论过，因此，我在此仅作简单说明。众所周知，兰科植物的花存在着大量的奇异构造。几年前，这些构造被看作只是形态上的差异，而无任何特别的功能，但正如我们在前文中所阐述的那样，这些构造可以通过昆虫的作用来完成兰科植物的受精，所以它们也许就是通过自然选择而获得的。以前，我们也并不知道在二型性或三型性的植物里，雄蕊和雌蕊的不同长度以及它们的排列方法是否有用，但现在我们已经知道这的确是有用的。在某些植物的种群里，胚珠是直立的，而在其他种群里，胚珠则是倒挂的；甚至还有少数植物，在同一个子房中的两个胚珠，一个直立，一个倒挂。乍一看，这些不同的位置好像纯粹是一种形态，并无生理学的意义。但胡克博士指出，在同一个子房里，有时候只有上方的胚珠受精，有时候又只有下方的胚珠受精。他认为这是因为花粉管进入子房的方向不同而造成的。如此说来，胚珠的每一种姿态，大概都是有利于受精和产生种子的位置上的每一次轻微偏差的选择结果。

通常情况下，许多不同"目"的植物会产生两种花：一种是开放且具有普通构造的花，另一种是关闭且不完全的花。有时候，这两种花的构造也是完全不同的，可是在同一株植物上，我们发现这两种花是相互渐变而来的。第一种花可以通过有效途径完成异花受精，并确保从中获益。而第二种花则只需耗费极少的花粉，便可以稳定地产出大量的种子。前面说到，这两种花的构造差异很大。第二种花的花瓣几乎总是由残迹物构成的，其花粉的直径比前者要小得多。在一种柱芒柄花里，五本互生雄蕊是残迹的；在堇菜属的一些物种里，三本雄蕊也是残迹的，虽然其余的二本雄蕊保持着正常的功能，但已大大地缩小。而在一种印度堇菜的三十朵关闭的花中，有六朵花的萼片已经从正常数目五片退化为三片。根据德·朱西厄的观点，在金虎尾科的某一类中，关闭的花发生的变异更加明显：其五个和萼片对生的雄蕊全都退化了，只有和花瓣对生的第六个雄蕊依旧发达；在该种植物的开放花上，第六个雄蕊是不存在的；它的花柱发育也不完全，子房亦从三个退化为了两个。虽然自然选择有能力去阻止某些花的开放，使其闭合起来，从而达到减少过剩花粉数量的目的。然而，上述的变异却很难归结于此，应该是生长法则的结果。在花粉减少以及花瓣闭合的过程中，某些部位

☐ **植物细胞核结构**

细胞核是细胞内最大的细胞器。它由核膜、染色质、核仁和核液等几部分组成。细胞核是细胞的控制中心，在细胞的代谢、生长和分化中起着重要作用，是遗传物质的主要存在部位。

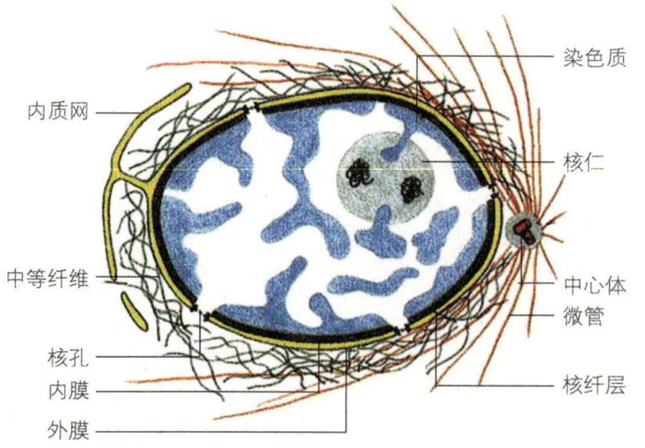

在功能上的不活动，亦可纳入生长法则之内。

生长法则的效果是如此明显和重要，因此我们必须对其十分重视。在此，我将再举一些例子来说明，同样的部分或器官由于处于同一植株的不同位置而有所差异。沙赫特曾经发现，西班牙栗树和某些冷杉的叶子，在横枝和直枝上着生的角度有所不同。在普通芸香和其他某些植物中，中央或顶端的花一般会先开放，其花朵由五个萼片、五个花瓣和五室子房组成。而其余外围的花都是四个。许多聚合花科、伞形花科及其他某些类型的植物，其外围的花比中央的花具有更加发达的花冠，这似乎与其生殖器官的发育不完全相关。更有趣的是，外围和中央的瘦果或种子常常在形状、颜色以及其他性状上有较大差异。而在红花属和另外一些其他聚合花科的植物里，只有中央的瘦果才具有冠毛；在猪菊苣属里，同一个头状花序上生有三种不同形状的瘦果。陶施也指出，在某些伞形花科的植物里，外围的种子都是直立生长的，而中央的种子则都是倒着生长的。对此，得康多尔认为，这种性状在其他物种里具有分类学上的重要性。另外，布劳恩教授列举出一个事实，即延胡索科中的某一个属的穗状花序的下部，能结出一个呈卵形且有棱的类似于小坚果的种子，其上部则一般能结出两个呈披针形且有两个蒴片的长角果种子。上述几种情况，除了为吸引昆虫注意的射出类花外，据我推断，自然选择在其中所起的作用不大。所有的这些变异，应该都是物种各部位的相对位置及其相互作用的结果。

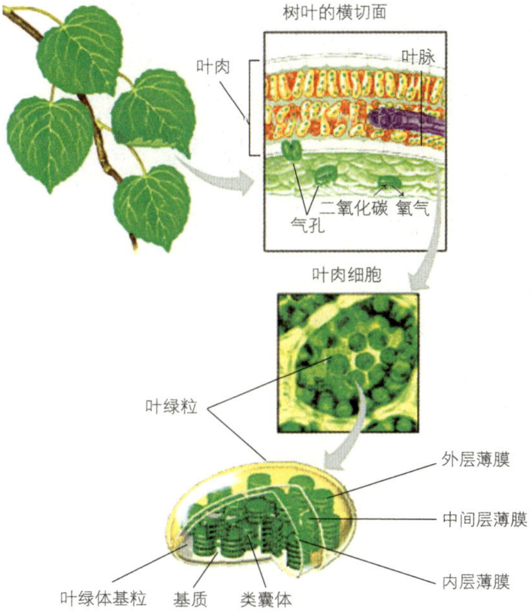

□ **植物内部的光合作用**

光合作用的关键参与者是内部的叶绿体。叶绿体在阳光的作用下，把经由气孔进入叶子内部的二氧化碳和由根部吸收的水转变成为葡萄糖，同时释放氧气。光合作用实际上是植物将光能转变成化学能的过程。

在其他的许多种情况中，我们发现被植物学者们认为是具有高度重要性的

□ 银杏

裸子植物是植物中较低级的一类。因其有颈卵器，故又属颈卵器植物，是能产生种子的种子植物。但它们的胚珠不受子房壁包被，不形成果皮，所以种子是裸露的，故称裸子植物。图为裸子植物银杏。

构造变异，一般只发生在同一植株的某些特定的花或同一环境中密接生长的不同植株上。由于这些变异对于植物似乎没有什么特别的用处，因此，它们不受自然选择的影响。我至今依然不能明确其中的原因，也不能像上一讲的最后一类例子那样，把它们归因于相对位置的任何近似作用。现在，我只能先举出几个事例来。比如，同一株植物上的花常常以四朵或五朵的数目出现，这是再平常不过的了。但是，却有这样一种情况存在，即某部分的数目很少，所以其变异也要少一些。得康多尔就曾说过，大红罂粟花一般是两个萼片和四个花瓣，但也有少数的三个萼片和六个花瓣的花存在。从形态学的角度看，在大多数的植物中，花瓣位于花蕾中，而且用的是折叠方式，这都是一种极其稳定的性状。但阿萨·格雷教授却发现，在沟酸浆属的某些物种中，虽然其花也是采用的折叠方式，但几乎都是既像客西爵床族，又像金鱼草族属。圣提雷尔也曾举出一个事实，即芸香科的植物都具有单一的子房，而该科中的一个类花椒属的几个物种的花，却在同一植株或同一个圆锥花序上，有产生两个子房的倾向。在半日花属的蒴果中，有一室的，也有三室的，而变形半日花则“有一个稍微宽广的薄隔，隔在果皮和胎座[1]之间”。据马斯特斯博士观察，肥皂草的花中就具有缘边胎座和游离的中央胎座的例子。圣提雷尔还曾在一个分布着油连木的区域的南端附近，发现了两种类型。起初，他肯定地认为这是两个不同的物种，但后来却发现它们生长在同一种灌木之上。于是，他补充了自己的观点：“同一个体的子房和花柱，有时生在直立的茎轴上，有时生在雌蕊的基部。”

从上述可知，许多植物的形态变化是由于生长法则和各部分的相互作用，这

[1] 胎座：即胚珠着生的心皮壁部位所形成的肉质突起。通常位于心皮的腹缝线上，其种类决定于心皮数目与联合状况。

些都与自然选择无关。但是奈格里却坚持己见，认为生物有朝向进步或完善发展的内在倾向。他的这一学说，是否意味着，在这些显著变异的情况下，植物一定就会朝着高度的发达状态发展呢？而事实恰好相反，我只需根据我在上述所说的各部分在同一植株上的差异或产生巨大变异的事实，就可以得出这样一个结论：不管这些变异在分类学上有多么重要，对于植物本身而言，它都是根本不重要的。如果植物仅仅只是获得了一个没有用处的部分，那么，不能说这种植物在自然界中的地位就真的提高了。至于前面曾描述过的那种发育不完全且关闭的花，我想用来解释它的，不是进化原理而是退化原理。许多寄生动物和正在衰微的动物就是这样的。对于导致上述特殊变异的原因，我们一无所知。但是，如果这种未知的原因几乎一致地长时间地产生作用，那么，我们就可以断定，其结果几乎也会是一致的。在此情况下，物种的所有个体会以同样的方式发生变异。

上述所说的各性状对于物种都是没有什么利益的，因此它们所发生的任何轻微变异都不会被自然选择累积，也不会增大。一种通过长久且持续的选择而被发展起来的构造，一旦失去其有利的效用，便很容易发生变异，就像残迹器官那样，因为它们已经不再受同样的选择力量的支配了。但由于生物的本性和外界条件的性质，这类变异又常常把其性状传递给在其他方面已经变异了的后代。对于哺乳类、鸟类

□ 苔藓的生殖

苔藓植物的雌、雄生殖器官都是由多细胞组成的。苔藓植物受精必须借助于水。精子与卵子结合后形成合子，再分裂形成胚。胚在颈卵器内发育成为孢子体。孢子在适宜的生活环境中萌发成丝状体，形如丝状绿藻类，称为原丝体。原丝体生长一个时期后，再生成配子体。

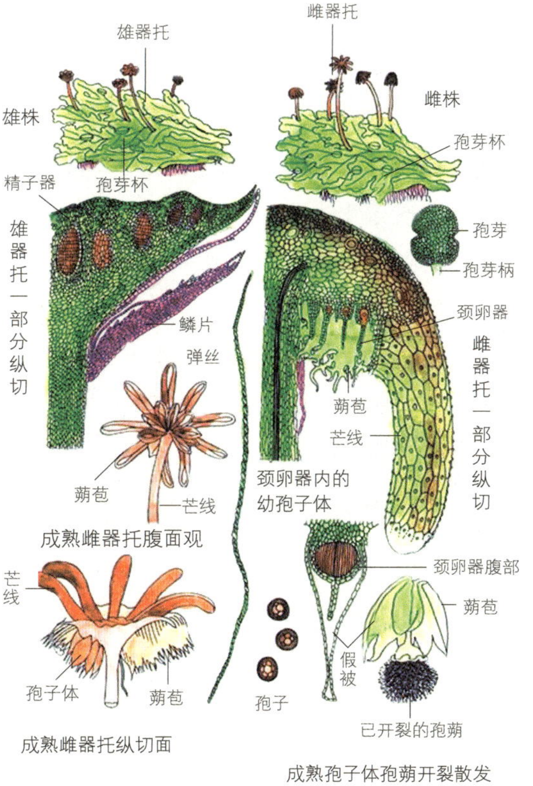

成熟雌器托腹面观

成熟雌器托纵切面

成熟孢子体孢蒴开裂散发孢子和弹丝

□ 玉兰

被子植物又称显花植物，是种子植物的一种，最早出现在白垩纪早期。通过风的传媒作用受精，又经过昆虫等其他动物的传导，得以广泛散布。目前已知的被子植物共一万多属，20多万种。和裸子植物比较起来，被子植物有真正的花。图为被子植物玉兰。

或爬行类而言，是否一定长有毛、羽或鳞，并不重要。然而几乎所有的哺乳类都将毛传递给了其后代，几乎所有的鸟类都将羽传递给了其后代，几乎所有的真正的爬行类都将鳞传递给了其后代。任何一种构造，只要它是许多近似类型所共有的，人们通常就会认为它具有高度的重要性，而事实并非如此，这些性状几乎都是不重要的。因此，我更倾向于相信，我们所认为的重要形态上的差异（比如叶的排列、花和子房的区分、胚珠的位置等），最初都是以不稳定的变异形式出现的。到了后来，随着生物本性和周围环境的变化，以及不同个体的杂交等原因，这些性状才逐渐趋于稳定。但促使其稳定的原因并不是自然选择，因为这些性状并不影响物种的利益，所以它们的任何轻微偏差都不受自然选择作用的支配或累积。如此一来，我得出了一个奇怪的结论，即那些不影响物种本身生存的性状，在分类学上却是极其重要的。等到我们讨论到分类的系统原理时，就会理解。

虽然我们没有更好的证据来证明生物体内存在着朝向进步和完善发展的内在倾向，然而如我在前书中讨论过的，通过自然选择的连续作用，生物体内必然会产生出向前发展的倾向。关于生物的高等标准，最恰当的定义是器官专一化或分化所达到的程度：自然选择有完成这个目的的倾向，因为器官越专一化或分化，其功能会越强大。

关于反对我的各种异议

自然选择保存并由此分出所有优良的个体，任它们自由杂交，并把所有劣等的个体毁灭掉。根据这种过程长久继续下去，即完全相当于我所说的人类无意识选择，无疑会以极重要的方式与器官增强使用的遗传效果结合在一起。

最近，著名的动物学家米伐特先生将我与别人就华莱斯先生和我所主张的自然选择学说所提出来的异议搜集起来，进行了巧妙有力的解说。经他搜集和排列的这些异议变得颇具威胁性。但是，读者面对米伐特先生的论断和论据，应持谨慎客观的态度，因为对于另外一些与他的结论相符的事实，他并未提及。而当讨论到一些特殊情况时，比如身体各部分的使用与否的效果，他也都避而不谈，但对于我却是极度重要的，而且我自信我在《家养状况下的变异》一书中比其他任何一个博物学者都更加详细地讨论了这个问题。同时，米伐特先生指出，我没有估计到与自然选择无关的变异。相反，在刚才提及的这部著作里，我所搜集的确切例子，超过了我所知道的任何其他著作。虽然我的判断并不一定完全准确，但是仔细读过了米伐特先生的书，并与我的著作逐段比较后，我强烈相信我书中的诸结论具有普遍的真实性。当然，一些细微的错误是在所难免的。

我在本书中将对米伐特先生的所有异议进行讨论，而有的异议可能在前面就讨论过了。他提出了一个新的论点：自然选择不能说明有用构造的初期各阶段。他提出的这一问题和常常伴随着功能变化的各性状的级进变化密切相关，如鳔转变为肺等功能变化。在此，我还是想从他所列举出的几个最具代表性的例子加以讨论。

长颈鹿因其身材极高，颈部、前腿和舌都很长，所以非常适合啃吃树木的较高枝条，同时能在同一个地方获取到其他有蹄动物所获得的食物，这为它带来了极大的利益，特别是在饥荒时。南美洲的尼亚牛就是最好的证明。这种牛和其他牛一样，都以在草地上吃草为生。但是由于它的下颌比其他的牛更为突出，因此，在干旱季节里，它无法像普通的牛和马那样，转而去吃树枝和芦苇等。如果这一时期没有主人的喂饲，它们就会死亡。在讨论米伐特先生的异议之前，我有必要再一次说明自然选择是如何在所有普通情况里发生作用的。人类已经使某些

□ 长颈鹿

达尔文认为，绝大多数变异是由环境引起的，是非遗传性的。长颈鹿是世界上脖子最长的动物，然而它们祖先的颈和腿原本并不长，是在后来的取食过程中才慢慢形成了长脖子。

动物发生了改变，但人类并没有注意到构造上的特殊之处，比如在赛跑马和长躯猎狗中，选择最快速的个体加以保存和繁育；如在斗鸡中，只选斗胜的鸡来加以繁育。如前面所说，在自然状态下，长颈鹿就是最典型的例子。同种的各个个体，其身体各部分的比例长度总是稍许不同的，许多博物学者都曾列出了详细的数据。这些细微的差异，是由于生长法则和变异法则所造成的。对于许多物种而言，这些差异也许作用不大，或者不重要。但是对于刚出生的长颈鹿而言，如果考虑到它们有可能面临的环境，情况就会有所不同。因为只要其身体的某一部分或几个部分比普通个体长一点，那么一般情况下，它的生存概率就会更高一些。而当这些有着细微身体差异的个体进行杂交之后，所留下的后代便会遗传有相同的身体特性，或者具有倾向于按照同样方式再进行变异的特性。相反，那些不具备长得更高一点的遗传特性的个体，就容易走向灭亡。

由此可知，自然界无须像人类有计划地改良品种那样，把个体分成一对一对的。自然选择保存并由此分出所有优良的个体，任它们自由杂交，并把所有劣等的个体毁灭掉。根据这种过程长久继续下去，即完全相当于我所说的人类无意识选择，无疑会以极重要的方式与器官增强使用的遗传效果结合在一起。因此，在我看来，一种寻常的有蹄兽类完全有可能转变为长颈鹿。

针对我的上述结论，米伐特先生又提出了两点异议：

第一，他认为，随着物种身体的增大，其所需的食物量也会增多。由此，他提出："如此一来，即便长颈鹿在食物缺乏时获得了相对多的利益，也因为食物的增加而抵消了。"但事实上，南部非洲的确存在着大量的长颈鹿，以及一种比牛还高的世界上最大的羚羊，因此，仅就身体的大小而言，我们不用怀疑那些像今天一样遭遇到严重饥荒的中间级进曾经存在过。如果在身体增大的各个阶段，都能获得当地其他有蹄兽类因触碰不到而被留下来的食物，那么对于刚出生的长颈鹿而言，这个利益是不容忽视的。同时，我们还应该注意到另一个事实，即其身体的增大可以防御除狮子以外的几乎所有的肉食动物了。正如昌西·赖特先生所说的那样，当靠近狮子时，它的颈一定要越长越好，因为这样子就能更好地瞭望到敌人的进犯。正因为此，贝克尔爵士总结出，偷袭长颈鹿比偷袭任何一种动物都难。当长颈鹿猛烈地摇动它那生有断桩形角的头部时，它的长颈就可以作为一种既可以攻击又可以防御的工具。可以说，任何一种被保存下来的物种很少只具有一种有利条件，它们之所以能存活下来，必然是联合了所有大小不一的有利条件。

第二，米伐特先生指出，如果自然选择的力量真有如此强大，如果其高大的特性真能带来如此巨大的利益，那么除了长颈鹿以及颈项稍短的骆驼、原驼和长头驼以外，其他的有蹄兽类为什么就没有长颈或高大的身体呢？或者说，为什么这一群的任何成员都没有获得长吻（口器）呢？我认为，就南部非洲而言，是因为这里曾经生息着大量的长颈鹿。同时，我还可以用一个事实来说明：在英格兰的任何一片长有树木的草地上，我们必然会看到一些低枝条因为被马或牛啃吃，而被剪断成同等的高度。再比如说，草地上的绵羊，如果获得稍微长些的颈项，对它们来说是有利还是有弊呢？在每一个地区内，几乎都有一些种类的动物能比别的动物吃到较高位置的树叶，我因此而肯定，只有这些种类能够通过自然选择和增强使用的效果，使得它的颈部变得越来越长。在南部非洲，为了争夺金合欢以及其他树木的叶子所进行的生存斗争，一定是在长颈鹿之间进行，而不是在长颈鹿和其他有蹄动物之间。

至于世界各地属于此“目”的一些动物为何没有得到如此长的颈或吻的问题，我们尚不那么明确。但是，我们对此问题的探求，是非常合理的，就如同我们都知道，为何人类历史上的某些事情不发生在这个国家而发生在那个国家呢？关于物种数量和分布范围的决定因素和有利条件，我们都一无所知。然而，导致长颈或长吻发展的各种原因，我们也能大体看出来，比如要吃到高处的树叶（在不采用攀登的手段下，有蹄动物的构造决定了它们根本无法攀登树木），就意味着动物的身体必须增高增大。我们发现，尽管南美洲草木繁茂，却几乎没有什么大型四足类动物存在，而在南部非洲，大型四足类动物却星罗棋布。是什么原因导致了这种情况出现呢？我们不知道。为什么第三纪末期比现在更适合于它们生存呢？我们也不知道。但无论如何，我们都能够看出一点，即在某些地方和时期，会有利于像长颈鹿这样的大型四足类动物的发展。

一种动物为了在某种构造上获得特别巨大的利益，其身体的其他部分几乎都要通过发生变异来达到相互适应的目的。尽管如此，它的必要的部分并不一定都向着适当的方面和按照适当的程度发生变异。家养动物的不同物种，其身体的各部分是按照不同方式和不同程度发生变异的，而某些物种比别的物种更容易发生变异，即使适宜的变异已经发生，自然选择也不一定能对这些变异发生作用，从而产生一种对于物种有显著利益的构造。比如，物种在某地的生存数量，如果主要取决于食肉兽的侵害，或者内外部的寄生虫等的侵害（这些情况似乎是最常见的），那么，在使任何特别构造发生变化以便取得食物方面，自然选择就会大受阻碍，所起的作用就会很小。最后，由于自然选择是一种缓慢的过程，所以，若要产生任何显著的效果，同样有利的条件就必须长期持续。总之，除了提出以上这些普遍的和含糊的理由以外，我们对于有蹄类动物在世界上的许多地方无法获得如长颈鹿这样长的颈项和高大的身材这一问题实在无法解释。

也曾有许多博物学者提出过与上述异议性质相同的观点，比如有一位博物学者曾问道，为什么鸵鸟没有飞翔的能力呢？事实上，这个问题的答案是显而易见的，如果要让这种生活在沙漠中的鸟儿具有飞行的能力，它们那巨大的身体得需要多么大的力量，进而还得需要多少的食物呢？在一个海岛上生存着大量的蝙蝠和海豹，却没有陆生的哺乳类动物，而且这些蝙蝠都是特别的物种，它们已经在这岛上生存了很久。于是莱尔爵士提出，为什么这里没有产生出适宜生存在陆地的肉食动物呢？他还举出一些理由来答复这个问题。我认为，要达到他所说的这个地步，海豹得先转变为大型陆生食肉动物，而蝙蝠则转变成陆生食虫动物。因为对于海豹而言，岛上已无它食用的动物；而对于蝙蝠来说，虽然可以把地上的昆虫当作食物，但它们大都会被来自

□ 变色龙

变色龙皮肤中具有细胞，当碰到外部环境变化或者受到干扰的时候，它的皮下细胞就会通过一种伸缩过程，使皮肤发生相应的变化来适应外部环境的颜色。

其他岛上的爬行类动物和鸟类吃掉。倘若要令构造上的任何一个变化，在每一阶段对于每一个变化着的物种都有利，那么也只有在某种特别的条件下才会发生。一种完全的陆生动物，由于常常在浅水中猎取食物，进而变得经常在溪或湖里猎取食物，最后就有可能会变成一种彻底的水生动物，甚至能在大洋中生存。但海洋岛上没有有利于海豹逐步变为陆生类型的条件。至于蝙蝠，我们早已讨论过，为了逃避敌害或避免跌落，它们最初大概像所谓飞鼠那样，在空中由这棵树滑翔到那棵树，从而获得了翅膀。在它们具备了强大的飞翔能力之后，绝不可能为了上述的目的，再变回曾经相对低级的空中滑翔能力。诚然，蝙蝠像许多鸟类一样，由于不使用翅膀而致其退化缩小，或者完全失去。但在此之前，它们必须先获得单凭后腿的帮助就能在地上飞跑的本领，以便能够与鸟类及其他陆生动物相竞争，不过蝙蝠似乎非常不适应这种变化。所有这些假设，无非是要说明，生物在每一阶段里，其构造的有利变异都是极其复杂的。并且在任何特殊的情况下，不发生过渡的都是不足为奇的。

最后，不止一个人问，既然智力的发展对所有动物都有利，为什么有些动物的智力相对更发达呢？为什么猿类没有获得人类的智力呢？对此似乎能说出各种各样的原因来，但都是推想的，并不能衡量它们的相对可能性，所以无须阐释。

有人可能注意到，昆虫常常为了保护自己而模仿成其他的物体，比如绿叶、枯叶、枯枝、地衣、花、棘刺、鸟粪以及其他种类的昆虫（关于这最后一种情况，我将留到以后详细讲解）。这种模仿往往能以假乱真，且不限于颜色和形状，连模仿对象的姿态都不放过。有一种在灌木上取食的尺蠖，喜欢把身子翘起，一动也不动，极像一条枯枝，这是模仿类昆虫的最好事例。相比之下，模仿鸟粪一类物体的情况极少。关于模仿类昆虫的问题，米伐特先生曾说："按照达尔文的学说，有一种稳定的倾向趋于不定变异，而且因为微小的初期变异是朝向所有方面的，所以这些微小变异会彼此中和，进而形成一种极不稳定的变异。要不是因为这样的原因，这种无限微小发端的不定变异，怎么能够被自然选择所掌握而且存续下来，最终形成类似于一片叶子、一个竹枝或其他物种的充分类似性呢？"但在上述的所有情况下，昆虫的原有性状与它经常接触的一种普通物体之间无疑具有一些类似性。大家只要想想，昆虫周围物体的数量何其庞大，且昆虫的形状和颜色也是各式各样的，就能明白这完全是可能的事。某些类似性对于最初的发端是必要的，这样，我们就能够理解，为什么较大的和较高等的动物（据我所知，有

□ **竹节虫**

竹节虫是动物界最著名的伪装大师，当它栖息在树枝或竹枝上时，可完美地与一枝枯枝或枯竹混为一体，难辨真假。竹节虫的这种以假乱真的本领，在生物学上称为拟态。

一种鱼是例外）不会为了保护自己而与一种特殊的物体相类似，而只与周围的表面相类似，且主要的类似点是颜色。假设有这样一种昆虫，它本来就和枯枝、枯叶有着一定程度的类似，同时它在许多方面都有着轻微的变异。那么，使昆虫更像这些物体的所有变异就被保存下来了，因为它们有利于昆虫逃避敌害。与此同时，其他那些变异就被忽略并最终消失。我们还可以这样假设，如果这些变异使得昆虫根本不像被模仿物，那么，它们应该早就彻底灭绝了。如果我们不根据自然选择而只根据极不稳定的变异来阐释上述类似性的话，米伐特先生的异议无疑极具说服力。但事实并非如此。

华莱斯先生曾将竹节虫描述为“一枝满生苔藓的竹棍”。这一形容让大亚克人误认为这种“竹棍”上的叶状突就是真正的苔藓。米伐特先生认为，要理解这种“拟态的最完全且最高级的技巧”是非常困难的，但我却并不这么认为。

鸟类以昆虫为食，所以其视觉比人类的还要敏锐，因此，对于昆虫来说，那些能够帮助它们不被鸟类注意或发觉的各种类似性就会被保存下来并遗传给其后代。这种类似性越完全，对这种昆虫的利益就越大。想一想竹节虫所属的这一群里的物种之间的差异性质，我们就能理解为什么这种昆虫的身体表面有如此多的突起，而且多多少少呈绿色。因为在各种群里，物种之间的不同性状是最容易产生变异的，而其属的性状，即所有物种所共有的性状最为稳定。

格林兰岛海域的鲸鱼是世界上最奇特的动物之一，犹以鲸须、鲸骨的构造最为奇妙。鲸须生长在鲸鱼的上颌两侧，各有一行，每行约有300片，以嘴为对称轴，紧密地上下横排着，在主排之内还有一些副排。所有须片的末端和内缘都被磨成刚毛，刚毛遮盖了整个颚，用以滤水，鲸鱼便通过鲸须获得食物。在格林兰鲸鱼的所有须片中，中间的须片最长，可以达到10英尺、12英尺甚至15英尺。但在不同的鲸类物种中，须片的长度也被分为几个等级。斯科斯比曾说，在某个物种里，它只有4英尺长，而在另两个物种里却分别长3英尺和18英寸，最奇特的是在长吻鰛鲸的身上，这个须片仅长9英寸左右。相同地，鲸骨的性质也随物种的不同而有所差异。

关于鲸须，米伐特先生疑惑道："只有当它达到任何有用程度的大小并发展之后，自然选择才会对其进行保存和增大。但是在最初，它又是怎样获得这种有用的发展的呢？"对此，我想说，这些具有鲸须的鲸鱼的早期祖先，它们的嘴难道不可以像鸭的嘴那样呈栉状片吗？要知道，鸭和鲸鱼一样，也都是依靠嘴巴来过滤泥和水，从而获取食物，因此这一科有时又被称为滤水类。当然，我不是说鲸鱼祖先的嘴巴确似鸭的嘴巴构造，我只是想表明，这种假设并不是不可能，格林兰鲸鱼的巨大鲸须板也许在最初就是从这种栉状片级逐渐发展而来的。毋庸置疑的是，在进化的过程中，每一级进都对其本身有用。

琵琶嘴鸭的喙在构造上比鲸鱼更巧妙和复杂。我经过检查发现，其上颌两侧各有188枚极具弹性的薄栉片一行，这些栉片以喙为对称轴，横向生长，斜列成尖角形。它们都是从腭上长出来的，并通过一种具有韧性的膜附着在腭的两侧，以位于中央附近的为最长，约有0.33英寸，突出边缘下方达0.14英寸，在它们的基部有斜横排的栉片构成短的副列。这几点都和鲸鱼口内的鲸须板相类似。但在嘴的前端构造上，二者的差异就突显出来了，鸭嘴的栉片是向内倾斜而不是向下垂直的。琵琶嘴鸭的整个头部，虽然远不能和鲸相比，但和须片仅9英寸长的中等大的长吻鰛鲸比较起来，约为其头长的1/18。所以，如果把琵琶嘴鸭的头放大到这种鲸鱼的头那么长，则它们的栉片就应当有6英寸长，即相当于这种鲸须的2/3长。琵琶嘴鸭的下颌上也长栉片，其长度和上颌的相等，只是相对要细小些。这种构造使它明显不同于不生鲸须的鲸鱼下颌。另一方面，它的下颌的栉片顶端具有被磨成针尖形的刚毛，这和鲸须又极为类似。补充一点，锯齿海燕属是海燕科中的一个属，这种鸟的嘴和鲸鱼的嘴有一个类似点，即它只在上颌生有很发达的栉片。

琵琶嘴鸭的喙是一种高度发达的构造（我是从沙尔文先生送给我的标本和报告中得知的）。仅就适于滤水这一点而言，我们可以从湍鸭的喙、某些鸳鸯的喙，一直追踪到普通家鸭的喙，在追踪比较的过程中，我们会发现这些喙之间并没有多大的断层。家鸭喙内的栉片比琵琶嘴鸭喙内的栉片粗糙得多，且牢固地附在腭的两侧，每侧上大约只有50枚，没有延伸到嘴的下方；其顶端呈方形，且镶着透明而坚硬的结构组织，似乎是用来碾碎食物；下颌边缘上横向生长着大量细小且略

□ 独角鲸

独角鲸是群居动物，主要生活在大西洋的北端和北冰洋海域。它的繁殖率很低，一般三年才产一仔，且要孕育15个月。在胚胎中的独角鲸原本有16枚牙齿，但都不发达，到它们出生时，多数牙齿都退化消失了，仅上颌的两枚保留下来。而雌鲸的两枚牙齿始终隐于上颌之中，只有雄鲸上颌左侧的一枚会破唇而出，形成一根长角。这个长角也成了独角鲸最显著的特征。

微突出的凸起线。虽然家鸭的这种滤水构造比琵琶嘴鸭的要差很多，却常常使用它。沙尔文先生还告诉我，有一些物种的栉片还没有家鸭的栉片发达，但不知道它们是否具有滤水的作用。

接下来让我们再来说一下同科的埃及鹅。埃及鹅的喙与家鸭的喙极为类似，但其栉片比家鸭的要少得多，而且泾渭分明，同时其向内突出的特征也不如家鸭明显。不过巴利特先生告诉我，这种鹅和家鸭一样，也是用嘴把水从喙角排出来。但是，它主要是以草为食，而非水生物，同时它们也像家鹅一样，是用嘴咬着吃草的。在此，有必要说一说家鹅。家鹅上颌的栉片比家鸭的要粗糙得多，它们几乎混生在一起，每侧约有27枚，末端形成齿状的结节，就连腭部也布满了坚硬的圆形结节。在其下颌边缘，是锯齿状的牙齿，比鸭喙的更突出、粗糙和锐利。家鹅不用喙滤水，其喙专门用来撕裂或切断草类。在切割草根的本事上，没有任何动物比得上它。巴利特先生还指出，某些鹅类的栉片不如家鹅的发达。由此可见，在鸭科内，生有像家鹅喙那样的构造，而且仅用来咬草，或者甚至生有栉片较不发达的喙，由于细微的变异，变成了像埃及鹅那样的物种，再由此演变成像家鸭那样的物种，最后再演变成像琵琶嘴鸭那样的物种，同时都拥有着一个差不多完全适于滤水的喙。正因为如此，这种鸟除去使用喙部的带钩先端外，几乎不能再使用喙的任何其他部分以捉取坚硬的食物和撕裂它们。另外，鹅的喙也可以由微小的变异变成为生有突出的、向后弯曲的牙齿的喙，就像同科的秋沙鸭那样，用来捕捉活鱼。

让我们再次回到鲸鱼身上。无须鲸并未长有有效状态的真牙齿，但是，拉塞丕特在它的腭上发现了散乱的、小型的、不等的角质粒点。据此，我们可以假设在某些原始类鲸鱼的腭上也长有相似的、排列更为整齐的角质粒点，其作用和家鹅喙上的那些结节一样，能够帮助它捕获并撕裂食物。在我看来，这是有可能的。如此一来，那就几乎能肯定，这些粒点可以通过变异和自然选择，演变成像埃及鹅那样的十分发达的栉片，用以滤水和捉取食物。然后又演变成像家鸭那样的栉片，并导致最终出现如同琵琶嘴鸭那样的专门用来滤水的栉片。从如此小的栉片长到长吻鲲鲸须片的2/3的这一过程，是极其漫长的，而在现存鲸鱼的须片中，只有格林兰鲸鱼的巨大须片是通过此过程发展而来的。在鲸鱼嘴漫长的变异过程中，其每一个步骤都与鸭科的现存成员的喙部变异不同。但是，不可怀疑的是，每一个步骤都对该时期的鲸鱼是有用的。因为每一个鸭科物种都处在激烈的生存斗争中，它们身体的每一个构造都必须做到对其生活条件的巧妙适应。

众所周知，比目鱼科物种的最大特点是身体不对称。它们将身体卧在一侧，以左卧居多，少数右卧，与此相反的成鱼也经常出现。比目鱼卧着的那一侧，乍一看和普通鱼类的腹部非常类似，都是呈白色，但是在许多方面，卧着的那一侧不如另一侧发达，同时其侧鳍也比较小。比目鱼的眼睛非常突出，都生在头部上侧。在幼年时，它们的眼睛是完全正常地分别生在两侧的，且整个身体也很对称，两侧的颜色也是相同的。可是一旦它们开始侧卧，其下侧的眼睛就会沿着头部慢慢移动到上侧（这种移动并非是像我们想象的那样直接穿过头骨）。显然，一旦比目鱼的身体以习惯的姿势卧在一侧时，其下侧的眼睛就逐渐变得无用了，还有就是容易被水里的沙石磨损。比目鱼科的扁平且不对称的构造，对它们的生活习性有着极为微妙的适应，这种情况在另外一些物种里，比如鳎、鲽中也是极为常见的。它所带来的最大好处是能躲避敌害，同时能更容易地在海底捕捉猎物。对此，希阿特说："该科中的不同成员，可以列为一个长系列的类型，以表示它们的逐渐过渡——从孵化后在形状上没有多大改变的庸鲽起，一直到完全卧倒在一侧的鳎鱼为止。"

米伐特先生对比目鱼眼睛的变化产生过异议，他认为，在眼睛的位置上出现突然的、自发的转变是令人难以置信的。对此，我也十分赞同。但是，他接下来的这番异议却在1867年被马尔姆先生用事实反驳了，他的异议是："如果这种变异过程是缓慢渐进的，那么在其一只眼睛移向头的另一侧的过程中的变异是如何使比目鱼本身受益的呢？对此我实在是无法理解，我认为这种转变在初期与其说是有利，还不如说是有害。" 但马尔姆先生观察到的是，比目鱼科的幼鱼在对称的时候，其两只眼睛分别生在头的两侧，但因为身体过高，侧鳍过小，又没

□ 比目鱼

比目鱼又叫鲽鱼，主要生活在浅海的沙质海底，以小鱼虾为主食。比目鱼的身体特征为：双眼同在身体朝上的一侧，身体的朝下一侧为白色；身体表面有极细密的鳞片，且只有一条背鳍，这条背鳍几乎从头部一直延伸到尾鳍。

有鳔，所以不能长久保持直立的姿势。很快它疲倦了，便向一边侧倒在水底。当它卧倒时，它那只位于下方的眼睛总是会转到上方来，总是要看着上面。其眼睛转动得如此有力，以致眼球总是紧紧地抵在眼眶的上边，结果就造成了两眼之间的额部宽度会暂时缩小。马尔姆先生说，他曾看见一条幼鱼抬起下面的眼睛，使两个眼睛之间的角度成了一个大约70° 的锐角。

事实上，在这种动物幼年时，它们的骨头具有软骨性和可弯曲性，因此能够很轻易地顺从肌肉的牵引。另外一方面，早期的高等动物在度过了自己的幼年以后，如果它们的皮肤或肌肉因病变或其他的某种意外而长期收缩的话，那么，它们头骨的形状也会随之发生改变。比如，当长耳兔的一只耳朵向前和向下垂着，那么，它耳朵的重量就能牵动垂下的那一边的所有头骨向前移动，我还曾画过类似的一张图。马尔姆先生发现，鲈鱼、大马哈鱼以及其他几种对称鱼的幼鱼，也有将身体的一侧卧在水底的习性。这些幼鱼卧着的时候，常常会将位于下方的眼睛向上牵动，因此，它们的头骨会变得有些歪；但过不了多久，它们就能保持直立的姿势。因此，那种出现在比目鱼科身上的效果是永远不会出现在对称鱼身上的。与对称鱼不同，比目鱼科会由于身体的日益扁平而变得越来越大，并最终使得它们卧在一侧的习性更为加深。因此，那些对头部形状和眼睛位置所产生的效果也将变成永久性的。由此，我们可以推断：在遗传的作用下，这种骨骼歪曲的倾向无疑会被加强。但是，希阿特却持相反的观点，他认为比目鱼科的鱼尚在胚胎中时就已经不十分对称了。如果真是这样的话，我们就能理解，为什么有些鱼类在幼年时就习惯卧在左侧，而还有一些习惯卧在右侧。马尔姆先生在证实此观点时曾说，当不属于比目鱼科的北粗鳍鱼的成年个体位于水底时，也是向左侧卧着的，而且其游泳的方式是斜的。据说，这种鱼头部的两侧并不是相同的。著名的鱼类学权威京特博士评价马尔姆先生的论文道：“作者对比目鱼科的异常状态作了一个很简单的解释。”

前面有说过，米伐特先生认为，在比目鱼的眼睛从一侧移向另一侧的最初阶段，对其本身是有害的。但我们可以把这种转移归因于比目鱼侧卧在水底时两眼努力朝上看的习性，而这种习性对于个体和物种无疑都是有利的。还有另外几种比目鱼的嘴是向下弯曲的，没有眼睛的那一侧的头部腭骨比另一侧的腭骨更加强而有力（特拉奎尔博士推测，那是因为它能轻松地从水底取食），因此我们可以将其归因于遗传的原因。另一方面，鱼的整个下半身（包括侧鳍在内）并不发达，这种情况可以用不经常使用来解释。不过耶雷尔先生认为，这些鳍的缩小对于比目鱼是有利的，因为“比起上面的大型鳍，下面的鳍只有极小的空间来活动”。星鲽的上颌长有4～7颗牙齿，下颌长有25～30颗牙齿，这种上、下颌牙齿数目相差甚远的情况同样也可以用不经常使用来解释。同时，由于大多数鱼类以及其他一些动物的腹部都是没有颜色的，因此，我们也可以推断出，比目鱼科物种的下侧之所以没有颜色，是因为没有光线照射。但是我们却不能说，鳎鱼上侧身体的很像泥沙质海底的特殊斑点，以及如普谢（法国生物家）最近指出的那样，某些物种会随着周围表面而改变颜色，还有欧洲大菱鲆的上侧身体所具有的骨质结节，都是由于光线的作用。在这里，自然选择应该也会发生作用，比如使这些鱼类的身体在形状以及其他特性上都能更好地适应它们的生活习性。我们必须牢记，正如我之前所主张的那样，器官增强使用与否的遗传效果会因自然选择的作用而加深，因为所有朝着正确方向产生的自发变异都会被保存下来。这和由于任何部分的增强使用和有利使用所获得的最大遗传效果的那些个体能够被保存下来是一样的。至于在各种特殊的情况下，增强使用的效果和自然选择的作用各占多少比例，我们就难以判断了。

在此，我要再举一例来证明，构造的形成完全来源于使用或习性的影响。某些美洲猴的尾部可以用来抓握东西，而且这一器官已经变得极为完善，甚至被当成它们的第五只手来使用。一位米伐特先生的附和者曾就此发表评论说：“在漫长的岁月中，那个把握最初的微小倾向，并能够保存具有这些倾向的个体生命，能够被赋予它们以生育后代的机会，实在让人难以相信。”但在我看来，光习性就足以使其尾部从事这种工作，因为习性总能使物种本身或多或少地得到一些利益。据布雷姆先生观察，非洲猴的幼猴在用手抓住母猴腹部的同时，还会用尾巴钩住母猴的尾巴。而据亨斯洛教授的观察，他所饲养的几只仓鼠的尾巴并不能抓握任何东西，但它们常常用尾巴卷住放在笼内的树枝，借此来帮助攀缘。京特博士在给我的一个类似报告中说，他曾看到一只仓鼠用尾巴把自己倒挂起来。由此我们可以设想，如果仓鼠具有严格的树生习性，那么，它的尾巴或许就会和同一目中的某些成员的情况一样。在讲述了非洲猴幼时的这些习性后，很多人肯定会问，为什么在它们成年后就失去了这种习性呢？这个问题确实难以说清，但我们可以这样认为：这种猴的长尾可能在巨大的跳跃动作时被当作平衡器官，因为这比把握器官更有用处。

乳腺是哺乳类动物全纲所共有的，它对于哺乳类的生存是不可缺少的。毫无疑问，乳腺必然在遥远的古代就已经出现并开始发展了。当然，关于乳腺的发展经过，我们就不得而知了。米伐特先生曾问道："如果任何动物的幼体，偶然从母亲胀大的皮腺中吸了一滴不大滋养的液体，就能避免死亡，那么又有什么机会能使这样的偶然一次的变异永续下去呢？"我个人认为，他的这个例子举得不太恰当。因为大多数进化论者都承认，哺乳动物是从有袋动物传下来的。也就是说，乳腺最初一定是在育儿袋内发展起来的。在海马属的一种鱼中，其卵就是从这种性质的袋里孵出来的，并且直至幼鱼期的一段时间内，它都必须待在其中接受养育。美国博物学者洛克·伍德先生根据自己对幼鱼发育的观察指出，幼鱼是靠吸收袋内皮腺的分泌物存活的。关于哺乳动物的早期祖先的幼体，是否也是按照同样的方法被养育的呢，我认为也是有可能的。在这种情况下，那些乳汁一样的分泌物应该算是最营养的，且能比别的方式养育出数目更多、营养更好、更强壮的后代。因此，这种与乳腺同源的皮腺就会被改进，或者变得更为有效；而分布在袋内一定位置上的腺，也会比其余的变得更发达，这正符合了广泛应用的专业化原理。于是它们变为乳房，虽然起初是没有乳头的，就像我们在哺乳类中最低等级的鸭嘴兽里所看到的那样。但是，

□ **海胆**

棘皮动物为海洋无脊椎动物。其外表坚硬多刺，一般生活在海底，从潮汐带到深水区均有分布。棘皮动物在幼虫期呈左右对称，成体则呈辐射对称。海胆、海星、海参、海百合等都是棘皮动物。图为海胆。

对于分布在一定位置上的乳腺，是通过什么样的作用变得如此专一化的呢？生长的补偿作用？使用的效果？抑或自然选择的作用？我不敢妄加推断。

我认为，只有当幼体吸食这种分泌物，乳腺的发达才会有用处，并且受自然选择的影响。要了解哺乳动物的幼体是如何懂得本能地吸食乳汁，是一件十分困难的事，这并不比了解未孵化的小鸡是如何在蛋壳内就懂得用嘴去击破蛋壳，或者在离开蛋壳的短短数小时之内就懂得啄取谷粒简单，甚至要难得多。

□ **海星**

海星，棘皮动物，广泛分布于世界各地的浅海中，俗称“星鱼”。海星是一种贪婪的食肉动物，主要分布在世界各地的浅海沙地或礁石上，以捕食一些行动迟缓的海洋生物，如贝类、海葵等为生。它是海洋食物链中不可缺少的一环。

对于这种情况，最说得过去的解释可能就是：起初，这种习性只是由年龄较大的个体通过实践而获得，其后才传给了年龄较小的后代。但是，据说幼小的袋鼠只是紧紧地含住母兽的乳头，并不吸食乳汁，而母兽会把乳汁射入幼鼠的嘴里。对此，米伐特先生解释道：“如果没有特别的装置，小袋鼠一定会因乳汁侵入气管而窒息，而它的特别装置就是，它的喉头生得很长，上面一直通到鼻管的后端，这样就能够让空气自由进入到肺里，而乳汁也能无害地经过这种延长了的喉头两侧，安全地到达位于后面的食管。”随后，他又发出疑问：“自然选择是如何从成年袋鼠以及大多数其他哺乳类（在此，我假设哺乳类都是从有袋类传下来的）中，让这种完全无辜和无害的构造消失的呢？”我的回答是：“对几乎所有的动物而言，发声的能力是不可或缺的，但如果用喉头直通鼻管，就不能大力发声了。还有就是，正如弗莱尔教授所说，这种构造会极大地妨碍动物吞食固体食物。”

现在，让我们将话题转移到动物界中较为低等的生物中。先来说说棘皮动物[1]，它的身上有一种引人注目的器官，叫作叉棘。在极为发达的情况下，这种

[1] 棘皮动物：海生无脊椎动物，包括星鱼、海胆等。因表皮一般具棘而得名。棘皮动物是重要的底栖动物，分布在世界的各个海洋，其化石始见于寒武纪早期。

□ 南美鹤

南美鹤的面颊和头顶裸露，为鲜红色，飞羽和颈项是黑色的，其余部分的羽毛皆为纯白色。其喙为淡黄色，腿和脚为黑色。南美鹤居住在南美地区的热带丛林中，从不靠近已开发的地带。它们不擅长飞行，但长于奔跑，在奔跑中腿脚进化得越来越发达。

器官能成为三叉状的钳，即由三个锯齿状的钳臂形成，能够牢牢地夹住任何东西。这三个钳臂之间有着密切的配合，并处在一只依靠有弹性的肌肉来运动的柄的顶端。亚历山大·阿加西斯先生曾看到一种海胆，它能够快速地将自己的排泄物从一个钳上传递到另一个钳上，在此过程中，这些颗粒会沿着其体表上的几条固定线路落下去，以免弄脏它的壳。不过这些钳除了能移除各种污物外，肯定还别有他用，比如防御。

对于以上器官，米伐特先生再次发问："这种构造在最初时并没有发育，更谈不上发达，那么这时它们的作用是什么呢？这种状态又是如何保存一个海胆的生命呢？即便这种钳住物体的能力是突然发展起来的，但如果没有那个能够自由运动的柄的话，它对于海胆而言显然也是有害的。同时，如果没有这种钳，这种柄也毫无用处。而且，仅仅只是一些细微且不定的变异，是无法使身体上的这些复杂结构能够在相互协调的同时还能进化的。如果否认了这一点，就等于肯定了一种惊人的自相矛盾的奇论。"然而，就是这种在米伐特先生看来是自相矛盾的构造，即基部固定不动却还长着能钳住任何东西的三叉棘的鱼是的确存在的，某些星鱼就是很好的例子。事实上，这些都是能够理解的，因为它们也可以把它当作防御手段来使用。在此，我非常感谢在此问题上给我提供很多材料的阿加西斯先生，是他告诉我，在某些种类的星鱼中，其三只钳臂中的一只已经退化成其他两只的支柱了。而另外一些属的海星，其第三只钳臂已经完全消失了。根据柏利耶先生的描述，斜海胆的壳上长着两种叉棘，一种像刺海胆的，一种像心形海胆属的。这些现象是极为有趣的，动物通过使一个器官的两种状态中的一种消失，向我们展示了它们是如何进行突然过渡的。

关于这些奇异器官的进化步骤，阿加西斯先生综合他自己和米勒的研究，作出如下推论：星鱼和海胆的叉棘应当被看作是普通棘的变形。其依据可以是它们个体的发育方式，也可以是不同物种和不同属所具有的一条长而完备的级进变化——由简单的颗粒到普通的棘，再到完善的三叉棘。不仅如此，这种逐渐演变的过程，甚至还出现在普通的棘或具有石灰质支柱的叉棘与壳的连接方式中。在星鱼的某些属的这种连接中，我们清楚地看到，叉棘不过是变异了的分肢叉棘罢了。也就是说，我们可以看到一种固定的棘，具有三个等长的、锯齿状的、能动的、在它们的近基部处相连接的肢；再往上，在同一个棘上，还有另外三个可以活动的肢。如果后者是从一个棘的顶端长出来的，那么就能够形成一个粗大的三叉棘，这在具有三个下面的分肢的同一棘上可以看到。毫无疑问，叉棘的钳臂和能动的肢具有相同的性质。众所周知，普通的棘有着防御的作用，这也意味着，那些长着锯齿和能动分肢的棘也用于同样的目的。一旦它们被当作抓握或钳住的器具时，它们的功能就会更加有效。因此，从普通且固定的棘到特殊且固定的叉棘，所经过的级进都是有益的。

在某些星鱼的属里，这些器官并不是固定的，换句话说，这些器官并不是生长在一个不动的支柱上，而是生长在能绕曲且具有肌肉的短柄上。在这种情况下，除了防御之外，它们应该还有另外一些附加的功能。在海胆类里，由固定的棘变成连接于壳上并因此而成为能动的棘的过程，是可以追踪的。但是，由于篇幅有限，我无法将阿加西斯先生关于叉棘发展的有趣观察做一个更详细的摘要。我只能说根据阿加西斯先生的观点，在星鱼的叉棘和棘皮动物中的另一大类，即阳遂足[1]的钩刺之间，都能够找到所有可能存在的级进。而且，我们还可以在海胆的叉棘和棘皮纲的海参类的锚状针骨之间找到所有可能存在的级进。

在一些曾被称为植虫的群生虫类的复合动物身上，长着一种奇妙的器官，名叫鸟嘴体，这种器官的构造因物种的不同而各异。在发育完善的状态下，这种器官与秃鹫的头和嘴极其相似，长在所有者的颈部上方，运动自如，下颌也是如此。我曾观察到一个物种，它的鸟嘴体长在同一肢上，而且常常同时运动；它的下颌张大到能够与上颌形成90° 的直角，且能维持5秒钟左右。这个运动使得整个

[1] 阳遂足：又名蛇尾、海蛇尾。体为褐色，腕末端呈灰褐色或灰色，腹面颜色稍浅。常潜栖于潮间带泥沙滩内，但习惯把两个腕的末端、触手等露在沙外。

群生虫体都跟着震颤起来。如果用一支针去触它的颌，它会把针死死咬住，从而带动它所在的一肢也跟着摇动。

米伐特先生之所以要举出以上这个例子，是因为他认为群生虫类的鸟嘴体和棘皮动物的叉棘在本质上是相似的，很难通过自然选择而获得发展。但仅就构造而言，我实在看不出三叉棘和鸟嘴体之间有何相似，倒是鸟嘴体和甲壳类动物的钳有点类似。巴斯克先生、斯密特博士和尼采博士都相信鸟嘴体与单虫体是同源的，且鸟嘴体还与组成植虫的虫房是同源的，后者具有运动能力的唇（虫房的盖）相当于鸟嘴体的下颌。然而，由于巴斯克先生并不清楚现存于单虫体和鸟嘴体之间的级进，因此对有用的级进也一无所知，但这并不表示这些级进从未存在过。

前面说到，甲壳类的钳与群生虫类的鸟嘴体具有相似性，因为二者都被作为钳子使用，所以在此我必须指出一点，那就是甲壳类的钳至今还存在着一个有用的超长系列的级进。在最简单的最初阶段中，当肢的末节处于闭合状态时，往往会抵住宽阔的第二节的方形顶端，或者整个第二节，从而把物体夹住，这时候的肢被当作一种移动器官来使用。当演变到下一个阶段后，其第二节的一角稍稍突起，有的甚至长着不整齐的牙齿，当肢的末节闭合，就会抵住这些牙齿。此后，随着这种突出物的增大，它的形状以及末节的形状都会稍有变异和改进，钳也会变得愈加完善，直到最后变成像龙虾钳那样的有用工具。而所有这些级进，都是可以追踪出来的。

除鸟嘴体外，群栖虫类还有一种奇异的被称为震毛的器官，该器官大多是由能移动的易受刺激的新毛所组成。我曾仔细观察过一个长有震毛的物种，发现它的震毛有一些弯曲，而且外缘呈锯齿状。和鸟嘴体一样，同一群栖虫体上的所有震毛一般都是同时运动的，它们像长桨似的运动着，整个群体在我的显微镜的物镜下一闪而过。如果把群体虫的一肢向下放着，它的震毛

□ **步甲虫**

达尔文认为，鸟嘴体和甲壳类动物的钳很相似，二者都可以当“钳子”使用。只不过，甲壳类的钳原本主要作为移动器官使用，在缓慢的演变过程中，才逐渐改变了形状，变成更加完善的“钳子”，用来取食等。图为甲壳类动物步甲虫。

便会缠绕在一起，这时群体虫就会竭力把自己分离开。震毛被赋予了防御作用，正如巴斯克先生所描述的那样："它们慢慢地、静静地在群体的表面上扫动，把那些对于它们有害的东西扫去。"不过，鸟嘴体除了与震毛一样具有防御作用，还具有捕捉和猎杀小动物的能力。当小动物被捉到之后，会被水冲到单虫体触手可及的范围内。此类物种，有些既具有鸟嘴体又具有震毛，有些只有鸟嘴体，还有少数的则只有震毛。

我们几乎完全相信，鸟嘴体和震毛是同源的，是从同一个单虫体及其虫房发展而来的。一如巴斯克先生告诉我的，这些器官在某些情况里，怎样从一种样子逐渐变化成另一种样子。膜胞苔虫属内有多个物种，它们的鸟嘴体的下颌十分突出，而且与较硬的刚毛相似，所以只能根据上侧固定的鸟嘴状才能作为其鸟嘴体的标志。震毛可能直接从虫房的唇片发展而来，并不经过鸟嘴体的阶段。然而，它们经过这一阶段的可能性似乎更大些，因为在转变的初期，单虫体和虫房的其他部分很难立刻消失。在许多情况下，震毛的基部有一个带沟的支柱，类似于固定的鸟嘴状构造，但并不是所有的这类物种都有这种支柱。如果巴斯克先生的相关理论是正确的，我认为这将非常有趣。因为，如果所有具有鸟嘴体构造的物种都已灭绝了，那么就算是天才的幻想家，也无法想到震毛原来是属于一种像鸟头或不规则形状的盒子以及兜帽的器官的一部分。看到差距巨大的两种器官竟然是从同一个根源发展而来，确实是极为有趣的。另外，由于虫房上的可运动的唇片具有保护单虫体的作用，因此我们可以作出这样一个假设：在唇片变成鸟嘴体的下颌或变成震毛的过程中的任何级进，同样可以在不同方式和不同生活条件下产生保护作用。

关于植物，米伐特先生有两个异议：一是兰科植物的花的构造；二是攀缘植物的运动。关于兰科植物的花，他提出异议说："对于该科起源的解释实在令人难以信服。这些构造只有在相当发展时才有效用。还有就是，对其构造初期最细微的发端的解释也不够充分。"事实上，在我的另一部作品中，这个问题已经详细地讨论过了，因此，在此，我只对兰科花的最显著特性，即它们的花粉块进行讨论。

这些极为发达的花粉块是由一团花粉粒组成，附着在具有弹性的花粉块柄上，此柄又附着在一小块极具黏性的物质上，昆虫把花粉块从一朵花运送到另一朵花的柱头上去。也有一些兰科花粉块并没有附着在柄上，而是被一种细丝串联在一起。但由于这种情况并不是兰科植物的特性，因此我只想提一下处于兰科植物系统中最低等的杓兰属植物。从该属植物身上，我们也许就能看出这些细丝是如何从最初状态下发达起来的。在其他兰科植物中，这些细丝与花粉块的另一端是相互粘连在一起的，这就是花粉块柄的最初状态。即使是相当长且高度发达的柄也是由这一形态发展而来，因为我们还能从那些依然埋藏在中央坚硬部分的发育不全的花粉粒中找到证据。

关于花粉块的第二个主要特性，即附着在柄端的那一小块具有黏性的物质，我们也可以列出它所经过的一系列阶段，且每一个阶段都对这种植物有着明显的用处。其他“目”的大多数花的柱头上，却只分泌极少的黏性物质。某些兰科植物也要分泌类似的黏性物质，但其三个柱头中只有一个会分泌较多，这往往又造成它不育。当昆虫访问了这类花之后，它的身体上多半都会沾上少许这种黏性物质，并带走一些花粉粒。从与大多数普通花的差异极为细微的简单情况算起，到花粉块附着在很短的和游离的花粉块柄上的物种，再到附着在花粉块柄上的黏性物质，最后到带有不育柱头且存在极大变异的其他物种，在这期间，存在着无数的级进。在最后一种情况中，即使柱头是不育的，花粉块却是最发达、最完全的。所有对兰科花有研究的人，都会承认上述一系列的级进是存在的，即有的花

□ **昆虫的类属**

大多数昆虫在生命发育的某个阶段，会长有翅膀，但衣鱼、蠹鱼、小灶衣鱼却没有。跳蚤也是没有翅膀的，它们的翅膀在演化中已经消失。昆虫大约有20种主要族群，其中甲虫构成了最大的单一昆虫族群，据昆虫学家统计，目前其数量已超过30万种。

粉粒仅由细丝连接在一起，其柱头和普通花的柱头几乎没有差异，从这种花粉粒一直到高度复杂的花粉块，都非常适合于昆虫的运送。同时他们也会承认，以上所有变异都非常适合于各种花的一般构造，即方便许多种昆虫来为其授粉。

□ **紫纹兜兰**

兰科植物最显著的特征在于它们的花粉块。这些花粉块由一团花粉粒组成，附着在弹性的花粉柄上，花粉柄则附着在一小块极具黏性的物质上。花粉块依靠昆虫的运输——从一朵花运到另一朵花的柱头上来传粉。图为兰科植物中最原始的类群——紫纹兜兰。

我们再来谈一下攀缘植物。从那种单纯地缠绕在一个支柱上的攀缘植物，到那种被我称为叶攀缘植物和生有卷须的攀缘植物，它们之间存在着一个很长的系列。到最后的两类植物，它们的茎依旧保持着旋转的能力，但缠绕能力却大多已失去了。从叶攀缘植物到卷须攀缘植物的级进是密切相近的，有好几种植物简称为欧洲菟丝子。但是，要从单纯的缠绕植物或复杂的卷须攀缘植物变异成叶攀缘植物，却必须具备一种重要性质——接触感应能力。依靠这种感应性，缠绕植物或卷须攀缘植物的叶柄、花梗都会因受刺激而变得卷曲，并附着在接触物的周围。读过我所写的此类研究报告的人都会相信，在单纯的缠绕植物和卷须攀缘植物之间，其功能和构造上的所有级进变化对物种而言都是极为有利的，比如从缠绕植物变成叶攀缘植物。当缠绕植物的长叶柄梢具有了必需的接触感应能力，那么，它就很可能发展成为叶攀缘植物。

缠绕是沿着支柱上升的最简单方法，而且这种能力在所有攀缘植物中是最低级的。然而，问题还是出现了：“植物在最初时是如何获得这种能力的，在得到这种能力后，又是如何通过自然选择对其进行改进和增强的？”我认为，要获得这种能力必须依靠两点：第一，依赖茎在幼小时的极度可绕性（这是许多非攀缘植物的共性）。第二，依赖茎会按照同一顺序逐次沿着圆周各点不断弯曲的习性。茎只有依赖这种运动，才能朝着各个方向旋转，即使它的下部因碰上某一物体而停止缠绕，它的上部仍能继续弯曲、旋转，从而缠绕着支柱上升，直到每一个新梢

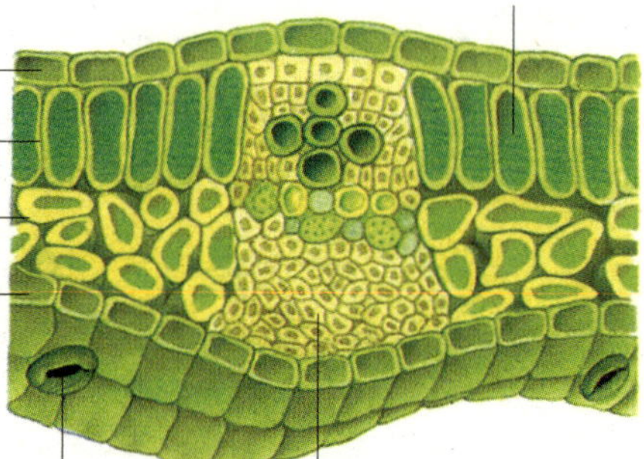

□ **树叶的内部结构**

图为树叶的剖面图。栅栏组织紧靠上表皮下方，长圆柱形，垂直于表皮细胞，紧密排列呈栅栏状，内含大量的叶绿体。发达的海绵组织常与分布在叶下的不规则形的气孔相连。

初长成，这种旋转运动才会停止。在构造系统完全不同的许多科植物中，几乎所有单独的物种或单独的属都具有这种旋转的能力，并因此而成为缠绕植物。因此，我推断，它们一定是独立地获得了这种能力，而不是从共同祖先那里遗传下来的。我认为，在非攀缘植物中，几乎没有一种植物具有或稍微具有这种运动的倾向，它的特殊性为自然选择提供了改进和增强的基础。支撑我的这一观点的，是一个关于毛籽草的幼小花梗的不完全事实。这种植物的幼小花梗能够做轻微且不规则的旋转运动，这种运动与缠绕植物的茎的运动十分类似，只不过毛籽草并未对这一特点加以利用罢了。而米勒也发现了一种泽泻属植物和一种亚麻属植物的幼苗的茎也是旋转的，尽管这种旋转并不规则，但也充分说明它们能够进行缠绕。值得一提的是，这两种植物都不是攀缘植物，其构造系统也和攀缘植物相距甚远。米勒还认为，这种情况应该还存在于别的植物身上，只不过没有带来什么利益。当然，这些对于我们的讨论是无关紧要的。但我们至少可以总结出，如果这些植物的茎本来就是可弯曲的，并且它们的旋转升高能给植物带来利益的话，那么，这些轻微且不规则的旋转习性便会通过自然选择的作用得到改进和增强，直至它们变成完全发达的缠绕物种为止。

缠绕植物的旋转运动同样可以用来说明叶柄、花柄以及卷须的接触感应能力。许多不同种的物种都具备这种能力，因此，在许多还未变成攀缘植物的物种里，我们也能找出这种植物。我曾对毛籽草的幼小花梗进行过仔细观察，结果发现，这种花梗向接触面微微弯曲。而莫伦则发现，在酢浆草[1]属的一些物种里，当叶和叶柄被轻微且反复地触碰，或者整个植株都被摇动，那么二者就

[1] 酢浆草：多年生草本，茎柔弱，常平卧。抗旱能力强，不耐寒，对土壤的适应性较强。

会发生弯曲，这种反应在烈日下尤其剧烈。我也曾对酢浆草属的一些物种做过多次实验，其结果都是一样的。而且我还发现，其中有几个物种的反应特别明显，而且越是幼苗越明显。相对的，另外还有几个物种的反应就极其轻微了。而权威霍夫迈斯特更是提出了一个极其重要的事实：所有植物的嫩芽和嫩叶，在其整株被摇动之后，都会运动。至于攀缘植物，据我所知，它们的叶柄和卷须只在其生长的早期才是敏感的。

对于植物的幼小器官和正在成长的器官而言，上述运动对它们的功能几乎起不到任何作用。但是植物对各种刺激所作出的反应能力，却显得极为重要，例如向光的运动能力和罕见的背光的运动能力，以及对地球引力所产生的背性和罕见的向性。如果说当动物的神经和肌肉受到电流的刺激时，或者当吸收了木鳖子精而受到刺激时，会产生剧烈的反应运动是偶然性所造成的（因为神经和肌肉对于这些刺激并不特别敏感）；那么，植物应该也是这样，因为具有对所有突然性的刺激作出反应的能力，所以当它们遇到突然的触碰或摇动时，便会作出反应运动。因此，我们不得不承认，叶攀缘植物和卷须攀缘植物被自然选择所利用和增强的，就是这种受刺激后的反应。但是，如果从我的研究报告中的各项理由来看，也只有那些因获得了旋转能力而成为缠绕植物的物种才会发生这种情况。

我已经尽力解释了植物怎样由于轻微的、不规则的，以及最初对于它们并无用处的旋转运动这种倾向的增强而变为缠绕植物。这种运动以及由于触碰或摇动而起的运动，都是运动能力的偶然结果，并且是

□ **植物的叶**

叶的功能，是在阳光照射下，将外界吸收来的二氧化碳和水分，利用光能制造出以碳水化合物为主的有机物，再将光能转化成化学能储藏在有机物中。每种植物的叶片都有一定的形状，但所有植物的叶从外形上都可分为叶片、叶柄和托叶三部分。

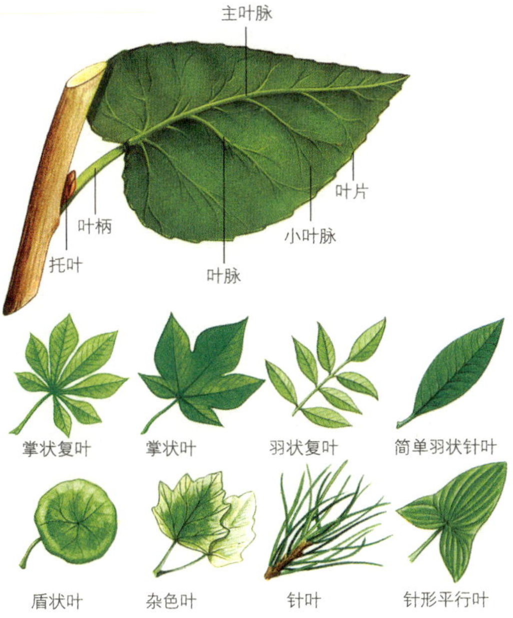

为了某个利益而获得的。在攀缘植物逐步发展的过程中，自然选择是否得到使用的遗传效果之助，还不好说。但是我们应该明白，某种周期运动，如植物的睡眠运动，是受习性支配的。

本章重点

现存物种在发育的最初阶段里，与属于同一纲的古代已灭绝类型的胚胎是极其相似的。基于此，我们便不能相信一种动物会发生突然的变异。更何况，在它的胚胎状态下，我们一点儿也找不到任何突然变异的痕迹。

一位勤奋的博物学者仔细挑选了一些例子来证明自然选择不足以解释有用构造的初期阶段，现在我对他提出的异议已作了足够的讨论，甚至讨论得有点过多了。这样也好，我们也能借机多讨论一点有关构造的级进变化，这些级进变化往往伴随着功能的改变——这是一个重要的问题。为此，我有必要把上述情况再扼要地重述一遍。

对于反刍类动物而言，我认为，凡是长有最长的颈或腿的个体，并且能吃到比平均高度稍微高一点的树叶的，都能被保存下来。反之，则会遭到灭绝。如此一来，这类被保存下来的反刍类动物又能得到进一步的变异了。然而，即使这些生物的所有有用器官被经常使用，再加上遗传的作用，充其量也最多能使其身体构造上的各部分相互协调而已。

关于各种模拟类昆虫，我们不难相信，它们对于某一普通物体的偶然类似，是自然选择发生作用的基础因素。而且这些拟态需要经常使用，才能发生更为细微的变化，从而由类似变为相像，从而趋于完善。只有当昆虫的拟态变得完善，它才能更好地逃脱敌害的视线。与此同时，这种变异所产生的作用也会更加深化。某些鲸鱼的腭上长有不规则的角质粒点，并最终变异为栉片状的突起或齿，与家鹅喙上的栉片状结节或齿一样；接着又会变异成家鸭般的短栉片；然后再变成琵琶鸭嘴一样的真正完善的角质栉片；最后再变成如同格林兰鲸鱼一般的巨大鲸须。如此看来，所有这些有利变异的保存，似乎都完全处在自然选择的范围内。在鸭科中，这些栉片的最初作用犹如人的牙齿。随着时间的推移，它们的作用进一步扩大，一部分仍然功同牙齿，另一部分却作为过滤器使用，到了最后，其作用就只是过滤器了。

□ 白尾雷鸟

白尾雷鸟是松鸡家族中最小的鸟，只分布在北美洲。该鸟十分善于根据环境的不同更换体毛。冬天时，其羽毛为白色，与周围的雪景融为一色；夏天的时候，其羽毛又变为棕色，与杂草的颜色混合在一起。

在我看来，以上这些构造中，习性或使用的作用成分极少，甚至没有。相反，比目鱼下侧的眼睛向头的上侧转移，以及美洲猴具有抓握能力的尾的形成，几乎都可以归因于连续的使用和遗传作用。至于高等动物的乳房，它最有可能来源于有袋类动物，其具体的形成过程可以假设为：最初，有袋类动物的袋是一个全表面的皮腺，分泌着一种营养液体。后来，通过自然选择的作用，这些皮腺在功能上得到了改进，并且开始向一定的部位集中，从而形成乳房。同样的，要解释在自然选择的作用下，个别古代棘皮动物的具有防御作用的分肢棘刺是如何发展成三叉棘，以及甲壳动物的钳是如何通过细微且有用的变异，从最初专门用以行动的肢的末端二节发展到现在的样子，也不难。群生虫类的鸟嘴体和震毛，是由同源器官发展成的差异巨大的两个器官。另外，我们还讨论了，震毛在那些连续的级进变化中所起的作用。关于兰科花，在该科的最低级植物中，它们用某种细丝将花粉粒串联起来，形成花粉块，而那些发达的花粉块，则附着在一块具有黏性的柄上。另外，在该科所有植物的普通花柱头上，都会分泌出一种具有黏性的物质，其作用相似。至于这种黏性物质究竟是如何附着在花粉块柄的末端上的，我们可以找到证据。毋庸置疑，所有这些级进变化对于该科植物都是有利的。关于攀缘植物的话题，因为刚刚结束，所以自不必重述。

经常有人会问：“既然自然选择的作用如此神奇，为什么某些物种的有益构造没有被保存下来呢？”我承认，对于物种的许多知识，仍需要我们去探索和完善，我们目前还不能对类似于此的问题给出一个合理的解释。但是我们应该知

□ 盘羊

盘羊是最大的野生羊类，它身体强壮，四肢短粗，尾巴细小。其最大的外部特征是头部长着一个硕大而弯曲的角。它们喜欢在半开旷的高山裸岩带和起伏的山间丘陵生活，有季节性地迁徙。

道，要使一个物种适应新的生活环境，就必须发生相关的变异，与此同时，物种大多会遇到以下的情况：那些原本必要的部分，在新的生活环境中就变得不是那么必需了，但它们却并不会立刻按照正当的方式或程序进行变异。因为一些不可抗拒的破坏作用，许多物种的数量受到了抑制，我们会认为这种作用和某些构造对物种而言都是有利的，从而想当然地认为它们是通过自然选择而获得，但事实并非如此。因为此种情况下物种的生存斗争，并不会依赖这些构造。所以，我相信，这些构造不是通过自然选择而被获得。事实上，一种构造的形成往往需要复杂、持续、长久的特殊条件。对物种而言，上述条件缺一不可，但它们同时出现的概率却很小。我们常认为，任何一种对物种有利的构造，都可以在任何一种环境里通过自然选择来获得，这其实与我们所能理解的自然选择的活动方式完全对立。米伐特先生并不否认自然选择的部分效果，但是他认为，用它的作用来解说这些现象，证据还不够确凿。他的主要论点，我已在本章中进行了讨论，至于他的其他论点，我会在以后进行讨论。在我看来，可以证明这些论点的例证似乎是很少的。因此，其分量远不如我的论点。我始终相信自然选择是有力量的，而且许多其他的作用常常对它提供帮助。在这里，我必须补充一点以加强我的论点的分量。即我所引用的事实，在最近出版的《医学外科评论》的一篇优秀论文中，出于同样的目的已被提出过了。

时至今日，几乎所有的博物学者都认同缓慢渐进的进化论。米伐特先生则相信物种是因为“内在的力量或倾向”变化而来的，至于这种“内在的力量或倾向”究竟是什么，却又一无所知。这些进化论者都认为，物种具有变化能力，但在我看来，除了普通的变异性倾向外，任何形式的“内在力量或倾向”都是不必要的。普通的变异性可以通过人工选择来获得，大量的家养族就是最好的证明。同时，在自然状态下，这些家养族又能通过自然选择来产生同样完备的自然族，即物种。我认为，最终的结果是，物种的身体构造发生了重大的进步，但也不排除少数物种出现身体的退化。

米伐特先生进而相信新物种“是突然出现的，而且可以通过突然变异而形成”，并有一些博物学者附和他的这种观点。他认为，已经灭绝了的三趾马和普通马之间的差异是突然出现的。他还认为，鸟类的翅膀“除了由于具有显著而重要性质的、比较突然的变异而发展起来的以外，其他方法都是难以相信的”。与此同时，他还把该观点推广到了蝙蝠和翼手龙[1]的翅膀上。这就意味着，在进化系列里存在着巨大的断层或不连续的区域。而在我看来，他的这一假设恰恰是最不可能出现的。

如果一个人相信这种缓慢而逐渐的进化论，那么，他也会承认这种变化可以是突然的、巨大的，正如在自然状态或者在家养状态下我们所看到的任何单独变异一样。但是，物种在饲养或栽培的状态下，其可变异性就会比在自然状态下更为容易。也就是说，物种在自然状态下不可能常常发生巨大的、突然的变异。家养状态中的某些变异可以被归因于返祖遗传，即已经消失的性状再次重新出现。但在大多数情况下，性状只能逐渐获得。还有一些特殊的情况只能被归为畸形，比如六个指头的人、多毛的人、安康羊、尼亚牛等。之所以称之为畸形，是因为它们的性状与自然的物种相比甚为迥异，而我们对此的解释也是不明确的。除了这些突然的变异之外，少数剩余的变异如果在自然状态下发生，充其量只能构成与亲种类型仍有密切相联的可疑物种。

我曾怀疑物种在自然状态下也会发生如家养族那样的突然变化，我完全不相信米伐特先生所说的“自然状态下的物种会以奇特的方式进行变化”。因为根据我的经验，突然而显著的变异都是单独发生的，且间隔时间比较长。最为关键的是，这种变异一般都只发生在家养族里。如果这种变异发生在自然状态下，那么就如前面所说，发生变异的个体也将会由于偶然的毁灭以及后来的相互杂交而使得其后代再次失去这些变异的性状。而在家养状态下，除非这类突然变异受到了人的照顾，或被隔离而无法进行杂交，否则也无法被保存下来。因此，如果所有的新种都像米伐特先生所假设的那样是突然出现的，那么，我们就得承认，一些

[1] 翼手龙：侏罗纪晚期的翼龙类，是唯一发展成具有强大的飞行能力的爬行动物，能像鸟类一样展翅高飞，追逐和捕食猎物。

发生了奇异变化的个体会同时在同一个地区内出现，然而事实并非如此。

物种大多以极其缓慢的方式发生着进化，这几乎是毫无疑问的。自然界中许多大科的物种甚至属，也都有着密切的亲缘关系，甚至让人难以分辨。在各个大陆，我们都会看到许多有着密切亲缘关系或极具代表性的物种。因此我们相信，大陆的所有物种都曾经有着连续的级进。但是，在那些环绕着一个大陆的许多岛屿上，有多少生物只能算是可疑物种呢？让我们以刚刚消逝的物种与同一个地域内的物种作一番比较；或者把埋存在同一地质层的各亚层内的化石物种拿来比较，所观察到的情形是一样的。这就意味着，许多物种与现存的或近代曾经生存过的其他物种的关系是极其密切的，我们根本没有任何证据可以证明这些物种是以突然的方式发展起来的。还有就是，当我们观察近似物种的特殊部分时，就会发现，这期间存在着大量极为细微的无数级进，它们可以将许多大不相同的构造串联起来。

在很多情况下，物种的逐步发展原则可以用来解释大量的事实。比如，大属的物种比小属的物种彼此间关系上更为密切，而且变种的数目也更多；它们又像变种环绕着物种那样地集成小群；它们还有类似变种的其他方面，我在第二章里已经说明过了。根据该原则，我们还能够理解，为什么物种的性状比属的性状更容易发生变异，为什么以异常的程度或方式发展起来的部分，比同一物种的其他部分更易变异。这一方面，有大量类似的事实为证。

虽然物种的产生需要历经许多步骤，但事实上也并不比产生那些微小变种的步骤多多少。如果我们能找到强大的证据，也许可以承认某些物种是以不同的和突然的方式发展起来的。虽然昌

□ **食虫鸣鸟**

夏威夷群岛上生活着多种食虫鸣鸟，它们的外形都长得非常相似，据科学家分析，这些鸣鸟应是由同一种食虫鸣鸟进化而来。

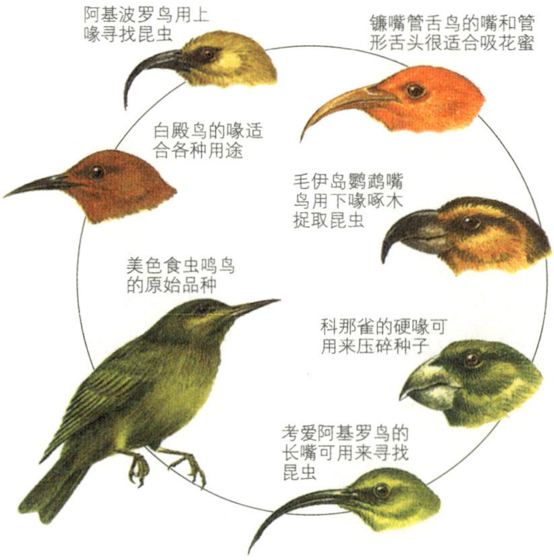

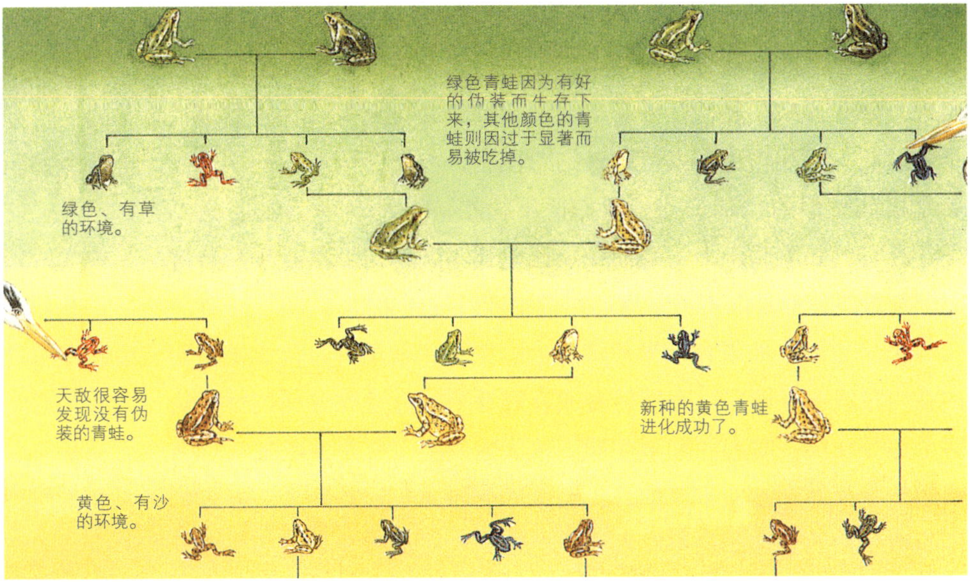

□ **青蛙的进化过程示意图**

此图是科学家根据达尔文的进化论推断的青蛙进化历程。青蛙属于两栖类动物，最原始的青蛙在三叠纪早期开始进化。因为它们以昆虫和其他无脊椎动物为主食，所以必须栖息于水边。一些绿色的青蛙在绿色的环境里生长、繁殖，其绿色的皮肤源自于遗传，便于它们在草丛里很好地伪装自己，使猎食者不容易发现它们。同理，对于黄色青蛙来说，它们会为了生存而去适应另外一种黄色、有沙的环境。

西·赖特先生曾举出过无机物质突然结晶，或具有小顶的椭圆体从一小面陷落至另一小面的事实，但都太模糊，甚至存在着某些错误。在我看来，这些无机物的事实本身就不具备讨论价值。然而有一类事实初看起来，似乎能支持这一观点，即在地层里突然出现了一种全新且不同的生物类型化石。但是，这种证据的价值全然取决于相关的地质记录是否完全。如果该记录仅仅只是片段，那么，这一全新类型的突然出现就不足为奇了。

我认为，除非我们承认所有的进化都像米伐特先生所主张的那样是巨大的，比如鸟类或蝙蝠的翅膀是突然发展起来的，或者说三趾马并不是消失了，而只是突然间全都变成了普通马。否则，突然变异的观点将得不到任何证据的支持。而相关化石的片段记录，不足以成为证明物种的突然变异的充足证据。在所有反对这种突然变异的观点中，胚胎学的反对最为强而有力。事实上，鸟类和蝙蝠的翅膀，以及马和其他陆生动物的腿，在其早期的胚胎中几乎是相同的，它们的变化是在胚胎后期以不可觉察的细微步骤发生的。正如我们在后面将要提到的那样，胚胎学上的所有种类的相似性可作如下解释：现存物种的祖先在发生了变异以后，把新获得的性状传递给相当年龄的后代，该性状特征也在差不多相同的时期出现。如此一来，胚胎几乎是不受影响的，并可作为该物种的过去情况的一种记录。因此，现存物种在发育的最初阶段里，与属于同一纲的古代已灭绝类型的胚胎是极其相似的。基于此，我们便不能相信一种动物会发生突然的变异。更何况，在它的胚胎状态下，我们一点儿也找不到任何突然变异的痕迹。其构造的每一个细微点，都是以不可觉察的细微步骤发展起来的。

另一方面，如果相信米伐特先生的主张，即某种古代无翅生物类型通过一种内在力量或内在倾向而突然转变成有翅动物，就意味着我们得承认，地球上的许多个体是在同一时间内甚至在同一地区内发生了突然性的变异。但这无疑是与所有的类推相对立的。不仅如此，相信米伐特先生观点的人还必须认同一个观点，即与该生物的所有部位都有着完美适应的构造，以及与周围条件有着完美的适应的许多构造，都是突然产生的。对于这类复杂而奇异的相互适应，恐怕难以作出解释。最后，这些人还必须承认，这些突然的变化没有在胚胎上留下一丁点的痕迹。总之，在我看来，要是谁将这一切都全部承认了的话，那他就无疑进入了一个奇迹的领域，一个神话世界。

第 7 章
本　能

CHAPTER 7

本能与习性的对比——家养动物的本能——自然状态下动物的本能——关于中性昆虫或不育昆虫——本章重点。

本能与习性的对比

许多我们需要经验才能完成的动作，却被没有经验的动物在毫无目的的情况下完成，这种行为就是动物的本能。但需要说明的是，这些性状没有一个是普遍的。

在此，我并不打算给本能下任何定义。“本能”这个名词，虽然包含着一些不同的智力行为，但很容易让人理解。例如，“本能”使杜鹃迁徙，使它们把蛋下在别的鸟巢里，这句话人们一看就会明白。许多我们需要经验才能完成的动作，却被没有经验的动物在毫无目的的情况下完成，这种行为就是动物的本能。但需要说明的是，这些性状没有一个是普遍的。正如胡珀所说，在自然系统中，就连那些低级的动物，也具有某种理性，比如一定的判断力或理解力。

居维叶及一些曾擅长抽象思维的学者们，曾把本能与习性进行比较。应该说，这种比较，能够对本能活动时的心理状态有一定的了解，但不一定涉及它的起源。事实上，许多习惯性活动是在无意识状态下进行的，它们有时甚至与我们有意识的意志相反。然而，意志和理性也可以使它们改变。一种习性容易与其他习性，或一定时期的身体状态相联系。习性一旦形成，则终生难改。而本能和习性之间，也有相似之处，就像反复唱一支熟悉的歌，本能也是一种具有节奏的活动，这种节奏往往伴随着另一种活动。如果一个人在唱歌或者反复背诵时被打断了，那他一般会重新去背诵，以此来恢复先前已经形成的节奏韵律。胡珀观察到，那些能够制造极复杂茧床的青虫亦是如此。如果在它们完成构造的第六个阶段时把它们取出，放在一个只完成构造的第三个阶段的茧床里，它们就只重筑第四、五、六个阶段的构造；但如果把完成构造的第三个阶段的青虫，放在已完成构造的第六个阶段的茧床里，我们则会看到，这些青虫显得不知所措。然后，它们又会从构造的第三个阶段开始，也就是说，它们是去完成已经完成了的任务。

我们假定，任何习惯性的活动能够遗传（这种情形有时是真实存在的），那么，我们会发现，习性和本能之间的关系是如此密切相似，甚至难以区别。如果莫扎特不是在三岁时就学练钢琴，而是完全没有经过练习就能弹奏钢琴，那么，我们可以说他的弹奏能力是出于本能。关于本能是由世代相传的习性而来，并遗传给了后代的认识，是十分错误的。事实表明，那些人们所熟知的最奇异的本能，如蜜蜂和蚁类的本能，都不可能是由习性而来的。

□ **蚂蚁与蚜虫**

一般认为，蚜虫与蚂蚁是一种共生关系——蚂蚁喜欢取食蚜虫腹部末端尾毛分泌的含有糖分的汁液，所以蚂蚁常常保护蚜虫，把蚜虫的天敌瓢虫驱散甚至杀掉；当蚜虫缺乏食物时，蚂蚁则会把蚜虫搬到有食物的地方。

承认本能，对于现今各个物种的安全，犹如身体构造一样重要。在已经改变了的生活条件下，本能的微小变异，可能对物种有利。虽然本能很少发生变异，但不等于未曾发生过变异。自然选择把本能的变异保存，并累积到有利的程度并不难。据我推断，一切最复杂、奇异的本能都是这样起源的。如同身体构造的变异因为使用或习性而得以增强；因为不使用而缩小或消失。我相信，本能也是这样形成的。同时我认为，在许多情况下，习性的效果同本能自发变异的自然选择的效果相比，后者更重要。身体构造的一些微小偏差是因为一些未知的因素，同样，本能在自发变异中也存在着未知的原因。

只有经过许多微小、有益的变异，并缓慢、逐渐地积累，任何复杂的本能才能通过自然选择而产生。所以，和身体构造的情形一样，我们在自然界中所寻求的，不应该是获得任何复杂本能的实际过渡阶段，因为它们只能在各个物种的直系祖先那里找到。不过，我们应该可以从它们的旁系系统里寻找到这些过渡阶段的一些证据，或者至少能够指出某一种类的过渡阶段。然而，关于动物的本能，除了欧洲和北美洲以外，我们还极少观察过，而对于灭绝物种的本能，我们更是一无所知。然而，使我感到惊异的是，那些复杂本能所赖以完成的过渡阶段能够被人们广泛地发现。同一物种在生命的不同时期，或者在一年中的不同季节，被放置在不同的环境条件下，具有不同的本能，这就促使其本能发生变化，因为在这种情形下，自然选择会把相关本能保存下来。同一物种中本能的多样性，在自然界中也是可以找出例子来的。

如同身体构造对于物种的意义一样，各个物种的本能都是为了自己的利益而产生的。有据可证，没有一个物种完全是为了其他物种的利益而产生，这种情形与我的学说观点也是吻合的。虽然从表面上看，也有动物的活动完全是为了别种动物的利益，比如胡珀曾经观察到的，蚜虫自愿把甜的分泌物供给蚂蚁。但实际上，它们这样做也并非不是为了自己的利益。下列事实即可说明：我把一株酸模[1]植物上的所有蚂蚁全部捕去，并阻止它们在数小时内回来，此外留下了约12只蚜虫。到了一定的时间，我感到蚜虫应该要进行分泌了，于是，便用放大镜进行观察，却发现没有一只蚜虫分泌。于是，我模仿蚂蚁去触动它们——用的是一根毛，但仍然没有一只蚜虫分泌。无奈之下，我只好用一只蚂蚁去接近它们。刚开始的时候，蚂蚁还只是不停地慌忙跑动，可当它发现了丰富的食物后，便立刻用触角去拨蚜虫的腹部，一只一只地拨。而蚜虫一旦感觉到蚂蚁的触角，就立刻举起腹部，分泌出一滴滴清澈的甜液，于是，蚂蚁便急急忙忙地把这些甜液吞食了。上述反应在十分幼小的蚜虫身上也会出现，可见这是出自本能，而非经验。根据胡珀的观察，蚜虫对蚂蚁的动作不会有丝毫的反感，因为如果没有蚂蚁的触碰，它们就得被迫排出其分泌物了。而且蚜虫的排泄物非常黏，如果被蚂蚁取走，这对蚜虫来说当然是便利的。从中也可看出，它们的分泌肯定不只是为了蚂蚁的利益。虽然事实证明，没有动物的活动会完全为了其他物种的利益，但毫无疑问，它们都试图利用其他物种的本能为自己获得益处，就像它们利用其他物种的较弱的身体构造一样。因此，我们不可能说物种的本能都是完善的。

□ **北嘲鸟　奥杜邦　水彩画　19世纪**

北嘲鸟喜欢把巢建在常绿青藤上，用藤上的花朵来装饰自己的家，所以它们的巢总是芳香四溢。不幸的是，它们的巢却经常遭到蛇的袭击，但并非蛇对其芳香着迷，而是出于取食鸟蛋的本能罢了。

本能在自然状态下发生某种程度的变异，以及这些变异的遗传，都是自然选

[1] 酸模：俗名野菠菜，常见于欧洲和西亚的大部分草原。

择发生作用的必要条件。由于篇幅有限，我就不在这里举例详谈了。我只能断言，本能确实可以变异，如物种的迁徙本能，不但其范围和方向会发生变异，甚至还会完全消失。鸟巢同样会变异，它的变异可以依存于选定的位置以及居住地方的性质和气候，也可以是一些我们完全不知道的原因。奥杜邦曾举出一些非常典型的例子来证明，美国北部和南部的同一物种的鸟巢确实存在差异。曾经有人质问：如果本能是变异的，为什么在蜡质缺乏的时候，蜂没有获得使用其他材料的本能呢？我想说的是，除了蜡质外，蜂还能使用别的什么材料呢？我只见过，它们会使用加过朱砂而变硬了的蜡，或者用加过猪脂而变软了的蜡来进行工作。安德鲁·奈特则从他饲养的蜜蜂中观察到，这些蜜蜂采集树蜡并不积极，却会使用涂在树皮剥落部分的蜡和松节油的黏合剂。最近有报告指出，蜜蜂不搜寻花粉，却喜欢使用燕麦粉，这与花粉的性质完全不同。另外，物种对于特种敌害的恐惧，必然也是出自本能，尚未离巢的雏鸟便是这样。这种恐惧会被经验和因为看见其他动物对于同一敌害的恐惧而被强化。栖息在荒岛上的各种动物对于人类的接近极为恐惧，这种特征也是慢慢获得的。在英格兰，我们会看到，大鸟往往比小鸟更怕人，因为大鸟更多地遭受过人们的迫害。这也许可以用来解释大鸟易惊的原因。然而，在无人岛上，大鸟并不比小鸟更怕人。喜鹊在英格兰高度警觉，在挪威却很温驯，埃及的羽冠乌鸦也是不怕人的。

□ **巨嘴鸟**

巨嘴鸟是世界上嘴巴最大的鸟。它们的嘴边缘呈锯齿状，翅膀短而圆，尾长，全身披满了五彩斑斓的羽毛，这些色彩能帮助它们辨认同类，并找到如意的配偶。它们以一种独特的本能捕获食物，延续生命。

综上所述，在自然状态下产生的同类动物，其本能的变异很大。同时，当野生动物中所存在的偶然的、奇特的习性对这个物种有利，那么它就会通过自然选择产生新的本能。我知道，凡事讲证据，所以我得郑重申明，我不会说没有可靠证据的话。

家养动物的本能

事实上，家养状态下的动物本能，确实远不如自然的本能那么固定。前者所承受的选择作用没有自然状态下那么严格，它是在不固定的生活条件下、在短暂的时间内被传递下来的。

在家养族身上，自然状态下本能的遗传变异的可能性和确实性都被加强了。这也证明，习性和所谓自发变异的选择，在改变家养动物精神能力上发生了积极的作用。大家知道，家养动物精神能力的变异非常大。就拿猫来说，有的喜欢捉大老鼠，有的喜欢捉小老鼠，这都是遗传使然。圣约翰曾发现，一只猫常捕捉猎鸟回家，另一只猫却喜欢捕捉山兔或家兔，还有一只猫则喜欢在夜晚的沼泽地上行猎，捕捉一些山鹬或沙锥。在现实生活中，还有许多真实怪异的例子可以证明，家养动物的性情、某种心理状态、时间性的癖性甚至怪癖，都是遗传的。也许大家所熟知的各种品种的狗的例子，更能说明问题。当我们把幼小的向导狗第一次带出去时，它有时确实能够引导和援助别的狗（我曾亲见过这种动人的情形）；在某种程度上，拾物猎犬可以把衔物持来的特性遗传下去；牧羊犬并不跑在绵羊群之中，却有在羊群周围环跑的倾向，这些应该都是出自于遗传。幼小动物没有任何经验地做了这些几乎相同的动作，虽然它们并不知道目的，比如幼小的向导狗在指示方向时并不知道是在帮助自己的主人，就像白蝴蝶并不知道为什么要在甘蓝的叶子上产卵一样。根据这些事实，很难分辨这些活动在本质上与真正的本能有什么区别。又比如我们看见一种狼，在它未经训练的年幼时期，一旦嗅出猎物，它会先站着不动，像一座雕像，然后才用一种特别的步子慢慢走过去；而另一种狼却不直接冲过去，而是环绕鹿群追逐，把它们赶到远处。在此情况下，我们必然会把狼的这些行为称为本能。事实上，家养状态下的动物本能，确实远不如自然的本能那么固定。前者所承受的选择作用没有自然状态下那么严格，它是在不固定的生活条件下、在短暂的时间内被传递下来的。

如果让不同品种的狗进行杂交，我们就会发现，这些家养动物的本能、习性和癖性的遗传倾向是十分强烈的，它们竟如此奇妙地混合在一起。我们知道，长躯猎狗与半牛犬的杂交种，可以在很多世代里遗传着前者的勇敢性和顽强性；牧羊狗与长躯猎狗杂交，能使前者的整个家族都遗传到捕捉山兔的倾向。当我们用杂交方法来进行试验时，这些家养状态下的本能，与自然的本能相似，也都按照同样的方式巧妙地混合在一起，并且会在长时间内表现出二者祖代中的任何一方的本能痕迹。就如勒鲁瓦描述过的一只狗，其曾祖父是一只狼。在它身上，只表现出了一点其野生祖先的痕迹：当人们呼唤它时，它并不是像狗的习性那样直线地走向它的主人。

□ **猫抓老鼠**

捕鼠是猫的本能，几乎所有的猫都是捕鼠高手，它们有敏锐的嗅觉器官——鼻子，很容易嗅出老鼠的气味。当一只猫迫近它的猎物时，它的眼睛和耳朵也同时派上用场。在它悄然而缓慢地接近猎物时，会迅速张开利爪，突然一跃而上，一举抓住猎物，通常一口咬住其头部靠后一点，将其脖子咬断，然后津津有味地享用美味。

关于家养族的本能像狗的习性那样是完全由长期的强迫性所形成的习性遗传下来的说法，是不准确的。例如，飞鸽未经学习就会翻飞。我曾经观察过一只幼鸽，它的确从来没有见过鸽子翻飞，但它却会翻飞。我们可以假设，曾经有过这样一只鸽子，它表现出了会翻飞的倾向，然后，在连续的世代更替中，那些最好的个体被长期选择，然后逐渐形成了今日这般的翻飞鸽。布伦特先生曾告诉我说，格拉斯哥附近的家养翻飞鸽，一飞到18英寸高就要翻筋斗。如果从来没有发现狗具有指示方向的倾向，是否会有人想到训练一只狗去指示方向？这是值得怀疑的。而人们一般是从纯种狗的行为中，才了解到狗的这种倾向。我曾亲眼看见过一只狗指示方向，而这种行为只不过是一个动物准备扑击它的猎物之前所停留的一段时间的延长而已。在这种倾向第一次出现后，有计划的选择和强迫训练的遗传就会累代将它继承和延续下去，并很快完成。时至今日，这种无意识的选择仍在继续进行，虽然饲养者的本意也许都不是为了改良品种，但得到那些最善于指示方向的狩猎犬无疑是他们想要的。从另一方面来看，在某些情形下，本能的发展仅需具备一种习性就够了。应该没有一种动物比野兔更难以驯服，也没有一种动物比那些幼小家兔更驯顺了。但很难想象，家兔仅仅是因为容易被驯服才被人们选择。那么，从极具野性到极其驯服，动物本能的遗传变化，大部分应该归因于习性和长久而持续的严格圈养。

在家养状况下，自然的本能有可能消失，那些很少孵蛋甚至不孵蛋的鸡品

□ 母鸡

在鸡家族中，延续后代的主要任务由母鸡来完成。它们既要生蛋和孵蛋，还要负责雏鸡的成长。在雏鸡遇到危险时，母鸡为了保护雏鸡，会奋不顾身，勇敢地面对一切危险。

种，就是一个显著的例子。习惯性认知，使我们忽视了家养动物的心理曾经经历过巨大而持久的变化。亲近人类是狗的本能，似乎不会有人怀疑这一点。而狼、狐、胡狼以及猫属的物种，在被人驯养几千年后的今天，仍然要锐意去攻击家养的鸡、绵羊和猪。从火地和澳洲带回来的小狗，养大后依然会攻击前面所列的这些家养动物，虽然那些未开化的土著人不曾养过这些动物。事实上，那些经过文明驯服了的狗，即使是在十分幼小的时候，人们也很少特意去教它们不要攻击鸡、绵羊和猪。不过，当它们偶尔为之，换来的则是主人的鞭打；如果它们“死性不改”，主人就会把它们弄死。如此这般，通过遗传、习性和某种程度的选择，狗也就变得文明化了。对小鸡来说，由于习性，它们对狗和猫的惧怕本能已经完全消失了。赫顿上尉曾经告诉我，当原种鸡（印度野生鸡）还是一只被母鸡抚养的小鸡时，它所呈现出来的野性非常大。而英格兰的同样被母鸡抚养的小雏鸡也是如此。举这个例子，并不是说小鸡失去了对万物的惧怕，而只是失去了对狗和猫的惧怕。当母鸡发出一声表示警报的鸣叫，小鸡便会从母鸡的羽翼下跑开（小火鸡尤其如此），然后躲到遮蔽物下面。这显然是小鸡的本能动作。现在，我们在野生的陆栖鸟类里就能看到这种情形，这些小鸡依然保留着这种在家养状况下已经毫无用处的本能。

根据以上情况分析，当家养动物获得了新的本能，就会失去它们的自然本能。原因有两点，一是由于习性，一是由于人类在连续的世代更替中选择和积累了特殊的精神习性和精神活动，而最初发生的这些习性和活动，只是出于偶然。这个偶然的原因究竟是什么，我们无从得知。在某些情形下，只是强制的习性这一点，就足以产生遗传的心理变化；但在另外一些情形下，强制的习性却不能发生作用，而是计划选择和无意识选择的结果。但在大多数情形下，习性和选择大概是同时发生作用的。

自然状态下的动物本能

杜鹃有在别的鸟巢下蛋的本能；一些蚂蚁有养奴隶的本能；蜜蜂有造蜂房的本能。至于后两种本能，博物学者们早已把它们列入了人类已知的最奇异的物种本能中。

一般来说，例证更容易使人理解本能在自然状态下是如何因为选择的作用而被改变的。本节中，我拟举三个例子来进行讨论：杜鹃有在别的鸟巢下蛋的本能；一些蚂蚁有养奴隶的本能；蜜蜂有造蜂房的本能。至于后两种本能，博物学者们早已把它们列入了人类已知的最奇异的物种本能中。

杜鹃的本能

对于杜鹃的这种本能，某些博物学者推测，可能因为它们不是每天下蛋，而是隔三差五地下蛋。因为如果杜鹃每次把蛋下在自己的巢里，然后一起孵化，那么最先下的蛋就需要经过一段时间才能得到孵化，否则就会出现同一个巢里有不同龄期的蛋和小鸟的情况。如此一来，下蛋和孵化的过程就会延长，而且很不方便，特别是雌鸟，它们一般在雏鸟尚小时就要迁徙，而哺育雏鸟的工作势必就要由雄鸟来完成。据说美洲杜鹃就是这样，它们都是自己筑巢，并在同一个时期内产蛋和照顾相继孵化的幼鸟。但是也有人说，美洲杜鹃有时也把蛋下在别的鸟巢里，对这一说法，有人支持，有人否定。最近爱荷华的梅里尔博士告诉我，一次，他在伊利诺斯看到，在一个蓝色松鸦的巢里住着一只小杜鹃和一只小松鸦。由于它们羽毛已长齐，所以很容易区别鉴定。各

□ 杜鹃

杜鹃有孵卵寄生的特性，这对提高小杜鹃的生存能力十分有益。而那些自己养育子女的杜鹃则用树枝把窝筑在低矮的灌木丛中，由雌雄杜鹃轮流孵化。等小杜鹃孵出来以后，雌雄杜鹃便共同喂养这些小生命。

□ 寄养的杜鹃

杜鹃以怪异的繁殖方式为人们所熟知，母杜鹃在其他鸟的巢穴里产蛋，靠他鸟孵化和育雏。当杜鹃幼雏被孵出后，则会本能地将所有其他的蛋推出鸟巢。虽然小杜鹃从来不知道自己的双亲是谁，但是当它长大，其行为会像它的亲生父母而不像它的养父母。这表明杜鹃的活动是一种本能，因为它们没有学习的对象。

种不同的鸟偶尔也会在别种鸟巢里下蛋的事实，并不少见。现在，我们假定欧洲杜鹃的古代祖先也有美洲杜鹃的习性，它们也偶尔会在别的鸟巢里下蛋。如果该习性能使老鸟早日迁徙或者因为其他原因而对老鸟有利；如果小鸟因为被其他物种误养而长得更加健壮（因为其自身的母鸟必须同时照顾不同龄期的蛋和小鸟，这样效果自然就差一些），那么，老鸟及这些小鸟都会从中获利。我们可以这样认为：这些由他种鸟代养而成长起来的小鸟，多少会遗传一些其母鸟的奇特习性，即把蛋下在别的鸟巢里，从而使自己的幼鸟能被更成功地哺养。我相信，杜鹃的奇异本能就是由此而产生的。最近，米勒证明说：杜鹃偶尔会在空地上下蛋和孵化，并哺养幼鸟。这种情形十分少见，可能是杜鹃已经失去了的原始造巢本能的一种再现。

有人反对我的上述观点，他们认为，我在对杜鹃进行观察时，没有注意到有关的本能和构造的适应问题，他们认为，这些因素一定是相互关联的。应该说，空谈某个单独物种的一种本能是没有用的，因为没有任何事实可以为我们指引。长久以来，我们所了解的，只有欧洲杜鹃和非寄生性美洲杜鹃的本能；现在，加上拉姆齐先生的观察报告，我们又知道了第三种杜鹃——澳洲杜鹃也是在别的鸟巢里下蛋。不管怎样，这其中有三个要点：①除了个别情况以外，普通杜鹃一般只在一个巢里下一个蛋，以使那些贪吃的幼鸟能够得到丰富的食物。②杜鹃的蛋很小，还不如云雀的蛋大，但云雀的体积只有杜鹃的1/4大。我们可以从非寄生性美洲杜鹃所下的大蛋中推断，小蛋是为了更好地适应环境。③小杜鹃被他种鸟孵出后不久，就会出现把其他兄弟排出巢外的本能。这时小杜鹃已经很有力气，它利用背部发力将其他小鸟挤出巢外，结果那些被排挤出巢外的小鸟因饥寒而死亡了。小杜鹃的这一动作，曾经被人们大胆地称为是“仁慈的安排”，因为它这时将其他兄弟排挤出巢外，使它们在没有任何感觉时就死去，从而少了些痛苦。

现在讲一讲澳洲杜鹃。虽然澳洲杜鹃一般只在一个巢里下一个蛋，但在同一个巢里下两个甚至三个蛋的情形也时有发生。青铜色杜鹃的蛋大小不一，其长度从8英寸至10英寸不等。为了欺骗某些养亲，更确切地说，为了在较短期间内得到孵化（据说蛋的大小和孵化期之间有某种关联），它们产下来的蛋普遍比较小。也许我们可以相信这样的说法：由于小型的蛋能够比较容易被他种鸟孵化和哺养，于是，这种杜鹃的蛋就有愈下愈小的倾向。拉姆齐先生说，有两种澳洲杜鹃在没有掩蔽的巢里下蛋时，总会特意选择那些巢中蛋的颜色和自己的相似的鸟巢。欧洲杜鹃很明显地也表现出了与此相似的倾向，不过，在它身上也呈现出了与之相反的一些本能特点，例如，它把灰暗颜色的蛋下在篱莺巢中，与其中的亮蓝绿色的蛋相混淆。如果欧洲杜鹃总是不变地表现上述本能，那么，在一切被假定共同获得的本能上，必须还加上这种本能。据拉姆齐先生称，澳洲青铜色杜鹃的蛋的颜色有明显的变化，这说明自然选择大概保留了所有的有利变异，并使之固定。

欧洲幼杜鹃被孵出后的三天内，那些养亲的后代一般都被挤出了巢外。对此，古尔得先生曾认为这种排挤行为是出自养亲，因为刚出生两三天的幼杜鹃是非常虚弱的。但后来他找到了一个相关的可靠记载：有人看到一只刚出生的小杜鹃在眼睛还闭着甚至连头都抬不起来时，就能把养父母的子女挤出巢外。观察者捡起一只放回巢里，但很快又被小杜鹃挤出去了。了解小杜鹃获得这种奇异的本能的途径是很有趣的。我们设想，如果小杜鹃在刚刚孵化后就能得到充足的食物（这一点对它们非常重要），那么，它们在连续世代中逐渐获得为排挤行动所必需的欲望、力量以及身体构造，是不会有太大困难的，因为具有这种发达的习性和构造的小杜鹃，将会得到最安全的养育。这种独特本能的最初获得，可能仅仅是源于那些年龄稍大、力量较强的杜鹃的无意识的行为。后来，随着习性被改进，也相继地传递给了那些幼小的杜鹃。这应该不难理解，正如其他鸟类的幼鸟同样具有在未孵化时就会啄破自己蛋壳的本能。欧文也说，小蛇为了切破强韧的蛋壳，在其上颌暂时性地获得了锐齿。因为如果身体的各部分在一切龄期中都易于发生个体变异，而且这种变异在相当龄期或较早龄期中有被遗传的倾向，那么我们可以说，幼体的本能和构造的确和成体的一样，是能够慢慢发生改变的。这两种情形与自然选择的全部学说是唇齿相依的。

□ 牛椋鸟

牛椋鸟，又名蜱鸟。产于非洲，有黄嘴牛椋鸟和红嘴牛椋鸟两种。其嘴阔，尾坚挺，爪锐利，常停于牛或其他大型狩猎动物身上，啄食动物皮上的蜱和蛆。它们还是兽群的义务警卫兵，如果有猛兽来袭，它们能最先作出反应，提醒兽类尽早躲避。

牛鸟属是在美洲鸟类中很特别的一属，与欧洲椋鸟相似，它的某些种像杜鹃一样，具有寄生习性。牛鸟属在完成它们的本能上表现出有趣的级进。优秀的观察家赫得森先生曾说：有一种褐牛鸟，它们时而雌雄混居，进行乱交；时而成对生活。它们时而自己造巢，时而夺取别种鸟的巢，偶尔也会把所占鸟巢中的别种鸟的幼鸟逐出巢外。它们有时在这个据为己有的巢内下蛋，有时又会在这个巢的顶上造一个新巢。一般来讲，它们只孵自己的蛋和哺养自己的幼鸟，但偶尔也是寄生的，如赫得森先生所说，他曾看到这类小鸟追随着不同种的老鸟鸣叫着，想得到它们的哺喂。另一种牛鸟——多卵牛鸟，其寄生习性比褐牛鸟强得多，但仍称不上完善。有人目睹，它们总是把蛋下到别的鸟巢里。但值得注意的是，这种鸟有时候会在隐蔽的地方合造一个不规则、不整洁的巢自己居住，如在大蓟的叶子上。赫得森先生很肯定地指出，这种鸟从来不会造一个完整的巢，它们通常在其他种鸟的巢里下15~20个蛋，这些蛋很少被孵化，甚至完全不孵化。另外，它们还有在蛋上啄孔的奇特习性，无论是自己下的蛋还是其所占据的巢里的养亲的蛋，都无一幸免。它们还会在空地上下蛋，当然，那些蛋很快就被遗弃了。还有第三种牛鸟——北美洲的单卵牛鸟，它们有着和杜鹃一样的本能，也会在别的鸟巢里下蛋，但它们从来不会下超过一个的蛋，这样，小鸟的哺育就能够得到保障。赫得森先生原本是坚决不相信进化论的，但当他亲眼目睹了多卵牛鸟的不完全本能后，深受触动，于是引证了我的话，并提问道：“我们是否不该只认为这些习性是一种特别赋予的本能，它还是向一个普遍的法则过渡的小小结果。”

如上所述，一些不同种的鸟，偶尔会把蛋下在别的鸟巢里。这种习性在鸡科也比较常见，并且对我们理解鸵鸟的奇特本能有所启示。在鸵鸟科中，存在着这样一种现象：几只雌鸟先共同住在一个巢里，然后把少数的蛋下在另一个巢里，再由雄鸟去孵化。这种本能或许可以用下面的事实来解释：雌鸵鸟的产卵率虽然很高，但就像杜鹃一样，是隔三差五才下一次。不过，美洲鸵鸟的这种本能与牛鸟的情形一样，还不够完善，它们下的很多蛋都散布在地上。有一次，我游猎了一天就拾到了不下20个散落的美洲鸵鸟蛋。

许多蜂也是寄生的，它们也常常把卵产在别种蜂的巢里，这应该比杜鹃更应该引起人们的注意，因为寄生习性不但改变了蜂的本能，还改变了它们的构造，它们不再具有采集花粉的器具，而这种器具对于储蓄食料，饲养幼蜂是必不可少的。泥蜂科的几种物种同样也是寄生的。最近，法布尔指出，有一种小唇沙蜂，它们虽然大多会自己造巢，并为自己的幼虫储蓄食物，但一旦它发现别种泥蜂的巢中储蓄有食物，便会立即变成一个临时的寄生者，对这个巢加以利用。这和牛鸟或杜鹃的情形是一样的。我从这些事实中总结出，如果一种临时的习性对于某种蜂类有利，同时被侵犯的蜂类也不会因巢和储蓄的食物被掠夺而遭到灭绝。那么，自然选择就很容易把这种临时的习性变成永久的习性。

养奴隶的本能

这是一种奇妙的本能。它是由胡珀最初在红褐蚁身上发现的。胡珀的父亲是一位著名的观察家，而他本人则青出于蓝而胜于蓝。这是一种只能依靠奴隶而生活的物种，如果失去了奴隶的帮助，它们在一年之内就会灭绝。红褐蚁的雄蚁和能育的雌蚁不做任何工作，而工蚁——不育的雌蚁，它们唯一的工作就是捕捉奴隶。这些红褐蚁不会筑巢，也不会哺喂自己的幼虫。如果原有的老巢已经不能用了，不得不迁徙，那在决定是否迁徙上，则由奴隶

□ **蚂蚁的结构示意图**

工蚁没有翼，这一点和蚁后、雄蚁不一样。所有的工蚁都是雌性的，它们的腿很长，上面有爪，所以跑得很快，并善于攀缘爬行。工蚁收集食物并反刍出来喂其他蚂蚁，还负责照顾蚁蛋、小蚁及清洗蚁巢。亚洲树居蚁的嘴部比较简单，它们以软体昆虫为食。其他蚂蚁和白蚁要嚼木头和植物的茎，所以它们的嘴部比较坚硬有力。

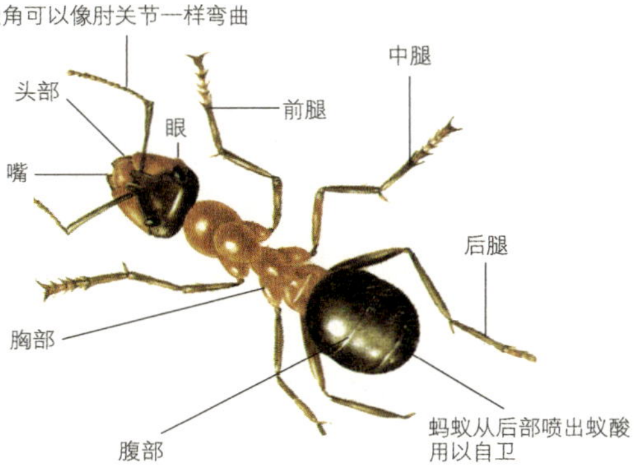

做主。在迁徙中，奴隶还得把主人们衔在颚间搬走。为此，胡珀做了个实验，他捉了30只蚂蚁关起来，在里面放了很多它们最喜爱的食物，当然，里面没有一只奴蚁。为了刺激它们工作，胡珀还放入了它们自己的幼虫和蛹，但这些蚂蚁还是一点儿也不愿工作，它们甚至不会吃东西，最后大多被饿死。于是，胡珀将一只黑蚁奴蚁放了进去。这只奴蚁进去后立刻开始了工作，它马上对那些生存者进行哺喂，并建造了几间虫房来照料幼虫，一切都进行得井然有序。这个令人惊异的事实证明，离开奴蚁的蚂蚁们是多么的无用。如果我们不了解其他养奴隶的蚁类，便难以推想出，如此奇异的本能究竟是如何完善起来的。

血蚁

紧接着要谈的血蚁，也是养奴隶的蚁，它是胡珀先生在英格兰南部发现的，英国博物馆史密斯先生曾经仔细研究过它的习性，并给我提供了莫大的帮助。虽然我完全相信胡珀和史密斯两位先生的观察和描述，但当我面对这个问题时，心中又忍不住怀疑。我想，人们应该会理解我这种对于养奴隶的极其异常的本能的怀疑。所以，我想详细谈谈我对这一现象的观察。我曾掘开血蚁的14个巢，并且在所有的巢中都发现了少数的奴蚁。奴种（黑蚁）的雄蚁和能生育的雌蚁，似乎只生活在它们自己固有的群中，我在血蚁的巢中从来没有见过它们。黑色奴蚁和红色主人在体形上相差较大，前者不及后者的一半大。当巢受到外力的干扰而发生轻微的晃动时，奴蚁便时不时地跑到外面来，像它们的主人一样激动得要奋力保卫它们的巢；如果巢遭受了严重的损坏，使幼虫和蛹暴露出来时，奴蚁就会和主人一起行动，努力把它们运送到安全的地方去。通过这一发现，我认为，奴蚁是很安于现状的。连续三年时间，在萨立和萨塞克斯，我都会在每年的6月和7月，对几个巢进行几个小时的观察，但从来没有看到一个奴蚁从一个巢中走出或走进。我原想，可能因为奴蚁数目较少，所以才会如此，一旦它们的数目多起来，其行动大概就不同了。然而，史密斯先生却告诉我，在萨立和汉普郡，每年的5~8月，他曾经在不同的时间里观察这些蚂蚁的巢，尤其是8月份的奴蚁特别多，但他同样没有看到它们在巢外走动。综合这些发现，他推测这些奴蚁应该是严格意义上的家内奴隶。但其主人的表现却刚好相反，我经常看到它们不断地搬运着造巢材料和各种食物。然而我也曾观察到这样的情景：1860年7月，我看见在一个奴蚁特别多的蚁群中，有少数奴蚁随同主人一起离巢出去，沿着同一条路向大约75英尺远的一株高苏格兰冷杉前进，并一起爬到树上，可能是为了找寻蚜虫或胭脂虫。同时，胡珀也多次观察到这一现象。他告诉我，瑞士的奴蚁常常和主人一起造巢，但在早晨和晚间，它们则单独看管门户。他非常确定地说，奴蚁的主要任务是搜寻蚜虫。身处英国和瑞士的主奴蚁的习性竟如此不同，真是让人蔚为惊叹。我想，这大概是由于在瑞士被捕捉的奴蚁数目比在英格兰多的缘故吧。

□ 血蚁

血蚁是蚂蚁的一种，根据达尔文的记载，血蚁主要产自英格兰南部。它们靠吸血液为生，属群居动物。这种蚂蚁内部分工非常明确，不同的蚁种有不同的职责。

有一次，我幸运地看到血蚁迁徙——从这个巢搬到那个巢。和红褐蚁相反，我看到的情形是，主人们谨慎地把奴蚁带在颚间，而不像红褐蚁那样，由奴隶带着主人走。还有一次，我看见大约有20个蚁在同一地点寻找什么东西，但明显不是在找寻食物，这立刻引起了我的注意。然后，我看见它们走近奴蚁（这群奴蚁是独立的黑蚁群），双方逼近后，血蚁遭到了激烈的抵抗，有三个奴蚁咬住血蚁的腿不放。血蚁也不示弱，它们残忍地弄死了这些小小的抵抗者，然后把它们的尸体拖到87英尺远的巢中作为美食。值得说明的是，这些养奴隶的蚁不能将一个蛹培养为奴隶。有一次，我从另一个巢里挖出一小团黑蚁的蛹，放在距离刚才发生战斗不远的空地上，这群“暴君”三两下就把它们捉住，然后拖走。它们大概认为这是最后一战了，所以非常兴奋，以为自己是一个胜利者。

在这次观察中，我在同一个场所放了一小团黄蚁的蛹，在它们上面，有几只攀附在巢的破片上的小黄蚁。正如史密斯先生所说，在少数情况下，这个物种也会被用作奴隶，虽然这种情形很少见。别看这种蚁很小，却非常勇敢，我曾看到它们对其他种蚁进行凶猛的攻击。还有一次，我看见在养奴隶的血蚁巢下有一块石头，石头下有一个独立的黄蚁群；当我不经意间惊扰了这两个巢，惊人的一幕便发生了：这些小小的黄蚁竟然非常勇敢地去攻击它们的大邻居。当时，我迫切想证实：血蚁是否能够辨别经常被捉来当作奴隶的黑蚁的蛹与很少被捉的小而猛烈的黄蚁的蛹。事实证明，它们确实能够快速辨别出黑蚁与黄蚁。我清楚地看到，当血蚁遇到黑蚁的蛹时，便飞快地去捕捉；而当它们遇到黄蚁的蛹，甚至只

□ 蚂蚁的战争

蚂蚁是社会性动物，群居生活，集体中的每一只蚂蚁或白蚁都有特定的工作。蚁后（雌蚁）跟一只雄蚁进行一次交配产卵后，就终身不再产卵；工蚁群负责寻找食物和养育小蚁，并将食物反刍出来，供蚁后、蚁王和自己食用；兵蚁和守卫蚁负责保卫蚁巢和向工蚁收集食物；宫廷蚁则负责喂食蚁后、蚁王，并清洁它们的身体。但奴蚁为了争夺必需的食物常发生残暴的战争。

碰触到其巢的时候，便会惊惶失措地赶紧跑开，等到小黄蚁离开后，它们才敢靠近，然后把蛹搬走。

一天傍晚，我看见另一群血蚁拖着很多黑蚁的尸体和蛹回到它们的巢里，可以肯定，它们绝不是在迁徙。我沿着这队长长的、背着战利品的蚁反向追踪，走了大约120英尺之后，来到一处茂密的石楠科灌木丛中，发现最后一只血蚁拖着一个蛹出来，但由于有密丛遮掩，我没有找到奴蚁的巢。不过可以肯定，奴蚁巢一定就在附近，因为我看见有两三只黑蚁非常慌张地冲出来，其中的一只嘴里还衔着一个自己的蛹，一动不动地停在石楠的小枝顶上，似乎对被毁去的巢十分绝望。

毫无疑问，上述都是有关蚂蚁养奴隶的奇异本能的事实。在此，我们可以看出，血蚁和欧洲大陆上的红褐蚁的习性是如此不同。红褐蚁不会造巢，不会决定是否迁徙，不会采集食物，甚至不会取食，它们完全依赖于奴蚁。而血蚁则不同，它们的奴蚁很少，尤其是在初夏时，所以迁徙或营造新巢的工作，都由主人决定。在迁徙的时候，由主人带着奴蚁走。在瑞士和英格兰，奴蚁专门负责照顾幼蚁，主人则单独去捕捉奴蚁；在瑞士，奴蚁和主人一起工作，搬运材料回去造巢，照顾蚜虫的工作主要由奴蚁承担，但主人也要协助，挤奶则由奴蚁负责；两地的主奴都要采集食物。在英格兰，一般情况下是主人单独出去寻找造巢的材料及搜寻食物。和瑞士的奴蚁相比，这里的奴蚁为主人所服的劳役少得多。

至于血蚁的本能是如何产生的，我不想妄加猜测。但是，我曾亲眼看到，即使是本身不养奴隶的蚂蚁，如果有其他种蚁的蛹散落在其巢的附近，它们也会把这些蛹拖入巢内。这些原本用来储备食物的蛹，可能就这样在巢内发育生长起来。那些被无意识地养育起来的外来蚁，便会按照它们自己固有的本能，做它们所能做的工作。如果它们的存在，证明对捕捉它们的蚁种有利，甚至比自己生育工蚁更有利，那么，本是采集蚁蛹供作食用的这种习性，就可能会因自然选择而被强化，并且变为永久的习性，以达到不同寻常的养奴隶的目的。它们一旦获得这种新的本能，哪怕这种本能在应用范围上远远不及英国的血蚁（英国的血蚁与瑞士的相比，前者在依赖奴蚁的帮助上要比后者少得多）广泛，自然选择也会强化和改变这种本能，直到形成像红褐蚁那样无赖地依附奴隶才能生活的蚁类。

蜜蜂营造蜂房的本能

凡是考察过蜂巢的人，无不为它的精巧构造所折服，它是如此美妙地与建造它的目的相适应，让人不由得热情赞赏。我们常常听到数学家说，蜜蜂在建造蜂房时已经解决了一个深奥的数学问题，它们选用能最大限度地容纳蜂蜜的形状，却在建造过程中只使用了最少量的贵重蜡质。有人曾经说，即使一个熟练的工人，用非常精确的工具和计算器，也难造出这种形状的蜡质蜂房来。然而，一群蜜蜂却在黑暗的蜂箱内把它造成了，你说，这是什么本能？最初看到蜂房，是令人不可思议的，因为蜜蜂要造出蜂房的角和面，以及正确地完成蜂房的建造，似乎都是高难度的。但是，经过考察后，我们似乎又能感到其难度并没有那么大。它们似乎都是来自几种简单的本能。

我是在沃特豪斯先生的启发和引导下才来研究这个问题的。他指出，蜂房的形状和紧邻蜂房的存在有密切关系。我在下面阐述的观点，只能算是对他的理论的一种修正。“级进原理”无疑是伟大的，现在就让我们看看自然界是否向我们披露了它的工作方法。我们可以把筑巢过程看作一个“简短系列”，其中的一端由土蜂用自己的旧茧来储蜜，不时地在茧壳上添加一些蜡质短管。而且蜂房同样做成分隔的、很不规则的圆形蜡质形状。在这个“简短系列”的另一端，是蜜蜂的蜂房，双层排列。大家知道，它的每一个

□ **蜂巢**

蜂巢是蜂群活动以及繁殖后代的场所，由不同的巢脾构成。在一个蜂巢内，各巢脾之间相互平行，且垂直于地面，每个巢脾之间的间距为7～10毫米，这些大大小小的巢脾共同组成一个完整的蜂巢。

□ 蚁后

蚁后是指具有繁殖能力的雌性蚁，又称母蚁。蚁后的体形巨大，通常为工蚁的3~4倍。此外，蚁后的生殖器官发达，触角短，胸足小，有翅、脱翅或无翅。在蚂蚁王国中，蚁后的主要职责为产卵、繁殖后代和统管蚂蚁这个大家庭。

蜂房，都是六面柱体，六边的底边倾斜，相互联合成三个菱形所组成的倒角锥体。这种菱形在蜂巢的一面，都有一定的角度；蜂房的角锥形底部的三条边，正好构成了反面的三个连接蜂房的底部。在这个系列里，墨西哥蜂的蜂房处于极完美的蜜蜂蜂房和简单的土蜂蜂房之间。胡珀曾经仔细地描述过它的形状，并将其绘制成图。墨西哥蜂的身体构造也介于蜜蜂和土蜂之间，但与后者更为接近；它能建造圆柱形的近乎规则的蜡质蜂巢，在其中孵化幼蜂，此外还有一些用来储蜜的大型蜡质蜂房。这些大型蜂房接近球状，大小几乎相等，聚集成不规则的团状体。值得注意的是，这些蜂房一般建造得十分靠近，但不是完全的球状形，否则蜡壁就会交切或穿通；当然，墨西哥蜂是会聪明地避开的，在建造中，它们会在球状蜂房之间出现交切倾向时，把蜡壁造成平面形。因此，每个蜂房都是由外方的球状部分和一些平面构成，究竟有多少个平面，则要由与各个蜂房相连接的蜂房数量来决定。当一个蜂房连接其他三个蜂房时，由于其球形的大小相似，因而必然是三个平面连接成为一个角锥体。胡珀说，这种角锥体与蜜蜂蜂房的三边角锥形底部十分相像。和蜜蜂蜂房一样，每个蜂房的三个平面必然成为它连接的三个蜂房的构成部分。墨西哥蜂使用这种方法建造蜂房，既可以节省蜡，也可以节省体力；后一点可能更重要。我们看到，连接蜂房之间的平面壁并不是双层的，它的厚度与外面的球状部分相同，每一个平面壁都构成了两个蜂房的共同部分。

根据以上情形，我认为，如果墨西哥蜂在一定的距离之间建造同样大小的球状蜂房，并且把它们对称地排列成双层，那就会构造出一个非常完美的蜂房了。我将这一想法写信告诉了剑桥大学的米勒教授，他是位几何学家，他回信告诉我说，这种建造是完全正确的。以下是我的观点中被他认同的内容：现在，假定我们画若干大小相等的球，球心都在两个平行层上；每一个球的球心与同层中围绕它的六个球的球心相距等于或稍小于半径；其他的平行层中连接球的球心距离也是这样。我们会看到，如果把这个双层球的每两个球的交接面都画出来，就会形成一个双层六面柱体；这个柱体互相衔接的面都是由三个菱形组成的角锥形底部连接而成的；这个角锥形与六面柱体的边所成的角，与经过精密测量的蜜蜂蜂房的角完全相等。怀曼教授根据仔细的测量，发现蜜蜂建造蜂房的精确度被人们夸大了。他认为，无论蜂房的典型形状怎样，它的实现纵使可能，也是极少见的。

因此，我们可以信心十足地说，如果我们能把墨西哥蜂现有的本能稍微改变一下，它就能造出十分完美的蜂房。我们假定，墨西哥蜂有能力建造一个真正球状的、大小相等的蜂房。不过这也不足为奇，因为在一定程度上，它们已经能够做到这点。同时还有许多昆虫，也能够在树木上建造完全的圆柱形孔穴，这说明它们是依据一个固定的点旋转而成的。假定墨西哥蜂能把蜂房排列在水平层上，就如它的圆柱形蜂房那样排列，我们便可假设（当然，这是最困难的一件事），当几只工蜂建造球状蜂房时，能够判断彼此应当保持多远的距离。现在，它已经能够判断距离了，所以我们看到，它能使球状蜂房有某种程度的交切，并把交切点用完全的平面连接起来。这个本能本来并不十分奇异，至少不会比指导鸟类造巢的本能更奇异。然而，经过变异之后，我相信蜜蜂通过自然选择就获得了它的难以模仿的建造能力。

这一理论可以用实验来证明。我仿照特盖特迈耶那先生的实例，把两个蜂巢分开，在它们中间放一块既长又厚的长方形蜡板，于是，出现了这样一幕：蜜蜂立刻开始在蜡板上凿掘圆形的小凹穴；不久，就向蜡板深处凿掘小穴，这些小穴逐渐向周围扩展，最后变成了基本上有蜂房直径大小的浅盆形，看上去就像一个真正的球状或者球状的一部分。接下来发生了更有趣的事：当几只蜂彼此靠近开始凿掘盆形凹穴时，它们之间的距离刚好使盆形凹穴达到了相当于一个普通蜂房的宽度，在深度上也达到这些盆形凹穴所构成的球体直径的1/6。这时，盆形凹穴的边便交切，相互穿通。这时，蜂立即停止了往深处凿掘，并开始在盆边之间的交切处建造平面的蜡壁。由此我们看到，每一个六面柱体并不像普通蜂房那样，是建筑在三边角锥体的直边上面的，而是建造在一个平滑盆形的扇形边上面。

随后，我把一块朱红色的、其边如刃的又薄又狭的蜡片放进蜂箱里去，以代替之前用的那块长方形厚蜡板。这时，蜜蜂就像前面我们看到的那样，立即在蜡片的两面开始凿掘一些相互接近的盆形小穴。由于蜡片很薄，如果把盆形小穴的

□ 蜂王

蜂王也称“母蜂”“蜂后”，是蜜蜂群体中唯一能正常产卵的雌性蜂。普通的工蜂幼虫在孵出后，只可以食用几天的蜂王浆，但其中一只却会被安排住到王台，终身享用蜂王浆，这只幼虫长大后就成了蜂王。

底掘得像前面实验那样深，两面便要相互穿通。然而，这些蜜蜂十分聪明，它们不会让这种情形出现，凿掘到一定程度，它们便停了下来。这些盆形小穴，只要被掘得深一点，便出现了平的底，由一个朱红色小薄蜡片所形成的平底。我们用眼睛就能判断，它们正好位于蜡片反面的盆形小穴之间的交切面处。在它的反面，盆形小穴之间遗留下来的菱形板大小不等。因此可见，在不自然的状态下，蜜蜂并不能工作得极细致。虽然如此，在朱红色蜡片的两面，蜜蜂能将蜡质咬去而形成浑圆形，并加深盆形，其工作速度几乎是一样的，目的是为了能够成功地在交切面处停止工作，而在盆形小穴之间留下平的面。

因为薄蜡片十分柔软，我想，当蜂在其两面工作时，定会很容易觉察出咬到了什么程度的薄度，然后适时停止工作。在一个普通蜂巢里，蜂在薄蜡片两面的工作速度，并不总是相等。我曾观察过一个刚开始建造的蜂房底部上的未完成的菱形板，这个菱形板的一面稍微凹进，我想，这可能是蜂在这一面掘得太快的缘故；它的另一面则凸出，这可能是蜂在这面工作的速度比较慢的缘故。我曾把蜂巢放入蜂箱里，让它继续工作一段较短时间，然后再检查蜂房。这时，我发现菱形板已经完成，且完全是平的了。这块蜡片非常薄，绝对不可能是从凸的一面把蜡咬去，然后做成上述样子。我推断，可能是站在反面的蜂，把这块凸出的、带有一点温度的可塑的蜡推压到它的中间板处，使其弯曲，然后推平。

从上面的实验可知，当蜜蜂为自己建造蜡质的薄壁时，就会相互站在合适的距离内，以相同的速度进行凿掘，建造成同等大小的球状空室，并让这些空室永不穿通，继而形成适当形状的蜂房。如果检查一下正在建造的蜂巢边缘，我们就可以发现，首先，蜜蜂在蜂巢的周围建造了一堵粗糙的围墙或缘边。在这个过程中，它们像营造它们的蜂房那样工作着，然后从两面咬围墙。它们不在同一个时间建造蜂房的三边角锥形的整个底部，而是最先营造位于正在建造的极端边缘的一块菱形板，或者先造两块菱形板。当然，这要视具体情形而定。在没有建造六面壁之前，它们绝不完成菱形板上部的边。这些叙述的某些部分是资深的老胡珀说的，虽然内容有所不同，但我相信这些叙述是正确的。遗憾的是篇幅有限，否则我将阐明以上的实地观察与我的学说的 致性。

胡珀认为，在建造第一个蜂房时，蜜蜂是从侧面向平行的蜡质小壁凿掘的，但我认为，他的这一叙述并不十分准确，因为蜜蜂最初着手的往往是一个小蜡兜。我们知道，在蜂房的构造里，凿掘工作是十分重要的。我们不妨设想，如果蜜蜂不能在适当的位置，也就是沿着两个连接的球形体之间的交切面建造粗糙的蜡壁的话，可能要犯一个极大的错误。我手中有几件标本，可以证明它们是能够这样做的；甚至在环绕着建造中的蜂巢周围的粗糙边缘，也就是蜡壁上，我们有时也能观察到弯曲的情形。这个弯曲所在的位置，相当于未来蜂房的菱形底面所在的位置。但在我们看到的所有场景中，这些粗糙的蜡壁是因为蜜蜂咬掉两面的大部分蜡而建成的。蜜蜂的这种建造方法十分奇妙，如果我们把最初的粗糙墙壁与建成后的蜂房的极薄的壁进行对比，就会发现，最初的粗糙墙壁比建成后的蜂房的极薄的壁要厚10~30倍。我们只能想象，建筑工人在砌墙之初，先用水泥堆起一堵宽阔的基墙，然后在接近地面的两侧削去差不多的水泥，直到中央部分形成一堵光滑而极薄的墙壁。我们还会看到，建筑工人常常把削去的水泥堆在墙壁的顶上，然后再加入一些新水泥，薄壁就不断地升高，但上面总得盖一个厚大的顶盖。再看蜂房，无论是刚开始建造的或是已经完成的，上面都有这样一个坚固的蜡盖。有了它，蜜蜂就能聚集在蜂巢上爬来爬去，而不会把薄的六面壁损坏。米勒教授亲自测量的结果是，这些壁在厚度上有很大的差异：在其12次的测量中，平均厚度为1/352英寸；菱形底片较厚些，差不多是3∶2。根据21次的测量，其平均厚度为1/229英寸。这种特别的建造方法，可以非常经济地使用蜡，而且建成的蜂巢也很坚固。

乍看之下，由于有许多蜜蜂聚在一起筑巢，所以最初很难了解蜂房的建成步骤。通常是一只蜂在一个蜂房里工作了不久后，便转到另一个蜂房里去，所以胡珀说，在开始建造第一个蜂房时，就有约20只蜂在里面工作。我曾竭力证明这个事实：用朱红色的熔蜡，在一个蜂房的六面壁的边上薄薄地涂上一层，或者在一个扩大了的蜂巢围墙的极端边缘上薄薄地涂上一层。我们发现，蜜蜂总会把颜色非常细致地匀开，就像画家用刷子刷的一样。这时，这些带有颜色的蜡从涂抹的地方被蜜蜂一点一点地拿走了，并放到了周围蜂房扩大了的边缘上去。在进行这

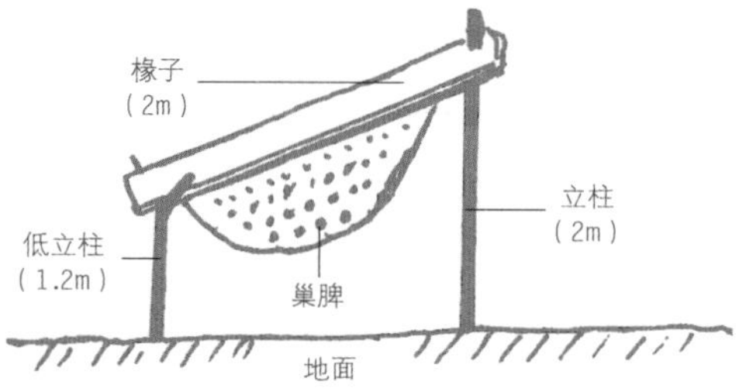

□ 巢脾构造示意图

巢脾是蜜蜂蜂巢的主要组成部分，其上排列着许多六角形的巢房。蜜蜂在巢脾内繁殖幼蜂，并贮藏蜂蜜和花粉。图为巢脾的构造示意图。

一工程时，众多的蜜蜂之间似乎存在着一种平均分配的原则，它们彼此都本能地站在相同的距离内，试图凿掘相等的球形，于是，我们就看到了这些建造起来的球形之间的交切面。在建造蜂巢时，它们也会遇到困难，比如，当两个蜂巢在一个角相遇时，它们往往把已经建成的蜂房拆掉，然后用不同的方法进行重造，而重造后的蜂巢的形状常常和拆去的一样。

蜜蜂一旦发现在某个地方的适当位置可以进行工作时——比如，它们站在一块木片上，而这块木片恰好适合往上建造蜂巢，那么，它们就必然会把蜂巢建造在这块木片的上面。它们会筑起新的六面体的一堵墙壁的基部，而这个基部则明显在其他已经完成的蜂房之外，它们会把它放在一个非常适当的位置。只要蜜蜂站在能让彼此之间保持适当距离的地方，并与完成后的蜂房墙壁保持适当的距离，在掘造了想象的球形体后，它们就能在两个邻接的球形体之间建造起一堵中间蜡壁来。据我观察，即使其蜂房和相邻的几个蜂房已基本建成，它们也绝不会咬去和修光蜂房的角。在某些情况下，蜜蜂能够把一堵粗糙的墙壁建立在两个刚开始建造的蜂房中间，并且安放在一个适当的位置上。毫无疑问，这种能力十分重要，它关系到一项事实，即我们看到的黄蜂的最外边缘上的蜂房也常常是严格的六边形，虽然这似乎与上述理论相矛盾。

对构造或本能的微小变异的长期积累，就是自然选择所发挥的作用，而每一个变异都对个体的生存条件有利。我们也许会问：在经历了漫长而级进的连续阶段后，蜜蜂变异了的建筑本能都开始趋向于现今这样的完善状态，这种变异对于它们的祖先，又曾起过怎样有利的作用呢？我认为，要解答这个问题并不困难。像蜜蜂或黄蜂那样建造起来的蜂房，不但坚固，而且还节省了很多劳力、空间以及建造材料。众所周知，为了制造蜡，蜜蜂必须采集足够的花蜜，因而它们是十分辛苦的。特盖特迈耶那先生告诉我，实验证明，蜜蜂分泌一磅蜡，需要消耗12~15磅干糖。为了分泌营造蜂巢所必需的蜡，一个蜂箱里的蜜蜂必须采集并消耗大量的液状花蜜。在其分泌的过程中，由于很多天不能工作，因而必须储藏大量的蜂蜜，以维持蜂群的冬季生活。并且我们知道，蜂群的安全主要依靠大量的蜂蜜来维持。节省了蜡，就大量节省了蜂蜜，也就节省了采集蜂蜜的时间，这是任何蜂群成功的必备因素。当然，一个物种的成功并不是单一的，还可能取决于它所面对的敌害或寄生物的数量，或者其他十分特殊的因素，但和蜜蜂采集的蜜量完全无关。但是，蜜蜂采集蜜量的能力，仍十分重要。假定蜜蜂采集蜜量的能力能够决定一种近似于英国土蜂的蜂类能否在任何一处地方大量存在（实际上，这是曾经常常决定了的），然后再进一步设想，蜂群必须度过冬季，那么它们就需要储藏蜂蜜。在这种情况下，如果它的本能发生了微小的变异，它把蜡房造得靠近些，与壁略微相切。这样，一堵公共的壁就能连接两个蜂房，当然就节省了少许劳力和蜡，对土蜂的生存无疑是有利的。所以，如果它们能把蜂房造得整齐、接近，像墨西哥蜂的蜂房那样聚集在一起，就会对土蜂更有利。因为各个蜂房的大部分蜡壁都会用作邻接蜂房的壁，这样就大大节省了劳力和蜡。同样，如果墨西哥蜂能把蜂房造得比现在的更接近，并且各方面都更规则，对它也会更有利。就如我们看到的那样，蜂房的球形面将完全消失，而由平面代替。这样，墨西哥蜂所造的蜂巢大概就会像蜜蜂巢那样完美。如果在巢的建造上达到了这一完善的程度，自然选择便不能再有所改进了。因为我们也可看到，蜜蜂的蜂巢，在如何节省使用劳力和蜡这点上已经达到极限了。

综上所述，我相信，我们对一切已知本能中像蜜蜂本能一样的奇异本能，同样可以用自然选择来解释：自然选择曾经利用蜜蜂最初的简单本能，在多次连续发生的微小变异中，缓慢地引导它们在双层上掘造彼此保持一定距离的、同等大小的球形体，并且沿着交切面凿掘和建筑蜡壁。当然，在这一过程中，蜜蜂并不知道自己在相互保持一定距离地掘造球形体，就像它们不会知道六面柱体的角以及底部的菱形板的角有若干度一样。自然选择过程的动力使蜂房的建造具备了适当的强度、容积、形状，以便于容纳幼虫，竭力节省劳力和蜡来完成任务。每个蜂群如果都能以最小的劳力，消耗最少的蜜制成蜡来建造最好的蜂房，它们就能得到最大的成功，并且把这种新获得的节约本能传递给后代的新蜂群；在它们那一代，这些新蜂群就能在生存斗争中获得最大的成功机会。

关于中性昆虫或不育昆虫

事实证明，在家养和自然状态下的生物中，其遗传的构造差异与一定年龄或性别有关。某些差异不但与性别相关，而且只限于生殖系统最活跃的那一短暂时期。

关于我对上述本能起源的见解，有人曾提出反对意见。他们认为："构造的和本能的变异必须是同时发生的，而且它们之间是密切协调的。如果只是一方面发生变异，而另一方面保持不变，这种变异将是致命的。"这种异议的基础全都建立在本能和构造是突然发生变化的这一假设上。现以大山雀为例来加以说明。大山雀常常用脚夹住紫杉类的种子，用喙去啄，直到把它的仁啄出来为止。在此过程中，自然选择把喙的本能的微小变异保存了下来，直至使之完全适合啄破这种种子的喙形成；同时，它的习性、某种强制或嗜好的自发变异，也导致了它日益变为食种子的鸟。以此解释这种现象，又有什么难的呢？在上述实例中，我们假设最初是习性或嗜好发生了缓慢变化，然后通过自然选择，喙才慢慢地发生改变，且与嗜好或习性的改变一致。我们也可假定，因为大山雀的脚与喙相关，或者由于其他未知的原因而发生了变异和增大，从而使得这种鸟愈来愈善于攀爬，直至获得像五十雀那样显著的攀爬本能和力量。这个例子是假定构造的逐渐变化，引起了本能和习性的变化。再举一个实例：东方诸岛上的雨燕，有一种非常奇异的本能，即完全用浓化的唾液来造巢。我们知道，有些鸟使用泥土造巢，所以泥土里应该混合着唾液。我曾看到北美洲的一种雨燕，它们用唾液粘着小枝来造巢，有时候也用小枝的屑片粘上唾液来造

□ 贝特斯的昆虫速写簿

英国人亨利·瓦特·贝特斯，在担任书记员期间就对动植物的观察十分热衷。他和阿菲德·华莱士受洪堡和达尔文的著作的鼓舞，先后到南美洲作探险之旅。他把所发现的昆虫全部记录下来，绘制在速写本上，并对每种昆虫进行编号，然后贴上标签。图为他绘制的14 000种昆虫标本的一部分。

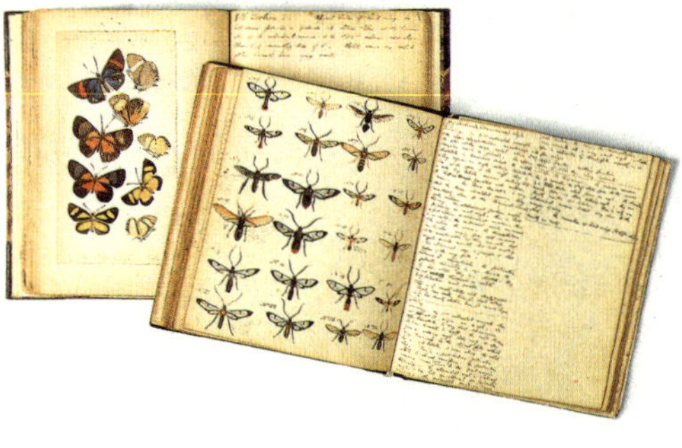

巢。于是，经过长期的自然选择，唾液分泌得越来越多的雨燕，就会产生出一个具有专用浓化唾液来造巢的本能的物种，它对其他材料却不屑一顾，这绝对是可能的。在其他的物种中，也有类似情形。不过，在这众多事例中，我们仍然无法推测，究竟是本能还是构造先发生变异。

当然，有很多难以解释的本能可以用来反对自然选择学说。如有些本能，我们不知道它是如何起源的；有些本能，我们不知道它是否有中间级进存在；有些本能没有丝毫重要性，因此自然选择不对它发生作用；有些本能，与自然系统中相距遥远的动物几乎相同，因而我们不能用共同祖先的遗传来解释其相似性，最后只好认定这些本能是分别通过自然选择而独立获得的。在此我也不准备讨论这些例子，因为我将讨论一个特别的难点——最初我的确难以解释，因此它对于我的全部学说是致命的。这个难点就是——昆虫世界里的中性，即不育的雌虫。在本能和构造上，这些中性虫与雄虫及能育的雌虫有很大的差异，但是由于不育，所以它们不能进行繁殖。

这个问题值得我们详细讨论。不过，我在此只举一个例子，即不育的工蚁。工蚁是如何变为不育的个体的，这是研究中的一个难点。我们要指出的是，在自然状态下，某些昆虫以及别种节足动物偶尔也会变为不育的。如果这等昆虫具有社会性，如果它们每年生下一些能工作但不能生殖的个体对于这个群体有利，那我认为自然选择要对它们发生作用也不难。不过，这些都是简单的难点，而最大的难点是工蚁与雄蚁和能育的雌蚁在构造上的巨大差异，如工蚁的胸部具有不同的形状，没有翅膀，有的没有眼睛，并且本能也不同。单从本能而论，蜜蜂就能充分证明，工蜂与完全的雌蜂之间存在着非常惊人的差异。如果工蚁或别种中性虫是一种寻常的动物，那我会毫不犹豫地假定，它的一切性状都是通过自然选择逐渐获得的。也就是说，由于这些个体出生时已经具有微小的有利变异，后来它们把这些变异又都遗传给了自己的后代；这些后代又发生变异，然后被选择；而这种变异和选择仍在持续不断地演进下去。有一点值得注意，工蚁与亲体之间相差较大，但又完全不育，绝不可能把历代获得的构造上或本能上的变异遗传给后代。这就引出了一个新的问题：这种情形符合自然选择的学说吗？

事实证明，在家养和自然状态下的生物中，其遗传的构造差异与一定年龄或性别有关。某些差异不但与性别相关，而且只限于生殖系统最活跃的那一短暂时期。许多种雄鸟的求婚羽、雄马哈鱼的钩曲的腭，都是如此。经人工阉割后的公

□ 工蜂

工蜂在蜂群中的数量最多，体形较小，头部有膝状触角一对、复眼一对和单眼三个，胸部有膜翅两对，足三对。工蜂除了负责采集花蜜和花粉，侍奉蜂王和幼虫外，还要分泌蜂王浆，建造蜂房及守卫御敌等。

牛，其不同品种的角会表现出微小的差异。如果把某些品种的阉割公牛，与同一品种的公牝双方的角长进行比较，会发现它们的角比其他一些品种的阉割公牛更长。由此，我认为昆虫世界里的某些成员的性状变化与其不育状态相关，并不存在很大困难。难点在于它们的这种构造上的相关变异是怎样因为自然选择的作用而慢慢累积起来的。

表面上看，这个难点是很难克服的，但是，只要记住选择作用不但可以适用于个体，也可以适用于全族，并可以由此得到所需的结果，那么其难度就会削减，甚至消除。养牛者喜欢其肉和脂肪交织成大理石纹样子的牛，但是有这种特性的牛早被拉到屠宰场杀了。但养牛者自信能继续培育出同样的牛，并真的成功了。养牛者的这一信念来源于选择的力量：关注到什么样的公牛和牝牛交配才能产生最长角的阉割公牛，然后再加以选择，这样就能得到经常产生异常长角的阉割公牛的一个品种，哪怕没有一只阉割公牛可以繁殖。更有说服力的是，据佛尔洛特说，由于长期被仔细地选择，重瓣的一年生紫罗兰的某些变种，便会育成一个品种，其实生苗大部分开放重瓣的、完全不育的花，也有产生一些单瓣的、能育的植株。这单瓣植株被用以繁殖该品种，可以与能育的雄蚁和雌蚁相比拟；重瓣而不育的植株则可以与中性蚁相比拟。无论是紫罗兰这一品种，或是社会性的昆虫，为了达到有利的目的，选择不会作用于个体，而是作用于全族。这就足以证明与同群中某些成员的不育状态相关的构造或本能上的微小变异是有利的。因此那些能育的雄体和雌体才能得以繁生，并把这种倾向——产生具有同样变异的不育成员，遗传给了能育的后代。这一过程，不断重复，直到同一物种——能育的雌体和不育的雌体之间产生了巨大的差异量为止。这也是我们在众多社会性昆虫里常见的情形。

其实最大的难点在于：我们在观察中发现，有几种中性蚁不但与能育的雌虫和雄虫有差异，而且它们彼此之间也有差异，有的差异甚至让人难以置信。它们被这些差异分作了两三个极，彼此之间无渐进趋势，却区别得很清晰。其清晰的程度有如同属或同科的任何两个物种。如埃西顿中性蚁的工蚁和兵蚁，它们具有与其他蚁完全不同的颚和本能；隐角蚁只有一个级的工蚁，它们的头上长着一种奇异的盾，其用途尚不清楚；墨西哥的蜜蚁有一个级的工蚁，其特殊之处是永远不离开巢穴，且腹部肥大，能分泌出一种蜜汁，以代替蚜虫的排泄物。谈到蚜虫，它被称为蚁的乳牛，欧洲人常把它们圈禁看守着。

如果我不承认以上既奇异又确切的事实会迅速颠覆我的学说，人们定会认为我对自然选择的原理太过于自负了。如果中性虫只有一个级，我相信它与能育的雄虫和雌虫之间的差异是通过自然选择获得的。根据对一般变异的类推，可以断言，这种连续、微小、有利的变异，最初并非发生在同一级的所有中性虫中，而是仅仅发生在某些少数的中性虫中。在这样的群中，雌体能够产生非常多的有利于变异的中性虫，并生存下去，最后，整个群的中性虫都将具有这种特性。基于以上观点，我们应该在同一级中，偶尔发现那些具有各级构造的中性虫。事实上，我们也确实发现了，而且这种情况并不罕见。史密斯先生曾经提到过这一现象：有几种英国蚁的中性虫，它们在大小方面，有时在颜色方面，彼此之间呈现出惊人的差异，并且可由同级中的一些个体将两个极端的类型连接起来。我曾亲自比较过此类的完全级进情形，发现很多时候，不是大型的工蚁数目多，就是小型的工蚁数目多，或者两者都多，但中间型的数目却总是很少。黄蚁有大量大型和小型的工蚁，但中间型却很少。史密斯先生曾经观察到，在这个物种中，单眼发育完全的是大型的工蚁，虽然很小，但依然清晰可辨，而小型工蚁的单眼则是残迹的。我也曾解剖过几只这样的工蚁，并最终确定小型工蚁的眼睛还远远没有发育完全。我估计，这种中间体型的工蚁的单眼应该处于中间的状态。从这个例子可以看出，一个级内的两群不育的工蚁，

□ **复眼**

复眼是昆虫的主要视觉器官，具体来说，它是昆虫特有的组织机构，由无数的六角形的小眼组成，每个小眼与单眼的基本构造相同。一般来说，复眼的体积越大，小眼的数量就越多，而昆虫的视力就越好。

□ 求生

动物皆有求生的本能。图为在印度北部城市勒克瑙的洪水中，一只老鼠趴在蛙背上以求生。在自然灾害发生时，此类情形比较多见。

它们在大小和视觉器官上都呈现出了差异，但一些处于中间状态的少数成员将它们连接了起来。这里，我补充一点：如果小型的工蚁对于蚁群最有利，那么，这种能繁殖越来越多的小型工蚁的雄蚁和雌蚁将不断地被选择，直到所有的工蚁都具有那种形态为止。这样，就形成了一个蚁种，它们的中性虫几乎就如褐蚁属的工蚁。我们知道，褐蚁属的雄蚁和雌蚁虽然都生有很发达的单眼，但其工蚁却连残迹的单眼都没有。

我相信在同一个物种的不同级的中性虫之间偶尔能找到重要构造的中间级进。在此，我要利用一下史密斯先生提供给我的取自西非洲驱逐蚁的同巢中的标本。我不打算列出实际的测量数字，而只是作一个严格精确的说明，以便读者能更好地了解这些工蚁之间的差异量。这种差异就如我们熟悉的一幕：有一群建筑工人，他们有的是五英尺四英寸高，有的是十六英尺高。我们假定：其中大个子工人的头比小个子工人的头约大四倍，而颚约大五倍。事实上，这几种大小不同的工蚁的颚存在惊人的差异，而且牙齿的形状和数目也相差悬殊。而对我们来说，最重要的是这些工蚁根据体形的大小而分为了不同的级，且相互之间缓慢地逐渐推移，正如它们的颚。

鉴于以上事实，我相信自然选择的作用。由于自然选择作用于能育的蚁，于是就形成了一个物种。这个物种专门产生两种中性虫，一种是体形大但具有某一特殊大颚的中性虫；一种是体形小但颚大不相同的中性虫，或者能同时产生两种大小和构造很不相同的工蚁。最后的一点最难理解，但它们就像驱逐蚁的情形那样，最先形成的是一个级进的系列，之后，由于生育，它们的双亲得以生存。于是，我们看到，这个系列上的两个极端类型产生得越来越多，直至那些中间构造的个体不再产生。

关于这一问题，华莱斯和米勒两位先生曾举例作出解释。华莱斯指出，某种产自马来西亚的蝴蝶的雌体，很规则地表现出了两到三种不同的形态。米勒则证实，某种巴西甲壳类的雄体，也表现出了两种大不相同的形态。在此，我们暂不深入讨论。

结合我所有的解释，我相信：那些在同一巢里生存的、特征分明的工蚁两级，不但彼此之间大不相同，其亲体之间也大不相同。从人类历史来看，分工对文明是有益的。根据这个原理，工蚁的生成对蚁族也是有益的。两者相比，蚁是用遗传的本能和器官进行工作，而人类则是运用知识和人造的器具来工作。虽然我是完全相信自然选择的，但如果没有中性虫的事实引导我得出这个结论，我也绝不会料到这一原理有如此大的效力。为了阐明自然选择的力量，还因为它是我的学说所遇到的最大难点，我对这种情形作了较多讨论，当然，这种讨论还远远不够。而另一方面在于，上述情形十分有趣，因为它证明，在动物里也如同在植物里一样，任何微小的自发变异，都是从一种稍微有利的变异累积下来，无须经过锻炼或习性进行作用，就能产生效果。因为那些工蚁，即不育的雌蚁所独有的习性，即使长期保留下去，也不会给专门具有遗传后代的雄体和能育的雌体的功能带来影响。只是让我颇为好奇的是，这种中性虫的例子非常显著，却为何至今无人用它对人们熟知的拉马克“习性遗传”学说进行反驳？

本章重点

在改变了的生活条件下，本能上的任何微小变异，经过自然选择的累积，不论达到何种程度，应该都不会存在太大困难。在很多情形下，习惯的使用和不使用，可能也起到了一定的作用。

在本章中，我竭力阐明了两个问题：一是简要说明了家养动物的精神能力具有变异性，且能够遗传；二是简要阐明了在自然状态下，本能在轻微地变异着。关于本能对各种动物都具有特别的重要性，我想没有人会否定。因此，在改变了的生活条件下，本能上的任何微小变异，经过自然选择的累积，不论达到何种程度，应该都不会存在太大困难。在很多情形下，习惯的使用和不使用，可能也起到了一定的作用。我不敢说本章列举的事实是否能够把我的学说强化，但是在我看来，没有一个例子，哪怕是十分难解的例子可以颠覆我的学说。而且，本能也并不是绝对完善的，难免有错误。虽然有些动物可以利用其他动物的本能，但可以说，没有一种动物的本能是为了其他动物的利益而产生的。“自然界里没有飞跃”，本能亦是如此。这一切事实，都与自然选择学说相符合。

其他几种关于本能的事实，增强了自然选择学说的正确性。例如，那些自然界中相距十分遥远的不同物种，即使生活在环境完全不同的条件之下，也保持了几乎相同的本能。例如，根据遗传原理，我们就能理解，为什么非洲和印度的犀鸟具有同样的异常本能——它们都用泥把树洞封住，并把雌鸟关闭在里面，只在封口处留一个小孔，以便雄鸟给雌鸟和幼鸟喂食；为什么北美洲的雄性鹪鹩会像英国的雄性猫形鹪鹩一样建造“雄鸟巢”，以便在那里栖息。这种习性与我们所知的其他鸟类的习性完全不同。这里有一种似乎不合逻辑的推理，然而据我的想象，这种说法可能最令人满意，那就是：这一切都是本能造成的。例如，一只小杜鹃把义兄弟逐出巢外；蚁养奴隶；姬蜂科幼虫寄生在活的青虫体内等，我们不要把它们看成是天赋或者本能，而应当作是引导一切生物通过繁殖、变异，达到强者生存、弱者死亡的一个法则的小小结果。

第 8 章
杂交和杂种

CHAPTER 8

第一次杂交后的不育性以及杂种后代不育性的区别——物种不育性的差异——对第一次杂交和杂种不育性起支配作用的法则——导致第一次杂交不育性和杂种不育性的原因——交互的二型性和三型性——杂交变种及其后代的能育性并非普遍现象——杂种与混种在非能育性方面的比较——本章重点。

第一次杂交后的不育性以及杂种后代不育性的区别

不育性只是亲种生殖系统中发生的一些差异的偶然结果，它并不会因为各种不同程度的、连续的、有利的、不育性的保存而获得。

博物学家普遍认为，一些物种互相杂交，自然会被特别赋予不育性，以阻止它们混杂。因为一些生活在一起的物种，如果可以自由杂交，便常常混杂在一起，难以区别。所以，以上问题对我们很重要，特别是第一次杂交时的不育性及它们的杂种后代的不育性。这里，我要说明一点，不育性只是亲种生殖系统中发生的一些差异的偶然结果，它并不会因为各种不同程度的、连续的、有利的、不育性的保存而获得。

在讨论这一问题的过程中，人们往往会把物种在第一次杂交时的不育性和由它们产生出来的杂种的不育性混淆在一起。

众所周知，纯粹的物种具有完善的生殖器官，但是当它们相互杂交时，却很少产生后代，甚至根本不产生后代。更为明显的是，从动物或植物的雄性生殖质中，都可以看出杂种的生殖器官已经失去了机能的效用；虽然其生殖器官的构造在显微镜下依然完善。第一种情形中，形成胚体的雌雄性生殖质是完善的；第二种情形中，雌雄性生殖质要么完全不发育，要么即使发育了也不完备。当我们考虑到上述两种情形所共有的不育性的原因时，以上区别是极其重要的。由于把上述两种情形下的不育性都看作是我们的理解能力不能掌控的一种特别禀赋，所以这两者之间的区别大概就要被忽略了。

物种的变种，即我们知道或是相信是从物种的共同祖先传下来的类型，就我的学说来论，其杂交的能育性，以及它们杂种后代的能育性和物种杂交的不育性，都具有同等重要的意义，因为它在物种和变种之间划出了一个明确而清楚的界限。

物种不育性的差异

生物种与一个不同的个体或变种进行偶然的杂交，可以提高后代的生活能力和能育性；而太过亲近的近亲交配，则会降低它们的生活能力和能育性。

我们首先要谈的是有关物种杂交时的不育性及其杂种后代的不育性。对此，科尔路特和盖特纳倾尽一生来进行研究，他们都是值得称道的观察者。从他们的研究报告和著作中，大家都能体会到物种的某种程度的不育性是极其普遍的，科尔路特把这个规律普遍化了。他在十个实例中发现有两例，虽然人们大多把它们看作是不同的物种，但他却因为其杂交时的育种能力强，便果断地把它们列为了变种。盖特纳也把这个规律普遍化了，不过他对科尔路特所举的十个实例稍有微词。盖特纳秉着十分谨慎的态度，将这一些实例集中起来，仔细地去数种子的数目，以便指出其中存在着何种程度的不育性。他分别统计了三个数目：一个是两个物种第一次杂交时所产生的种子的最高数目；一个是两个物种的杂种后代所产生的种子的最高数目；一个是双方纯粹的亲种在自然状态下所产生的种子的平均数目。他将这些数字进行了比较。但这一做法无疑会导致严重的错误：进行杂交的一种植物必须去雄[1]和隔离，以防止昆虫为其他植物传递花粉。另外，盖特纳几乎都用盆栽植物来试验，且全部放置在他住宅的一间屋子里。毫无疑问，这一做法势必会损害一些植物的能育性。还有就

□ 海绿

盖特纳用实验证明，即便物种在杂交时的能育性很强，其杂种后代也都普遍具有不育性。例如，红花海绿和蓝花海绿这两个变种都是具有不育性的。图为海绿花。

[1] 去雄：指除去花的雄性器官，与之相似的还有“去式”，指的是除去雄性动物的生殖器。

是，盖特纳在表中所举出的大约20个例子的植物都被去了雄，并且都以它们自己的花粉进行人工授粉（除了荚果植物，其他的很难实施手术）。这就意味着，一半的植物将在能育性上受到某种程度的损害。而且盖特纳一直在用普通的红花海绿和蓝花海绿反复杂交，而它们都曾被优秀的植物学家们列为变种。盖特纳发现，它们都是绝对不育的。所以，对于他的结论，我们难免有所怀疑。

真实情况应该是这样的：一方面，各个不同物种杂交时的不育性，在程度上是不相同的，其差异不易察觉，并逐渐消失；另一方面，纯粹物种的能育性极易受到各种环境条件的影响，使得人们很难指出物种的完全能育性和不育性的时间界限。对此，我认为，不如以前面两位最有经验的观察者所提出的事实为证，因为他们对于某些完全一样的类型曾得出完全相反的结论。至于某些可疑类型究竟应列为物种还是变种，我想，把优秀的植物学家们提出的证据、不同的杂交工作者从能育性推论出来的证据、同一观察者从不同年代的试验中推论出来的证据加以综合比较，是极其有效的。总之，从以上情形可以看出，无论不育性还是能育性，在物种和变种之间都不能提供任何明确的区别。从中得出的证据正逐渐开始减弱，并且与从其他体质、构造上的差异所得出的证据一样可疑。

杂种在连续世代中存在着不育性。于是，盖特纳十分小心地防止着一些杂种和纯种的父母相杂交，一直把它们培育到六代至七代，有一例甚至超过十代。但盖特纳证实，它们的能育性从未增高，甚至普遍降低了。关于能育性的降低，我们首先应该注意，当双亲在构造和体质上都出现偏差时，常常会以扩增的方式传递给后代，这时，杂种植物的雌雄生殖质也会随之受到影响。但我相信，在这些例子当中，所有能育性的降低都是由于太过亲近的近亲交配造成的。为此，我曾做过许多试验，并搜集到

□ 红树发芽

胎生本是哺乳动物的一种特殊的生殖方式。但少数植物也可胎生，如红树。红树于每年春秋两季开花，结果较多。其种子在没有离开果实之前就已经萌发，形成20~40厘米的根棒状“角果”。其实，这就是由种子萌发的幼苗。这些幼苗生长在母树上，像胎儿一样吸取母树的营养。

许多事实。这些试验或事实表明，生物种与一个不同的个体或变种进行偶然的杂交，可以提高后代的生活能力和能育性；而太过亲近的近亲交配，则会降低它们的生活能力和能育性。试验者们培育出的杂种很少，而且因为亲种或者其他近缘杂种一般都生长在同一个园圃内，所以还需谨慎地防止昆虫的传粉侵入。杂种如果独自生长，则会在每一世代中自花授粉，其能育性就因为杂种的缘故而降低了，如果被昆虫传粉，就更容易受到损害。盖特纳对此曾反复强调说，如果用同类杂种的花粉对那些能育性较低的杂种进行人工授精，哪怕手术会带来一些不良影响，它们的能育性还是会提高，并不断地提高着。我在观察中发现，在人工传粉的过程中，同花和异花的花粉被偶然采集的概率是一样的。因而人们大概经常用同一植株上的两朵花进行杂交。另外，在做复杂试验的时候，像盖特纳那样谨慎的观察者，一般会把杂种的雄蕊去掉，以保证在每一世代中用异花的花粉进行杂交。而异花要么来自同一植株，要么来自同一杂种性质的另一植株。我相信，这种方法的受精，定与自花授粉的效果相反，它可使杂种的能育性在历代中得到提高，这也许就是避开了过于亲近的近亲交配的结果吧。

□ **月蛾的警告**

月蛾是异角亚目昆虫的通称，其触角形状因种而异，有鞭状、丝状、羽状、栉齿状及纺锤状等。鸟看到它会扫兴离开。月蛾的幼虫多以植物为食，为农林害虫。

我们的第三位杂交工作者赫伯特牧师，也是一位富有经验的观察者。他在自己的结论中强调，某些杂种与纯粹亲种一样具有能育性。他对盖特纳曾经试验过的物种进行了试验，得出了完全不同的结果。他们之所以得出不同的结果，大概是因为赫伯特的园艺技能超群，且又有温室的缘故。他有很多关于此种试验的重要记载。关于长叶文殊兰，他记载道：“在长叶文殊兰的蒴中的各个胚珠上授以卷叶文殊兰的花粉，就会产生一个在它的自然受精情形下我从未看见过的植株。”这就表明，两个不同物种的第一次杂交，是能够获得完全的能育性的。

这个例子使我想起了另一个奇妙的现象来。半边莲属、毛蕊花属和西番莲属

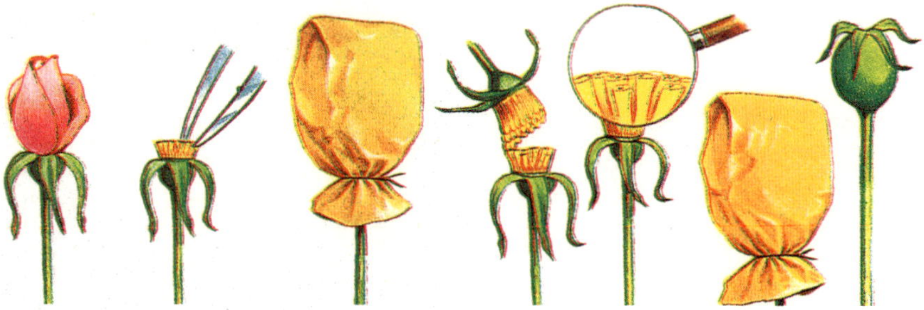

□ 胚珠

胚珠的形成过程是这样的：首先选择一雌一雄两朵不同品种的花朵。把雄花蕾切开（将茎保留一点儿）放入水中，把雌花中的雄蕊去掉，将雌蕊保护好，使其带有花粉；用雄花的花蕊摩擦雌花的雌蕊，让花粉附着在雌蕊顶上，把雌花保护一星期。这段时间里，雌花的圆形底部开始长大，它所包含的胚珠即将成熟，届时可用来播种。

的某些物种的个体植物，很容易异花受精，却不易同花受精，虽然前一种情形证明它是十分健全的。而据希尔德布兰德教授、斯科特和米勒先生证实，在朱顶红属和紫堇属及各种兰科植物里，一切个体都会出现这种特殊的情形。所以，某些物种只是一些异常的个体，而有的物种的一切个体都能产生杂种，且比同花授精更容易产生杂种。这里再举一个例子：朱顶红的一个鳞茎上开了四朵花，赫伯特在其中的三朵花上授以它们自己的花粉，使其受精，而在第四朵花上授以从三个不同物种传下来的杂种花粉，使其受精。其结果是——同花授粉的那三朵花的子房很快停止了生长，几天后便完全枯萎了。异花受精的第四朵花上的蒴则生长旺盛，很快成熟并结下了自由生长的优良种子。多年来，赫伯特先生曾无数次地重复过这样的试验，得到的结果都一样。这说明，决定一个物种能育性高低的，往往是一个细微到令人不可思议的原因。

园艺家的试验虽然缺少科学的精密性，但仍然值得我们关注。天竺葵属、吊金钟[1]属、蒲包花[2]属、矮牵牛属、杜鹃花属等物种之间的杂交方式是极其复杂的，但这些杂种却都能自由地结子。赫伯特证实说，他曾从习性完全不同的绉叶蒲包花和车前叶蒲包花这两个物种中得到一个杂种，它们能够自己繁殖，“就

[1] 吊金钟：杜鹃花科，又称铃儿花、倒挂金钟、灯笼花。因花期在农历新年前后，故又称中国新年花。

[2] 蒲包花：玄参科，花期长，花朵艳丽，花形奇特。原产于南美洲墨西哥、秘鲁、智利一带。

好像是来自智利山中的一个自然物种”。我曾竭力探索杜鹃花属的杂交能育性程度，我相信，它们大多是完全能育的。诺布尔先生告诉我，他曾把小亚细亚杜鹃花和北美山杜鹃花的一个杂种嫁接在某些砧木上，结果这个杂种“有我们所能想象的自由结子的能力”。如果在正确的管理下，杂种的能育性在每一连续世代中经常出现持续性的减低现象，那么，正如盖特纳所说，这样的事实一定早被园艺家注意到了。其实，对物种的正确管理应该像园艺家们的做法那样，把同一个杂种培育在广大园地上，这样就可以借助昆虫的媒介作用，使个体之间可以自由地杂交，从而避免近亲之间交配的有害影响。只要对杜鹃花属杂种中能育性差的花进行观察，就会发现，它们虽然不产生花粉，但其柱头上却有来自异花的大量花粉，这大概就是昆虫作为媒介发挥的效力。

对动物来说，这样的试验相对较少。如果动物各属彼此之间的区别就像植物各属一样分明，我们也许就能推断出：在自然系统里，那些亲缘关系较近的动物，比植物更易于杂交，但其本身则更不能生育。不过，由于圈养动物中能够自由生育的极少，因而这样的试验也进行得很少。人们曾将金丝雀和九个不同的雀种在圈养中进行杂交，结果全都能够生育，所以我们没有理由期望它们的第一次杂交，或者它们的杂种能达到完全能育。再者，就那些比较能育的动物杂种在连续世代中的能育性而言，难以证明从不同父母同时培育出同一杂种的两个家族，是否曾经刻意避免近亲交配的恶劣影响。而与此相反的是，在通常情况下，动物的兄弟姊妹却在每一个连续世代中互相交配，与饲养者反复提出的告诫背道而驰，这无疑会导致杂种固有的不育性将继续提高。

虽然我无法举例证明动物的杂种是完全能育的，但我有理由相信凡季那利斯羌鹿和列外西羌鹿，以及东亚雉和环雉之间的杂种是完全能育的。卡特勒法热证实说，在巴黎，柞蚕和阿林地亚蚕的杂种之间的相互交配已经达到了八代，现在仍能生育。最近他还确认，两个不同的物种杂交后也能产生后代，如山兔和家兔，它们的后代与任何一个亲种进行杂交，都能高度生育。欧洲普通鹅和中国鹅是两种不同的物种，它们被列为不同的属，它们的杂种与任何一个亲种杂交都是能育的。艾顿先生曾从同一对鹅父母中培育出了两只杂种鹅，但不是同时孵化的。后来，他又从这两只杂种鹅中育出了8只杂种（已经是最初两只纯种鹅的孙代了），这无疑是一项伟大的成就。印度杂种鹅的能育性更强，布莱斯先生和赫顿大尉告诉我，印度到处都饲养着这样的杂种鹅群。在那里，纯亲种已经没有了，

□ **蕨类植物**

蕨类植物，蕨科，多年生草本。根壮茎长而横走，密被黑褐色茸毛。叶大，三或四回羽裂，侧脉两叉。孢子囊群生于叶背边缘，囊群盖呈条形，膜质，蕨类植物依靠其完成无性繁殖。

人们饲养杂种纯粹是为了谋利，所以，它们必须是完全能育的。

不同品种的家养动物，经过互相杂交，也是非常能育的。但这些家养动物大都是从两个或两个以上的野生物种传下来的。由此，我们可以推断，它们的能育性存在两种情形：①原始的亲种最初产生的杂种就是完全能育的；②杂种是在家养过程中变为能育的。后一种情形是由帕拉斯最先提出的，从实际情况来看，它的可能性很大，让人无法怀疑。例如，家养狗是从几种野生祖先那里传下来的，这似乎已经成为了一种共识。根据考察，除了南美洲的某些原产的家狗，几乎所有的家狗的互相杂交，都具有良好的能育性。如此一来，我很怀疑，这几个原始物种的祖先最初是否也曾经互相杂交，并产生了十分能育的杂种？我的这个想法从最新材料中得到证实：印度瘤牛与普通牛的杂交后代互相交配，其后代是完全能育的。再加上卢特梅耶和布莱斯先生分别对它们的骨骼差异和习性、声音、体质差异的观察和证实，这两个类型被认作是完全不同的物种。在猪的两个主要的族中，也存在着类似的情形。由此给了我们启示：如果我们不放弃物种在杂交时的普遍不育性的信念，那么，就得承认动物的这种不育性具有在家养状况下逐步消除的性质。

根据动植物的互相杂交的既定事实，我们可以得出这样的结论：第一次杂交及其杂种具有某种程度的不育性，这是一个很普遍的结果；然而，就我们现有的知识水平，却不能断言这是一种绝对普遍的现象。

对第一次杂交和杂种不育性起支配作用的法则

一般说来，如果两个物种很难杂交，杂交后又很难产生后代，那么其所产生的杂种一般是不育的。人们往往将第一次杂交的困难及产生出来的杂种的不育性联系在一起，其实它们是独立的现象，混淆在一起是绝不科学的。

对于这一法则，我准备详细地讨论一下。我们的主要目的在于，确定这些物种是否曾被特别赋予了一种不育的性质，以阻止物种之间的杂交。下面的结论是盖特纳从植物杂交实践中得出来的。我曾费尽心思，想探究这些法则在动物方面究竟能应用到什么程度。在目前杂种动物知识极其匮乏的情况下，我惊奇地发现，这些规律是如此普遍地应用在了动物界和植物界。

前文已经谈到，物种第一次杂交以及杂种的能育性的发展，是从完全不育逐渐级进到完全能育的一个过程。而且这种级进可以通过很多奇妙的方式表现出来。例如，如果我们把某一物种的花粉放在另一物种的柱头上，与无机的灰尘相比，其产生的影响一样。从这种绝对不育开始，把不同物种的花粉放在同属的某一物种的柱头上，可以产生数量不同的种子，从而逐渐形成一个具有完全系列的级进，最后几乎完全能育甚至十分能育；在某些异常的状态下，它还有可能达到过度能育的状态，大大超过用自己的花粉所产生的能育性。杂种也有这种特性。有些杂种即使用一个纯粹亲种的花粉

□ **食肉植物——狸藻**

在自然的进化中，出现了一种神奇的物种——食肉植物。食肉植物大多生长在长期被雨水冲洗或缺乏矿物质的地区，它们能够捕捉昆虫为食，猪笼草和狸藻类都有这种功能。狸藻是生活在水中的食肉植物，它长着许多小口袋，袋口有个只能向内开的盖子。当水中的小虫游到袋口附近，稍一触碰，盖子就会自然打开，小虫就会掉入陷阱而无法脱身。

来受精，它也从来没有，甚至永远不会产生出一粒能育的种子。然而，在此类例子中，也有一些能育性的最早痕迹：用一个纯粹亲种的花粉来受精，它可以使杂种的花比未曾这样授粉的花更早地凋谢。我们知道，花的早谢是物种初期受精的一种征兆。从这种极度的不育性开始，我们有了自交能育的杂种，它可以不断产生出更多的种子，最终达到完全的能育。

一般说来，如果两个物种很难杂交，杂交后又很难产生后代，那么其所产生的杂种一般是不育的。人们往往将第一次杂交的困难及产生出来的杂种的不育性联系在一起，其实它们是独立的现象，混淆在一起是绝不科学的。因为在很多情况下，两个纯粹物种也能非常容易地杂交，并产生无数的杂种后代，如毛蕊花属，但这些杂种也是不育的。而相反的情况也存在着，有些物种很少或者极难杂交，但其杂种后代却都有着很强的能育性。而且在同一个属中，例如在石竹属中，往往是这两种完全相反的情形并存。

与纯粹物种的能育性相比，第一次杂交和杂种的能育性，更容易受不良条件的影响。不过，从物种的内在特性来看，第一次杂交的能育性十分容易变异，同样的两个物种，在相同的环境条件下进行杂交，它们的能育性程度也会不一致。这还与被偶然选作试验用的个体的体质有关。杂种也是这样，虽然它们是从同一个蒴里的种子培育出来的，而且都处在同等的条件下，但它们的能育性程度往往是不同的。

□ **植物的块根**

植物的根长得很快。在发芽时，根是最先发育的器官。根分为突起根、块根、空中根和攀缘根四种，各具特性。如大丽花和某些如同红门兰那样的广适性兰科植物，在齐根之处长有丰满的隆起，人们称之为块根，为了植物的繁殖，人们可以把块根分开；又如常春藤的空中根可当作钩子抓住其支撑，根的力量很大，可钻入石头或砖头的缝隙中，这是一种攀缘性的根系。

作为分类系统上的一个名词，亲缘关系指的是物种之间具有相似的构造和体质。物种第一次杂交及杂种的能育性，大多是由它们的分类系统的亲缘关系所决定的。被分类学家列为不同科的物种之间从没有产生过杂种，而那些关系非常亲近的物种一般比较容易杂交，这就有力地证明了上述观点。然而，分类系统上的亲缘关系和杂交的难易之间并没有严格的关联。大量的事实证明，密切近似的物种并不能杂交，或者杂交困难；而那些不同的物种之间却很容易杂交。一般来说，在同一个科里会有一个属，如石竹属，它的很多物种能够非常容易地杂交；而另一个属，如麦瓶草属，在人们竭力促使两个十分接近的物种进行了杂交之后，却未能产生一个杂种。甚至在同一属中，也会遇到这样的不同情形，如烟草属的很多物种彼此似乎都能很容易地杂交；然而盖特纳却发现，智利的尖叶烟草，虽曾与至少八个烟草属的其他物种进行过杂交，却一直不能受精，也不能使其他物种受精。类似的例子远不止这些。

光从对性状的分辨来说，没有人能够说明，究竟是什么种类或什么数量的差异，才能阻止两个物种杂交。事实证明，即使是习性和外形明显不同的物种——在花的每一部分，甚至连花粉、果实、子叶都存在着极其显著的差异的植物也能够杂交。一年生植物和多年生植物，落叶树和常绿树，以及生长在不同地点、适应不同气候的植物，通常也能够很容易地杂交。

两个物种的互交，如先以母驴和公马杂交，再以母马和公驴杂交，其难易程度相差较大。这种现象有着重要的意义，因为它证明了物种的杂交能力通常与它们的分类系统的亲缘关系完全无关，即与它们在生殖系统以外的构造和体质的差异完全无关。科尔路特早就观察到了相同的两个物种之间在互交结果上的多样性。这里我试着再举一例：紫茉莉能比较容易地由长筒紫茉莉的花粉来受精，其杂种的能育性很强。但如果反过来用紫茉莉的花粉使长筒紫茉莉受精，则完全不可能。对此，科尔路特曾在八年时间中接连尝试了200次以上这种试验，结果都以失败告终。还有就是，特莱在墨角藻属里也观察到了同样的事实。盖特纳发现，物种互交的难易不同是一个非常普遍的事实，比如亲缘接近的一年生紫罗兰和无毛紫罗兰之间，就存在着这种情形。还有一个事实值得注意，即那些从完全相同的两个物种互交而来的杂种，其外部性状的差异虽然极小，但其能育性却稍有不同，有时甚至会呈现出很大的差异。

盖特纳的著述里还记述了物种的一些其他奇妙规律。例如，某些物种特别能

□ 花开扁平茎上

仙人掌属于脂肪性植物（多汁），其小球状茎是带有水分的储备库，能更好地保存水分，抵御沙漠的恶劣条件，而且也能保护自己不受烈日的侵袭和伤害。仙人掌的扁平茎被称作“球拍”。它们渐渐失去了圆盘形状而变成圆筒形状。图中这块扁平茎上面开放着鲜艳的花朵。

和其他物种杂交；同属的其他物种，则又特别能使自己的杂种后代与自己相似。不过，物种的这两种能力也不一定并存。有一些杂种，并不像通常情况下那样，具有双亲之间的性状，而只是与双亲的某一方十分相似，虽然其在外观上与亲种的一方很相似，但它们几乎都是不育的。一些具有双亲之间的中间构造的杂种，偶尔会出现例外或异常的个体，这些个体与纯粹亲种的一方很相似，但也几乎是不育的，即便与它们从同一个蒴里的种子培育出来的其他杂种是能育的。这些事实说明，一个杂种的能育性和它在外观上与纯粹亲种的相似性完全无关。

以上我们考察了支配第一次杂交和杂种的能育性的几个法则，并从中看出，当真正的不同物种进行杂交时，其能育性是从完全不育逐渐向完全能育过渡的，有时其能育性极强。它们的这种能育性，除了明显受到条件的影响外，其本质上是易于变异的。第一次杂交的能育性与其杂种的能育性相比，二者在程度上并不一致；而杂种的能育性与它们和任何一个亲种在外观上的相似性又完全无关。再有，两个物种之间的第一次杂交的难易程度，也并不总受其亲缘关系的支配，上述两个相同的物种，在互交结果中呈现出的差异性就证实了这一点。因为一般来说，某一个物种被用作父本或母本时，其杂交的难易程度会有所差异，甚至差异极大。另外，从互交中产生出来的杂种，其能育性也存在差异。

这些复杂和奇妙的法则，是否仅仅是为了阻止物种在自然状况下混交而被赋予的不育性呢？我认为并不是这样的。因为对于各个不同的物种来说，避免混淆都是同等重要的。可是为什么不同的物种杂交后的不育性程度会有如此大的差异呢？为什么同一物种的一些个体中的不育性程度会在本质上易于变异呢？为什么某些容易杂交的物种产生不育的杂种，而某些难以杂交的物种却产生能育的杂种呢？为什么相同两个物种的互交结果，常常会呈现出差异性呢？我们甚至还可以问：为什么要允许杂种的产生呢？既然自然界赋予了物种杂交的能力，为什么又以不同程度的不育性来阻止它们进一步繁殖呢？而且这种不育程度又和第一次杂交的难易程度并无太大关系。凡此种种，令人感到十分奇妙。

上述的法则和事实很明显地显示出，第一次杂交和杂种的不育性，仅仅决定于它们的生殖系统中的未知差异。这些差异具有特殊、严格的性质，以致造成了这样一种情形：相同的两个物种互交，其中一个物种的雄性生殖质虽然常常能自由地作用于另一物种的雌性生殖质，却不能翻转起来起作用。在此，我将用一个例子来解释我所说的不育性并不是被特别赋予的一种性质，而是伴随其他差异而发生的观点。例如，植物嫁接或芽接[1]的能力，对其在自然状态下的利益并不重要。因此，应该不会有人认为这种能力是被特别赋予的，而应该是随着两种植物的生长法则中的差异而产生的。有时，我们可以从树木生长速度的差异、木质硬度的差异、树液流动期间的差异、树液性质的差异等，找出某一种树之所以不能嫁接的缘由，但是在多数情形下，我们却找不出任何缘由来。事实上，两种大小相差巨大的植物，一个是木本的，一个是草本的，一个是常绿的，一个是落叶的，而且面对不同气候的适应性也不同，但它们依然会进行嫁接。我们知道，物种的杂交能力要受亲缘关系的制约，嫁接也是如此，至今还没有人能把属于完全不同科的树嫁接在一起。与此相反，那些密切近似的物种或同一物种的变种，则在通常情况下易于嫁接，但并不绝对。它们的这种能力，和在杂交中一样，是肯定要受分类系统的亲缘关系所支配的。在同一科里，虽然许多不同的属可以嫁接在一起，但同时也存在着同一属的一些物种却不能相互嫁接的情形。梨和木孛被列为不同的属，梨和苹果被列为同属，事实上，梨在木孛上的嫁接远比在苹果上更容易。而不同的梨变种与木孛嫁接，它们的难易程度也有差异。如果将不同的杏变种和桃变种在某些李变种上进行嫁接，同样会出现类似的情形。

盖特纳发现，两个相同物种的不同个体在杂交中有时会表现出内在的差异；而萨哥瑞特也相信，同样的两个物种的不同个体在嫁接中也是如此。从前文可知，物种在互交中的难易程度通常是不同的，而在嫁接中亦是如此。比如，普通醋栗不能嫁接在穗状醋栗上，而穗状醋栗却能够嫁接在普通醋栗上，虽然并不那

[1] 芽接：先从枝上削取一颗芽，稍带或不带木质部，插入砧木上的切口中，绑扎起来，使之密接愈合。

□ 嫁接的三角梅

从生物学上来讲，嫁接是一种人工栽培植物的繁殖方法；具体来讲，是指人们把一种植物的枝或芽，嫁接到另一种植物的茎或根上，使接在一起的两个部分长成一个完整的植株。图为嫁接的三角梅，花分三瓣，簇拥成苞，艳丽动人。

么容易。

我们看到，具有不完全生殖器官的杂种的不育性，和具有完全生殖器官的两个纯种之间的难以结合是两回事，它们在很大程度上是平行的。嫁接也存在着类似的情形。杜因发现，刺槐属的三个物种在本根上可以自由结子，当它们成功嫁接到其属的第四个物种以后，却全不结子；而当花楸属的某些物种被嫁接到其他物种上时，其所结的果实要比在本根上多一倍。这使我想起了朱顶红属、西番莲属等特殊的物种，它们由异株的花粉受精，比由本株的花粉受精能产生更多的种子。

由此可见，虽然嫁接植物的单纯愈合，和雌雄性生殖质在生殖中的结合之间存在着明显的差异，但从最后的结果来看，不同物种的嫁接和杂交仍有基本平行的现象。既然支配树木嫁接难易的奇异而复杂的法则，是伴随营养系统中一些未知差异而发生的，那么支配第一次杂交难易的更为复杂的法则，也是伴随生殖系统中一些未知的差异而发生的。这两方面的差异，在一定范围内是遵循着分类系统的亲缘关系的。所谓亲缘关系，是试图说明生物之间各种相似和相异情况的一个分类系统。这些事实似乎都没有指明，各个不同物种在嫁接或杂交上的困难的大小，是一种特别的禀赋，虽然在杂交的场合，这种困难对于物种类型的存续和稳定是重要的，但在嫁接的场合，它对植物的利益并不重要。

导致第一次杂交不育性和杂种不育性的原因

导致杂种死亡的因素很多，而根本原因可能在于原始受精存在着某种缺陷，从而导致了胚胎不能得到完全的发育。

我也曾和一些植物学家一样，以为第一次杂交的不育性和杂种的不育性可能源于自然选择，是物种的能育性程度逐渐减弱所致。这种稍稍减弱的能育性与其他变异一样，是一个变种的某些个体和另一变种的某些个体杂交时自发产生的。正如人类同时对两个变种进行选择时，必须将它们隔离开来一样，如果两个变种或初期物种能够避免相互混淆，对于它们无疑是有利的。首先，那些栖息在不同地带的物种，杂交后一般是不育的，若使这些隔离的物种相互不育，对于它们显然是无益的，所以这种情形不可能是通过自然选择而发生。然而也可以这样说，如果一个物种和本地的某一物种杂交而变成不育，那么它和其他物种杂交必然也是不育的。其次，在物种的互交中，第一个类型的雄性生殖质完全不能使第二个类型受精，但第二个类型的雄性生殖质却能使第一个类型自由地受精，这种现象不仅与特创论[1]相抵触，同时也是违反自然选择学说的。因为生殖系统的这种奇异状态不会为任何物种带来利益。

要确定自然选择是否对物种互相不育起作用，最大的难点在于从有所降低的能育性到绝对的不育性之间，存在着许多级进的阶段。当一个最初的物种和它的亲种或某一个其他变种进行杂交时，如果呈现出某种轻微程度的不育性，那这种现象对这个初期物种是有益的——它可以减少劣等和退化后代的产生，从而避免其血统与正在形成过程中的新种互相混合。我们应该不怕麻烦地来对这些级进阶段进行考察，即从最初程度的不育性，通过自然选择而得到增进，最后达到很多物种共同具有的包括那些已经分化为不同属、不同科的物种所普遍具有的高度不育性，在这个过程中，我们会发现这个问题是极其复杂的。经过反复考虑，我认为这种结果可能不是经过自然选择得来的。如果以两个物种在杂交时产生的少

[1] 特创论：关于生命起源的一种理论。它的核心内容是将生命起源归因于超自然力量的干预，并认为物种之间是毫无关系的，且永恒不变。

数不育的后代为例，因为偶然因素获得了稍高程度的相互不育性，进而向前走出一小步而达到完全不育性，这对个体本身的生存会有什么利益呢？如果自然选择可以在这方面发生作用，那么由于大多数的物种是完全相互不育的，因此许多物种都必然会持续发生这种性质的增进。至于不育的中性昆虫，我们有理由相信，它们的构造和不育性的变异，是在自然选择中缓慢积累起来的；这样，它们所属的这一群与同一物种的另一群相比，就可以间接地占有优势。然而，那些生活在不育群体中的动物，如果某一个个体与其他某一变种进行杂交而具有些许的不育性，那么它是不会得到任何利益的，也不会间接地给予同一变种的其他个体什么利益，使之得以保存下来。

至于植物的杂种，我们已经确定，其不育性必定是由和自然选择完全无关的某个因素决定的。盖特纳和科尔路特曾经证明，在一个大属里，物种杂交之后，从产生越来越少的种子到不产生一粒种子为止（受某些其他物种的花粉影响，由胚珠的胀大可以看出来），其数量可以形成一个系列。选择那些已经停止产生种子且更不可能生育的物种，显然是不可能的；所以仅是胚珠受到影响时，并不能通过选择而获得几乎完全的不育性；还因为支配各级不育性的法则在动物界和植物界里具有很强的一致性，所以我们可以推论，不管这其中的原因是什么，它都应该是相同或近似的。

引起第一次杂交的和杂种的不育性的物种之间，是存在差异的。在此，让我们对其性质进行深入的考察。在第一次杂交时，显然有几种不同的因素造成了它们在结合和获得后代上的困难。有时雄性生殖质由于物理的关系不能到达胚珠，例如一些雌蕊过长而造成花粉管不能到达子房的植物等。据观察，把一个物种的花粉放在另一个亲缘疏远物种的柱头上时，虽然花粉管伸出来了，但它们并不能穿入柱头的表面。还有一些雄性生殖质，虽

□ **异型接合的良种玉米**

玉米的根系强大，有支柱根，秆粗壮。现代玉米品种产量的惊人成果来自于杂交。人们发现，通过杂交得到的植物在第一代就显得更加茁壮和多产，例如某些玉米品种的产量可增长至25%。孟德尔在他的有关遗传的著作中，对这种被称为“异型接合”的杂交现象进行了详细的阐述。

然到达了雌性生殖质，但不能使胚胎形成。特莱对于墨角藻所做的一些试验中，似乎也出现了此种情形。目前，人们还无法解释这些事实，就好像人们不能解释某些树为什么不能相互接枝一样。在上述的情形中，胚胎最后也许可以发育，但大部分会早夭，这一点还有待重视。对山鸡和家鸡的杂交有着丰富经验的休伊特先生曾写信告诉我，胚胎的早期死亡在第一次杂交的不育性中是极其常见的。索尔特先生曾检查过500个蛋，它们都是由鸡属的三个物种和它们的杂种相互杂交而来的。结果显示，这500个蛋中的大多数都受了精，其胚胎大都曾经部分地发育，但不久就死去了；而有些快成熟的，雏鸡却不能啄破蛋壳；即便是孵出了雏鸡，也会有4/5在前几天或前几个星期内死去。总而言之，“其中看不出任何明显的原因，可能仅仅是由于缺乏生存的能力而导致了死亡”。最后，索尔特先生只养活了12只小鸡。而大多数植物杂种的胚体，也以同样的方式死去。众所周知，从那些差异较大的物种中培育出来的杂种非常低矮，其生命力较衰弱，一般在早期就会死掉。对此，马克思·维丘拉还在他的研究论文中列举了一些关于杂种柳的显著事例。另外值得关注的是，在单性生殖中，那些没有受精的蚕蛾卵的胚胎，在经过早期发育后，也会像上述杂种的胚胎一样死去。在没有完全了解这些事实之前，我原本并不相信杂种的胚胎会夭折。因为我认为，杂种一旦产生，一般是健康长命的，正如骡的情形一样。不过，杂种在出生前后，其所生活的环境条件有所不同，如果它们生活在其双亲所生活的地方，则其适应力会比较高。然而，如果一个杂种只继承了其亲体一半的本性和体质，那么，它在出生之前，即在母体的子宫内，或在由母体所产生的蛋或种子内的时候，就可能已经处在某种程度的不适宜的条件之下了。出于这个原因，杂种很容易在早期死去，特别是那些对有害的、不自然的生活条件极其敏感的幼小生物。总之，导致杂种死亡的因素很多，而根本原因可能在于原始受

□ **新生的小鹿**

在有性生殖中，双亲的基因混在一起，会产生独特的后代。图片中，一只母鹿正舔着新生小鹿的毛，这只小鹿才生下来11分钟，是有性繁殖的结果。

□ 杂交狗

杂交狗会向陌生人吠叫，或在睡觉前转圈子、不停地走动，这些行为和它们几千年前的近亲——野狼是一样的。

精存在着某种缺陷，从而导致了胚胎不能得到完全的发育。

由于两性生殖质发育都不完全而导致的杂种的不育性，情况似乎有些不同。我曾不止一次地举出大量事实说明，动植物一旦离开其生存的自然环境，它的生殖系统就极易受到破坏，这也是驯化动物的最大障碍。由此引发的不育性和杂种的不育性之间，有许多相似之处。在这两种情形里，不育性和健康无关，而且不育的个体反倒大多身体肥硕。同时，不育性在这两种情形中呈现出不同的程度，雄性生殖质往往最容易受到影响，当然，相反的情况也时有发生。再有就是，物种不育的倾向在某种范围内和分类系统的亲缘关系有关，因为动物和植物的全群都是由于处在同样的不自然条件下而产生了不育杂种的倾向。另外，有时候一群中的某个物种也能抵抗环境条件的巨大变化，它的能育性非但毫无损伤，甚至还会产生异常能育的杂种。如果没有经过试验，无人敢肯定，某一动物能否在栏养中生育，或者说某一外来植物能否在栽培下自由结子；也没有人敢妄下断语说，一属中的任何两个物种究竟能否产生不育的杂种，不论其数量的多寡。最后，如果生物在数代中都处于不适合它们生存的自然条件下，便极易发生变异。至于变异的原因，部分可能是由于生殖系统受到特别的影响，虽然较之引起不育性发生时的影响要小。而杂种的情形与之相似，它们的后代也是很容易发生变异的。

由此可见，当生物处于新的和不自然的条件之下，或当杂种从两个物种的不自然杂交中产生出来时，其生殖系统都会受到相似的影响，但与物种的一般健康状态无关。显然，在前一种情形下，物种的生存条件虽然受到了影响，但十分轻微，所以我们往往难以察觉。而对于杂种来说，虽然外界的条件一样，但由于是两种不同的构造和体质（包括生殖系统）混合在一起，所以杂种的内部结构会受到扰乱。因为当两种结构相混合，杂种的发育、周期性的活动、不同器官的彼此相互关联以及不同器官与生存条件的相互关系，几乎都会不可避免地发生某种扰乱。如果杂种能够互相杂交并生育，它们就会把这种混合结构代代相传。虽然其不育性存在着某种程度的变异，但不会消失，有时甚至还会提高。出现这种现象，一般都是过分亲近的近亲交配的结果。

总的来说，我们对于杂种不育性的事实很难理解。例如，互交所产生的杂种的能育性，并不相等；密切类似于纯粹亲种的杂种，其不育性偶尔会有所增强。不过，我不敢说我的观点已经触及问题的根源，因为对于为何把一种生物放置在不自然的条件下就会变为不育的，我至今还不能作出任何解释。我只能说，当物种的某些方面存在相似之处，就有可能导致不育。前者是因为物种的生存条件受到了影响，后者则是因为两种体质混合而被扰乱。

这种平行现象也适用于类似的但又有所不同的一些事实。生活条件的任何微小变化，对于一切生物来说都是有利的，这种观念古来有之，我也曾对此举例论证过。农民和园艺者就会常常从不同土壤和不同气候的地方互迁种子和块根等，然后再换回来。而在动物病后的复原期间，其生活习性上发生的任何变化，对它们自身都是有利的。这些动植物的例子，都非常明确地证实了，同一物种的不同个体之间的杂交，会增强其后代的生存能力和能育性，但连续几代的密切亲近的近亲交配，如果其生活条件也不变，那几乎就要造成物种身体的矮小、衰弱或不育现象的发生。

据此，我们看到，一方面生活条件的微小变化，对于所有生物都是有利的；另一方面，轻微程度的杂交，即那些处于有微小差别的生活条件之下，或已经发生微小变异的同一物种之间的杂交，会增强其后代的生存能力和能育性。然而，我们曾经讲过，那些长久习惯于同一自然条件下的生物，一旦处于一个较大变化的环境中（如在栏养中），则往往会出现不育的现象。另外，两个相差甚远，甚至完全不同的物种，其杂交往往也会产生不育的杂种。我认为，这种双重的平行现象绝非偶然，也不是人的错觉。为什么大象和其他动物，在其乡土上处于半豢养状态下就不能生育了？如果有人能够对这一现象进行解释，那他也就能解释杂种一般不能生育的主要原因了。他甚至还能解释，一些处于新的和不一致条件下的家养动物在杂交时完全能育。要知道，它们是从不同的物种遗传下来的，而这些物种在最初杂交时几乎是不育的。

两组平行发展的事实，似乎被一个共同的、模糊的纽带连接在一起，从本质上看，它和生命的原则相关。赫伯特·斯潘塞认为，这个原则就是：生命决定于或者存在于各种不同力量的不断作用和反作用之中。它们在自然界中永远倾向于平衡状态，一旦这种倾向性被任何变化稍微扰乱，其生命的力量就会增强起来。

交互的二型性和三型性

在二型性的物种里，有两个结合是合法且充分能育的；另有两个结合是不合法且存在一定不育性的。在三型性的物种里，有六个结合是合法且充分能育的；有十二个结合是不合法且存在一定不育性的。

由于这个问题对杂交的性质比较重要，所以我决定对此稍加讨论。属于不同科目的若干植物，呈现出了数目大约相等的两个类型。观察发现，除了它们的生殖器官以外，其他地方并无任何差异。而生殖器官的差异有两种情形，即二型性和三型性。一种类型是雌蕊长、雄蕊短，另一种是雌蕊短、雄蕊长，它们都有大小不同的花粉粒，这是二型性的植物。三型性的植物存在三个类型，同样，它们的雌蕊和雄蕊的长短、花粉粒的大小、颜色，以及在其他方面都有所不同。而且，它们各自拥有两组雄蕊，即共有六组雄蕊和三组雌蕊。在长度上，这些器官有一定的比例，其中两个类型的一半雄蕊的高度与第三个类型的雌蕊柱头相等。植物要获得充分的能育性，最好是在两个雌雄蕊高度相当的类型间进行传粉授精，这是已被证实的了。因此，在二型性的物种里，有两个结合是合法且充分能育的；另有两个结合是不合法且存在一定的不育性的。在三型性的物种里，有六个结合是合法且充分能育的；有十二个结合是不合法且存在一定不育性的。

在以上所有不合法受精的状态下，也就是用与雌蕊高度不相等的雄蕊的花粉来受精时，会观察到它们的不育性，这与不同物种的杂交是一样的，都表现出了很大的差异，直至发展到完全不育。不同物种杂交的不育性程度取决于它们的生活条件是否适宜，而这些不合法的结合也是如此。如果将他种花和自花的花粉先后放在一朵花的柱头上，哪怕二者放上去的时间晚了很多，它依然占有绝对的优势，甚至还会将外来花粉的效果消除。同一物种的若干类型的花粉也是如此，因为当合法的花粉和不合法的花粉被放在同一柱头上时，前者比后者更占优势。对此，我进行了以下实验：我先在若干花上进行了不合法的受精，24小时后，我再用一个具有特殊颜色的变种花粉对其进行合法的受精，结果所有的幼苗都具有了这种特殊的颜色。这足以表明：只要是合法的花粉，即便是时间上延迟了，也仍能破坏或阻止最先受精的不合法的花粉产生的作用。再有，两个相同物种的互交，有时会产生完全不同的结果，三型性的植物也是如此。例如：如果用紫色千屈菜的短花柱类型的长雄蕊的花粉，对中花柱类型进行不合法的受精，是很容易的，而且能产生许多种子；但如果把二者反过来进行受精，则不能产生一粒种子。

更多类似的情形表明，如果让同一个物种的各个类型进行不合法的结合，它呈现出来的状况刚好与两个不同物种杂交时的状况完全一样。这一现象使我对从几个不合法的结合中培育出来的幼苗进行了长达四年的细心观察。观察的结果是：这些算得上是不合法的植物都不是充分能育的。从二型性的植物中，能培育出长花柱和短花柱的两种不合法类型；从三型性的植物中，能够培育出三种不合法的类型。这些不合法的类型都能以合法的形式结合起来。在完成了这些步骤以后，这些植物所产生的种子并不像其双亲在合法受精时所产生的那么多。原因在于它们都是不育的，只是程度有所不同而已。其中一部分甚至完全不育，而且无法矫正，它们在四年的时间里没有产生过一粒种子或一个种子蒴。这些不合法植物在合法形式下的结合产生的不育性，完全可以与杂种在互相杂交时产生的不育性相比拟。从另一方面看，如果一个杂种和纯粹亲种的任何一方进行杂交，其不育性通常会大大减弱；而一个不合法植株由一个合法植株来受精时，其情形也一样。正如

□ 果实的循环过程

下图呈现了果实的整个循环过程。首先，盛花期时，植物要完成授粉、受精的过程。然后子房内16个芝麻大小的白色胚珠中有一个开始膨大，比其他胚珠都大，呈心脏形。紧接着这个胚珠向子房下端发展，幼胚形成明显的胚根和子叶。其他不发育的胚珠呈褐色，残留在子房的上部。几天后，幼果增大，光合作用产物主要供应坚果的生长。果实成熟后便可以进行播种培育。

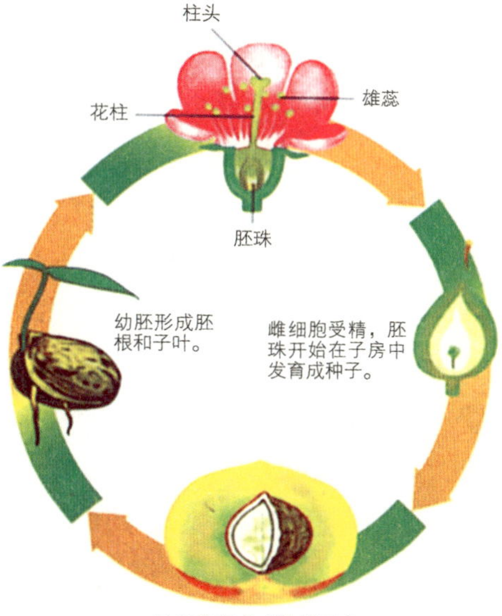

子房发育成成熟的果实。

杂种的不育性和两个亲种之间第一次杂交时的困难情况并非永远平行，一些不合法植物虽然是不育的，但是产生它们的亲种结合的不育性却并不大。从同一种子蒴中培育出来的杂种的不育性程度，有着内在的变异，不合法的植物更是如此。再有，许多杂种开花多、花期长，那些不育性较大的杂种则开花少、体质弱、矮小。各种二型性和三型性植物的不合法后代，也会出现极其相似的情形。

总的来说，在性状和习性上，不合法植物和杂种是极其相同的，即便说不合法植物就是杂种，也没有什么不妥。只不过，这样的杂种是在同一物种范围内，由某些类型的不适当结合产生出来的；而普通的杂种，则是从不同物种之间的不适当结合产生出来的。我们观察到，物种第一次不合法结合和不同物种的第一次杂交所反映出的各个方面，都是极其相似的。我想，例证可能更具说服力。让我们来假设，一位植物学家观察到，三型性紫色千屈菜的长花柱类型有两个明显的变种。于是，他决定用杂交形式来进行试验，以验证它们是否是不同的物种。然后他会发现，这些物种产生的种子数目可能只有正常情况下的1/5，而且它们还会呈现出类似于两个不同物种的情形。为了肯定此事，这位植物学家还得将这假定的杂种种子培育起来，于是他会发现，这些幼苗是如此矮小，且完全不育，其他各方面则和普通杂种一样。因此这位植物学家便认定，这两个变种是真实的和不同的物种，它们和世界上任何物种一样。然而，他这样是完全错误的。

以上所述的有关二型性和三型性植物的一些事实是至关重要的。首先，它表明了对第一次杂交能育性和杂种能育性减弱所进行的生理测验，并非区别物种的安全标准。第二，在不合法结合的不育性与其不合法后代的不育性之间，有着某一未知的纽带连接着它们，并引导我们把这个观点引申到初次杂交和杂种上面去。第三，同一个物种可能存在着两个或三个类型，在与外界条件有关的构造或体质上，它们并无任何区别。然而，当它们以某种方式结合起来时，就会产生不育性。我们必须记住，正是同一体型的两个个体的雌雄生殖质的结合，才产生了不育性；也正是两个不同体型的物种本身所固有的雌雄生殖质的结合，才产生了能育性。这样看来，同一物种个体的普通结合以及不同物种的杂交与这一情形刚好相反。但实际情形是否真的如此，还有待验证。

不管怎样，我们大致可以从二型性和三型性植物的考察中，对不同物种杂交的不育性以及杂种后代的不育性进行推论：它们大概完全决定于雌雄性生殖质的性质，而与物种的构造和体质的差异并无关系。通过对物种互交的考察，我们也可以得出同样的结论。因为在物种的互交中，一个物种的雄体不能够或很难和第二个物种的雌体相结合；但一个物种的雌体和第二个物种的雄体进行杂交却是十分容易的。优秀的观察者盖特纳就曾作出相同的推论：物种杂交的不育性完全源自它们生殖系统的差异。

杂交变种及其后代的能育性并非普遍现象

由于家养生物能够接受家养，因此它们对于自己生活条件的变化就不会太敏感。直至今日，它们大多还能够抵抗生活条件的反复变化而不降低能育性。

"杂交变种及其后代的能育性并非普遍现象"，可以作为非常有根据的论点，来主张在物种与变种之间，必定存在着某种本质上的区别。因为变种之间无论其外观上有多大差异，仍能轻易进行杂交，并产生出完全能育的后代。除了下面要谈到的几种例外，我也很认同这一规律。不过，关于这个问题还存在着许多难点。观察那些在自然状况下所产生的变种，即便有两个类型一贯被认为是变种，但一旦它们在杂交中表现出不同程度的不育性，多数博物学者就会立刻将它们列为物种。例如蓝繁缕和红繁缕（繁缕，别名鹅肠菜、鹅儿肠菜）就是如此，它们历来被当作是变种。但盖特纳说，因为这二者在杂交中是高度不育的，所以可以把它们列入物种中。如果用这种循环法进行辩论，我们就不得不承认，在自然状况下产生出来的一切变种都具有能育性。

如果我们把眼光转向在家养状况下或假定在家养状况下所产生的一些变种，我们不免会有所疑惑。比如，对于某些南美洲的土著家养狗与欧洲狗的难以结合问题，在每个人心中都会有一种看似合理的解释：因为它们是不同物种的遗传。然而，那些外形差异很大的家养族，如鸽子、甘蓝等，它们都有完全的能育性，这是值得关注的事实。要知道，还有很多的物种，虽然看起来极其相似，但杂交时却完全不育。

关于家养变种的能育性，在了解了以下几点后，我们就不会感到意外了。之

□ 屋顶长生花　雷杜德　水彩画　19世纪

屋顶长生花又名蜘蛛万代草、卷娟，长生草属，原产中南欧、北非和小亚细亚。屋顶长生花多为观赏用，也可作食用和药用。原种仅40余种，现经杂交繁殖已达250多种。

前说过，两个物种的外在差异量，并不能作为判断其相互不育性程度的标准。在变种的情形下，这一点同样是存在的。物种的不育性，完全取决于它们的生殖系统，而对家养动物和栽培植物来说，变化了的生存条件很难改变它们的生殖系统，以致引起互相不育。所以，我们有理由相信帕拉斯与之相反的学说，即在家养条件下，通常可以消除物种的不育倾向。如此一来，自然状态下的物种杂交时虽然可能存在某种程度的不育性，但其家养后代杂交时就会变成完全能育的了。在植物里，并不会因为栽培而造成不同物种之间的不育性倾向，然而，据一些确切的例子证明，某些植物甚至会受到相反的影响——它们变成了自交不育的物种，却保持着能够使其他物种受精及由其他物种受精的能力。如果我们接受帕斯拉的学说（这一学说令人难以反驳），那么，那些长久持续地处于同一生活条件下的物种就不可能是不育的。即使在某些情形里，具有特殊体质的物种偶尔会因此而发生不育性。这样，我们就可以理解，为什么家养动物不会产生互相不育的变种，以及我将要讲到的，为什么除了少数情形外，植物不会产生不育的变种。

我认为，这一问题的真正难点，并不在于家养品种何以在杂交时没有变成互相不育，而在于自然的变种在经历了长期的变化而获得了物种的等级时，就变得不再具备能育性了。我们不清楚导致这一变化的原因，但我们知道，由于自然状态下的物种与它们的无数竞争者展开了激烈的生存竞争，而且它们比家养变种更长时间地暴露在一致的生活条件之下，因此难免会产生极不相同的结果。我们也讨论过，如果把野生动植物变成家养的，它们就会变为不育。而一直生活在自然条件下的生物的生殖机能，对于在不自然状态下的杂交的影响，同样是非常敏感的。从另一方面看，由于家养生物能够接受家养，因此它们对于自己生活条件的变化就不会太敏感。直至今日，它们大多还能够抵抗生活条件的反复变化而不降低其能育性。据此，我们相信，由家养生物产生的品种，如果与同样来源的其他变种进行杂交，定会极少在生殖机能上受到这一杂交行为的有害影响。

综上所述，同一物种的变种进行杂交，似乎都是能育的。然而，也不乏少数变种在杂交时具有一定程度的不育性。盖特纳曾在他的花园内培育了一个黄种矮型玉米品种和一种红种的高型玉米品种，并持续了数年。这两个品种虽然都是雌雄异花，但并没有进行自然杂交。盖特纳便用一类玉米的花粉在另一类的十三个花穗上进行受精，结果只有一个花穗结了五粒种子。由于这些植物是雌雄异花，所以它们不会受到人工授精的有害影响。我相信没有人会怀疑这些玉米变种属于不同物种，特别是它们的杂种是完全能育的。因此，就连盖特纳也不敢把这两个变种归入不同的物种。

吉鲁·得·别沙连格对三个雌雄异花的葫芦变种进行了杂交，他断言，它们之间的差异愈大，其相互受精就越难。我没有把握这些试验有多大的可靠性，但萨哥瑞特把这些经过不育性试验的植物列为了变种，诺丹的结论也是一样。

下面的例子更值得我们关注，它们甚至是令人难以置信的。不过，它确实是盖特纳多年来对毛蕊花属的九个物种所进行的数次试验的结果。作为一个优秀的观察者和反对说坚持者，盖特纳观察到，黄色变种和白色变种的杂交，比同一物种的同色变种的杂交所产生的种子要少。他为此断言，当一个物种的黄色变种和白色变种与另一物种的黄色变种和白色变种杂交时，同色变种杂交所产生的种子比异色变种杂交的种子更多。此外，斯科特先生也曾对毛蕊花属的物种和变种进行过试验。他从另一个角度证实了盖特纳的相关判断。他发现，同一物种的异色变种比同色变种所产生的种子要少，其比例为86：100。这些变种只在花的颜色上不同，有时也可以从另一个变种的种子中培育出来。

科尔路特试验的准确性，已经被很多观察者所证实。他曾证明，如果普通烟草的一个特别变种与一个大小相同的物种进行杂交，会比其他变种更能生育。同时，他还对被公认为变种的五个类型进行了非常严格的互交试验，最后证明其杂种后代都是完全能育的。这其中的任何一个变种，无论将它用作父本还是母本，只要与黏性烟草进行杂交，其产生的杂种都不会像其他四个变种与黏性烟草杂交时所产生的杂种那样不育。由此推断，该变种的生殖系统一定以某种方式在某种程度上变异了。

□ 交配的黄守瓜

昆虫的求爱、交配，是传递生命种子的一个必要途径，同时，也是昆虫生命之舞的华美乐章。黄守瓜即叶甲，它们交配的姿势非常优美，整个过程充满甜蜜浪漫的色彩，雌虫在交尾后1~2天开始产卵。它们常在瓜叶、花朵里飞来飞去，表现出热恋的动人场景。

以上这些事实证明，进行了杂交的变种并非一定是高度能育的。要确定自然状态下变种是否具有不育性，是非常困难的，因为一个假定的变种在被证明有某种程度的不育性时，几乎都会被普遍地列为物种。问题在于，人们一般只关注家养变种的外在性状，而家养变种也没有长期处于一致的生活条件下。几经考察和思考，我们可以推论出：杂交时的能育与否并不能作为变种和物种之间的根本区别。我们不应该把杂交物种的不育性，看作是一种先天的禀赋，而应该将它们看作是伴随雌雄性生殖质中一种未知性质的变化而发生的。

杂种与混种在非能育性方面的比较

不论双亲之间的差异有多大，在同一变种的个体结合中、在不同变种的个体结合中或在不同物种的个体结合中，子代类似亲代的法则都是一样的。

除了能育性外，杂交物种的后代和杂交变种的后代之间，还有其他几个方面可以进行比较。盖特纳就曾强烈地希望，在这二者之间能划出一条明确的界限。然而，物种间杂种后代和变种间混种后代之间的差异，实际上很少，而且在我看来并不重要。相反，它们在许多重要方面却是高度一致的。

在此，我只能简要地讨论一下这个问题。以上二者最重要的区别是：在第一代中，混种比杂种更容易变异。不过盖特纳认为，在第一代中，那些久经培育的物种所产生的杂种更容易变异，我也曾见过这样的例子。盖特纳还指出，那些密

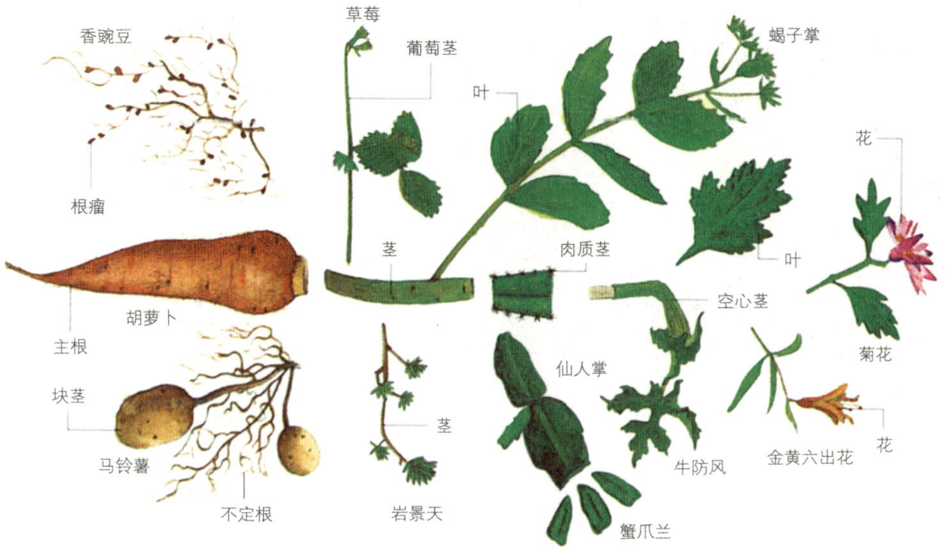

□ 不同被子植物的结构示意图

被子植物的种子被心皮包被，这点与裸子植物不同；被子植物的叶脉多为网状脉序和分叉脉序（天南星科植物独有平行脉序），这也和裸子植物叶脉的平行脉序相异。

切近似的物种之间的杂种比差别较大的不同物种之间的杂种更易变异。这说明物种变异性程度的差异是逐渐消失的。众所周知，在混种和比较能育的杂种繁殖了数代之后，其后代的变异性是非常大的。一些例子可以证明，杂种或混种长久地保持着不同的性状。总的来看，在连续世代里的变异性中，混种的变异性一般比杂种的要大。

以上结论其实不足为奇，因为混种的双亲是变种，且大都是家养变种（自然界的变种很少用作试验）。这就意味着，变异性发生的时间并不久远；杂交行为所产生的变异性在继续发展并增强着。也就是说，杂种在第一代时，其变异性尚微小，然后逐代增大。这一事实很奇妙，它和我提出的普通变异性的原因中的一个观点有关，即由于生殖系统对于变化了的生活条件非常敏感。因此，在上述情况中，生殖系统的固有机能就不能产生在所有方面都和双亲类型密切相似的后代。由于产生第一代杂种的物种的生殖系统未曾受到任何影响（经过长期培育的物种除外），所以它们不容易发生变异。然而，杂种本身的生殖系统却已受到了严重影响，所以其后代具有高度的变异性。

□ 杂交睡莲

早在2 000多年前，古埃及就已栽培睡莲，并视其为神圣之花。热带睡莲有两种类型，一种白天开花，一种夜间开花。2008年，英国皇家植物园首次成功地将这两种睡莲进行杂交，使之形成新的品种。

现在来比较一下混种和杂种的区别。盖特纳说，混种比杂种更容易恢复任何一个双亲类型的性状。假使这一说法是正确的，我认为也不过是程度上的差别而已。盖特纳明确指出，久经栽培的植物产生出来的杂种更容易出现返祖现象。对此，观察者们所得到的差异较大的结果，也许可以用来解释。马维丘拉曾对杨树的野生种进行过试验，他对杂种是否会重现双亲类型的性状持怀疑态度；但诺丹的看法正好相反，在对栽培植物进行试验以后，他坚持认为杂种普遍具有返祖现象。盖特纳又指出，任何两个彼此密切近似的物种，如果与第三个物种进行杂交，其杂种间的相互差异很大；但如果一个物种的两个不相同的变种与另一物种进行杂交，其杂种间的相互差异就不大。不过据我所知，该结论只是从某一次试验中获得，且与科尔路特所做的几个试验的结果正好相反。

以上这些就是我认为的不重要的差异。根据盖特纳的说法，杂种和混种，尤其是从近缘物种产生出来的那些杂种，也是依据同样的法则。当两个物种杂交时，具有优势的那个物种，会产出与自己相似的杂种。我相信植物的变种也是如此；而动物，必定也是一个变种常常比另一变种具有更大优势的传递力量。从互交中产生出来的杂种植物，一般都是极其类似的，混种植物亦是如此。无论杂种或混种，如果在连续世代里和任一亲体进行杂交，都会重现其亲体的性状。

上述的结论，显然也适用于动物。可是，部分动物有次级性征的存在，使得问题变得更加复杂。尤其是杂交中的某一性比另一性具有更大优势的传递力量时，这个问题就更为复杂。比如，我认为驴比马更具有优势传递力量，因为我们看到的骡或驴骡，都更像驴而很少像马。而公驴与母驴相比，前者更具有强烈的优势传承力量，所以由公驴和母马所产生的后代——骡，比由母驴和公马所产生的后代——驴骡，更像驴。

某些学者认为，混种后代不具有中间性状，它们与双亲中的任一方极其相似。其实这种情形在杂种里也会发生，只是比在混种里发生的要少。据我观察，因杂交而育成的动物，凡是与双亲中的一方相似的，其相似点都主要局限在几乎畸形或突然出现的那些性状上，如皮肤白化症、黑化症、无尾或无角、多指和多趾等，它们与通过自然选择而逐渐获得的性状无关。返祖倾向在混种里远比在杂种里更容易发生。总之，我完全同意普罗斯珀·卢卡斯博士的见解，他在搜集了有关动物的大量事实后，得出了以下结论：不论双亲之间的差异有多大，在同一变种的个体结合中、在不同变种的个体结合中或在不同物种的个体结合中，子代类似亲代的法则都是一样的。

除了能育性外，物种杂交的后代和变种杂交的后代，在所有方面似乎都高度相似。如果我们把物种看作是特别创造出来的，同时认为变种是根据次级法则产生出来的，那么，这种相似性便会使人震惊。但它与物种和变种之间并没有本质区别的观点是绝对符合的。

本章重点

在初次杂交时，不育性决定于几个条件，而在一些例子中主要取决于胚胎的夭折；对于杂种来说，不育性显然是因为整个体制被两个不同类型的混合扰乱了。

完全不同的物种类型的第一次杂交，以及它们的杂种，并非普遍具有不育性。不育性的程度如果以此为标准进行判断，往往差异甚微，就连最谨慎的试验者，也会在类型的排列上得出完全相反的结论。在同一物种的个体内，不育性是极易变异的，并且对生活条件适宜与否十分敏感。而不育性的程度，并不严格遵循分类系统的亲缘关系，而是被一些奇妙而复杂的法则所支配。在两个相同物种的互交里，不育性往往是不同的，有时甚至差异巨大。在第一次杂交及其杂种里，其不育性的程度也并非一样。

在树的嫁接中，某一物种或变种所具有的嫁接在其他树上的能力，是根据营养系统的差异而定，只是这些差异的性质至今仍是未知的。同样地，物种杂交时在结合上的难易程度，则视其生殖系统里的未知差异而定。人们所谓的想象，即为了防止物种在自然状况下的杂交和混淆，便特别赋予了它们各种程度的不育性，就像人们想象的关于树木嫁接的理由那样——为了防止树木在森林中的接合，便特别赋予了它们各种不同而又近似的难以嫁接的性质——是毫无根据的。

物种的初次杂交和它的杂种后代的不育性，并非通过自然选择而获得。在初

□ **美洲黄松的繁殖**

下图为一株美洲黄松的繁殖过程。美洲黄松苗木根系十分发达，垂直根生长能力强，植苗的成活率高。其繁殖过程为雄性配子体向雌性配子体授粉，在胚珠果内产生两枚卵细胞，与精子核结合形成胚芽，然后长成种子。

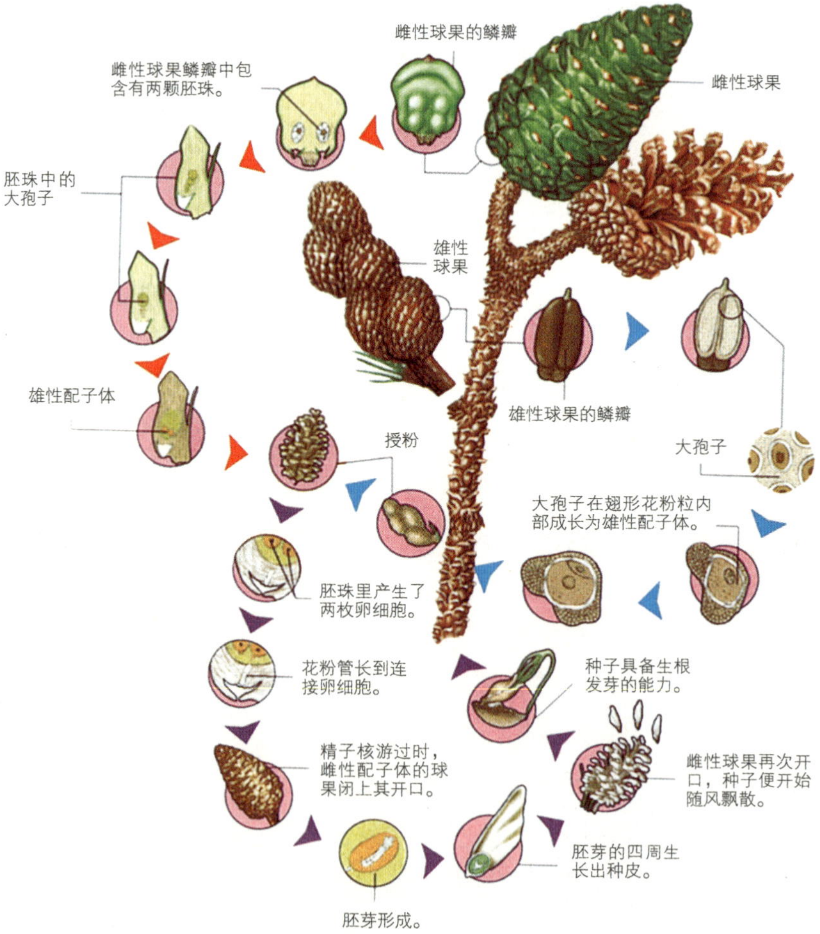

次杂交时，不育性决定于几个条件，而在一些例子中主要取决于胚胎的夭折；对于杂种来说，不育性显然是因为整个体制被两个不同类型的混合扰乱了。这种不育性和暴露在新的和不自然生活条件下的纯粹物种所经常发生的不育性是高度相似的。如果能够解释上述情形，那么同样也能解释杂种的不育性。有一种平行现象——生活条件的微小变化可以增加所有生物的生存能力及能育性，有力地支持着这个观点。还有就是，那些暴露在略有差别的生活条件下的、已经变异了的物种类型之间的杂交，对其后代的大小、生存能力及能育性是有利的。从二型性和三型性植物的不合法结合中所产生的不育性，以及它们的不合法后代同样具有不育性的事实中，我们大概可以推断：也许有某种未知的纽带，联结着初次杂交以及它们后代的能育性程度。综合关于二型性植物和互交结果的考察，便会得出这样一个明确的结论：杂交物种不育的主要原因在于雌雄生殖质中的差异。有人可能会问，在不同物种的情形下，为什么雌雄生殖质会发生或多或少的变异，从而造成这种相互不育性？对此，我们只能说，这似乎和物种长期暴露在近乎一致的生活条件下有着密切的关联。

□ **杂交惠兰**

杂交惠兰为多年杂交选育出来的优良品种，其花大、花多，花型规整丰满，色彩艳丽，花茎直立，花期长，长势健壮，栽培容易，近年来极为流行。

任何两个物种出现难以杂交，以及它们的杂种后代的不育性，即使原因各有不同，但在多数情形下是相应的。这也不足为奇，因为二者都决定于杂交物种间的差异量。第一次杂交的难易程度及由此产生的杂种的能育性和嫁接能力，从某种意义上来说在一定范围内都与被试验类型的分类系统的亲缘关系相平行，因为分类系统的亲缘关系包括了所有种类的相似性。

变种类型之间的第一次杂交，或者一种十分相似的、足以被认为是变种类型之间的第一次杂交及其混种后代，一般来说都是能育的，但并不绝对。如果我们记得，我们是那么容易地用循环辩证法来判断自然状态下的变种；记得大多数变种是在家养状况下，只靠外在差异的选择而产生出来，而且它们并没有长期暴露在一致的生活条件之下，则变种几乎普遍具有完全的能育性等，就不会感到奇怪了。我们应当特别记住，长期而持续的家养应该能消灭不育，更是很少能诱发不育性。除了能育性外，杂种和混种在其他几个方面都有着非常密切的相似性。它们的变异性、在反复杂交中彼此结合的能力，以及在遗传双亲类型的性状方面都是如此。总而言之，虽然我们至今还不知道物种的第一次杂交和杂种的不育性的真实原因是什么，也不知道动植物离开其自然条件后为什么会变为不育，但在我看来，本章所举出的所有事实，似乎与物种原系变种这一观点并不相悖。

第 9 章
关于地质记录的不完全性

CHAPTER 9

从沉积的速度和剥蚀的范围来推算时间的过程——古生物学标本的匮乏——所有地质层中都缺少大量的中间变种——全群近似物种的突然出现——近似物种群在已知化石层的最底层突然出现。

从沉积的速度和剥蚀的范围来推算时间的过程

在现存物种和灭绝物种之间，其中间连锁的数量一定非常大，甚至难以计数。倘若自然选择学说是正确的，那么，这些无数的中间连锁也一定曾在地球上生存过。

在第六章中，我曾一一列举了对于本书所持论点的主要异议，并对大部分异议进行了讨论。但是，其中还存在着一个明显的难点，即物种是如何被明显区分而没有无数的过渡连锁使其混淆的。为此，我曾举出理由说明，在今天这样明显有利于这些过渡连锁存在的环境条件下，在具有渐变的物理条件的广大地域上，为什么它们通常并不存在？我还曾竭力说明，每一个物种的生存，对已经存在的生物类型的依赖，比对气候要强烈得多。因此，那些真正具有支配力量的生活条件，并不会像热度或温度那样在不觉中逐渐消失。另外，我也曾努力说明，由于中间变种存在的数量比它们所连接的类型数量要少，所以在进一步的变异和改进的过程中，它们往往会被淘汰和消灭。可以说，无数的中间连锁之所以没有在整个自然界中随处可见，主要在于自然选择的作用。在自然选择的过程中，新的变种不断地排挤和代替它们的双亲类型。因为这种灭绝的过程曾经极大地发生过作用，因此根据比例，过去曾经生存的中间变种的数量应该也是巨大的。于是，人们便会问，为什么在各地质层中间没有充满这些中间连锁呢？地质学的确不曾揭示这些细微级进的连锁，这对于我所提出的自然选择学说来说，是一种有力的打击。但我认为，这主要是由于地质记录的极度不完整造成的。

首先，根据自然选择学说，我们应当永远记住，哪些种类的中间类型应该是在过去存在过的。我发现，在我们观察任何两个物种时，很容易就会直接想象物种之间的那些类型。这是完全错误的，我们应当永远追寻各个物种与它们共同的但未知的祖先之间的那些类型，虽然这个祖先在某些方面已经与变异了的后代迥然不同。比如扇尾鸽和突胸鸽都是由岩鸽传下来的，如果我们了解了所有曾经生存其间的变种，就能掌握这两个品种和岩鸽之间的关系了。事实上，它们各有一个极其密切的系列，没有任何变种是直接介于扇尾鸽和突胸鸽之间的。例如，具

□ **狼鳍鱼化石**

狼鳍鱼是一种东亚特有的中生代鱼类，根据出土的化石推断，狼鳍鱼的体长不会超过20厘米。它是目前已知最早的真骨鱼类。

有二者特征——稍微扩张的尾部和稍微增大的嗉囊的变种是不存在的。再则，这两个品种已经变得如此不同，如果我们只是根据它们和岩鸽在构造上的对比，而不了解它们起源的历史和其他间接证据，是不可能判断出它们究竟是从岩鸽还是从其他某一近似类型如皇宫鸽传下来的。

自然物种也是这样。当我们面对差别很大的物种类型，如马和貘，我们没有任何理由可以假定，那些直接介于它们中间的连锁类型曾经存在过。但我们可以假定，马或貘有一个未知的共同祖先，至此，才可以设想它们之间曾有过中间连锁的存在。这个共同祖先的整体机制与马和貘具有很大的相似性，但在某些个别构造上与二者可能存在较大差异，这种差异甚至比马和貘之间的彼此差异更大。从这个例子中，我们可以总结出，在此情形下，除非我们同时掌握了一条近乎完全的中间连锁，否则，不管我们将祖先的构造与其变异了的后代如何严密地加以比较，也不能辨识出两个或两个以上物种的双亲类型。

根据自然选择学说，在两个现存的类型中，一个有可能衍自于另一个，如马有可能源自于貘。因此，二者之间是有可能存在直接的中间连锁的。这就意味着，在一个很长的时期内，某个类型保持不变，而它的子孙却发生了大量的变异。不过，生物与生物之间的子体与亲体之间的竞争，会降低上述情形发生的可能性。因为在所有这些情形里，新的和改进的物种类型有压制旧的和不进行改进的物种类型的倾向。

根据自然选择学说，一切现存的物种，都曾经和本属的祖先存在联系，它们之间的差异，并不比今天我们看到的同一物种的自然变种和家养变种之间的差异大。这些目前已经灭绝了的亲种，同样与古老的类型有所关联；如果我们向上回溯，常常会把它们归到每个物种大纲的共同祖先上去。由此可以认定，在现存物种和灭绝物种之间，其中间连锁的数量一定非常大，甚至难以计数。倘若自然选择学

□ **沙岩磐石**

沙岩磐石坐落于美国犹他州错综复杂的峡谷之间的中心岩石地带，是大自然最美丽动人的景致：红色的沙岩磐石与圆顶，如同令人神往的宗教寺庙。照片反映的是大自然剥蚀的效果。

说是正确的，那么，这些无数的中间连锁也一定曾在地球上生存过。

但是，我们不但没有找到这些无限数量的中间连锁的化石遗骸，甚至还有一种反对论调横空出世，即一切生物的变化都是缓慢进行的，因此没有充分的时间来完成如此大量的有机演变。我想，除非我面对的是一位地质工作者，否则很难使他对“时间”这个概念有所了解。莱伊尔爵士所著的《地质学原理》[1]一书，就深刻揭示了过去时代曾是那样的久远。不过，单是研究《地质学原理》和各种地质层的论文，或收集学者们对于各个地质层的时间所提出来的模糊观念，还远远不够。只有在对发生作用的各项动力有所了解，对地面剥蚀的深度、沉积物的沉积情况都进行了研究以后，我们才可能获得对过去古老时间的一些概念。莱伊尔爵士曾明确指出，沉积层的广度和厚度是剥蚀作用的结果，也是地壳其他场所被剥蚀的计量。所以我们应当亲自考察层层相叠的所有地层的巨大沉积物，仔细观察小河带走泥沙的过程，以及波浪将海岸岩崖侵蚀的过程，才能对时代的时间过程有所了解，从而发现这一过程的标志随处可见。

沿着由并不坚硬的岩石形成的海岸，一路观察被自然力侵蚀剥落的岩石，对我们会有所帮助。海潮一般每天两次到达海岸的岩崖，时间极短。而只有在波浪挟带着细沙或小砾石冲击海岸时，岩崖才会被侵蚀，清水是无法侵蚀岩石的。在日复一日的反复冲刷中，海岸岩崖的基部终于被掏空了，巨大的岩石碎块落了下来。在岩石碎块落下后的固定地方，海水一点点地侵蚀着它，直到体积缩到很小，然后在波浪的旋转下，又被磨碎成小砾石、沙或泥。而那些海产生物却很少被磨损，很少被波浪转动。另外，如果我们沿着正在被自然力侵蚀剥落的海岸岩

[1] 莱伊尔爵士在书中提出，地球的变化是古今一致的，地质作用的过程是缓慢而渐进的；地球的历史只能通过当今的地质作用来了解。该观点被称为“均变论”。

崖行走几英里，就会发现这些正在被剥落的崖岸只不过是短短的一段，环绕着海角零零星星地存在着。然而，那些没有崩塌的地表和植被的形态都在告诉人们，它们的基部已经被水冲刷了很多年代。

可是，据近年来朱克斯、盖基、克罗尔以及先驱者拉姆齐等许多优秀的观察者观察，大气的侵蚀剥落力量，比海边和波浪的冲击力量更为重要。我们看到，整个陆地表面都暴露在空气和溶有碳酸的雨水的化学作用之下；在寒冷的地方，甚至暴露在霜的作用之下。已分解的物质，即使在平缓的斜面上，也会被大雨冲走；在干燥的地方，则被风刮走，这是极为常见的，其力量超乎人们想象。所有这些物质便被河川冲走了，急流加深了河道，河中的碎石被磨成碎片。如遇下雨，在地势凹凸的地方，我们也能从斜面流下来的浑浊泥水里，看到大气侵蚀剥落的效果，拉姆齐和惠特克就曾观察到类似的极为动人的现象。曾被当作海岸线的维尔顿区的巨大崖坡线，以及曾被看作是古代海岸的横穿英格兰的崖坡线，都不是在海边形成的。因为各崖坡线都是由一种相同的地质层构成的，而海岸岩崖则是由各种不同的地质层交织而成的。如果这是事实，那么这些崖坡则是由于构成它的岩石比周围的表面更能够抵抗大气的剥蚀作用而形成，并导致崖坡的表面逐渐陷下去，留下了比较坚硬的岩石所形成的线路。大气动力看似力量微小，工作的进度似乎也很缓慢，岂料它竟产生过如此伟大的结果。我们不得不说，再没有什么能比上述所得的这种信念更能使我们感到时间的久远了。

要了解过去时间的久远，除了对上述事实进行观察，我们最好再去考察广大地域上被移去的岩石和沉积层的厚度。我曾感动于火山岛被波浪冲蚀，并将四面削去，最后形成了高达1 000或2 000英尺的直立悬崖，因为将液体状态的熔岩流凝成平缓的斜面，正说明了坚硬的岩层曾经一度在大洋里伸展得十分遥远。断层那些巨大的裂缝能更明了地说明这一切，地层在裂缝的这一边隆起，在那一边陷下，其高度或深度通常可达数千英尺。自从地壳裂破以来，地面的隆起无论是突然发生的或是缓慢地由多次运动而形成的，都没有太大差别。总之，现在的地表已经变得非常平坦了，肉眼甚至已经看不出它曾出现过如此巨大转位的任何痕迹，如安格尔西岛[1]也曾陷落达2 300英尺，梅里奥尼斯郡的某一个地方应该也陷

[1] 安格尔西岛：英国威尔士西北部的一个郡，隔梅奈海峡与大不列颠岛相邻，是威尔士的第一大岛、英国的第五大岛。梅里奥尼斯也是威尔士的一个郡。

落达12 000英尺。随着这些情况的出现，地表上竟无该项活动的痕迹，因为裂隙两边的石堆已经被夷为平地。而克拉文断层上升了30多英里，沿着这一线路，地层的垂直总变位在600～3 000英尺之间。

世界各地的沉积层的叠积都是非常厚的。我曾估量，科迪勒拉山的一片砾岩可能有10 000英尺厚。虽然砾岩的堆积速度比密集的沉积岩快些，但从构成砾岩的小砾石被损耗和磨圆所需的时间来看，砾岩的积成依然是十分缓慢的。拉姆齐教授根据对很多地方的实际测量，计算出了英国不同部分的连续地质层的最大厚度，其结果如下：

古生代层（除火成岩）：57 154英尺

第二纪层：13 190英尺

第三纪层：2 240英尺

全部加起来是72 584英尺。如果将它们换算成英里，几乎有13.75英里。有些地质层在英格兰只是很薄的一层，在欧洲大陆上却厚达数千英尺。而且按照大多数地质学者的意见，在每一个连续的地质层之间，存在着一个极为久远的空白期。由此可见，关于英国高耸叠积层的堆积时间，仅能给人一个模糊的概念。

克罗尔先生在其论文里提到有趣的一点："我们对于地质时期的长度，作出极大的幻想，这是不会犯错的，但如果用年数来计算，就得犯错误了。"面对自然界的巨大而复杂的现象，再看到数百万年这个数字时，这二者在地质学者心目中立刻产生了完全不同的印象，即感到这个数字太小了。关于大气的剥蚀作用，克罗尔先生根据某些河流每年冲下来的沉积物的已知量与其流域相比较，得出了以下结果：

如果要把1 000英尺的坚硬岩石全部分解，直至完全移至平均水平线上，则需要花费600万年的时间。人们认为，这个数字实在惊人，即使把它缩减到1/2甚至1/4，也还是

□ 高地沙漠上的岩石景观

发生侵蚀作用时，岩石逐渐磨损消失，陆地渐渐被夷平。侵蚀和堆积的双重作用，对地表地形造成极大的改变。图中这个拱形物是在美国的犹他州国家公园发现的，它是几百万年前由于风和雨对岩石的侵蚀作用而成。

惊人的。这种想法源于人们对100万年的真实意义的不理解。于是，克罗尔先生用比喻来进行说明：用一张83英尺4英寸长的狭条纸，沿着一间大厅的墙壁延伸出去；我们在1/10英寸处做一记号，这个“1/10英寸”代表100年，整张纸条代表100万年。值得注意的是，在这个大厅里，用毫无意义的尺度所代表的100年，意义重大。一些优秀的饲养者，在自己的有生之年就极大地改进了某些高等动物，育成了新的亚品种。事实上，极少有人用半世纪以上的时间来观察物种的某个品系，所以100年象征着两个饲养者的连续接替性工作。我们不能假定，自然状态下生存的物种，能够像处于有计划地选择指导下的家养动物那样，迅速地改变。无意识的选择，即只保存最有用、最美丽的个体，而无意于改变其所属的品种。二者相比较，也许比较公平些。由于无意识的选择，在两到三个世纪里，各个品种就会发生明显的改变。

然而，物种的变化也许更加缓慢，而且在同一地方，只有少数的物种同时发生变化。之所以缓慢，是因为同一地区内的所有生物之间已经非常适应了。想要生物发生变化，除非经过漫长的时间，由于物理变化的发生，或者新类型的移入，否则，在自然机构中不会再出现新的位置。另外，具有正当性质的变异或个体差异，即某些生物能够在改变了的环境条件下适应新地位的变异，并不会马上发生。遗憾的是，我们无法根据时间来断定，一个物种的改变需要多长时间。

古生物学标本的匮乏

我们知道，沉积层是不能形成结晶花岗岩的原始被覆物的，由此看来，在世界上的某些地方，其整个地质层可能已经完全被剥蚀，以致毫无痕迹。

我们发现，即使是所谓馆藏最丰富的地质博物馆，其陈列品也是极其匮乏的。我们应记住古生物学者爱德华·福布斯的话：“大多数的化石物种都是根据单一的而且常常是破碎的标本来制作的，有些则是从某地采集到的极少数标本。地球上只有很少的一部分地区作过地质学上的发掘，而且每年欧洲的所有重要发现中，没有一处地方曾被细致地考察过。那些柔软的生物，都不能被保存下来；

□ **地质年代图表**

古生物学家根据化石周围岩石的年龄来确定化石的年代，这种方法叫“相对定年法”；又通过测定岩石和化石里所含的放射性化学物质，来确定它们形成的年代，这种方法被称为“绝对定年法”。

史前时期分为不同的阶段，叫“代”，每个代又分为若干“纪”，每一个纪都长达几百万年。如果从地球表面深挖下去，会找到各种存活于不同时期的动植物化石。

散落在海底的贝壳和骨骼，如果没有沉积物的掩盖，很快就会腐朽，直至消失。”我们错误地认为，几乎整个海底的沉积物都在堆积中，其堆积速度足够埋藏和保存化石的遗骸。大部分海洋都呈现为蓝色，证明其水是纯净的。许多记载显示，一个地质层在经过一个长时期的间隔后，会被另一个后起的地质层遮盖起来；在此期间，丝毫没有遭受到磨损。但其前提是海底必须很多年没有发生过变化。埋藏在沙子或砾层里的遗骸，常在岩床上升后，由于溶有碳酸的雨水的渗入而被分解。生长在海边高潮与低潮之间的许多种动物，似乎也很难被保存下来。例如，有几种藤壶亚科（无柄蔓足类的亚科）的物种数量巨大，在世界各海岸岩石上随处可见，它们都是严格意义上的海岸动物。人们曾经在西西里发现过其中一种在深海中生存的地中海物种的化石，除此之外，至今尚未在任何第三纪地质层里发现过其他物种，虽然我们确定藤壶亚科曾经生存于白垩纪。引起我们关注的是，在长时间内堆积起来的巨大沉积物中，竟然无一个生物的遗骸，这是我们至今仍然无法解释的。一个最显著的例子就是，由页岩和沙岩构成的弗里希地质层，其厚度达数千英尺，有的甚至达6 000英尺，从维也纳绵延到瑞士，其长度至少300英里。地质学家对它进行了极为细致的考察，结果除了少数的植物遗骸外，并没有发现任何化石。

同时，我们对那些生活在中生代和古生代的陆栖生物的证据是非常片面的。除了莱伊尔爵士和道森博士在北美洲的石炭纪地层中发现了一种陆地贝壳外，人们在中生代和古生代这两个极其广阔的时代里，尚未发现过任何其他陆地贝壳。所幸在前不久，在侏罗纪地层中发现了陆地贝壳。关于哺乳类的遗骸，莱伊尔

《手册》里的历史表值得一看。它揭露了哺乳类化石的真相，读起来比读文字更能直观地了解物种的保存是如何稀少和偶然。但是第三纪哺乳类的稀少是不足为奇的，因为它们的遗骸大部分是在洞穴或湖沼的沉积层里被发现的。

除了上述原因之外，地质记录的不完全还有一个更重要的原因，即各地质层相互之间有很长时间的间隔，包括像福布斯那样完全不相信物种变化的古生物学者，也赞同这一观点。当我们从一些著作中看到地质层的表格时，当我们进行实地考察时，便不得不承认它们之间是密切相连的。然而，从默奇森爵士所写的关于俄罗斯的巨著中，我们又了解到，在该国重叠的地质层之间，有着多么广阔的间隙。这种情形在北美洲以及世界的许多地方都是存在的。如果地质学家只把他的注意力放在自己的国家上，那么他绝不会想到，当他的祖国还处于空白荒芜时，巨大的沉积物已在世界的其他地方堆积起来了，且含有极其特别的新生物类型。如果在各个分离的地域内，对连续地质层之间所经过的时间长度没有一个明确的概念，那么可以设想，我们在其他任何地方也都不能确定这一概念。如果连续地质层的矿物构成不断地发生着巨大变化，便代表着周围的地质发生了巨大变化，沉积物也由此而来。这和在各个地质层之间曾有过很长的间隔时期的观点相符。

对于各个地区的地质层几乎都有间断，即它们并不是彼此密切相连接的事实，我们应该能够理解。我曾在南美洲进行过调查，发现那里的数千英里的海岸在短期内升高了几百英尺。最让我惊讶的是，其中竟没有任何近代的沉积物。那里有足够的广度，以持续保留哪怕是一个很短的地质时代而不被磨灭。整个西海岸栖息着一些特别的海产动物，可第三纪层极不发达，致使一些连续存在的、特别的海产动物的记录不能得以长久的保存。为什么我们没有在沿着南美洲西边升起的海岸发现含有近代的，即第三纪遗骸的巨大地质层？在遥远的古代，其沉积物的丰富是可以想象的。然而，只要根据海岸岩石的大量剥落和注入到海洋里去的泥流，我们便可以给予解释：一旦海岸沉积物和近海岸沉积物被逐渐升高的陆地带到海岸，在海浪的冲刷磨损下，便会渐渐被侵蚀掉。

由此断言，只有当沉积物形成非常厚的、坚实的、面积很大的巨块，才能在升高时和水平面连续变动时，抵抗住波浪的不断冲刷和后来的大气侵蚀作用。而如此厚重、巨大的沉积物，可以由两种方式堆积而成。一是在深海底部进行堆积。因为深海底不像浅海那样栖息着繁多的生物类型，因此当大块的沉积物上升之后，生活在其附近的生物所提供的记录便是不完全的。二是在浅海底进行堆积。如果浅海底持续缓慢地下沉，则沉积物就会肆意堆积到极大的厚度和广度。在后一种情形里，只要海底下沉的速度与沉积物的供给保持大致平衡，海水就一直是浅的，从而有利于多数的生物类型得以保存，包括那些变种。至此，一个富含化石的地质层便形成了——即使它上升为陆地时，其厚度也足以抵抗大气的剥蚀作用。

我相信，一切层内厚度的大部分富含化石的古代地质层，都是在海底下沉期间形成的。1845年，当我发表了对该问题的看法之后，就十分注意地质学的进展情况。令我惊讶的是，地质学家们讨论到各种各样不同的巨大地质层时，都先后得出了同样的结论，即它们都是在海底下沉时堆积起来的。我要补充的是，南美洲西岸唯一存在的古代第三纪地质层就是在水平面向下沉陷时堆积而成的，且非常厚。但是，即便它能够抵抗住大气的侵蚀，仍然难以持续到一个久远的地质时代，终将被磨平。

□ **大象**

远古时代，大象分布于非洲和北美洲。中世纪的西方人对大象的印象并不深刻，画家们也只会想起它们的长鼻和长牙，其他部位则与大象的实际形状大相径庭。

以上事实告诉我们，任一区域都曾发生过无数次缓慢的水平面振动，其影响范围极大。所以，在沉陷期间，那些富含化石的、有广度和厚度的、足以抵抗随之而来的大气侵蚀作用的地质层，就在广大的范围内形成了。然而，它的形成只局限于以下地方：在那里，沉积物的供给足以保持海水的浅度，能够使遗骸在未腐化前得以埋藏和保存起来。相反的，若海底保持静止，那些厚重的沉积物便不能在最适于生物生存的浅海部分堆积起来。如果是上升交替期，这种情形将更少。确切地说，那时堆积起来的海床，由于在升起时受到了海岸的作用，因此常常被毁坏。

以上论述，主要是针对海岸沉积物和近海岸沉积物。在广阔的浅海，如马来群岛的某些部分，深度通常在30～60英寻（1英寻=1 828米）之间，它的广大地质层应该都是在其上升期间形成的，在此期间，它们并未遭受到强烈的侵蚀。由于上升运动，地质层的厚度比海的深度小，因此地质层的厚度不会大；同时堆积物也不会凝固得很坚硬，其上也不会覆盖着各种地质层。所以，一旦进入水平面振动期，这种地质层就极易被大气、海水所侵蚀。不过，在霍普金斯先生看来，如果地面的一部分在上升后及未被剥蚀之前就下沉，那么，在上升运动中所形成的沉积层，即便不太厚，也有可能受到新堆积物的保护，并保存一个较长的时期。

霍普金斯先生认为，水平面广阔的沉积层少有被完全毁坏。然而，除了少数相信现存的变质片岩和深成岩曾一度形成地球的原核的人们以外，几乎都认为深成岩的掩盖部分大都已经被剥蚀。因为如果没有表被掩盖，这些岩石是不大可能凝固和结晶的。但如果变质作用发生在海洋深处，那么岩石以前的保护性表被就不会很厚。所以，如果我们承认片麻岩、云母片岩、花岗岩、闪长岩等曾经一度被覆盖，那么，对于世界很多地方的这种大面积的、裸露在外的岩石，我们是否只能以它们的被覆层已被完全剥蚀了来解释呢？要知道，这种岩石是大范围存在的。巴赖姆的花岗岩地区，据洪堡称，其面积至少是瑞士的20倍。布埃曾在亚马孙河的南面划出一块花岗岩地区，其面积相当于西班牙、法国、意大利、德国的一部分以及英国诸岛面积的总和。当然，以上说法目前还只是靠旅行家们所提出的证据来证明。冯埃虚维格曾经详细地绘制了这种岩石的区域图，它从里约热内卢一直延伸到内地，

□ **三叶虫化石**

地质年代是通过成千上万种生物的出现和消亡来呈现的。各个生代以其主要生物群为标志，例如古生代是三叶虫，中生代是恐龙。三叶虫是最具古生代特征的节肢动物，它们的出现标志着古生代的开始。三叶虫曾有1 500个种类，至今已全部灭绝。下图是古生代三叶虫化石。我们又把三叶虫化石称为燕子石或蝙蝠石，其种类繁多，大小不一，1厘米~1米不等。

□ **蜻蜓化石**

昆虫有不完全变态和完全变态两种类型。前者在个体发育中，只经过卵、若虫和成虫等3个时期；后者则要经过卵、幼虫、蛹和成虫等4个时期。完全变态的幼虫与成虫在形态构造和生活习性上明显不同。蜻蜓为不完全变态昆虫；蝶、蚊则是完全变态昆虫。图为蜻蜓化石。

直线长度达260英里。我朝另一方向旅行过150英里，眼中看到的都是花岗岩。在沿着从里约热内卢附近到普拉他河口全程约1 100英里的整个海岸线上，搜集了很多标本，最后证明它们都属于花岗岩。在整个普拉他河北岸地区，除了近代的第三纪层外，只有一小部分轻度变质岩。这也许是形成花岗岩系的原始被覆物所留下的唯一痕迹了。美国和加拿大等地是调查较为精密的地区，我曾根据罗杰斯教授的精确地图，把各区剪下来，并把它的重量进行计算，结果发现变质岩（半变质岩除外）和花岗岩的比例是19：12.5，二者的面积超过了全部较新的古生代地质层。如果我们把一些地区覆在变质岩和花岗岩上面的沉积层除去，则会发现其实际面积比我们表面上所见到的伸延得更广远。我们知道，沉积层是不能形成结晶花岗岩的原始被覆物的，由此看来，在世界上的某些地方，其整个地质层可能已经完全被剥蚀了，以致毫无痕迹。

另外值得注意的一点是，在上升期间，陆地面积及它连接的海滩面积会不断增大，从而形成新的区域。如上所说，这种新的环境条件对于新变种和新种的形成是十分有利的。遗憾的是，此类地质记录大多是空白的。反之，在下沉期间，除最初分裂为群岛的大陆海岸外，生物在分布面积和数量上会减少，从而造成生物的大量灭绝。但是，少数新变种或新物种却在这时开始形成了；同时也有很多富含化石的沉积物堆积起来。

所有地质层中都缺少大量的中间变种

真正的海岸动物，或生活在海底裸露岩石上的动物，被埋藏的一般不会很多。即使有，也很难保存到遥远的年代。如果海底没有沉积物堆积，或堆积的速率太慢，不足以使死亡的生物体腐烂，则生物的遗骸就不可能被保存下来。

结合上述考察可知，已知地质的记载无疑是极不完整的。尤其是当我们把注意力局限在某一地质层时，就更难理解，为什么难以找到那些始终生活在这一地质层中的近似物种之间的密切级进的变种呢？同一个物种在同一地质层的上部和下部一般呈现出一些变种的情形，多有记载。对此，特劳希勒得曾经举过一些菊石的事例；喜干道夫也曾描述过，在瑞士的淡水沉积物的连续诸层中，存在着复形扁卷螺的十个级进的类型。毫无疑问，各地质层的沉积需在久远的年代中形成，甚至还可以举出若干理由，解释在各个地质层中，为何一般不包含一个级进的连锁系列存在于一直生活在那里的物种之间，不过，我对以下理由还是无法给予适当的评价。

每个地质层都可以显示一个久远的时间过程。可是与一个物种变为另外一个物种所需要的时间相比，或许还是短了些。古生物学者勃龙和伍德沃德曾断言，各地质层的平均存续期比物种类型的平均存续期长2～3倍。当然，我尊重他们的意见，但在我看来，这其中尚有一些困难存在，使我们无法对这种意见作出恰当的结论。如果我们看到一个物种初现于地质层的中央部分时，就推论在这之前，这个物种不曾在其他地方存在过，这无疑是轻率的。同样地，如果我们看到一个物种在一个沉积层最后部分形成以前就消失时，就认定这个物种在那时已经灭绝了，同样也是轻率的。我们不要忘了，欧洲的面积和世界其他部分相比是相当小的，而全欧洲的同一地质层的几个阶段也不是完全相关的。

据此，我们有把握认为，由于气候变化及其他因素，所有种类的海产动物都曾作过大规模的迁徙。当我们看到一个物种最初出现在某个地质层中时，可能正是由于气候发生变化或其他因素使它初次迁移到这个区域。比如一些物种在北美洲古生代层中出现的时间比在欧洲同样地层中出现的时间要早，这显然是因为，物种从美洲的海中迁移到欧洲的海中需要花费一些时间。在考察世界各地的新近沉积物时，我们发现，少数至今尚存的物种在沉积物中虽然很普通，但在周围相邻的海中却已经灭绝了。与之相反的情形也有存在，即一些物种虽然在邻近的海中很繁盛，但在这一特殊的沉积物中却极其稀少甚至没有。考察欧洲冰期内生物的准确迁徙数量和冰期内的海陆沧桑、气候的巨大变化，再结合生物所经历的漫长时间，将使我们受益，带给我们启发。然而，世界各地的含有化石遗骸的沉积层，是否曾在整个冰期内的同一区域内进行连续堆积，是值得怀疑的。如在密西西比河河口附近，沉积物大概不是在冰期内连续堆积起来的。在此期间，美洲的其他地方曾经发生过巨大的地理变迁。像在密西西比河河口附近浅水中沉积起来的这种地层，是在冰期的某一个时期内沉积起来的；在其上升的过程中，由于物种的迁徙和地理的变化，生物的遗骸大概会最初出现和消失在不同的水平面中。那里看起来埋藏的化石生物的平均持续过程比冰期的时间短，但实际上却比冰期要长得多——它们从冰期以前一直延续到了现在。

如果沉积物能在一个较长时间内连续进行堆积，且这一时期足够它发生缓慢的变异，它才能在同一地质层的上部和下部，得到介于两个类型之间的一个完全级进的系列。由此可知，这个堆积物一定非常厚，而且其中的变种一定是在整个期间都生活在同一区域中。但是，一个厚而全部有化石的地质层，只有在下沉期间才能堆积起来。在此过程中，沉积物的供给必须与沉陷量相平衡，才能使海水深度保持一致，使同一海产物种在同一地域内生存。另一方面，这种沉陷运动有可能导致沉积物的地面沉没在水中，以致沉积物的供给逐渐减少。事实上，要使沉积物的供给和沉陷量之间达到完全的平衡是很难的，这无疑具有偶然性。据许多古生物学者观察，在厚厚的沉积物中，除了它们的上部和下部附近，再无其他的生物遗骸。

各个单独的地质层和那些整个的地质层相似，其堆积过程通常是间断的。当一个地质层由许多极为不同的矿物层构成时，我们便可以推论，它们的沉积过程应该是曾经间断过的。对于某个地质层，也许人们进行了极为精密的考察，但关于该地质层所需要的沉积时间，他们仍无法确定。大量事例证明，那些仅数英尺厚的岩层，却反映出了其他厚度达数千英尺的地层的情况，由此可见，它们的堆积需要花费相当长的时间。然而，不了解的人会对此产生怀疑。事实上，一个地质层的下层在升高后被剥蚀，然后再沉没，进而被同一地质层的上层所覆盖，此类的例子并不少见。这些事实说明，沉积物巨大的广阔面在堆积期间，很容易被人忽视其存在的间隔时期。另外，巨大的化石树依然像生长时那样直立着的情形，也证明了在沉积过程中，存在着很长的间隔期，以及水平面所发生的变化。如果这些巨大的化石树没有被保存下来，一切就难以想象了。如果当一个地质层的下部、中部和上部出现同一个物种，则可能表示物种在沉积的整个时期并没有生活在同一地点，而是在同一个地质时期内经过了几度的绝迹和重现。因此，如果这个物种在某一个地质层的沉积期间内发生了显著的变异，那么，理论上，它的某一部分可能不会存在有微细的中间级进，而只是具有突发性的变化（可能是轻微的）类型。

在如何区别物种和变种上，博物学者们并没有统一的标准。学者们承认，各个物种都有细微的变异性，但当他们遇到差异量较大的两个类型，且没有密切的中间级进相连时，就会把这二者列为两个物种。事实上，我们不可能也不敢奢望在任何一个地质的断面中都能看到这种连接。假定B和C是两个物种，同时在下面较古的岩层中发现了第三个物种A。在此情形下，即使A确实介于B和C之间，然而，除非有一些非常密切的中间变种把它与B或C，或BC同时连接起来，否则它就会被简单地列为第三个不同的物种。A也许是B和C真正的原始祖先，但在各方面并不一定严格地介于二者之间，这是必须引起注意的。所以，我们可能从同一个地质层的下层和上层中，发现亲种和它的已变异了的后代。然而，如果我们并未得到无数的过渡级进，也就无法辨识它们的血统关系，因而就会把它们列为不同的物种。

事实上，很多古生物学者往往是根据极其微小的差异来区别物种

□ **石炭纪的植物繁殖**

在35 000万年前，植物已经能够自然繁殖。胚珠受粉后变成种子，种子脱落后在其他地方生长出新的植物。在最原始的系统中，植物已有雌雄之分，比如同一棵针叶树有雌雄枝。

石炭纪的植物非常茂盛，尤其是蕨类。煤里的蕨类植物化石很多，因为这类植物在腐败分解后，由于受到极大的压力而陷入地下转化成煤。

的。如果这些标本来自同一个地质层的不同层次，他们便会直接将之列为不同的物种。一些富有经验的贝类学者，已经把多比内及其他学者认定的多种完全的物种降为了变种。据此，我们的确能够看到此类变化的证据。再看第三纪末期的沉积物，大部分博物学者都相信，它们所含有的许多贝壳和现存的物种是相同的。但是一些卓越的博物学者，如阿加西斯和皮克推特，则持有不同的看法：所有第三纪沉积物中的物种和现存的物种是完全不同的，虽然它们之间只存在着微小的差别。两种观点无疑给我们提出了两难选择。不管我们选择其中哪一种，都能在这里获得我们所需要的那类微细变异屡屡发生的证据。但是，如果我们就时间间隔较远的层次来观察，如同一个巨大地质层中的不同但连续的层次，我们可以看到埋藏其间的化石。虽然它们通常被列为不同的物种，但彼此之间的关系与相隔更远的地质层中的物种相比要密切得多。因此，关于朝向这个学说所指向的方向而发生的变化，在这里又获得了很多确定的证据。关于这个问题，我将在下一章中加以讨论。

那些繁殖较快且迁移较少的动植物，如上所述，我们有理由推测，其变种通常具有区域性。这类变种，只有在相当程度上改变和完成了自己的使命，才会广为分布，并排除双亲。所以，我们在任何地方的一个地质层中，发现两个类型之间的早期过渡阶段的概率是很小的。因为连续的变化假定为了区域性的，即局限于某一地点。大多数海产动物的分布范围都很广；而对植物而言，分布范围最广的，往往最容易产生变种，因此，贝类以及其他海产动物中分布最广的、已经远远超过已知的欧洲地质层界限以外的物种，通常最先产生地方变种，并最终产生新物种。如此一来，我们在地质层中查出过渡诸阶段的机会无疑在大大减少。

我们也不要忘了，能把两个类型连接起来的中间变种的完全标本是极其稀少的。除非我们能够多方采集众多的标本，否则很难证明它们是

□ **三燕丽蟾化石**

三燕丽蟾是中国已知最早的蛙类，生活在与恐龙同时代的距今约1.25亿年前的白垩纪早期，与狼鳍鱼、孔子鸟等热河生物共生。它的发现表明，早在恐龙时代，无尾两栖类就已在中国演化。

同一个物种。尤其是在化石物种上，更是难以做到。试问，未来的某一天，地质学家能否证明我们的牛、绵羊、马、狗的各品种是从一个或几个原始祖先传下来的呢？一些贝类学家将那些北美洲海岸的某些海贝看作不同于欧洲种别的物种，另外一些则将它们列为变种，那么如何确定它们究竟是物种还是变种呢？经过这番提问后，我们就能明白，用无数微细的、中间的化石连锁来连接物种是不可能的，除非未来的地质学者发现了化石物种的无数中间级进。

相信物种的不变性的学者们，总是言及地质学上找不到任何连锁的类型。下一章我们将看到，这种主张无疑是错误的。正如卢伯克爵士所指出的："各个物种都是其他的近似类型之间的连锁。"如果我们以一个具有20个物种的属为例，其中包括现存的和已经灭绝的。假定它们的4/5被灭绝了，难道还有人会怀疑幸存的物种之间会显得格外不同吗？如果这个属的两个极端类型被偶然毁灭了，则这个属和近似属应该更不相同。遗憾的是，地质学研究尚未发现，在过去的时代，曾经有无数的中间级进存在过，就如现存的变种那样细微，它们几乎将所有现存的和灭绝的物种都联结在了一起。当然，我们至今无法找到这样的化石类型。但这个问题被人反复地提出，成为反对我的观点的一个最重要的主张。

用如此的一个想象来论证上述地质记录不完全的原因，还是值得的。马来群岛的面积与北角[1]到地中海的面积相当，与从英国到俄罗斯的欧洲面积也差不多。除美国的地质层外，它的面积与那些经过或多或少精确调查过的地质层的全部面积不相上下。关于戈德温·奥斯汀先生所认为的，马来群岛的现实状况（它的很多大的岛屿已被广阔的浅海隔开）大概可以代表过去欧洲的大多数地质层正在进行堆积的状况，我是完全同意的。马来群岛是生物最丰富的区域之一，但是如果我们把所有曾经生活在那里的物种都搜集起来，就会发现，它们在代表世界自然史上是何等的不完整。

因此我们相信，在假定堆积的地质层中，马来群岛的陆栖生物的保存一定很不完全。真正的海岸动物，或生活在海底裸露岩石上的动物，被埋藏的一般不会很多。即使有，也很难保存到遥远的年代。如果海底没有沉积物堆积，或堆积的速率太慢，不足以使死亡的生物体腐烂，则生物的遗骸就不可能被保存下来。

那些富含各类化石，且有相当厚度的地质层，在未来足以延续到像第二纪层

[1] 北角：位于阿根廷努埃沃湾以北、圣马蒂亚斯湾以南的瓦尔德斯半岛的北部。

□ 被子植物化石

被子植物最早的化石，是在英国和以色列发现的，它们都是白垩纪早期的花粉颗粒化石。而发现于中国辽西地区的被子植物化石则是白垩纪中期的花粉颗粒化石。

那样悠久的时间，一般来说，它们在群岛中只能形成于下沉时期。在此期间，它们相互之间要被一个很长的间隔期分开，而此时的地面，要么保持静止，要么继续上升。在继续上升时，处在峻峭海岸上的富含化石的地质层，会因连续的海岸作用而遭受毁坏，其毁坏速度与堆积速度几乎相等。正如我们今天在南美洲海岸上所见到的情形一样，在群岛间的广阔浅海中，沉积层在上升期间很难堆积得很厚，因为它难以被后来的沉积物所覆盖和保存起来，也就难以存续到遥远的未来。在下沉期间，大多数生物都会灭绝；在上升期间，大量的生物变异会出现，遗憾的是，该时期的地质记录相对更不完整。

关于群岛全部或一部分发生沉陷，以及同时发生的沉积物堆积的任一漫长时间，是否会超过同一物种类型的平均持续时间，是值得怀疑的。这些事件的偶合，对两个或两个以上物种之间的一切过渡级进的保存是必不可少的。如果这些阶段不能全部保存下来，那些过渡的变种就变成了看似相似的新物种了。另一方面，下沉的漫长时期还可能被水平面的振动所间断，同时还可能发生轻微的气候变化，致使群岛的生物迁移。这样一来，不管哪一个地质层里的变异的连续记录，都难以保存完整。

群岛的多数海产生物，已超越了自己的生活界限，广泛分布到数千英里以外去了。假使它们中只有一部分能够广泛分布，并经常产生新变种（这类变种最初是地方性的），当它们取得了决定性的优势，即进一步发生变异和改进时，就会慢慢地分布开去，并且把亲种类型排斥掉。当其重返故乡时，已和原来的状态有所不同了，虽然差别甚微，并且埋藏在同一地质层的稍微不同的亚层中，众多古生物学者还是会遵循相关原理而把它们列为新的不同的物种。

根据我们的学说，过渡类型曾经把一切同群的过去物种和现在物种连接在一条长而分支的生物链中。我们寄希望于找到少数的连锁。事实上，我们已经找到了它们——它们之间的关系有的远些，有的近些。但是，纵使这些连锁曾经非常密切，如果是在同一地质层的不同层次被发现，就会被生物学家们列为不同的物种。毫不讳言，如果不是因为在每一个地质层的初期和末期生存的物种之间缺少了无数过渡的连锁，从而对我的学说构成了巨大的威胁，否则我也不会怀疑，关于那些保存得最好的地质断面的记录，是极度贫乏的。

全群近似物种的突然出现

生物对于某种新的、特殊的生活方式的适应，往往需要经过连续的长久年代。鸟类便是如此，在它适应飞翔的漫长时间里，其过渡类型常常会在某一区域内保留很久。然而，这种适应一旦成功，就会有少数物种由此而比别的物种获得更大的优势，那么，只需短短的时间，它们中就会出现许多有分歧的类型在全世界迅速而广泛地传播开来。

全群近似物种在某些地质层中的突然出现，曾被阿加西斯、匹克推特和塞奇威克等古生物学者当作反对物种演变这一学说的致命依据。如果同属或同科的无数物种真的会同时产生，那么对于自然选择学说确是致命的打击。因为依据自然选择学说，所有从某一个祖先传下来的一群类型，其发展必定是非常缓慢的；而且它们的祖先一定在这些变异了的后代出现很久以前就已经存在了。然而，由于地质记录的不完整，以及某属某科没有出现在某一阶段，人们便错误地推断它们从来没有存在过。此种情形下，也就只有积极性的古生物证据才值得信赖，至于那些只凭经验而提出的证据，是毫无价值的。我们不要忘了，所有被调查过的地质层的面积与我们生活的整个世界相比，是何等的微不足道。我们还忽略了，物种群在侵入欧洲的古代群岛和美国以前，应该在其他地方就已经存在了很久，并逐渐繁衍起来。对于那些连续地质层间所经过的间隔时间，我们也没有完全的裁定和把握。在大多数情况下，它们可能比各个地质层堆积起来所需要的时间更长。这些间隔给予了物种充足的时间，使它们从某一个亲型繁衍开来。而这些随之形成的物种，便给人一种是被突然创造出来的感觉。

我要再次申言，生物对于某种新的、特殊的生活方式的适应，往往需要经过连续的长久年代。鸟类就是如此，在它适应飞翔的漫长时间里，其过渡类型常常会在某一区域内保留很久。然而，这种适应一旦成功，就会有少数物种由此而比别的物种获得更大的优势，那么，只需短短的时间，它们中就会出现许多有分歧的类型在全世界迅速而广泛地传播开来。如果试着观察"南方海洋"上的企鹅，就会发现它的前肢不正处于"既非真的臂，也非真的翼"这种真正的中间状态吗？但是，这种鸟在生存斗争中却占据了极为有利的地位，因为其个体数目和种类都繁衍得无限多。在此，我并不是说我所见到的企鹅的前肢就是鸟翅曾经的过渡级进，但我相信，翅膀对企鹅变异了的后代应该是有利的，因为它可以使其像大头鸭那样在海面上自由地飞行，最后从海面飞起，在空中滑翔。

接下来，我要举几个例子来对上面的论述加以解释，并证明我们在假定全群近似物种是突然产生的这一问题上是多么容易犯错误。就连在匹克推特关于古生物学的伟大著作的第一版和第二版之间，对于几个动物群的出现和消灭的结论，也有很大的变更。也许到第三版出来时，人们还会发现更大的变更。我可以举出大家熟知的事实。在发表于不久前的一些地质学论文中，哺乳动物被说成是在第三纪初期才突然出现的。可是现如今，我们已知的富含化石哺乳动物的沉积物却属于第二纪层的中央部分，而且在接近这个纪的初期的新红沙岩中，还发现了真的哺乳动物。根据居维叶一贯的主张，猴子在第三纪层中还未出现。然而，目前人类已经在印度、南美洲和欧洲更古的第三纪的中新世层中发现了猴子的灭绝种。如果不是在美国的新红砂岩中偶然保存了它们的足迹并被人们发现，那么，谁又曾想到，在那个时代，至少有30种以上的不同的鸟形动物曾经存在过呢？它们中的一些甚至是极其巨大的。可在这些岩层中，却没有发现一块这些动物的遗骨碎片。不久前，一些古生物学者指出，整个鸟纲都是在始新

□ **孔子鸟化石**

下图为在辽西发现的中生代的孔子鸟化石。孔子鸟是世界上已知最早的有喙鸟类，比中生代的大多数鸟类都要原始，其翅膀上的利爪非常发达。与同时代的许多早期鸟类所不同的是，孔子鸟的牙齿已经完全退化。

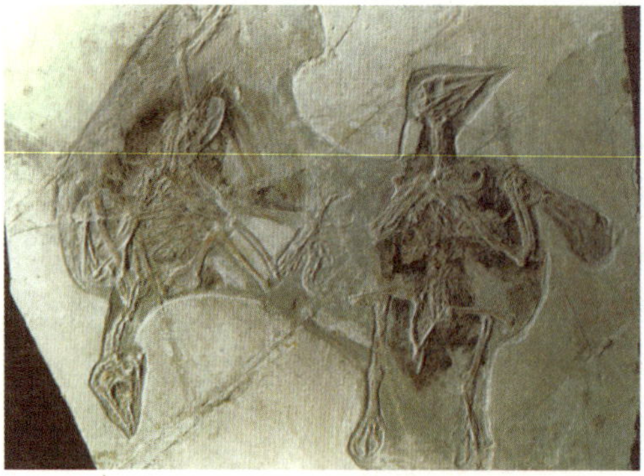

世突然出现的。然而，根据欧文教授的权威意见，我们已经知道，在上绿砂岩的沉积期，确实已经有一种鸟存在了；最近，人们又在索伦霍芬[1]的鲕状板岩中发现了一种奇怪的鸟，即始祖鸟。这种鸟有着蜥蜴一样的长尾，尾上每节都有一对羽毛，翅膀上长着两个分离的爪。相信任何近代的发现，都不如此鸟更具说服力。由此可见我们对这个世界上以前的生物的认知是何等的贫乏。

□ **贝壳化石**

图中贝壳化石上的图案仅遗留下一丝原有颜色的痕迹，而它本身的色彩已随时光的流逝变为阴影。表面被氧化可能是导致其褪色的原因。但只要结晶体内染色体结构没有发生破坏性的变化，人类就能以此推论出几亿年前贝壳化石的本色。

我将再举一个我亲眼所见并使我备受感动的例子。我曾在一部论无柄蔓足类化石的专著中指出，根据现存和已灭绝的第三纪物种存在的大量数目；根据全世界从北极到赤道，栖息在从高潮线到50英寻的各种不同深度中的许多物种异常庞大的个体数目；根据那些最古的第三纪层中被保存下来的完整标本；根据遗留下来的一个很容易辨识的壳瓣的碎片，可以推论出，如果无柄蔓足类曾经在第二纪存在过，那么它们一定会被保存下来，并使人们发现。然而，在这个岩层中却没有发现过它们的一个物种，所以我认为，这一大群物种是在第三纪的初期突然出现的。然而这个结论使我十分痛苦，因为这无疑是给一个大群的物种是突然出现的增加了一个事例。然而，就在我的专著即将出版之际，我收到了经验丰富的古生物学家波斯开先生寄来的一张完整的标本图。图中显然是一种无柄蔓足类，是他亲自从比利时的白垩纪中采集到的。这种蔓足类属于藤壶属，是一个很普遍而巨大的属。至于其化石，人们还尚未在第三纪层中发现过一种。与之相近的，是伍德沃德曾在白垩纪上部所发现的无柄蔓足类的另外一个亚科——四甲藤壶。根据上述种种，我们现在可以有把握地说，动物曾经存在于第二纪。

[1] 索伦霍芬：位于德国南部。远在侏罗纪晚期，索伦霍芬地处热带，是一片被礁石包围的浅水潟湖。数千万年以来，其湖底泥浆沉积，湖水盐分剧增，生命在此难以存活。一些外来的动物尸体被冲到潟湖后，泥浆便将其覆盖，后来随着矿物质的逐渐渗入，最终取而代之成为化石。因此，这里的地质层中有丰富的化石。

□ **龙虾化石**

世界上最古老的龙虾化石，被发现于墨西哥南部的恰帕斯州，此地很可能是这种龙虾与非洲龙虾共同的起源地。图中的龙虾化石可以追溯到距今大约1.2亿年前。

古生物学者常常用硬骨鱼类现象来佐证全群近似物种的突然出现。此类鱼包含了现存物种的绝大部分，阿加西斯认为它们是在下白垩纪出现的。可是侏罗纪和三叠纪的某些类型，已被普遍看作是硬骨鱼类，就连几种古生代的类型，也被一位权威学者纳入此类。如果硬骨鱼类真的是在北半球的白垩纪初期突然出现的，当然值得我们关注。除非有事实证明，该物种在同一时期内的世界其他地方突然同时发展起来，否则，它并不会对我们现有的认知形成妨碍。至今，在赤道以南还没有发现过任何鱼类化石。读了匹克推特的古生物学，我们知道在欧洲的几个地质层也仅仅发现过几个物种。今天，少数鱼科的分布范围也是有限的，先前的硬骨鱼类也是如此，它们仅仅在某一个局限的海里经过很大的发展后，才开始广泛分布。

同时，我们也假定，世界上的海都是从南到北永远通畅的。今天，如果马来群岛变为了陆地，那么，印度洋的热带部分便将形成一个完全封锁的巨大盆地，海产动物的任何大群都可能在此繁衍起来。随后，它们中的某些物种便逐渐适应了这种较冷的气候，并能够绕过非洲或澳洲的南方的角，到达更遥远的海域。于是，此类物种大概就会被局限在这一地区了。

毫无疑问，我们对欧洲和美国以外地方的地质知识的匮乏，以及近十余年来，新的发现掀起了古生物学界的一场革命，使人们的认知有了极大的变化，所以，我们还不能对全世界生物类型的演替问题轻易地下结论，否则就像一个博物学者在澳洲的不毛之地待了5分钟后，就讨论起那里生物的数量和分布范围一样，未免太轻率。

近似物种群在已知化石层的最底层突然出现

根据从冰期开始以来生物的微小变化量判断，自寒武纪以来，生物的确曾经发生过多次的巨大变化。与生物的这些变化相比，6 000万年显然太短了，那些在寒武纪中生存的各种生物，必定在这之前就已经发展起来了，即使按1.4亿年计算，应该也是不够的。

还有一个类似的难点更加严重，即动物界的几个主要类属的物种，在人们已知的最下层化石岩层中突然出现了。之前的许多论证使我相信，所有现存的同类物种，都是从一个单一的祖先传下来的，该观点在已知最早的物种身上同样适用。例如，寒武纪和志留纪的所有三叶虫类，都是从某一种甲壳动物传下来的，而这种甲壳类必定存在于寒武纪之前，可能和我们已知的物种有所不同。某些远古动物，如鹦鹉螺、海豆芽等，与现存物种并没有太大区别，根据我的学说，这些古老的物种不能被看作是其后出现的同群所有物种的原始祖先，因为它们不具有任何的中间性状。

假使我的学说是正确的，那么，在寒武纪最下层沉积之前，必然经历了一段较长的时期，与寒武纪到今天这段时间的长度相比，它可能更为久远。在如此漫长的一个时期内，世界上必然生物遍布。这里，我们又遇到了强有力的反对意见——对于地球适于生物居住的状态，是否真的那么久远，似乎值得怀疑。对此，汤普森爵士断言，地壳形成目前的凝固状态，应该在2 000万～4亿万年之间。他认为，最大的可能性是在9 800万～2亿万年。时间上的悬殊，说明这些数据本身就是值得怀疑的，当然，还未包括其他要素在内。据克罗尔先生估计，寒武纪距今大约已有6 000万年。根据从冰期开始以来生物的微小变化量来判断，自寒武纪以来，生物的确曾经发生过多次的巨大变化。与生物的这些变化相比，6 000万年显然太短了，那些在寒武纪中生存的各种生物，必定在这之前就已经发展起来了，即使按1.4亿年计算，应该也是不够的。但是，按照汤普森爵士的主张，在非常遥远的时代，由于所处的物理条件的改变，物种的变化可能较今天更为急促和激烈，有助于推动生物以相应的速度发生变化。

至于为何没有在这个假定的寒武纪以前的最早时期内，发现富含化石的沉积物，我目前还不能作出满意的解释。以默奇森爵士为首的几位卓越的地质学者，直到现在仍然相信，人类在志留纪最下层所看到的生物遗骸，是生命的最初形态。不过，另外一些颇负盛名的鉴定者，如莱伊尔和福布斯，则对该结论持保留态度。我们应该清楚，我们对这个世界的精确认识，还只是很小的一部分。不久前，巴兰德在人们已知的志留纪的下面，又发现了一个更低的地层，里面充满着新奇的物种；而希克斯先生则在南威尔士的下寒武纪层中，发现了含有三叶虫及各种软体动物和环虫类的岩层。即便是某些最低等的无生岩中，也有磷质小块初沥青物质存在，这可能是对这一时期所存在的生命的暗示。大家都知道，在加拿大的劳伦纪层中，有始生虫存在。加拿大的志留纪中存在着三大系列的地层，地质学者曾在最底层中发现过始生虫。洛根爵士说："这三大系列地层的总厚度，可能远远超过从古生代底层到现在的所有岩石的厚度。当我们追溯到一个遥远的时代，则有可能把巴兰德所谓的原始动物的出现，看作是比较近代的事情。"始生虫在所有动物中是最低等的，然而，在它所属的纲中，其体制却是十分高级的，数量也异常繁多。道森博士推断，始生虫肯定以其他的微小生物为食饵，且这些微小生物的数量一定非常大。这就证明了我在1859年曾说过的——有关生物早在寒武纪之前就已经存在，该观点与后来洛根爵士所说的几乎完全一致。尽管人们的认识已经有了很大的提升，但仍然难以对寒武纪以下为什么没有沉积富含化石的巨大地层给出有力的说明，倘若要归因于那些古老的岩层已经因为剥蚀作用而完全消失，或者化石因为变质作用而整个磨灭，似乎都讲不通。因为如果事实确是如此，我们就一定会在它们之后的地质层中发现哪怕是微小的残余物——这种残余物常常是以部分变质状态存在的。然而，在我们现有的俄罗斯和北美洲的范围广大的志留纪沉积物的描述中，却并不支持这种观点：地质层越古老，就越容易遭受强大的剥蚀作用和变质作用。

目前，对此情形还无法给出合理的解释，所以的确可以作为一种有力的论据来反驳本书的观点。为了表示未来可能得到的某种解释，我将在此提出以下假说。根据在欧洲和美国的若干地质层中发现的生物遗骸的性质（这些遗骸似乎没有在深海中栖息过），以及构成地质层的厚达数英里的沉积物的量，我们可以推想：产生沉积物的大岛屿或陆地，一直处在现在的欧洲和北美洲的大陆附近。对此，阿加西斯和其他一些人也表示赞同。然而，我们仍旧无法确定，在一些连续地质层之间的间隔期内，物种的状态究竟是怎样的。在此期间，欧洲和美国究竟是干燥的陆地，还是无任何沉积物的近陆海底，或是一片广阔而深邃的海底？这些，我们都不知道。

今天的海洋面积是陆地的3倍，分布着众多的岛屿。然而，除了新西兰（如果新西兰算是一个海洋岛的话），几乎没有一个真正的海洋岛提供过一件古生代或第二纪地质层的残余物。因此，我们也许可以推断：在古生代和第二纪期间，现在的海洋范围内既无大陆，也无大陆岛屿存在。否则，古生代层和第二纪层就应该有它们消灭了的和崩溃了的沉积物的堆积层。并且这些地层由于时间的久远而经历了水平面的振动，从而有一部分的隆起。从中，也许我们还可以推论出：现在的海洋中，从人类有记录的远古时代开始，就曾经存在着海洋；同样，现在大陆的所在地，也曾有过大片陆地的存在，而且从寒武纪起，它们应该就蒙受了水平面的巨大振动。我在《论珊瑚礁》一书中，曾借助一些彩色地图来支持我的结论：时至今日，各大海洋仍然是下沉的主要区域；大群岛仍然是水平面振动的区域；大陆仍然是上升的区域。但是我们没有理由认为，世界从始至终都是一成不变的。大陆的形成，可能是在多次水平面发生振动时，上升力量占优势所致。然而这种占有优势运动的地域，难道在较长时期内没有发生过任何变化吗？可以推想，远在寒武纪以前的某一个时期，今天的海洋所在地也许曾经是一片大陆；而现在的大陆所在地也许曾经是汪洋。假使太平洋海底变为一片大陆，我们也不要太指望能在那里找到比寒武纪层还要古老的沉积层，因为这些地层下沉到更接近地球中心数英里的地方，加之上面有水的巨大压力，因此可能遭受比接近地球表面地层更为严重的变质作用。世界上的几个裸露变质岩的区域，如南美洲，曾经在巨大的压力下遭受过灼热的作用。对于这些区域，似乎应该进行特别的解释。相信在这些广大区域里，我们应该能够看到，有很多远在寒武纪以前的地质层，一直处在完全变质、完全剥蚀了的状态之下。

□ **颚龙化石**

颚龙的体形比较小，和现在的鸡差不多，最早出现于侏罗纪时代。这种恐龙的特征是：结构轻巧的头颅上长有后弯，牙齿具有锯齿边；肢骨细长而且中间是空心的，公共骨面朝前。

□ **大自然的奇迹——腹足纲化石**
克诺尔 水彩画 18世纪

这幅腹足纲化石图，是克诺尔为自己的著作《大自然的奇迹和地球古物的收藏（含石化物）》一书绘制的插图。克诺尔和瓦尔希推测，地球上曾出现过一段长达几千年的地质灾难期，因此，并非所有的化石都属于同一年代，而化石的起源可能有不同的原因。

本章所讨论的几个难点是：①虽然我们在地质层中发现了许多介于今天的物种和过去的物种之间的连锁，但无法找到把二者紧密连接起来的无数微细的过渡类型。②在欧洲的地质层中，许多相似物种群突然出现；在寒武纪层以下，几乎完全没有富含化石的地质层。所有这些难点，都是甚为严重的。卓越的古生物学者居维叶、阿加西斯、巴兰德、匹克推特、福尔克纳、福布斯等，与最伟大的地质学者莱伊尔、默奇森、塞奇威克等，都曾经非常一致且强烈地坚持物种的不变性。这无疑是加强了上述难点的严重程度。但现在莱伊尔爵士转而支持相反的一面，这是一种最高权威的支持。同时，大多数的地质学者和古生物学者对于他们之前的信念也开始动摇了。凡是相信地质记录具有完整性的人，肯定会毫不犹豫地反对我的学说。但我更喜欢莱伊尔的比喻，即地质的记录是一部已经散失不全并且经常用不统一的方言写成的世界历史。在这部历史中，我们只有最后的一卷，而且还只与两三个国家有关系。而且这唯一的卷中，又仅仅零星地保存了一个短章；卷中每页只有寥寥几行字。这些慢慢变化着的语言，在每一章中都有所不同，且可以代表埋藏在连续地质层中的，被错认为是突然出现的诸生物类型。

第 10 章
关于生物的地质演替

CHAPTER 10

生物地质演替总论——关于物种的灭绝——全球物种几乎在同时发生变化——灭绝物种与现存物种的亲缘关系——古代生物类型与现存生物类型的对比——第三纪末期所出现的同一地域内的相同模式的演替——前章和本章重点。

生物地质演替总论

因为富含化石的、持续久远的地质层的堆积，有赖于沉积物在下沉区域的大量沉积，因此现在的地质层大概都是在广大的、不规则的间歇期内堆积起来的。

下面让我们来了解一下关于生物的地质演替的一些事实和法则，以此来彻底弄清楚一个问题：物种究竟是恒久不变的，还是通过变异和自然选择来发生缓慢而逐渐的变化。

无论是在陆地还是水中，新型物种都是以极为缓慢的速度陆续出现的。对此，莱伊尔先生解释道："在第三纪若干时期中存在着这方面的证据，这是无可辩驳的，而且每年都会有一种倾向把各阶段间的空隙填充起来。在某些最近代的岩层[1]中，仅有一两个物种灭绝了，但也只有一两个新的在局部区域第一次出现，或者是地球上初次出现的。"第二纪地质层因为有所间断而相对不全，但一如勃龙所说，埋藏在各层里的许多物种都不是同时出现和灭绝的。

不同纲和属的物种，其变化的速度和程度是不同的。在较为古老的第三纪地层里，还埋藏着一些珍稀的贝类化石，包括大量已灭绝的品种。对此，福尔克纳先生还曾举出一个明显的事例：在喜马拉雅山下的沉积物中，人们发现了一种现存鳄鱼的化石，而与之同埋的还有许多已经灭绝的哺乳类和爬行类化石。志留纪时期的海豆芽与本属的现存物种差异甚微，但该时期的所有甲壳类和大多数软体动物却与现存物种相差极大。陆生生物的变化速度比水生生物要快得多，人们在瑞士的发现就是最好的证明。大家应该都认为，高等生物比低等生物变化更快，实则不然。匹克推特先生指出，生物的变化量在各个连续的地质层里是不同的。然而，当我们对这些连续的地质层作比较时，就会发现所有的物种都曾经发生过变化。如果一个物种真的已经从地球表面上消失了，那么它必定不会再重新出现。但是，也有一个例外，那就是被巴兰德先生称为"殖民团体"的生物（它们的化石被埋在了比它们所在地质年代还要古老的地质层中），曾在此期间"侵入"到了

[1] 如果用年来计算，这些岩层所存在的时代是极为古老的，但在地质年代中却是最年轻的。

较古的地质层中，于是这种被认为已经灭绝的生物有可能被再次发现。不过莱伊尔先生有着令人满意的解释，即这是从一个截然不同的地理区域暂时移入的一种情况。

□ **地质图　巴克兰　水彩画　19世纪**

下图是化石学家巴克兰的地质学和矿物学著作《布里奇沃特论集》中的配图，该书以布里奇沃特伯爵的名字命名，以此纪念他对巴克兰科考工作的支持。这两幅地质图反映了“地壳的一部分”，其中植物和动物的布置与地层相对应。此图由巴克兰亲手绘制。

以上事实与我的学说颇为一致，另外我要强调的是，我的学说并不包括那些僵硬的发展规律，比如一个区域内的所有生物都突然地，或者同时地，或者同等程度地发生变化。我一再强调，变异的过程都是缓慢的，而且一般只对少数物种发生作用，因为个体的变异性与其他物种没有任何关联。至于所发生的这类变异或个体差异是否能通过自然选择而保存和积累下来，并最终产生一定量的永久变异量，则必须取决于许多复杂的临时事件，比如具有有利性质的变异、自由的交配、当地一直处于缓慢变化中的物理条件、新“移民”的迁入情况及其他生存竞争者的性质等。因此，当我们发现某一个物种在一个较长时间内保持其形态不变，或者变化后的差异也极微小时，就不必讶异。在世界各地，现存生物之间也同样存在着上述关系。比如，马德拉的陆生贝类和鞘翅类，与欧洲大陆上关系最密切的物种相比已有相当的差异，水生贝类和鸟类之间的差异则要小得多。从前文可知，由于高等生物与其所生活区域的生活条件有着错综复杂的关系，所以陆生生物和高等生物的变化速度比水生生物和低等生物的要快得多。当任何地区的多数生物都发生了变异并改进时，根据生存斗争的原理以及上述所提到的生物与生物在生存斗争中的重要关系，我们更可了解一切不曾发生某种程度的变异和进化的类型是非常容易灭绝的。继而也会明白，同一个地方的所有物种终究都要变异，否则将走向灭绝。

在长久而相等的时期内，同纲各成员的平均变化量近乎相同。但是，因为富含化石的、持续久远的地质层的堆积，有赖于沉积物在下沉区域的大量沉积，因此现在的地质层大概都是在广大的、不规则的间歇期内堆积起来的。这就导致埋藏在连续地质层内的化石所显示的有机变化量的不同。显然，每个地质层并不标志着一种新而完全的创造作用，只不过是在缓慢变化着的戏剧里偶然出现的一幕罢了。

当一个物种灭绝后，即使再一次出现和它存在时完全一样的生活条件，该物种也绝不可能再次出现了。因为即使一个物种的后代可以适应自然界，并占据另一物种的位置（这种情况的事例不胜枚举），新旧类型之间也是绝不可能完全相同的。因为它们几乎都有各自不同的祖先，并从其祖先身上分别获得不同的性状，进而以不同的方式发生变异。扇尾鸽如果都被毁灭了，养鸽者可能会育出一个和现有品种很难区分的新品种来。但假如岩鸽亲种也同样被毁灭了（前面曾提到，在自然状况下，变异的后代常常会排挤它的亲缘类型，直至使其消灭），那我就很难相信，在任何其他的鸽种中，能培育出完全相同的扇尾鸽。因为继起的变异，新的类型也必然会从它的祖先那里遗传到某些与旧的类型所不同的性状。

物种群，即属和科，其出现和消灭所遵循的规律与单个物种相同，变化有缓急，程度有大小。群一旦消灭，就永不再现，也就是说，它可以生存无限久，但一定会是连续的。于此也有几个显著的例外，但是因为少得可怜，所以连坚决反对我的观点的福布斯、匹克推特和伍德沃德都承认这个规律的正确性；同时这一规律与自然选择学说是完全相符合的。因为同群的所有物种，无论延续了多少个世代，一个都是另一个的变种后代，即都是从一个共同祖先传下来的。例如，海豆芽属里连续出现于各个时代的物种，从志留纪的底层到今天，一定都被一条接连不断的世代系列连接在了一起。

前面我们已经说过，物种所在的整个群类有时会呈现出一种

□ 即将爆发的火山

地壳之下100～150千米处，有一个“液态区”，区内存在着高温、高压下含有气体的熔融状硅酸盐物质，即岩浆。岩浆沿着山脉隆起时造成的裂痕上升，当熔岩的压力大于岩石顶盖的压力时，它便向外迸发成为火山。火山在地球上的分布极不均匀，但一般都出现在地壳中的断裂带。全世界的火山主要集中在环太平洋一带和印度尼西亚向北经缅甸、喜马拉雅山脉、中亚细亚到地中海一带。

假象，即看似突然发展起来的一样。对于这一事实，我已经极力解释过了，如果它是真实的，那么对于我的观点的打击将是致命的。然而这些情况实属例外。根据一般规律，物种的群类先是慢慢地增加其数目，一旦这个数目达到最大的上限时，它就会不增反减。如果将一个属的物种数目和一个科的属的数目，用一条粗细不同的垂直线来表示，并且使该线从下到上通过发现这些物种的连续的地质层，我们会发现，这些线在最下端的起始处会表现得并不太尖锐，而是平截的；可是越向上，就会变得越粗，同样的粗度会保持一段距离，最后在上层岩床中又开始逐渐变得细小，直至彻底消失；这也代表着此类物种由盛转衰，并最终灭绝。一个群的物种数目以这样的方式逐渐增加，是完全与自然选择学说相符合的，因为同属的物种和同科的属只能缓慢地、累进地增加。变异的过程和一些近似类型的产生必然是缓慢和渐进的。一个物种先产生两个或三个变种，这些变种慢慢地转变成物种，然后又以同样缓慢的步骤产生别的变种和物种。如此下去，就像树一样，在不断地抽枝吐叶中变得极为盛大繁茂。

关于物种的灭绝

有的物种群从地球上有生命起，一直延续到了今天；有的物种群却在古生代结束之前就已经灭绝。物种或属的延续时长，似乎没有固定的法则可以依据。但我们有理由相信，物种群的灭绝过程要比它们的产生过程慢得多。

本书一开始，我们就谈到物种和物种群的灭绝，但都没有进行深入的探讨。根据自然选择学说，传统类型的灭绝与新类型的产生是密切相关的。旧观念认为，物种的灭绝就是生物在一个连续的时期内因各种灾害而全部消亡，这一观点目前已被普遍摒弃。甚至像埃利·德博蒙、默奇森、巴兰德等习惯性地支持这一观点的著名地质学者，也改变了立场。从对第三纪地质层的观察来看，我们有各种理由相信，物种和物种群并非是在一个连续的时期内，因各种灾害而被统统灭绝的，而是始于某一个地方，然后紧接着又在另一个地方，最终发展到世界范围内，逐步灭绝的。当然，也有极少数的例外情况，比如一些地峡的断落，使得大

□ 菊石化石

菊石，软体动物门头足纲，海生无脊椎动物。其最早出现于古生代泥盆纪初期，从鹦鹉螺目进化而来，在中生代时期广泛分布于世界各地的海洋中。至中生代末期，菊石便已灭绝。这证实了达尔文的观点：极少数物种群的灭绝速度比其产生速度更快。

群的新生物入侵到了邻近的海域；或者一个岛屿的下沉，会加速灭绝的速度。不管是单个物种，还是一个大的物种群，它们的延续时间是不同的。有的物种群从地球上有生命起，一直延续到了今天；有的物种群却在古生代结束之前就已经灭绝。物种或属的延续时长，似乎没有固定的法则可以依据。但我们有理由相信，物种群的灭绝过程要比它们的产生过程慢得多。如果我们沿用上一节中所使用的粗细不同的垂直线来表示它们的出现和灭绝的话，就会发现，这条表示灭绝进程的线的上端的变细，要比表示初次出现和早期物种数目增多的线的下端变细来得缓慢。不过，也有极少数物种群的灭绝速度比其产生速度要快，比如菊石，这一物种群在接近第二纪末时就突然灭绝了。

物种的灭绝曾经被人看作是一种神秘的现象。有的学者甚至设想，物种就像所有的个体一样寿命有限，其存在的时间有着一定的限制。然而，对物种的灭绝现象接触得越多，便越使我感到惊奇连连。在拉普拉塔，我曾找到马的牙齿，它和乳齿象、大懒兽[1]、箭齿兽以及其他已经灭绝的动物的遗骸埋在一起，而这些动物曾在最近的一个地质时代，与至今仍然生存的贝类共处过，这一发现使我大为惊讶。因为我知道，自从马被西班牙人带入南美洲以后，它们就从家养变为了野生，而且增长的速度极为惊人。可是，在这种分明是极为有利的生活条件下，以前的马为何会在近代灭绝呢？但是，欧文教授在看了这颗牙齿后，立刻向我解释说，尽管这颗牙齿与现存的马齿非常相像，但它却属于一个已经灭绝了的马种，即使这种马至今依然存在，其数量必定也是极少的。至于它为什么会稀少，就在于其生活条件的些许不利。如果要继续追问哪些条件是不利的呢，则难以解答。但如果这种已经灭绝的马种至今还有数目稀少的后代存在，那么如果它们生活在比当时的南美洲更有利的条件下，其后代必定会在短短的几年内遍布整个大

[1] 大懒兽：大地懒，为最大的地懒。

陆。所以，我们推测这种马灭绝的原因在于条件的不利，但究竟是什么条件抑制了它的增长，是由于一种或几种的偶然性事故吗？抑或在马一生中的某个时期，在某种程度上由于某些因素而发生了某种作用吗？如果这些不利因素变本加厉的话，不管增加的速度多么缓慢（我们觉察不出的增加速度），这种马的数量定会越发稀少，直至完全灭绝，而它的地位也会因此被那些更成功的竞争者取代。

我们经常忘记一个事实，即物种的增长总是要受不能觉察的敌对作用的抑制，而这些作用足以使其变得稀少，直至灭绝。但是，由于对这方面知识的缺乏，以至于有些人对乳齿象以及更古老的恐龙的灭绝甚为惊异，因为他们认为只要有强大的身体就必然能在斗争中生存。然而恰恰相反，单就体格而言，正如欧文教授所解释的那样，在某些情况下，身体越大越会消耗大量的食物，反而导致其灭绝速度的加快。在人类居住在印度或非洲之前，我相信，当地必然存在着某种抑制现存象种继续增加的因素。而据极富才能的鉴定者福尔克纳博士推断，抑制印度象增加的原因，大概来自于昆虫不断的折磨和削弱。布鲁斯对于阿比西尼亚的非洲象也作出了相同的结论。在南美洲的几个地方，昆虫和吸血蝙蝠的确决定了已归化的大型四足兽类的生存。

在第三纪的较近代的地质层里，我们看到许多从稀少走向灭绝的情况。而且在这其中，往往是人类的活动导致了这些动物的局部或全部灭绝。我在1845年发表的一篇文章里，指出物种一般是先变得稀少，然后灭绝，就好像病是死的前兆一样。但是，如果对于物种的稀少不以为意，却对物种的灭绝大感惊异，就无异于把所有死亡的原因都归结于暴毙一样。

自然选择学说来自于下面这些信念：各个新变种和最终长成的新物种的保存和积累，都源于它拥有比自己的竞争者更大的优势；而那

□ **灭绝的霸王龙**

人们一般认为，恐龙灭绝源于造山运动：白垩纪末期发生的造山运动使沼泽干涸，以致许多以沼泽为家的恐龙无法继续存活；同时，由于气候发生了变化，植物也随之改变，致使食草性的恐龙因不能适应新的食物而相继灭绝；食草性恐龙灭绝后，食肉性恐龙也失去了依存，并最终灭绝。图为灭绝的霸王龙。

些处于劣势的类型，将不可避免地走向灭绝，这一法则也适用于家养生物中。如果一个新的变种（即使改进甚微）被培育出来，它首先会排挤掉附近那些比自己改进得少的变种。当它发生了较大的改进时，就会像短角牛那样，被运送到许多地方去，将那里的其他物种取代。如此一来，新类型的出现和旧类型的消失，不论是自然产生还是人工的结果，都会被紧密地联系在一起。在繁盛的类群里，一定时间内产生的新物种的数目，在某些时期可能会比已经灭绝的旧物种类型的数目多。但我们必须了解，物种永远不会无限增加，这一点可以从最近的地质时代的化石情况中可见。所以，就近期而言，我们可以确定，新类型的产生曾经引起数目相当的旧类型的灭绝。

正如前文所解释过和用实例证明过的那样，各方面彼此之间最相像的类型之间，生存斗争往往是很剧烈的。而且一个改进和变异了的后代通常会引起亲种的灭绝，因此，由一个物种发展起来的多个新类型，一般会导致与该物种亲缘最近，即同属的物种最先灭绝。我坚信，从一个物种传下来的一个新属，最终会排挤掉同科中的一个旧属。但也会出现某个科中的一个新物种，夺取了其他科中的一个物种的地位，并导致其灭绝的情况。当大量近似类型成功地侵入并发展起来，便必然有许多其他类型要为其让出位置。然而，被消灭最多的大多是近似类型，因为它们共同地遗传了某种劣性而受到了损害。但是，在这些让出位置的物种中，不管是同纲还是异纲，都会有极少数会被保存一段较长时间，这是因为它们能够适应一些特

□ **濒危动物**

目前，在世界范围内有数百种动物和植物濒临灭绝，它们不但数目极少，活动的空间也日益变小，任何外来的干扰都可能加速其灭亡。这些生物面临的最大威胁是生存空间不断被破坏。目前全世界约有超过350种水陆两栖生物、爬虫类生物、鸟类以及哺乳动物濒临灭绝。

秃鹰

密西西比鳄鱼

海豹

老虎

别的生活方式，或是因为生活在偏远且孤立的地方而避免了被卷入剧烈的生存斗争中。比如，三角蛤属的贝类，原属于第二纪贝类的一个大属，但它的某些物种至今还残留在澳洲的海里。又比如硬鳞鱼类，它的绝大部分已经灭绝了，然而还有极少数的成员至今还栖息在我们的淡水里。显然可以看出，一个全群的灭绝过程，要比它的产生过程缓慢一些。

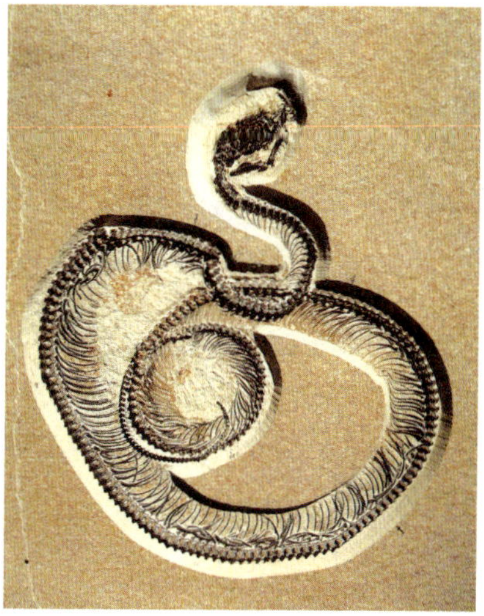

□ **蛇化石**

蛇是生活在大约260万年前的原始爬虫。从图中化石可以看出，此类动物的身体构造已相当精巧和完善。而一些古代的贝壳化石，曾被早期的博物学家认为是蛇的遗骸。

关于全科或全目的突然灭绝，如古生代末的三叶虫类和第二纪末的菊石类，应该属于我们之前谈及的情况，即在连续的地质层之间大概有着很长的时间，这期间可以有很缓慢的灭绝。还有，如果一个新类群的诸多物种，由于突然地移入或者异常迅速地发展而占据了一个地区，那么，该地区的多数旧物种就会以相应的速度灭绝——几乎都是那些近似类型，因为它们具有一样的劣性。

因此，照我看来，单一物种以及物种群的灭绝方式都与自然选择学说极为相符。我们无须对物种的灭绝大惊小怪。各个物种都有过度增加的倾向，也有我们不易觉察的某种抑制作用在活动着。当我们能了解某一物种的个体为什么会比另一物种多，为什么是这个物种而不是那个物种在某一地方归化，我们才会对一个特殊物种或者物种群的灭绝原因了然于胸。

全球物种几乎在同时发生变化

所有较为近代的海岸化石层，不管是欧洲、南北美洲、澳洲的上新世的上层，还是整个更新世层以及严格意义上的近代层，都会因为所含有的生物遗骸或多或少的近缘，以及在这些地质层中并不含有只见于较古地质时代的生物类型，而被地质学家列为同时代的生物。

全球的物种几乎在同时发生变化，这应该算是古生物学上最惊人的发现了吧。比如，在相距遥远而气候截然相反的北美洲、南美洲的赤道地带、火地岛、好望角，以及南亚次大陆上，虽然人们还没有发现一块白垩矿物碎块，但却辨识出了欧洲的白垩纪层。因为在这些地方的某些岩层中所发现的生物遗骸，与白垩纪中的生物遗骸明显类似。但并不是说这些生物就是同一物种，因为没有一个物种是完全相同的，但是它们是属于同科或同属，或者同属之下的亚属的，而且其所谓的相似有时候也仅仅是十分细微的，比如在体表斑条上具有相似的特性。此外，在欧洲的白垩纪地层中没有发现，而出现在了白垩纪地层的上部或下部地质层中的其他类型，在上述所说的那些距离遥远的地方也按照同样的次序出现了。许多学者也曾在俄罗斯、西欧、北美的许多连续性的古生代地层中，发现了这些生物类型的类似的平行变化现象。据莱伊尔称，欧洲和北美洲的第三纪沉积岩也是如此。就算我们完全忽视少数几种共存于“新旧世界”的化石物种，古生代和第三纪时期的生物类型的一般平行变化现象依旧十分明显，许多地质层也很容易关联起来。

我要申明一点，即上面所说的生物指的都是水生生物，至于该地的陆生生物和淡水生物，我们还没有发现类似的情形。它们是否会发生这样的变化，是值得怀疑的。如果把大懒兽、磨齿兽、长头驼和箭齿兽从拉普拉塔带到欧洲，而不讲明它们的地质位置，应该不会有人想到它们和现存的水生贝类曾经共处过。但是，由于这些动物曾和乳齿象以及以前的马共同生存过，所以我们至少可以推断，它们曾经生存于第三纪的一个最近时期内。

当我们说水生生物曾经在世界范围内同时发生变化时，切不可想成是在同一年或同一世纪内发生，更不可想成是具有很严格的地质学意义。因为一旦把现存于欧洲以及在更新世（如果用地质年代学来解释，那么这一时期包括了整个冰期的极古远时期）生存于欧洲的所有水生动物与现存于南美洲或澳洲的水生动物相比，即便是最熟练的博物学者，也难以区分是欧洲的现存动物还是欧洲的更新世动物与南半球生物更相似。还有几位优秀的观察者指出，美国现存的生物与曾经在欧洲第三纪后期的某些时期内生存过的生物有着密切的关系，其与欧洲现存生物的关系反倒没有这么密切。如果真是事实，那么目前沉积在北美洲海岸的化石层，今后显然应当与欧洲较古的化石层归为一类。虽然如此，放眼遥远的将来，所有较为近代的海岸化石层，不管是欧洲、南北美洲、澳洲的上新世的上层，还是整个更新世层以及严格意义上的近代层，都会因为所含有的生物遗骸或多或少的近缘，以及在这些地质层中并不含有只见于较古地质时代的生物类型，而被地质学家列为同时代的生物。

□ **海洋化石**

动物死亡以后，尸体会沉到湖底或海底。尸体中柔软的部分（表皮和肌肉）腐烂，留下的骨骸被泥沙等沉积物埋葬，并随着这些沉积物慢慢形成岩石，继而变成化石。

如上所述，所有生物在世界各地同时发生着变化，这一事实曾经使得一些优秀的观察者们大为惊叹，如德韦纳伊和达尔夏克。当他们提出欧洲各地方的古生代生物类型存在平行变化的现象后，又说道：“我们被这种奇异的顺序打动后，又把注意力转向北美洲，在那里也发现一系列的类似现象。由此可以推断，所有这些物种的变异和灭绝，以及新物种的出现，应该绝不仅仅是由于洋流的变化或其他局部的和暂时的原因，而是有着另外的支配全动物界的一般法则存在。”巴兰德先生得出的结论也与此相同。所以，如果只把洋流、气候以及其他物理条件的变化看作是使处于极其不同气候情况下的全世界生物类型发生大变化的主要原因，是毫无意义的。正如巴兰德先生所说，我们必须去找到另外的支配法则。当我们在讨论生物的现有分布格局，并看到各地的物理条件与生物本性之间的关系是如此细微时，我们便会更加清楚这一点。

全世界所有生物类型的平行变化这一个重要事实，可以通过自然选择得到解释。新物种因为占有优势而形成；它们因在自己的栖息地区本就占有优势，或者

□ 树叶化石

在漫长的地质年代中，各种树叶落下后，被当时的泥沙掩埋起来。在之后的岁月中，它们与周围的沉积物一起，经过石化变成了石头，但是它们原有的形态和结构依然保留着。从它们的化石形态中，我们可以推断出古代植物的生活状况和生活环境，以及埋藏化石的地层所形成的年代和经历等变化。

比其他类型更具有某种优势，所以产生了大量的新变种或初期物种。在植物中，我们能够找到明确证据证明，占有优势的植物，即最普遍、分散最广的植物，会产生最大数目的新变种。而那些占有优势的、正发生着有利变异的、分布极为辽阔的、已经多多少少入侵到其他物种领域的植物，必然拥有最好的机会去进一步扩大分布，且在新的区域产生新变种和新物种。只是，这种分散往往是极为缓慢的，因为它与气候、地理变化、一些偶然事件，以及各种气候环境的逐步适应密切相关，随着时间的推移，这些优势物种大都能在分布上取得成功，并最终胜利。在隔离的大陆上的生物，其分散过程应该会比海洋中的水生生物要慢一些，因为世界上的海洋是相互连接的。由此推断，陆生生物演替中的平行变化现象，不会像水生生物那样严密，而事实的确如此。

这样看来，全世界生物类型的平行演替，即同时演替，与新物种是由优势物种的广为分布和变异形成这一原理相符合。由此而产生的新物种本身就具有优势，因为它们比曾占优势的亲种和其他物种更有优越性，并将持续地分布、变异，进而产生新类型。被击败而让位给新物种的旧物种，由于共同遗传了某种劣性，且多少有些近缘关系，所以当新的且改进了的群分布于全世界时，它们便会灭绝。因而所有生物类型的演替，在最初出现和最后消失方面都倾向于一致。

关于这个问题，还有一点值得讨论。即我认为富含化石的巨大地质层，大都是在下沉期沉积下来的。而化石中具有的空白且长久的间隔，则应该是在海底静止或隆起时，或是当沉积物的沉积速度不足以掩埋和保存生物的遗骸时才出现的。而在这些空白且长久的间隔时期内，世界各地的生物可能都曾经历了多次的变异，甚至灭绝，当然，应该还有大量的生物从世界各地进行了迁徙。我们有理由相信，由于地表的绝大部分曾受到同一运动的影响，所以在该运动的作用下，也许严格意义上的同时代地质层便在世界同一部分中的广阔空间内堆积起来。但这绝不会是一成不变的，地表的绝大部分，也绝不总是受同一运动的影响。当两个地质层在地球的两处地方，在几乎相同的期间内沉积下来时，基于上述的理由，在这两种情况中应该可以看到相同的生物平行变化过程。不过二者所含的物种也不会是完全一致的，由于变异、灭绝和迁徙等原因，一个地方的平行变化过程也许会比另一个地方的多费一些时间。

我认为，在欧洲也存在着这种情况。普雷斯特维奇先生在他关于英法两国始新世沉积物的著作中明确表示，他已经在两国的连续地质层之间找出了密切的平行变化现象。但当他把两国的某些地质层相比较时，却发现二者的同属物种的数目极其一致，但物种本身却存在差异。这一现象实在令人难以理解，因为两地相距如此近，除非我们假设，有一条海峡将海一分为二，在这分开的两片海域里栖息着同时代却属于不同类型的动物群。巴兰德也指出，波希米亚和斯堪的纳维亚半岛的志留纪地质层是连续性的，但他观察到，二者间的平行变化现象非常明显。但是，相互物种间也存在着巨大的差异。如果两个地方的地质层不是在完全相同的时期内沉积下来的，假设一个地方的地质层与另一个地方的空白间隔期相对应，而且两个地方的物种是在地质层的堆积期间与空白间隔期之间发生变化的，那么，此种情况下，两地的地质层按照生物类型的一般演替，可以被排列成为同样的顺序，而这种现象又看似是严格平行的。可是，这两处地质层中相应的物种，却不一定是完全相同的。

灭绝物种与现存物种的亲缘关系

与中间地质层的生物遗骸在某种程度上也具有中间性状相关的一个事实，被所有古生物学者坚决认同，那就是两个连续地质层的化石之间的关系，比两个远隔的地质层的化石之间的关系要密切得多。

接下来，让我们对灭绝物种与现存物种之间的亲缘关系加以讨论吧。根据生物由来的原理，所有物种都可以被归入少数几个大纲内。任何物种，越是古

□ 儒艮

儒艮，俗称“美人鱼”。其身体呈纺锤形，长约3米，体重300～500千克。全身有稀疏的短细体毛。背部以深灰色为主，腹部稍淡。没有背鳍，鳍肢为椭圆形。其进化过程中的最大特征是后肢已经完全消失。

老，它与现存物种之间的差异就越大。但是，巴兰德先生曾提出，所有的灭绝物种都可以分在现存的群里或群与群之间。事实上，灭绝物种的确可以将现存的属、科以及目之间的间隔填充起来。但是，鉴于这种观点难以被人们理解和认同，所以，举例证明是最好的方法。如果我们只关注同一个纲里的现存物种或灭绝物种，那么，这一纲的现存物种的完整性比起将二者结合在一起的纲的完整性，则要差很多。在欧文教授的文章中经常提及的一个术语——概括的类型，一般被用在灭绝物种的身上；而阿加西斯常用的则是预示型或综合型等术语，它们都意味着这些类型是中间的连锁。著名的古生物学者高得利曾兴奋地宣布，他在阿提卡发现了许多哺乳类的化石，打破了现存的属与属之间的隔膜。居维叶曾把反刍类和厚皮类列为哺乳类中差异最大的两个目，但当大量的属于中间连锁的化石被发掘出来后，不光是他，就连欧文教授也不得不改变他的分类法，把某些厚皮类与反刍类放在了同一个亚目中。例如，他用中间梯级取消了猪与骆驼之间的明显而广大的隔膜。长有蹄的四足兽，则分为双蹄和单蹄两种，但南美洲的长头驼似乎又将这两种类型的有蹄类连在了一起。另外，没有人会否认三趾马是现存马与某些较古的有蹄类之间的中间物种。被热尔韦教授所命名的南美洲印齿兽，则是哺乳动物链条中的一个奇特锁链，它无法被归入现存的任何一个目里。海牛类是哺乳动物中的一个特殊群体，其现存最具代表性的是儒艮和泣海牛，它们的最显著的特征之一是后肢的完全消失，甚至毫无痕迹。据弗劳尔教授观察，已经灭绝的海豕拥有一个已经骨化的大腿骨，其与骨盘内的很发达的杯状窝连成关节，从而非常接近于有蹄的四足兽。而海牛类则在其他方面与有蹄类相近似。又比如，鲸鱼类与其他所有的哺乳类差别巨大，但是，第三纪的械齿鲸和鲛齿鲸却曾被某些博物学者归成单独的一目，而赫胥黎教授却坚信它们属于鲸类，而且是连接水生食肉兽的锁链。他还指出，尽管鸟类和爬行类之间有着广阔的间隔，但它们也部分地连接起来，其方式也是令人惊讶的，即由鸵鸟和已灭绝的始祖鸟，以及恐龙中的细颚龙相连，此类群包含了所有陆地爬虫的最大爬虫。在无脊椎动物方面，权威巴兰德先生指出，虽然远古生代的动物都可以分类在现存的群里，但在这个远古时代，各类群并不像今天一样区别得很明显。

有些学者反对把任何一种灭绝物种或物种群看作是任何两个现存物种或物种群之间的中间连锁。如果中间连锁是指一个灭绝类型在它的一切性状上都直接介于两个现存类型或群之间的话，这种反对意见或许是有理的吧。但事实上，在自然界的分类中，许多化石物种确实处于两个现存物种之间，而某些灭绝属也确实处于两个现存属之间，甚至还有处在两个不同科的属之间的现象。最普通的情况似乎是，那些差异很大的群，如鱼类和爬行类，如果假设它们现存有20个不同的性状，那么其古代成员的不同性状会较之更少，所以这两个群在古代要比在今日更为接近。

人们普遍认为，物种越古老，其某些性状就越能将现存的彼此相差巨大的群连接在一起。显然，这种观点只能应用于那些在地质时代中变化较多的群。但要对其正确性加以证明却很困难，因为即便是各种现存物种，如肺鱼，也经常被发现它们与相差巨大的群是近缘的。然而，如果我们把比较久远的年代的爬行纲和两栖纲、鱼纲、头足纲以及始新世的哺乳纲，与它们各自的近代成员相比较，我们就会承认这种观点具有一定的真实性。

让我们看看下列几种事实及推论与伴随着变化的进化学说之间的契合度有多高。考虑到这个问题的复杂性，我必须请大家再去看看第四章的“生物的性状分歧示意图”。图表中斜体的阿拉伯数字代表属，从中分出来的虚线代表各个属的物种。但是图表过于简单，列出来的属和物种太少，不过这都不重要。图表中的横线代表连续的地质层，最顶端那根横线以下的所有类型都可以看作是已经灭绝的物种。三个现存属中，a^{14}、p^{14}形成一个小科，b^{14}、f^{14}是近缘的科或亚科，o^{14}和i^{14}是第三个科。这三个科和共同亲型A分出来的几条系统线上的许多灭绝属合成一个目，因为它们都从古代原始祖先那里共同遗传了某些性状。在第四章中，我曾用这个图表来解释性状分歧的原理，即任何类型，越是近代的，通常与其古代原始祖先差别越大。由此，我们可以理解，最古化石与现存类型之间的差异是最大的。性状分歧绝不是一个必然发生的事件，因为它完全取决于一个物种的后代能否因为性状分歧而获得很多不同的位置。所以我们推测，一个物种可能会随着生

□ 古生物复原图

图中，侏罗纪的蛇颈龙、鱼龙、翼手龙、始祖鸟等史前灭绝动物各显身手，构成一个令人不可企及的梦幻世界。侏罗纪属于中生代中期，是爬行动物和裸子植物的世代。

活条件的细微改变而稍有变化，并且在很长的时间内还一直保持着同一个特性，这与某些志留纪生物类型是一样的。在图表中，这种情况是由F^{14}表现出来的。

如上所述，所有从A传下来的类型，无论是灭绝的还是现存的，都将形成一个新的目。由于受到灭绝和性状分歧的持续影响，在这个目之下又有多个科和亚科存在。其中的一些亚科或科假定是在不同的阶段内灭亡了，有的则继续生存到今天。

通过认真地研究图表，我们会发现，如果假设埋藏在连续地质层中的灭绝类型，是在这个系列下方的几个点上发现的，那么最顶端的三个现存科彼此间的差异要小得多。如果a^1、a^5、a^{10}、f^8、m^3、m^8、m^9等属已被发掘出来，那么三个科就会密切地联结在一起，也许还会形成一个大科，这与反刍类和某些厚皮类曾经发生过的情形极为相似。有人反对把灭绝属看作是联结起三个科的现存属的中间类型，这也许有一定的道理，因为它们并不是直接介入其中的，而是通过许多大不相同的类型，经过了长而迂回的路程。如果许多灭绝类型在中央的那些横线之上或地质层，比如V^{I}横线上被发现，而该线以下毫无发现，那么各科中只有两个科（左边的a^{14}等和b^{14}等两个科）会合二为一，从而变成只有两个科继续生存下去，它们的区别要比它们的化石被发现以前模糊。另外，对于处在最顶端的由八个属（a^{14}到m^{14}）所构成的三个科，如果以六种主要的性状而彼此区别，那么曾经在V^{I}横线所代表的时代生存过的各科，能用以进行区别的性状要少很多，因为在进化的早期阶段，从共同祖先就开始产生的分歧的程度尚小。因此，古老而灭绝的属在性状上便多少介于它们的变异了的后代之间，或介于它们的旁系亲族之间。

事实上，真实的过程要比图表中所展示的复杂得多。因为群的数目比图表中的多太多，而且每个群存在的时间和它们变异的程度也各不相同。同时，我们所掌握的不过是地质记录的最后一卷，而且只是零星的记录，除了一些特例之外，我们没有权利去期望把自然系统中的广大空隙填充起来，进而把不同的科或目相联结。

我们有权利期望的，只是那些在已知地质时期中曾经发生过诸多变化的类群，由于在较古的地质层里彼此稍微接近，所以较古的成员要比同类群中的现存成员在某些性状上的彼此差异更小。这一点，已得到最优秀的古生物学者们的一致认定。

如此一来，根据伴随着变化的进化学说，有关灭绝生物类型的相互亲缘关系，以及它们和现存类型的亲缘关系的确切事实，便得到了圆满的解释，除此之外再无任何观点可以解释。

根据同一学说可知，在地球历史上的任何一个大时期内所存在的动物群，在一般性状上几乎都是介于该时期以前和以后的动物群之间的。即生存在图表上第六个大时期的物种，是生存在第五个时期的物种的变异后代，也是第七个时期的更加变异的物种的祖先，它们的性状几乎一定是介于这两种生物类型之间的。但是，我们不能忽略，某些以前的类型已经全部灭绝，在任何地方都会有新的非本地生物入侵，所以，在连续地质层之间的长久空白间隔时期中的确曾发生过大量的变化。据此，每一个地质时代的动物群在性状上必然是介于前后期的动物群之间的。就好比当泥盆纪刚被发现时，古生物学者们便会认为该纪的动物性状是介于上层的石炭纪和下层的志留纪之间的。但是，并不是每一个动物群都一定完全介于前后动物群中间，因为在前后的地质层中，有长短不等的间隔时间。

就整体而言，每个时代、每个属的动物，在性状上几乎都介于前后期的属之间；但也总会有一些属是特例，不过它们并不足以构成异议来撼动这一规律的真实性。比如，福尔克纳博士曾把乳齿象和象类的物种按照两种分类法进行排列：第一种是按照它们的亲缘关系，第二种是按照它们所处的时代。结果是二者并不相符。由此可见，具有极端性状的物种不是最古老的或最近代的；具有中间性状的物种，也不是介于中间时代的。但是在这种以及在其他类似的情况中，如果暂时假定有关物种的首次出现和最后灭绝的记录是完整的（事实并非如此），我们就没有理由去相信，先后产生的各种类型必然会拥有同等长度的存续时间。极古的类型可能比其后续类型的存续时间要长得多，栖息在隔离区域内的陆生生物也是如此。那么，让我们就此来比较一番：如果把现存家鸽的主要族和灭绝族按照亲缘关系加以排列，我们会发现，这种排列下所产生的顺序并不和它们的产生时间相一致，和它们的灭绝时间的顺序就更不一致了。因为亲种岩鸽至今尚存，而许多介于岩鸽和信鸽之间的变种已经灭绝了。信鸽的喙十分长，这是非常极端的性状，而它出现的时间，比有着极端短喙的短嘴翻飞鸽更早。

与中间地质层的生物遗骸在某种程度上也具有中间性状相关的一个事实，被所有古生物学者坚决认同，这就是两个连续地质层的化石之间的关系，比两个远隔的地质层的化石之间的关系要密切得多。匹克推特教授列举出了一个众所周知的事实，即虽然种别不同，但来自于白垩纪几个阶段的生物遗骸普遍都是类似的。就是这一事实的普遍性，使匹克推特教授在此之后彻底推翻了自己先前所认为的物种不变的观念。凡是对地球上现存物种的分布情况有所了解的人，都不会认为关系密切且连续的地质层中不同物种之间的密切类似性，来自于古代地域的物理条件的近乎一致。我们不应忘记，海洋物种曾经在世界各地

□ **中生代的脊椎动物群**

哺乳类和鸟类这两大脊椎动物群在中生代已经出现，它们种类的多样化标志着新生代的到来。与我们所拥有的大量哺乳类动物的文献相比，鸟类相对少得多，这可能与鸟类骨骼的空心结构及其脆弱性有关。大多数中生代生物逐渐灭绝，现代的鸟类群在新生代后半期出现。中生代的初期出现了第一批哺乳类，它们体形小，习惯于夜间活动。而新生代哺乳类有不少体形巨大的种类，最大的可能是俾路支兽，它们与犀牛相近，可惜都已灭绝。

几乎同时发生变化，而且是在极其不同的气候和条件下发生的。要知道，在包含了整个冰期的更新世中，气候的变化非常之大，但水生生物所受到的影响却是极其微小的。

□ **始祖鸟**

始祖鸟生活在距今一亿多年前的草原上，从其化石来推断，它们具有羽毛、尾羽等，这些特征与现代鸟相类似。它们同时还具有一些类似爬行类动物的特征，以致科学家们至今仍然不能确定，始祖鸟是否是现代鸟的祖先。

密切相连的地质层中的化石遗骸，虽然被排列为不同的物种，但密切近缘，因此其意义是非凡的。因为各地质层的累积时常中断，并且连续地质层之间又存在着长久的空白间隔，所以正如前面所说，我们不能期望在任何一个或两个地质层中，找到在这些时期开始和终了时出现的物种之间的所有中间变种。但我们在间隔的时间之后，应该能找到极为近缘的类型，即某些学者所谓的代表种，而且我们的确曾经找到了。总之，正如我们所应期望的那样，我们已经找到了证据来证明物种类型的缓慢的、难以觉察的变异。

古代生物类型与现存生物类型的对比

自极为久远的地质年代以来，某些腕足类只发生了轻微的变异；而某些生活在海洋和淡水中的贝类，从已知的初次出现开始，就几乎保持着原有的状态。

在第四章里我们已经明确，衡量生物是否完善的最标准方法，是检查其成熟期后器官的分化与特化程度。我们也知道，器官的特化程度越高，对生物的利益就越大，自然选择的作用也会倾向于使各生物的器官进一步的特化。但在某些时候，自然选择也会听任生物保持着简单且不改进的器官，甚至使这些器官退化或简化，以适应简单的生活条件或新的生活条件。新物种通常会变得比它们的祖先更为优越，因为它们必须在生存斗争中打败旧的类型。因此我们可以断定，如果始新世的生物与现存的生物在几近相似的气候下进行竞争，前者就会被后者打败或消灭，正如中生代的生物会被始新世的生物，古生代的生物会被中生代的生物打败一样。根据此等情形，我们可以认为，近代类型比古代类型的等级要高得多。但事实究竟如何，大多数古生物学者都会作出肯定的回答。

自极为久远的地质年代以来，某些腕足类只发生了轻微的变异；而某些生活在海洋和淡水中的贝类，从已知的初次出现开始，就几乎保持着原有的状态。然而这些事实对于上述的结论并不具有多大的威胁。卡彭特博士指出，“有孔虫类的身体构造自劳伦纪以来就再也没有改进过。但是，这也并非是不能克服的难点，因为有的生物必须留下来适应简单的生活条件，也只有这种低等的原生生物才能做得好”。如果身体构造的进步是支持我的学说的一种必不可少的条件，那么上述的异议对我无疑是致命的打击。还是以有孔类为例，如果有孔类动物被证实是在劳伦纪开始出现的，或者腕足类是从寒武纪开始存在的，那么，上述的异议对于我的观点同样是致命的打击。因为在这种情况下，物种根本没有足够的时间发展到当时的标准。当物种进化到一定的高度时，根据自然选择学说，它便不必再继续改进，虽然在任何一个时代，它们都必须要做出一些必要的改变，以适应生活条件的细微变化，进而保住自己的地位。当然，这个异议成立的先决条件是：我们是否确定这个世界曾经历过多么久远的年代？各种生物类型是在什么时期第一次出现的？事实上，这个问题是极不容易说清的。

关于物种的身体构造是否进步这个问题，在很多地方无疑都是一个异常错综复杂的问题。每一个时代的地质记录的不完整性，使我们无法追溯到遥远的远古地质时代，去证实在已知的地质时代中，物种的身体构造的确发生了突飞猛进的

□ **始祖马**

始祖马是目前已知最古老的奇蹄动物，生活在始新世的最早期。它的体形只有小狗般大小，高约30厘米，极为轻巧灵活。它的前脚4个趾头、后脚3个趾头，有小蹄，但前脚起作用的只有3个趾头，所以属于奇蹄类动物。它的四肢细长，适合于奔跑，腕部和踝部离开地面抬起，因此趾骨的位置几乎是垂直的。它的背较弯曲，尾巴较短，长而低的头骨相当原始。它的牙齿是低冠的，具有圆锥形的齿尖，但前臼齿的结构还没有变得与臼齿相似。

进步。时至今日，博物学者们还在为应把同纲中的哪些类型排列为最高级而争论不休。比如，有些人认为，板鳃类即鲨鱼类的某些构造，更加接近于爬行类，因此它们是最高等的鱼类；而另外一些人却认为，硬骨鱼类才是最高等的鱼类。还有一种硬鳞鱼类，介于板鳃类和硬骨鱼类之间。尽管硬骨鱼类在数量上占有优势，但在从前，整个鱼类中只存在板鳃类和硬鳞鱼类。在此情况下，根据选择的高低标准，就可以判定鱼类是进化还是退化了。要想比较两种不同身体构造的成员在等级上的高低，大概是不可能的，就像谁也无法断定乌贼与蜜蜂之间谁更高级一样。伟大的冯贝尔认为，蜜蜂的身体构造“事实上要比鱼类的体制更为高级，虽然它属于另一种类型”。在复杂的生存斗争中，甲壳类在其纲中的地位不算高等，但我们相信它能打败软体动物中最高等的头足类。这些甲壳类虽然没有高度的发育，但如果拿所有考验中最权威的竞争法则来判断，它在无脊椎动物的系统里却占有极高的地位。在决定哪些类型的物种在身体构造是最为进步的时候，除了以上这些固有的困难外，我们不应只拿任何两个不同时代中的一个纲的最高进行级成员来比较（虽然这无疑是决定高低程度的一种要素，甚至是最重要的要素），而应该拿两个不同时代的属于同一纲的高低级成员来作比较。在远古时代，最高等和最低等的软体动物，即头足类和腕足类的数量都非常多。尽管这两大类的数量已大为减少，但介于二者的中间类型种类的数量却大大增加了。所以有博物学者认为，从前的软体动物的器官功能要比现在发达得多，可相反的例证也存在着，那就是腕足类已大量减少，而现存头足类虽在数量上减少了，但在身体构造方面却比古代的要高。另外，我们还应该对任何两个时期高等和低等各纲在世界范围内的相对比例进行比较。例如，现今有五万种脊椎动物生存着，如果我们知道在以前的某一时期中只存在过

□ 珍贵的鸭嘴兽

鸭嘴兽体肥，雄体长约60厘米，雌体长约46厘米。它们主要生活在澳大利亚，经常在河边挖洞，洞深约30米。雌鸭嘴兽在里面产卵、孵卵和哺育小鸭嘴兽。每当鸭嘴兽离开洞去寻找食物喂养小兽时，会先掘开一条地道，然后用泥巴做成许多道门封起来，以避免幼兽遭到外来兽类的袭击。

□ 褶皱地貌

图为在第三纪时期，因构造力而形成的水波褶皱。它的整个地形呈歪斜状，植被稀少，地质分层明显。

一万种，那么，我们就应该把两个时期中的那些高等纲内的数量增加（这意味着大量较低等类型被排斥），看作是全世界生物构造的决定性进步。由此可知，在如此极端复杂的关系下，要想对历代不完全了解的动物群的体制标准进行完全公平的比较，是多么的不易。

从现存的某些动物群和植物群中，我们就更能理解这种不易了。欧洲的生物近年来大肆扩张到新西兰，并占据了该地许多土著动植物的位置。因此我们相信，如果把大不列颠的所有动植物放到新西兰去，必定有许多英国的生物在一定的时间内在那里彻底归化，并消灭掉许多土著的类型。还有就是，由于几乎没有一种南半球的生物曾在欧洲的广大范围内变为野生的，因此我们怀疑，如果把新西兰的所有生物放到大不列颠去，它们之中是否会有大量的数目能够夺取土著动植物所占据的地方。据此看来，大不列颠生物的等级要比新西兰的高得多。然而，即使是最资深的博物学者，要预见这种结果也是很难的。

阿加西斯和其他几位优秀的观察者坚持认为，古代动物与同纲的近代动物的胚胎在某种程度上是相似的；而那些灭绝类型在地质记录中所留下的演替过程，与现存类型的胚胎过程也近乎平行。该观点与我的学说极为相符。我将在后面的章节中说明，成体和胚胎的差异，是由于变异是在一个不算太早的时期内发生的，而且与物种在相应时期得到相应的遗传有关。在此过程中，胚胎几乎保持不变，而成体在连续的世代中则持续地增加差异。因此，胚胎好像是被自然界保留下来的物种的一幅图画，那是物种未曾变化过的状态，即最初状态。这种观点具有一定的正确性，但恐怕永远也不能被证明。比如，已知最古的哺乳类、爬行类和鱼类，都严格地属于本纲，虽然其中的一些古老类型之间的差异比今天同属中典型成员之间的差异略少，但是，如果想要从其中找到具有脊椎动物所共有的胚胎特性的动物，恐怕只能等到在寒武纪地层的最下部岩床中发现富有化石的地层了。然而这样的机会少之又少。

第三纪末期所出现的同一地域内的相同模式的演替

如果一个大陆生物曾与另一大陆生物相差巨大，那么它们的变异后代将会按照近乎相同的方式和程度发生同等的差异。经过了较长的时间间隔和大量互相迁徙的巨大地理变化以后，占有优势的类型会占据较弱类型的位置，而生物的分布也会随之发生改变。

许多年前，克里福特先生曾指出，在澳洲的洞穴内所找到的哺乳类化石，与该洲现存的有袋类极为相似。在南美洲拉普拉塔所发现的类似犰狳甲片的巨大甲片中，这种关系就算是未接受过专业训练的人也可以看出来。欧文教授曾用无比动人的方式来进行说明：拉普拉塔的地层中所埋藏的无数哺乳类化石，都与南美洲类型有关。从伦德先生和克劳森先生在巴西的洞穴中所采集到的化石来看，这种关系更为明显。因此，从1839年到1845年这几年间，我曾坚决主张“模式演替的法则”和“同一大陆上死亡者和生存者之间的奇妙关系”。此后，欧文教授又将这两种观念延伸到了“旧世界”的哺乳动物身上。在他所复制的已经灭绝的新西兰巨型鸟中，我们看到了相同的法则。那些从巴西洞穴中发掘出来的鸟类化石，也体现出同样的法则。据伍德沃德教授的长期观察，这一法则也适用于水生贝类中。但是，由于此种类型分布较广，所以难以十分突出地表现出这种法则。另外还有一些例子可以证明此种关系的真实性，比如马德拉的灭绝陆生贝类与现存陆生贝类之间的关系，以及亚拉尔里海中已灭绝的碱水贝类与现存碱水贝类之间的关系。

那么，关于同一地域内的相同模式的演替法则，究竟意味着什么呢？如果有人就现今位于同一纬度下的澳洲和南美洲的一些地方的气候加以比较后，就试图用物理条件的不同来解释这两个大陆生物的不同；而另一方面又以物理条件的相同来解释第三纪末期内各个大陆上同一模式的一致性，那他可算是相当大胆了。另外，也不能断言有袋类动物主要或仅仅产于澳洲，贫齿类及其他的一些动物只产于南美洲，因为毫无证据显示这是一种固定的法则。众所周知，在古代欧洲确实有许多有袋类动物存在。我曾提到过，整个美洲大陆的陆生哺乳类的分布法则

□ 第三纪沉积物

图中显示的是在第三纪中，因克里海岸风力作用形成的横切的沉积物。该沉积物呈墨色，位于一道纵深的巨大沟槽之中，和周围的岩层截然不同。

与时间有关，古代和现今的分布法则也不相同。在古代，整个北美洲，即大陆的南北两部分在分布法则上是极为相似的。根据福尔克纳和考特利的发现，印度北部从前的哺乳类与非洲哺乳类也比今天的更为近缘；而水生动物的分布，也与此类似。

按照伴随着变化的进化学说，可以解释同一地域内，同样的模式持久但并非不变地演替着的伟大法则。因为世界各地的生物在以后连续的时间内，都倾向于把密切近似而又稍有变化的后代遗留在该地。如果一个大陆生物曾与另一大陆生物相差巨大，那么它们的变异后代将会按照近乎相同的方式和程度发生同等的差异。经过较长的时间间隔和大量互相迁徙的巨大地理变化以后，占有优势的类型会占据较弱类型的位置，而生物的分布也会随之发生改变。

也许有人会嘲笑我说："你是否假设过，从前生活在南美洲的大懒兽以及其他近似的大怪物曾遗留下树懒、犰狳和食蚁兽作为它们的退化了的后代？"我当然不会承认这样的假设，因为这些巨型动物已经全部灭绝，没有留下任何后代。但是在巴西的洞穴内所发现的大量已灭绝的物种化石，其大小和性状都与南美洲的现存物种之间极为近缘，这些化石中的某些也许是现存物种的真正祖先。请务必记住，根据我们的学说，同属的所有物种都是某一物种的后代。也就是说，如果有分属于六个属的八个物种，它们出现在同一个地质层中，而且有六个其他近缘的或具有代表性的属也在相继的地层中被发现，同时各个属下所拥有的物种数目相同，那么可以推断，在一般情况下，各个旧属只有一个物种会留下变异了的后代，并构成包含许多物种的新属，而各个旧属中的另外七个物种则会全部灭绝，不留下任何后代。也许还会有另外的寻常情形，即六个旧属中只有两三个属的两三个物种是新属的双亲，而其他的物种和旧属将全部灭绝。

前章和本章重点

各个单一的地质层并非是通过连续不断的下沉而形成的，各个地质层的持续时间要比物种的平均寿命略短。新类型在任何一个地域内或地质层中初次出现，往往都与迁徙密切相关，因此迁徙的作用非常重要。

我曾竭力证明：没有一个地质记录是完全的，我们所发现的那些地质记录，仅仅只是地质学家们对地球的微不足道的一部分所作的地质学调查，只有某些纲的极少数生物能以化石的形态出现在我们面前。当今博物馆里所保存的标本个数与种数的总和，也不能与一个地质层中所经历的世代数目相比，其比值几乎为零。在大多数的连续地质层之间，必然存在着极为漫长的间隔空白期，因为对于富含许多类化石物种而且厚到足以经受未来陵削作用[1]的沉积物而言，下沉累积的作用是非常必要的。在沉积物处于沉陷的时候，更多的物种已经灭绝了；而当下沉物再次上升时，就算地质层可以再次记录和保存一些变异，可在我看来，这些记录和保存都是极不完全的。

各个单一的地质层并非是通过连续不断的下沉而形成的，各个地质层的持续时间要比物种的平均寿命略短。新类型在任何一个地域内或地质层中初次出现，往往都与迁徙密切相关，因此迁徙的作用非常重要。物种的分布越广，其变异的频率也就越高，也越容易产生新的物种，其变种最初是地方性的。各个物种的形成必然要经过无数的过渡阶段，如果用年来计算各个物种的出现和

□ **大峡谷**

大峡谷是世界地质史上最为生动的范本，其两岸绝壁上所呈现出的被侵蚀后的各时代地层，是地质学家的历史书。本照片摄于美国科罗拉多州的西部高原。

[1] 陵削作用：又称陵夷作用。通常指地球表面因风化、侵蚀等作用，被逐渐剥蚀降低的大致趋势。

变化时长，那么这个时间是非常长的；但是若与各个物种处于停滞不变时的时长相比，则要短得多。综合上面这些原因来看，就可以大致了解，为什么没有找到无数的中间变种（虽然我们确曾发现过许多连锁）用最细微的级进把所有灭绝的和现存的物种连接起来。另外一个值得注意的问题是，连接任何两个类型的中间变种也许会被发现，但如果不把整个连锁全部重建，它们就会被列入新的物种。因为我们根本没有什么切实的标准来辨别物种和变种。

至于那些认为地质记录完全的人，会理直气壮地反对我的学说，他们会问："在地质层中没有发现，就意味着并不存在把同一个连续地质层中发现的那些亲缘较近的物种或代表物种连接起来的中间物种吗？"言下之意他们根本不相信在连续的地质层之间，存在着极其漫长的间隔空白期。对任何一个大区域的地质层（比如欧洲的地质层）进行观察时，他们也会忽略迁徙的重要作用；他们总是认为各个物种群都是突然出现的（但常常是假象）。他们还会问："寒武纪之前的无数物种的遗骸究竟在哪里呢？"我们现在知道，在寒武纪之前，至少有一种动物存在过。但是，我只能根据一种假设来回答最后这一个问题：地球上所有被海洋覆盖的地方，已经存在了很久，我们今日所生活的大陆，也是自寒武纪以来就已经存在的。然而，在寒武纪之前的大陆，是由更古老的地质层所形成的古大陆。时至今日，古大陆的残骸仅以变质状态的残余物存在，或依然被深埋在海洋之下。

除开以上这些难题，其他古生物学的主要重大事实便与根据变异和自然选择的伴随着变化的进化学说变得十分一致。由此，我们就可以进一步理解，为什么新物种总是缓慢且连续地产生；为什么不同纲的物种不一定同时发生变化，而变化的速度和程度也不一定相同，但所有生物到最后都多少发生了些变化。毫无疑问，旧的物种类型的灭

□ **三尖叉齿兽**

三尖叉齿兽是一种犬齿兽类，其体形与现代的猫类似。它的骨骼具有爬虫类的多项特征，但是牙齿却具有典型的哺乳动物特征，如犬齿、臼齿与门齿。此外，从出土的化石来看，其身体覆盖着皮毛，这是哺乳动物的另一项特征。三尖叉齿兽几乎是爬行动物和哺乳动物之间的完美过渡，在揭示哺乳动物的进化方面具有重要作用。

□ 陆行鲸

陆行鲸是一种早期的鲸鱼，既可以在陆地行走，也可以在水中游泳。其外表像鳄鱼，约3米长，后肢比较适合游泳，可以像水獭及鲸鱼般靠摆动背部来游泳。它那强大的双腭和锋利的牙齿，可以捕捉大型的猎物；它那发达的尾巴可帮助自己像水獭般快速游动，以迅速接近猎物。

绝，大都因为新的物种类型的产生。我们能够理解，为什么物种一旦灭绝就永不再现。物种群的数目是缓慢增加的，它们的存续时期也不尽相同。因为变异的过程必然是十分缓慢的，而且决定于许多复杂的偶然事件。在生存斗争中占据优势的种属，有留下许多变异后代的倾向，从而形成新的亚群和类群。当这些新类群形成之后，那些从共同祖先那里遗传了某种特性的种属，便会全部灭绝，并且不留下任何后代。但是，物种全群的完全灭绝往往是一个缓慢的过程，因为有少数后代会在保护与隔离的场所残存下来。当一个群完全灭绝，便不会再出现，因为其世代的连锁已经断开。

我们能够理解，为什么分布广且产生最多变种的优势类型有近似的变异了的后代分布于世界的倾向，这些后代一般都能够成功地排挤掉那些在生存斗争中处于劣势的群。所以，经过较长的时间间隔以后，世界上的生物便呈现出同时发生变化的景象。我们还能理解，为什么古代的所有生物类型只能合成为数极少的几个大纲。我们更能理解，由于性状分歧的连续倾向，为什么物种的类型越古老，它们与现存类型之间的差异就越大；为什么已灭绝的古代生物，常有把现存物种之间的空隙填充起来的倾向，把原本确定的两个不同的群合二为一，不过大多数时候只是把它们稍微拉近一些罢了。物种的类型越老，就越是介于现在不同的属之间，因为它们越古老，就越和分布较广的类群的祖先相接近，从而变得类似。已灭绝的物种类型一般很少直接介于现存类型之间，而是通过其他不同的灭绝类型，经过长而迂曲的路线来间接介于现存类型之间。现在，我们终于知道，为什么在密切且连续的地质层中，生物遗骸是如此的密切近缘，因为它们被世代密切地联结在了一起。我们更能清楚地看到，为什么中间地质层的生物遗骸具有中间性状。

从古至今，在各个连续的世代中，世界上的所有生物都在进行着生存斗争，并打败了前期生物，使自己的等级相应地提高，身体构造也变得更加专业。这就说明，从整体上看，生物的身体构造总是在进步。按照我们的观点，已灭绝的古代动物在某种程度上与属于同一纲的近代动物的胚胎相类似的奇怪的事实，便可得到简单的解释。在距今最近的地质时代中，同一地域内的相同模式的演替已不再神秘，根据遗传原理，它是极易被理解的。

如果更多的人相信地质记录是不完全的，或者地质记录能够被证明不会更加完全，那么，对于自然选择学说的主要异议就会大大削减或者消失。另外，我认为，所有古生物学的主要法则都明确指出，物种都是按照寻常的世代产生而来的：旧的物种类型被新的且改进的物种类型所取代，后者是“变异”和“最适者生存”的产物。

第 11 章
地理分布

CHAPTER 11

总述生物的分布情况——壁垒的重要性——处于同一大陆上的生物的亲缘关系——假想中的创造之单一中心——散布的手段依靠气候变化和陆地的水平高度差——物种在冰河时期中的散布——南北半球的冰河交替。

总述生物的分布情况

“旧世界”所呈现出来的各种气候或条件，几乎都能与“新世界”相平行，至少可以密切到同一物种一般需要的那样。

在对地球表面的生物分布进行考察时，触动我们的第一件大事，就是不论各地生物相似与否，都不能完全依据气候和其他地理条件来进行解释，这也是该课题的研究者所得出的共同结论。单从美洲的情况来看，就足以证明这一结论的正确性，因为除了北极和北方的温带地区，地质学者们都赞同“新世界”和“旧世

□ 生物的分布

任何种、属、科或种以下的亚种、变种等，在地球表面都有其分布的范围，即分布区。生物本身的散布能力、所处的外界条件以及历史因素等，造成不同分类单位的分布区的大小和形状相差较大。

界”之间的区分是地理分布的最基本分界之一。可是如果我们在广袤的美洲大陆上旅行，在从美国中部到最南端的过程中，我们将遭遇最复杂多样的物理环境：潮湿地区、干燥沙漠、高山草原、森林、沼泽、湖泊、大河等。所有这些地方都处在不同的温度之下。“旧世界”所呈现出来的各种气候或条件，几乎都能与“新世界”相平行，至少可以密切到同一物种一般需要的那样。“旧世界”里的一些小块地方，无疑比“新世界”的所有地方都热，但生活在这些小地方的动物群，却和周围地方的动物群无异，因为极难见到一群生物局限在条件特殊的小区域内。虽然“旧世界”和“新世界”的条件呈现出一般的平行状态，但其中的生物却如此不同。

如果我们把南半球的处在纬度25°～35°之间的澳洲、南部非洲和南美洲西部的广袤陆地进行比较，就会发现，一些地区在所有条件上都极为相似，可是如果要找出比之更不相似的三种动物群和植物群，则是不可能的。我们再把南美洲的南纬35°以南的生物和南纬25°以北的生物进行比较，又会发现，虽然两地之间的纬度相差10°，并且处于完全不同的条件之下，但彼此生物之间的相互关系，却比它们和气候相近的澳洲、非洲的生物之间的关系更为密切。关于海栖生物，我们也可举出相类似的事实。

壁垒的重要性

在相同的气候条件下，三种海栖动物群形成了相距不远的平行线，并向南向北分布。由于各自被不可逾越的障碍物隔离，它们几乎完全不同。

我们的研究中所碰到的第二件大事是，阻碍自由迁徙的所有障碍物都与各地生物的差异有着密切而重要的关系。这一点，可以从新旧两个世界的几乎所有陆栖生物的巨大差异中看出来。但是，北部地方例外，因为那里的陆地几乎相连，气候的差别甚微。北温带地区的类型可以自由迁徙，正如北极生物目前能够自由地在此迁徙一样。从同一纬度下的澳洲、非洲和南美洲的生物之间所存在的巨大差异中，我们看到了同样的事实，因为这些地方的相互隔离极其严密。在各个大陆上也有同样的事实：在巍峨延绵的山脉、大沙漠、大河的两边，生存着许多不同的生物。由于山脉、沙漠等不像隔离大陆的海洋那样不能越过，持续时间也没那么长，因而它们之间的差异远不及生活在不同大陆上的生物之间的差异那么大。

在海洋生物中，我们也看到了同样的法则：生活在南美洲东西海岸的海栖生物，除了少数的贝类、甲壳类和棘皮类是相同的以外，其他的都差别较大。然而，京特博士近来指出，巴拿马地峡两边的约30%的鱼类都是相同的，这使学者们相信，这个地峡在若干年以前曾经相通。在美洲海岸的西面，是一望无际的海洋，没有岛屿供迁徙者休息，这里将有另一类障碍物，一旦越过这里，就是太平洋的东部诸岛，我们将在此遇到了一种全然不同的动物群。因此，在相同的气候条件下，三种海栖动物群形成了相距不远的平行线，向南向北分布。由于各自被不可逾越的障碍物所隔离，它们几乎是完全不同的。从太平洋热带地方的东部诸岛再向西前进，会看到有提供给迁徙者休息的无数岛屿和连续的海岸，然后到达非洲海岸。在这个广阔的空间里，我们再不会遇见完全不同的海栖动物群。

在美洲东部、美洲西部和太平洋东部诸岛的三个动物群里，只有少数的海栖动物是共有的，但有很多鱼类从太平洋分布到了印度洋，而在几近相反的子午线上的太平洋东部诸岛和非洲东部海岸，却生活着很多共有的贝类。

处于同一大陆上的生物的亲缘关系

不同地区生物的不同，可以归结到变异和自然选择上，其次还可归因于不同的物理条件的影响。

第三件大事是，生活在同一大陆或同一海洋里的生物都具有亲缘关系，尽管物种本身因地点和环境的不同而异（前面已有所涉及）。这是一个极为普遍的法则，每个大陆都有很多事例可以说明。如果从北到南旅行，便会看到那些亲缘关系密切的不同物种呈现连续生物群的逐次更替的情形，这无疑是极为动人的。而那些关系密切相似的不同种类的鸟，却唱着几乎相似的音调；它们的巢虽然不完全相同，但在构造上极为相似；它们的卵几近同色。在麦哲伦海峡附近的平原上，生活着一种名为“美洲鸵鸟”的物种，而在拉普拉塔平原以北，则生活着同属的另一物种，只是都没有同纬度下类似于非洲和澳洲的鸵鸟或鸸鹋[1]那样的鸟。不过，我们在此还见到了刺鼠和绒鼠。它们和欧洲的山兔、家兔的习性几乎一样，都属于啮齿类的同一个目，只是构造上具有美洲模式。我们登上高耸的科迪勒拉峰所看到的绒鼠的一个高山种；我们注视河川所看到的河鼠和水豚，都属于南美洲模式的啮齿目。当然，此类例子远不止这些。在考察了远离美洲海岸的岛屿之后，我们发现无论其地质构造的差距如何巨大，但栖息在那里的生物在本质上都属于美洲模式无疑，即便它们可能都是特殊的物种。基于这种事实，我们看到，生物通过空间和时间，以及所有同一地域的水陆，与无关物理条件的某些发生了深入的联系。

□ **鸸鹋**

鸸鹋又名“澳洲鸵鸟”，为鸟纲鸸鹋科的唯一物种，擅长奔跑。其翅膀比非洲鸵鸟和美洲鸵鸟的更加退化，足有三趾。它们是世界上最大的陆地鸟种之一，也是世界上最古老的鸟种之一。

这种联系仅仅是遗传，但单凭这一点，就会促使生物具有很强的相似性；或者如我们所见到的变种，彼此近乎相像。不同地区生物的不同，可以归结到变异和自然选择上；其次还可归因于不同的物理条件的影响。二者不相似的程度，取决于优势类型在较长时期内的迁徙途中多多少少受到了某种障碍的影响；取决于先前移入的生物的本性和数量；取决于生物之间的相互作用所引起的不同变异；以及最重要的一点——取决于生物彼此之间的生存斗争。由此，障碍物在阻止物种迁徙上所起的重要性就凸显出来了，就像时间在自然选择中所具有的重要性一样。个体众多，且分布广泛，并已经在它们生存之地战胜了众多竞争者的物种，当它们扩张到一个新的地方时，就很容易取得新的地位。在这个新地方，它们会遇到新的生活条件，从而发生进一步的变异和改进——促使它们取得更

[1] 鸸鹋：鸟纲鸸鹋科的唯一物种，澳洲的特产，以擅长奔跑而著名，是世界第二大的鸟类，仅次于非洲鸵鸟，也是世界上最古老的鸟种之一。

大的胜利，并且产生出众多的变异后代。依据始终伴随着变异的遗传原理，我们便能理解，为什么物种属的一部分或全属甚至一科，都会这样普遍地局限在某一个地方。

前面讲过，没有证据可以证明，有什么必然发展的法则存在。每个物种的变异性都是独立的，只有在复杂的生存斗争中有利于每一个个体时，自然选择才会对它进行利用，因而不同物种的变异量不可能一致。如果某些物种在故乡经过长久的竞争之后，集体移入了一个新的并在此之后被隔离的区域，它们就很少发生变化，因为移动和隔离本身并不产生任何作用。这些要素只有当生物之间发生了新的关系，并且以较小的程度与周围的物理条件发生新的联系时才起作用。如我们在前面所提到的，有些生物类型从遥远的地质时代起，就一直保持着大致相同的性状，因此某些物种在广阔的空间迁徙之后，却不曾发生大的变化，或完全不变。

同属的若干物种，虽然分别栖息在世界上相距遥远的地方，但都是从同一个祖先传下来的。根据这一观点推断，它们从前一定生活在同一个地方，是从那里发源的。至于那些在整个地质时期变化很少的物种，它们应该都是从同一地方迁移来的。因为自古代以来，地理和气候都曾发生了连续性的巨大的变化，在此期间，任何大量的迁徙都是有可能的。不过在其他情形里，我们有理由相信，同一属的物种大概是在近代产生出来的，但要解释却十分困难。显然，那些同种的个体，虽然现在栖息在相距遥远且隔离着的地方，但一定都来自它们的双亲最初产生的地点。因为不同物种的双亲中，若要产生出完全相同的个体是不大可能的。

假想中的创造之单一中心

每个物种最初都是在一个地方产生，然后在条件允许的情况下，凭借迁徙和自我生存的能力，从最初的那个地方迁徙和散布开去。

接下来，让我们谈一谈被学者们广泛讨论过的一个问题——物种是在地球表面上的一个还是多个地方创造出来的。同一物种何以从某个地方迁徙到现今的相距遥远而又隔离着的地方，无疑是难以理解的。然而，人们又难免怀疑每个物种最初都产生在一处地方的观点。事实上，排斥了这种观点，就是排斥了物种的发生和迁徙的真实原因，甚至于把这种原因归结为某种奇迹。人们普遍承认，一个物种栖息的地方大多是具有连续性的。如果一种植物或动物栖息在相距甚远的两个地方，且在这之间有不利于迁徙通过的中间地带，那么人们就会将这种情形认为是一种例外。迁徙时不可能通过大海的事实，在陆栖哺乳动物身上尤为常见。至少在目前，我们还没有看到同一哺乳动物因为不可解释的原因而栖息在相距很远的地方。大不列颠和欧洲其他地方都有四足兽类存在，没有人会对此有疑惑，因为这些地方以前是连接在一起的。然而，如果说同一个物种是产生在相互隔开的两个地方，那么问题就会随之而来：为什么欧洲和澳洲或者南美洲，没有一种共有的哺乳动物呢？由于生活条件相近，欧洲的许多动植物已经在美洲和澳洲归化了；即使在相距遥远的南半球和北半球，还有若干完全相同的土著植物存在。在我看来，这是因为某些植物具有各自的散布方法，使之在迁徙时通过广阔而断开的中间地带，但哺乳动物却没有这种本领。在迁徙中，由于各种障碍物的存在，大多数的物种只能产生在障碍物的某一边，而不能迁徙到另一边。也许这样的解释，才算是合理的。因此，我们看到少数的科，以及很多亚科、属和数目众多的属的分支，往往局限于某个单一的地方。学者们曾经观察到，物种之间相互联系最密切的那些自然的属一般都局限在同一个地方，如果它们的分布范围较大，则会具有连续性的特征。而当我们考察这些个体时，假设那里正被一个相反的法则所支配，个体们最初起码并不局限于某一个地方，这将是那么奇怪的反常现象。

□ **桑寄生　克拉迪斯　水粉画　19世纪**

桑寄生又名老式寄生、广寄生等，常绿小灌木。它们原产于亚洲，亚洲便是它们的“创造中心”。

因此，我的观点和许多学者一样：每个物种最初都是在一个地方产生，然后在条件允许的情况下，凭借迁徙和自我生存的能力，从最初的那个地方迁徙和散

□ 分布广泛的鹈鹕

鹈鹕，别名塘鹅。身长约180厘米，体重在13千克左右，每窝产卵1～4枚，孵化期约为30天。它们喜欢群居，广泛分布于全世界各水域。栖息于沿海、湖沼、河川和大型水域里，以鱼类为食。鹈鹕种群数量一度极大，后来由于杀虫剂的使用，在1940～1970年间，其种群数量急剧减少。

布开去。这种观点有着最大的可能性。诚然，在许多情况下，我们无法解释同一物种何以能够从这一地点移到另一个地点。但是在最近地质时代肯定发生过地理的以及气象的变化，一定会把之前是连续分布的许多物种弄得不连续了。所以我们必须认真考察，对于分布的连续性的例外是否真的有这么多，其性质是否真的如此严重，以致我们要放弃从普遍考察中所建立的信念，即各个物种都是在某一个地区内产生的，并在其后尽其所能地从该地区迁徙出去。如果要把现今生活在相距遥远地方的同一物种的所有例外情况都拿来进行讨论，未免太烦琐，而且难以解释。所以，我将对少数显著的事例进行讨论，它们是：①在相距很远的山顶上和南北极地域内生存着同一物种；②关于淡水生物的广泛分布问题（将在下章进行讨论）；③同一个陆栖物种出现在被数百英里大海隔开的岛屿及大陆上。

对于同一物种在地球表面上相距遥远且被隔离的地点生存着的问题，如果我们能在大量的事例中根据各个物种是从单一的原产地迁徙出去的观点来进行解释，那么，考虑到我们对于从前气候和地理的变化以及各种输送方法的无知，我认为相信单一产地的法则无疑是最稳妥的。

在讨论这个问题时，我们不妨同时考虑另一个重点，即一属里的若干物种（从一个共同祖先传下来的）是从一个地区迁徙到另一个地区，它们是否在迁徙时发生了变异呢？当栖息在一个地区的大多数物种与另一地区的物种密切近似，却不完全相同时，又能证明它们在过去的某个时代曾经从一个地区迁徙到另一地区，那么无疑就会巩固我们所持的观点。因为用生物的产生都伴随着变化这一原理，就能对这种现象进行解释。例如，在距离大陆几百英里外的一些隆起的火山岛，随着时间的推移，必然会从大陆接受少数的生物。其后代虽然会在发展中发生变化，但由于遗传的关系，它们仍然会保留一些大陆生物的性状。这种普遍存在的事实，是不可能用独立的理论来解释的。一个地区的物种和另一地区的物种有联系的这种观点，与华莱斯先生的主张是符合的，他曾断言："各个物种的产生，和与之近缘的物种在空间和时间上都是一致的。"现在我们已经清楚地知道，他把这种一致性归因于伴随着变化的进化论了。

创造的中心是单一还是多个的问题，与另一个近似的问题不同，即同种的所有个体是否是从一对配偶传下来的？或者是从一个雌雄同体的个体传下来的？或者如某些学者所设想的那样，是从众多同时创造出来的个体中传下来的？如果从来不杂交的生物确实存在的话，那么各个物种一定是从连续变异了的变种中传下来的。这些变种曾经互相排挤，但决不与同种的其他个体或变种相互混交。因此，在变异的每一个连续阶段，同一类型的所有个体都是从单一亲体中传下来的。然而，在大多数情况下，那些每次生育都习惯于进行交配和偶尔进行杂交的生物，与栖居在同一地区的同种个体，也会因互相杂交而几乎保持一致。这时，许多个体会同时进行变化，在每一个阶段的全部变异量，将不会是出于只从单一亲体传下来之故。例如，英国的赛跑马和别的品种的马都不同，但它们身上所具有的特异之处及优越性并不是从任何一对亲体中传下来的，而是在每一世代中，许多个体持续不断地选择和训练的结果。

散布的手段依靠气候变化和陆地的水平高度差

现今的某处地方，由于气候所致，一些生物无法完成迁徙；但在气候不同的过去的某一时代，它可能就是迁徙的大路了。对于生物来说，陆地水平的变化也一定产生过重要的影响。

上一节，就"假想中的创造之单一中心"学说所遇到的最大困难，我谈了三类事实。

而莱伊尔爵士及其他学者也已经进行了有益的讨论。所以，在此我只能举出一些比较重要的事实来加以概述。历史上气候的变化无疑对迁徙产生过巨大的影响。现今的某处地方，由于气候所致，一些生物无法完成迁徙；但在气候不同的过去的某一时代，它可能就是迁徙的大路了。对于生物来说，陆地水平的变化也一定产生过重要的影响，正如一条狭窄的地峡能把两种海栖动物群隔开。设想一下，如果该地峡沉没于水中，或者过去曾经沉没过，那么，这两种动物群势必会混合在一起，或者曾经混合过。在今天的海洋里，在某一个时期或许有陆地把岛屿和许多大陆连接在一起，使陆栖生物得以从这个地方迁移到别的地方去。地质学家们一直认为，陆地水平的巨大变化曾经发生在现存生物的存在期间。福布斯指出，大西洋的所有岛屿在过去一定曾与欧洲或非洲相连接，而欧洲也一定与美洲相连接。除此之外，还有一些学者假设，每个海洋都有过陆路相通的历史，即每一个岛屿都曾与某一大陆相连接。照此观点，我们只能承认，几乎没有一个岛屿在过去是不和某一大陆相连接的。于是乎，它便果断地解决了同一物种是如何分布到相距遥远地点的问题，并排除了众多难点。然而，我们很难相信，以今天物种的格局，世界曾经发生过如此巨大的地理变化。虽然陆地水平或海洋水平的巨大变动已经有据可证，但无法证明这些大陆的位置和范围曾经有过如此重大的变化，以使它们像今天这样彼此相连接，且和介于其中的海洋岛相连接。在过去的时代里，的确曾有许多岛屿沉没了，它们也可能是动植物迁徙时的歇脚地点。我们看到，在产生珊瑚的大洋里，这些下沉岛屿如今已布满了珊瑚环的标志。直到将来的某一天，当完全承认各个物种曾是从单一的地点所产生，当我们了解了关于散布手段的确实情形，我们就能稳妥地推测过去陆地的范围了。但我始终难以相信，未来的发现能够证明，今天处于分离状态的各大陆，在近代曾是相连接或几乎连接在一起的，以及许多现存的海洋岛也曾连接在一起。关于散布的一些事实，例如，几乎每个大陆两边生活着的海栖动物群之间的巨大差异；一些陆地、海洋的第三纪生物和该处现存生物的密切关系；栖息于岛上的哺乳动物和附近大陆上的哺乳动物的类似程度，与它们之间的海洋深度有关（这个问题以后还要讲到），等等。这些事实以及相似的事实，都和近代曾经发生过巨大的地理变化的说法相反，而后者对福布斯及其追随者的观点十分重要。海洋岛生物的性质以及相对的比例，同样与海洋岛从前曾与大陆相连接的观点相反。再者，这些岛屿曾经几乎都是火山或有火山的成分，因而根本不可能是大陆沉没后的残余物。即便它们过去真的曾经作为大陆的山脉而存在，那么，其中必定会有岛屿像某些山峰那样，是由花岗岩、变质片岩、古代的化石岩以及其他岩石构成，而不单单是由火山物质叠积而成。

□ 风力传播

毛茸茸的狗尾草又称“莠”“谷莠子”，为禾本科，属一年生草本植物，因形状似狗的尾巴而得名。它的叶片较宽，呈线形，夏季开花。每一株成熟的狗尾草一次可产近百粒种子，它们借助风力进行传播。其种子适应性很强，耐寒耐贫瘠，在荒地上也可生长。

现在，我将对所谓的“意外手段”说几句。这种手段其实更适于被称作“偶然的散布手段”。在此，我只以植物为例。在植物学著作里，经常有说到，这种或那种植物不适于广泛传播，说到通过海洋进行输送是否便利的时候，则是一派无知的状态。在伯克利先生帮助我进行几种试验之前，我甚至对种子对于海水的损害作用究竟有多大的抵抗力都不清楚。通过试验，我惊奇地发现，在87种种子中，有64种在浸泡过28天后仍能发芽，甚至有少数在浸泡过137天后还能成活。值得注意的是，各个目所受到的损害有所差异。我曾对9种荚果植物做过试验，只有一种能抵抗盐水；7种近似目的田基麻科和花葱科植物，在浸泡了一个月后都死了。为了省事，我主要试验了没有蒴或果肉的小种子，它们在几天后都沉了下去，因此，无论它们是否会遭受海水的损害，都不能漂得过广阔的海面。紧接着，我又对一些较大的果实和蒴等进行了试验，结果它们中的一些能漂浮较长的一段时期。新鲜木材和干燥木材的浮力是大不相同的，我也想到，大水常常把带有蒴或果实的干植物或枝条等冲入海里。据此，我选择了94种植物带有成熟果实的茎和枝加以干燥，然后放到海里。结果大多数植物都快速地沉了下去，但有些植物在新鲜时只漂浮了很短的时间，干燥后却漂浮了很长一段时间。例如，成熟的榛子下沉很快，但干燥后的榛子却能漂浮90天，且能发芽；带有成熟浆果的石刁柏只能漂浮23天，干燥后却能漂浮85天，其种子同样能发芽；成熟的苦爹菜种子漂浮两天就沉没了，干燥后却能漂浮90天，并能发芽。综合而言，在这94种干植物中，有18种漂浮了28天以上，甚至有能漂浮更长时间的。也就是说，在87个种类的种子中，有64种的种子在浸水28天后还能发芽；在94个带有成熟果实的物种中（与前面的87个物种不尽相同），有18个能漂浮28

天以上。仅从这些贫乏的数字来推论，我们可以断言，在任何地方的100种植物的种子内，大约有14个种类的种子在漂浮了28天后还能发芽。根据约翰斯顿的“地文图”，大西洋的某些海流的平均速率为每日33英里（有些甚至能达到60英里）。按照这一速率，一个地方14%的种子能够漂过924英里的海面到达另一地方。在它们搁浅之后，如果有内陆大风把它们吹到一个适宜的地点，它们还会发芽。

继我之后，马顿斯也进行了相似的但比我的方法更为先进的试验。他把装着种子的盒子放进海中。在这种状态下，种子有时被浸湿，有时又暴露在空气中，跟真的漂浮植物似的。他选用98类种子进行了试验，大部分种子和我试验的不同。他大多选用大果实和海边植物的种子，以此来延长它们的漂浮时间和减少海水对它们的损害。值得一提的是，他没有在漂浮之前先将带有果实的植物或枝条进行干燥，要知道，干燥后的植物可以漂浮很长的时间。他的试验结果是，98个不同种类的种子中，有18个漂浮了42天，并能发芽。不过我相信，那些暴露在波浪中的植物比我的试验中不受剧烈运动影响的植物所能漂浮的时间略短。鉴于此，我们基本上可以断定：在一个植物区系的100个种类的种子中，大约有10个在经过干燥后，可以漂过900英里宽的海面，并且还能发芽。同时，从试验结果可知，大果实往往比小果实漂浮的时间长得多，这是十分有趣的，因为根据得康多尔的说法，大种子或大果实植物的分布范围是受限制的，因此难以通过其他方法进行输送。

有时候，种子还可用另一种方法来输送。那些在海上漂流的木材常常被冲到岛上去，有时甚至会被冲到位于广阔的大洋中央的岛上去。太平洋珊瑚岛上的土著人，专门从漂流植物的根间搜索做工具用的石子，这些石子同时也是贵重的

□ **种子**

种子是开花植物及结球果树的生殖器官，是由植物的卵细胞与花粉粒中的雄性生殖细胞结合后形成的。每一粒种子都有一层坚硬的种皮，若仔细观察，可在种皮上找到种子在果实内的着生点。一些种子的上端有毛，所以能随风飘散、到处传播；还有一些种子则靠以它们为食的动物来传播。

皇家税品。我曾仔细观察过这些形状各异的石子，它们被夹在树根中间时，常有小块泥土藏在缝隙间或包在后面，使它们被非常严密地藏在泥土里，即使经过很长时间的运输，也不会被冲洗掉。我观察到，在一株大约50年的栎树的根间，有一小块泥土被严密地包藏在里面，而泥土中有三株双子叶植物正在发芽。这是一个极为真实的例子。这里，我要补充一点，漂浮在海上的鸟的尸体，有时很快会被吃掉，而在它的嗉囊里还有许多种子，能在很长时间内保持生命力。如果把豌豆和大巢菜浸在海水里，几天后它们便会死去；然而，在人造海水[1]中漂浮超过30天的鸽子，其嗉囊内的种子几乎全都能发芽，这不得不令人惊叹。

空中飞行的鸟，对种子来说是非常有效的传送者。许多事实表明，各种鸟类常常随着大风远渡重洋。此种情况下，我们可以稳妥地估计，鸟的飞行时速大概为35英里或更长。我未曾见过养分丰富的种子能通过鸟肠的事例，但是那些坚硬的种子甚至能通过火鸡的消化器官而不被损坏。我花了两个月的时间，从花园里的小鸟粪中拣出了12个种类的种子，它们看上去全都完好无损。我试着将它们种下，不久竟都发了芽。还有更为重要的一点，即鸟的嗉囊并不分泌胃液，因此对种子的发芽毫无妨碍。可以肯定的是，当一只鸟吃掉大量的谷粒后，这些谷粒在12~18小时内是不会进入到嗉囊里去的。而在此时期内，鸟儿会很容易地被风吹到500英里以外的地方。要知道，飞鹰的猎物往往是那些倦鸟，在它们撕裂了倦鸟的嗉囊后，其中的含有物可能就这样轻易地被散布开去。也有一些鹰和猫头鹰会把整个捕获物吞下，过了12~20小时后再吐出一些食物的小团块。根据在动物园所做的试验，这些小团块里还存在着一些能够发芽的种子。有些种子，如燕麦、小麦、粟、加那利草、大麻、三叶草、甜菜等，在各种食肉鸟的胃中，经过12～20小时后仍能发芽；甚至有两粒甜菜的种子经过62小时后仍能发芽。据我观察，淡水鱼类喜欢吃各种水陆生植物的种子，而这些鱼又常常被鸟吃掉，在此过程中，植物种子就有可能从一个地方被输送到另一个地方。我曾把多类植物种子放进死鱼的胃中，然后用这些死鱼去喂鱼鹰、鹳及鹈鹕。数小时后，有些鸟把种子裹在一个小团块里吐了出来，有的随粪便一起把种子排了出去。一部分种子仍然保持了发芽能力，一部分却在种植过程中死去。

飞蝗被风从陆地吹送到很远的地方。我就曾在距离非洲海岸约370英里的地

[1] 人造海水：人们根据海水成分而自制的与海水具备同样性质的水。

□ 水草种子被鱼鹰传播

生活在湖泊、沼泽和海面上的许多猛禽也是植物种子的传播者。非洲鱼鹰具有强有力的双翼，它们经常巡视在湖泊、沼泽和海洋的上空，一旦发现猎物，马上俯冲下去，用长而尖利的爪子抓起猎物。于是，很多刚吃进鱼肚内的水草种子，就这样从一个地方传播到了另一个地方。

方亲自捉到过一只飞蝗，听说有人在更远的地方也曾捉到过。洛牧师证实，1844年11月，曾经有大群的飞蝗飞来马德拉岛，其数量之巨，就如暴风刮起的雪片一样，人们只有用望远镜才能将它们看清。在那两三天里，它们成群结队地飞行，最后甚至形成了一个足有五六英里直径的大椭圆形。夜晚，这些飞蝗降落在高树上，把整个树林都遮满了；之后，它们又突然从海上消失了，从此踪迹全无。现今居住在纳塔尔某些地方的农民坚持认为，这些飞蝗留下的粪便中有一些有害的种子撒在了这片草地上，只是苦于无证据罢了。怀尔先生因此而寄给我一封信，里面有一小包此类的干粪块。我在显微镜下仔细检查了这些粪块，发现其中有几粒种子。我将它们种下后，不久就长出了七株茅草植物，分属于两个物种、两个属。据此，我们可以说，那些飞到马德拉的蝗虫，也许很轻易地就能把植物的种子输送到距离大陆很远的岛屿上去。

鸟的喙和脚虽然一般是干净的，但有时也沾有泥土。我曾从一只鹧鸪的脚上取出了61盎司（1盎司=28.35克）重的干黏土；有一次，在我取出的22盎司的干黏土中，发现了一块如大巢菜种子般的小石子。还有一次，一位朋友寄给我一只丘鹬，其腿和胫上都贴着一小块9盎司重的干土，中间包着一粒灯芯草的种子，而且还能发芽开花。最近40年来，布赖顿的斯惠司兰先生对候鸟进行了密切的观察。他告诉我，他常常在鹡鸰[1]、穗鹏和欧洲石鸡[2]刚来到岸边还未降落时，就把它们打下来。有很多次，他都看到有小块泥土附在这些鸟的脚上。事实证明，此类情形是十分普遍的。牛顿教授曾赠我一只受了伤的红足石鸡，它的腿上就附着

[1] 鹡鸰：一种细嘴、长尾、长翅的小鸟，这种鸟只要有一只离群，余下的就会鸣叫起来。

[2] 石鸡：一种中型雉类。喜白天成群活动，飞翔能力强，但飞不多远便会落入草丛或灌木丛中。

一团重于6盎司的泥土。我把这块泥土保存了三年后才打碎，然后用水浸湿，放在钟形玻璃罩下，它竟长出了80多株植物。其中有12株单子叶植物，包括普通的燕麦和一种茅草；还有70株双子叶植物。据我观察，双子叶植物中至少有3个不同的物种。我们知道，每年都有大量鸟类被大风吹过海洋，它们在这个巨大的空间进行迁徙。我们可以想象，当几百万只三趾鹑飞过地中海时，它们必定会偶然地把附在脚或喙上的污物中的种子输送出去。对此，我们无须怀疑。

通常情况下，冰山会载荷着土和石，或者挟带着树枝、骨头和陆栖鸟类的巢。因此，以上这些鸟一定曾经从南北极地区把种子从一个地方输送到另一个地方，或者从现在的温带地区输送到极地地区。在亚速尔群岛靠近大陆的大西洋其他岛屿上，存在着很多和欧洲植物一样的植物；从地球纬度来看，它们多少带有北方的特性（如沃森先生所说）。据此，我推测，这些岛屿上的一部分种子大概是在冰河时代中由冰川带去的。我曾向哈通先生求证，问他是否在那些岛上看到过漂石。他回信说，他见过花岗岩和其他岩石的巨大碎块，但都不是岛上原有的。如此一来，我们更有把握推论，冰山曾把输送来的岩石卸在这些大海中央的群岛岸上，其中挟带着一些北方植物的种子。

目前，我们已经了解了自然界的这几种输送方法，但无疑不止这些。所有的输送模式，在许多万年里年复一年地工作着。所以，如果很多植物没有被这样输送出去，反倒很奇怪了。人们认为这些输送方法是一种偶然现象，我认为这种想法是不正确的，因为海流和定期风的方向都不是偶然的。不过，任何的输送方法，都很少能把种子运到相距遥远的地方。原因在于，如果种子被海水浸泡太久，就不能保持它们的生命力；种子也不能长久地裹在鸟类的嗉囊或肠子里。当然，以上这些方法不过是通过几百英里宽的海面输送种子，自然是没有问题的，但要从一个相距遥远的大陆输送到另一个大陆就几乎不可能了。这些方法也不会造成一个相距遥远的大陆上的植物区系相互混淆，它们仍保持着明晰的区别。由于走向的关系，海流不会把种子从北美洲带到大不列颠，虽然它们已经把种子从西印度带到了英国的西部海岸。在英国的西部海岸，如果它们没有被海水长期浸泡而死去，也会对这里的气候无法忍受。事实上，几乎每年都有一两只陆鸟被风吹过大西洋，从北美洲来到爱尔兰和英格兰的西部海岸。但如果要使这些稀有的流浪者输送种子，就只有一种方法，即将污物附在它们的脚上或喙上。当然，这也并非易事。而且，一粒种子刚好落在适宜的土壤上，并长到成熟，这种机会也

□ 花岗岩

达尔文指出，冰川运动曾将一些花岗岩和其他岩石运输到群岛的岸上，一些附着在这些岩石上的植物种子，也同时被输送到了群岛上。

是非常难得的。像大不列颠这样物种繁多的岛屿，据我所知，在最近几个世纪里还没有植物通过偶然的输送方法，从欧洲或其他大陆来过这里（当然，要证明这点很难）。但是，如果就此认为生物贫乏的岛屿离大陆更远，所以不会用相似的方法容纳那些移居者，这也是极为错误的。如果有100个种类的种子或动物被输入到一个岛屿，即使这个岛屿的生物没有大不列颠那么多，但只要它们能很好地适应新家乡并归化，就会被容纳。然而，在古老的地质时期，当那个岛正处于隆起之时，生物极少，那么这种偶然的输送方法的效果如何，也许就难说了。在一个几乎没有任何植物的岛上，只有少数的、没有破坏性的昆虫或鸟类生存着，当一粒种子偶然到来，气候又适宜，大概都能发芽和成活。

物种在冰河时期中的散布

在更早的一个极端炎热的时代，如旧上新世，相同的动植物多数栖息于几乎连续的环极陆地上；无论是“旧世界”或“新世界”的动植物，在冰河时代之前的一个较长时期，由于气候的逐渐变冷，开始慢慢向南方移动。

在被数百英里低地隔开的山顶上，生活着许多相同的动植物，而这些高山种是不能在低地里生活的，这是已知相距遥远的同一物，不能相互迁徙的最动人的事例之一。在阿尔卑斯山和比利牛斯山[1]的积雪区，以及欧洲极北区域，生活着很多相同的植物，这是值得注意的。而美国怀特山和拉布拉多的植物也几乎完全

[1] 比利牛斯山：西班牙和法国的国界山，乃欧洲西南部的最大山脉，安道尔共和国位于其间。

相同，同时据阿萨·格雷说，这些植物和欧洲最高山上的植物也几乎完全相同。葛美伦在1747年以前就曾断言，物种一定是在许多相距遥远的地方被独立创造出来的。如果不是阿加西斯等人唤起了人们对冰河时期生物的注意，我们大概会一直停留在该观念里。冰河时期，也许能简单地解释这个事实。我们有各种证据来证明，在距今很近的地质时期，欧洲中央部分和北美洲都处在北极的气候之下。苏格兰和威尔士等山岳上山腰的划痕、表面的磨光和漂石，都表明那里的山谷曾经是一个冰川，它甚至比火灾后的房屋废墟更能让之前的情形明了。在欧洲气候经历了巨大变化后的今天，我们依然能够看到，意大利北部的古代冰川留下的巨大冰碛上，已经长满了葡萄和玉蜀黍；在美国的大部分地方，漂石和有划痕的岩石随处可见，它清楚地表明了那里曾经也有一个寒冷的时期。

以上就是冰河时期气候对欧洲生物散布的影响。如果我们相信新冰河时期从开始到结束的过程是缓慢的，那要追踪这些变化也许就比较容易了。当南方各地开始在寒冷的气候下变得适应北方生物生存的时候，北方生物就会占据温带生物从前的地位；同时，南方生物也会缓慢地向南移动，除非被障碍所阻挡，因为若待在原地必然死去。这时，山上已经被冰雪覆盖，高山上的生物也降到了平地。当极度寒冷时，北极的动物群和植物群就开始向欧洲的中央各地散布，它们一直向南，直至阿尔卑斯山和比利牛斯山，甚至西班牙。现今美国的温带地区，在那时也遍布北极的动植物，并与欧洲的大致相同。在我们的想象中，那些向南方各地迁徙的北极圈生物，在世界范围内都是一致的。

当气温转暖，北极生物也许就会向北退去，后面紧跟一群生活在更加温暖地区的生物。当山脚下的积雪开始融化，北极生物已经占据了这个清洁之地，随着温度的升高和融解区域的上

□ **冰斗湖**

山峰凹陷的地方或河流源头的集水盆地，由于冰雪的压力和侵蚀，洼地底部越来越低、越来越深，直至成为安乐椅状的冰斗。当冰雪融化的溪流汇入这些冰斗，便成了一个美丽的湖泊。图为阿尔泰山冰斗湖。

□ 北极地图 林恩·尼古拉斯 绘画 14世纪

这张北极地图是由14世纪英国僧侣画家林恩·尼古拉斯所绘制。当时人们对北极一无所知，充满了各种各样的奇怪想法。这幅北极地图让人们第一次认识到了北极的概貌。

升，它们也随之向山上转移，它们中的一部分则启程北去。到温度完全回暖时，曾经共同生活在欧洲和北美洲低地的同种生物，又将再现于“旧世界”和“新世界”的寒冷地带，甚至在相距遥远的许多孤立的山顶上也能看到这样的情形。

综上所述，我们便理解了为什么在相隔遥远的地方，如北美和欧洲的高山，有许多期植物存在；为什么各个高山植物与其正北方或接近正北方的北极类型有着密切的关系。因为寒冷到来时的第一次迁徙和气候转暖时的第二次迁徙，大都是向着正南和正北方向的。沃森先生和雷蒙德指出，苏格兰和比利牛斯山的高山植物与斯堪的纳维亚北部的植物相似，美国的和拉布拉多的相似，西伯利亚山上的和俄国北极区的相似。这些观点，都是基于过去存在冰河时期这一点的，因此，它能轻松地解释欧洲和美洲的高山植物以及寒带植物现今的分布情况。所以，当某一地区的一个物种同时生活在相距遥远的山顶上，在无其他证据的情况下，也几乎可以断定：由于以前气候寒冷，这些植物便通过中间低地进行迁徙，但现今这个中间低地已变得非常暖和，不再适合它们生存了。

因为气候的变化原因，北极类型最初向南方迁移，后来又退回北方，在此过程中，它们不会遇到完全不同的气候情况。同时，由于它们是集体迁徙，所以植物之间的相互关系也不会有大的紊乱。根据我们的学说，这些类型也不会发生巨大的变异。然而，一旦气候变暖，这些高山生物就会被隔离。起初，这种现象发生在山脚下，后来逐渐发展到山顶上，情形就不同了。要知道，让所有相同的北极物种都留在彼此相距遥远的山脉中生存，这是极不可能的。所以，在这种情形下，它们便有可能和古代高山物种相混合。可以推想，在冰河时期开始以前，这些古代高山物种就一定已经存在；在极端寒冷的时期，它们必定会暂时被驱逐到平地上去——因而受到不同气候的影响。这时，植物之间的相互关系应该已经发生了紊乱，从而极容易发生变异。事实上，这些植物的确发生了变异。如果我们把欧洲几个大山脉上的高山动植物拿来比较，便会轻易发现这一点。虽然它们大多仍然是相同的，但有些已经成为变种，有些变为可疑的类型或亚种，还有一些与各个山脉的物种近缘，但很不相同。

之前我们就曾经假定，在冰河时期开始时，那些环绕地区的北极生物状况，就和现在一致。但我们还可以假定，当时，世界上很多亚北极和少数温带的生物类型也是相同的，因为，今天生活在北美洲、欧洲平原以及低坡上的某些物种都是相同的。有人也许会质问道："那么如何解释，在真的冰河时期开始时，世界上的亚北极类型和温带类型何以如此一致？"事实上，今天"旧世界"和"新世界"的亚北极带、北温带的生物被整个大西洋和北太平洋所隔开。而在冰河时期，这些地方的生物所居地，比它们现在的位置更靠南。也就是说，它们必定完全被广阔的海洋所隔开。于是，有人又会质问："在当时或更早期，同一物种是怎样进入这两个大陆的呢？"我相信，这得从冰河时代开始前的气候性质说起。在新的上新世[1]时期，世界上的多数生物种别和今天是相同的。据查，当时的气候比今天更暖和些。基于此，我们可以假定，生活在现今纬度60°以下的生物，它们在上新世时期却生活在纬度60°～66°之间的北极圈内或更北的地方；而现在的北极生物则生活在接近北极的中断陆地上。从地球仪上来看，在北极圈内，连续不断的陆地从欧洲西部通过西伯利亚一直延伸到美洲东部。这种环极陆地的连续性，使生物能够在比较适宜的气候下自由迁徙。据此，我们便能解释"旧世界"和"新世界"的亚北极生物和温带生物在冰河时代前的假定的一致性。

由此，我们可以推断，虽然经过地面水平的巨大变动，但该大陆在较长的时间内一直没有变位。我因此作出推论：在更早的一个极端炎热的时代，如旧上新世，相同的动植物多数栖息于几乎连续的环极陆地上；无论是"旧世界"或"新世界"的动植物，在冰河时代之前的一个较长时期，由于气候的逐渐变冷，开始慢慢向南方移动。我相信，在欧洲中部和美国，它们中的大多数后代已发生了变

[1] 上新世：地质时代中第三纪的最新的一个世，从距今530万年开始，到距今180万年结束。上新世是英国C.莱伊尔于1833年命名的，上新世前是中新世，其后是更新世。

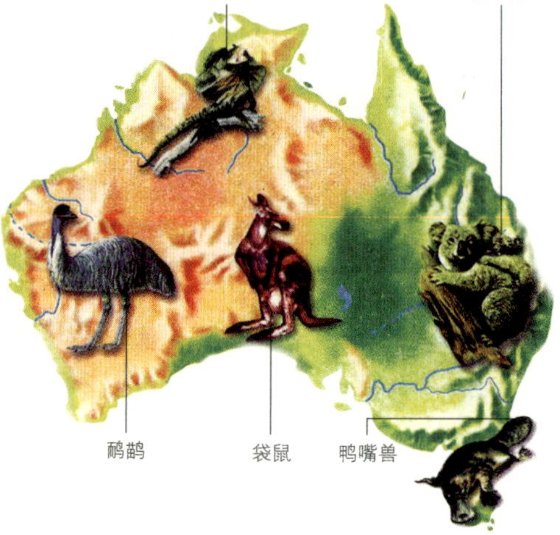

□ **澳洲物种分布示意图**

由于澳洲大陆与其他大洲相隔绝，因此保持了物种在进化上的独特性，其独有的动物种类极其繁多。澳大利亚共有近250种哺乳动物、800种鸟、300种蜥蜴、140种蛇和两种鳄鱼，其中尤以袋鼠、树袋熊、鸭嘴兽和鸸鹋最为著名，它们的分布范围也各不相同。

化。于是，我们就能理解，为什么北美洲和欧洲的生物很少是相同的。如果考虑到两个大陆的距离以及生物被大西洋隔开这个事实，我们就知道，这是一个值得人们高度关注的问题。在第三纪末期，欧洲和美洲生物之间的相互关系比今天似乎更为密切。因为在一个比较温暖的时期，“旧世界”和“新世界”的北部几乎被陆地连接在了一起，成为生活在两处的生物之间自由迁徙的桥梁。而一旦气候变得越来越寒冷，桥梁也会无法通行。

在上新世时，当温度慢慢降低，那些“新世界”和“旧世界”的共同物种便开始向北极圈以南迁徙，自此以后，它们将完全隔绝。因此，对于生活在更温暖地方的生物来说，这种隔离一定更早发生。当动植物向南迁移，它们会在一个广阔的区域与美洲土著生物相互混合，并发生生存竞争。在另一个广阔的区域，它们则与“旧世界”的生物相互混合，同样发生生存竞争。如果各种条件都有利于它们发生大量变异，那么它们的变异就会比高山植物的更大，因为高山植物仅仅在近代被隔离在欧洲和北美洲的若干山脉和北极陆地上。因此，当我们对“新世界”和“旧世界”的温带地区的现存生物进行比较时，我们只能找到极少数相同的物种（阿萨·格雷近来指出两地植物相同的情况其实没有那么稀少）。我们可以从各纲中找到许多类型，有的学者把它们列为地理族，有的则把它们列为不同的物种；除此之外，还有很多近缘的或具有代表性的类型都被所有学者列为不同的物种。

陆地和海洋也是如此。上新世及更早，海栖动物群沿着北极圈延绵不断的海岸一致向南迁徙。当我们根据物种变异学说，了解了在今天看来完全隔离的海洋生物类型，为何如此近缘，我们就能理解在温暖的北美洲东西两岸，现存的和已经灭绝的类型之间为何如此密切近似。甚至，我们还能理解下面一个事实，即栖息在地中海和日本海的许多甲壳类（代那著作中所描述的那些生物）、鱼类以及其他海栖动物之间存在近缘关系。当然，现在的地中海和日本海已经被大陆和海洋的广大空间隔离。

就目前来说，创造学说并不能对以前栖息在北美洲东西两岸沿海、地中海、日本海以及北美洲和欧洲的温带陆地的物种之间的近缘关系进行解释。我们不能说这些地区的物理条件是相似的，因而创造出来的物种也是相似的；这就好比我们把南美洲的某些区域和南部非洲、澳洲的某些区域进行比较后，发现这些地方的物理条件都是极其相似的，但它们的生物却完全不同。

南北半球的冰河交替

当北半球经历寒冷期时，由于海流方向的改变，南半球的温度实际上升高了，它的冬季变得非常暖和。反之，当南半球经历冰河时期时，北半球也是如此。

现在，让我们重回更直接的问题上。我相信福布斯的观点还可大大扩展。在欧洲，从不列颠西海岸到乌拉尔山脉，从南部到比利牛斯山的沿途，我们都能看到冰河时期的显著证据。根据西伯利亚冰冻的哺乳动物和山岳植被的性质，可以推断它曾受过相似的影响。胡克博士说，在黎巴嫩山脉，永久积雪曾将那里的中脊覆盖，并汇入冰川，下泻到4 000英尺的山谷。最近，他又在非洲北部的阿特拉斯山脉低处发现了大冰碛。沿着喜马拉雅山，在彼此相距九英里的地方，还能看到冰川曾经留下的痕迹。在锡金，胡克博士又看到玉蜀黍生长在古代巨大的冰碛上。据哈斯特博士和海克托博士研究发现，在亚洲大陆以南的赤道那一边的新西兰，从前也曾有过巨大的冰川降到低地。在距离这个岛很远的山上，胡克博士发现了相同的植物存在，这说明，那里从前也曾经有过一段严寒期。克拉克牧师在信中告诉我，澳洲东南角的山上似乎也有以前冰川活动的痕迹。

在美洲北半部大陆的东侧，南至纬度36°～37° 处，人们曾发现由冰川带来的岩石碎片。在气候条件已经完全不同的太平洋沿岸，南至纬度46° 的地方，也有同

□ 冰川

在南北半球，都普遍发生过冰川活动。达尔文根据冰河活动发生的时间（近代）和持续的时间（持续较长时间），以及都曾沿着科迪勒拉山全线下降至地平线这些事实，得出这样一个结论：在冰河时代，全世界的温度曾经同时降低。这一结论对于说明地理分布的问题是极为有用的。

样的发现。落基山上，也发现过漂石。在南美科迪勒拉山，赤道之下，冰川曾一度延伸到现今的高度以下。在智利中部，我曾研究了一个含有大漂石的、横穿泡地罗山谷的巨大岩屑堆。那里无疑曾经一度形成过一片巨大的冰碛。福布斯先生告诉我，他在南纬13°～30°之间的科迪勒拉山系高约12 000英尺的多处地方，发现了一些沟痕很深的岩石以及含有凹槽的小砾石的大岩屑堆，与他在挪威的所见十分类似。在科迪勒拉的整个区域，哪怕是它的最高峰，如今已没有真正的冰川存在了。在这个大陆两边的更南方，从南纬41°到最南端，我们可以看到冰川活动的最显著证据——那些大量的漂石都是从遥远的原产地运来的。

由于冰川活动曾遍及南北半球；由于南北半球的冰河时期都是近代的；由于南北半球的冰河时期都持续了较长时间；由于冰川在近代曾经沿着科迪勒拉山全线下降至地平线，所以，结合以上事实，我曾经一度认为我们必须作出结论：在冰河时代，全世界的温度曾经同时降低。然而，最近克罗尔先生在他发表的一系列优秀的文章中，试图说明气候的结冰状态是由于各种物理原因所致，而这些原因，更是因为地球轨道离心性的增大而发生作用。这些原因都促成了相同的结果，其中最有力的，似乎是轨道的离心性作用对于海流的间接影响。据克罗尔先生称，每隔1万年或1.5万年，寒冷时期就会有规律地重现一次；经过了长久的间歇期后才到来的寒冷期，是极为严酷的，因为某些偶然事件会发生。如莱伊尔爵士所说，其中最重要的，是水陆的相对位置。克罗尔相信，最近的一次大冰河时期是在24万年以前，历经6万年之久。在此期间，气候仅有微小变化。就较古的冰河时期来说，地质学家们一致认为，它们曾经出现在中新世和始新世的地质层中，更古老的地质层自不必说了。而在克罗尔的成果中，对我们最为有用的，是当北半球经历寒冷期时，由于海流方向的改变，南半球的温度实际上升高了，它的冬季变得非常暖和。反之，当南半球经历冰河时期时，北半球也是如此。这一结论有助于说明地理分布的问题，所以我坚决相信它。但在这之前，我也要举出一些需要解释的事实。

胡克博士观察到，在南美洲，火地岛的显花植物（该区植物贫乏，而显花植物占了不小的部分）除了许多近缘物种之外，有40～50种和相距遥远且处于另一半球的北美洲和欧洲的植物相同。在美洲赤道地区的高山上，生长着许多欧洲属的特殊物种。在巴西的奥尔干山上，加得纳曾看到一些温带欧洲属、南极属、安第斯山属的植物，是低热地带所没有的。在加拉加斯的西拉，洪堡先生早就发现了属于科迪勒拉山的特有物种。

在非洲的阿比西尼亚的山上，生长着一些欧洲的特有物种，以及好望角植物群的代表类型。毫无疑问，好望角的少数欧洲物种，并不是人为引进去的；好望角的山上，还生长着若干欧洲物种的代表类型，这些都是非洲热带地方没有的。胡克博士近来指出，在几内亚湾内费尔安多波岛的极高的山峰上，以及邻近的喀麦隆山上，生长着许多与阿比西尼亚山上的植物和温带欧洲的植物近缘的物种。胡克博士告诉我，洛牧师曾在维德角群岛[1]上发现过这些温带植物。同样的温带类型几乎在赤道之下横穿了非洲的整个大陆，一直延伸到维德角群岛的山上，实在是人类有了植物分布记载以来的一大惊人事件。

在喜马拉雅山和印度半岛各自隔离的山脉上，在锡兰的高地和爪哇的火山顶上，生长着许多相同的植物，它们或许彼此代表，同时又代表着欧洲的植物类型，但又是中间炎热低地所没有的。当植物学家展示出在爪哇的高峰上采集的各属植物的目录，呈现在人们眼前的，竟是欧洲丘陵采集物的一幅图画！而更让人震惊的是：那些生长在婆罗洲山顶上的某些植物，竟是特殊的澳洲植物的代表类型。胡克博士曾说，某些澳洲类型沿着马六甲高地向外扩张，同时稀疏地散布在印度大地上，并一路向北，直抵日本。

在澳洲南方的山上，米勒博士曾见过一些欧洲的物种；在低地上也可看到其他的欧洲种，并不是人为引进的；胡克博士告诉我，那些生长在澳洲的欧洲植物属可以列为一个长长的目录，都是中间炎热地区所没有的。他在著作《新西兰植

---

[1] 维德角群岛：位于非洲外海，由迎风群岛和背风群岛组成，有10个主要岛屿和8个小离岛。

区系概论》中列举了关于这个大岛的某些植物的生动事实。由此可见，某些生长在世界各地热带高山上的植物，和生长在南北温带平原上的植物要么是同种，要么是同种中的变种。但必须注意的是，这些植物并不是严格的北极类型，正如沃森先生所说："从北极退向赤道的过程中，高山植物群或山岳植物群在逐渐减少其北极性质。"除了此类同一的极为近缘的类型外，还有许多生长在同样远隔地域的物种，属于现在的中间热带低地所没有的属。

以上种种，只是就植物而言的。在陆栖动物方面，也有少数相似的例子。而海栖动物中，此等情形亦是存在的，正如权威的代那教授所说："处于地球上相反位置的新西兰和大不列颠，其甲壳类的密切相似度高于世界的其他任何地方，这实在是令人惊讶的事实。"理查森爵士也指出，在新西兰、塔斯马尼亚等海岸发现了北方的鱼。胡克博士还说，新西兰有25个藻类与欧洲相同，但在中间的热带海洋中却没有发现它们。

根据上述的事实，即在横穿非洲的地区，沿印度半岛直到锡兰和马来群岛，以及在横过热带南美洲的广大地域里，都存在着温带类型的物种。这就说明，在从前的某一时期（大概是在冰河时代的最严酷时期），曾有大量的温带类型物种借居于这些大陆的赤道区域的各处低地上。当时，上赤道地带的海平面的气候，可能与现在同纬度的5 000～6 000英尺高的地方的气候相同，或者更加寒冷。而在最寒冷的时期，赤道区域的低地一定被混生的热带植被和温带植被所遮盖，就如胡克博士所描述的那些生长在喜马拉雅山4 000～5 000英尺的低坡上的植物一样，不过温带类型可能更多些。同样的，西曼先生也曾在几内亚湾中的费尔安多波的多山岛上发现了温带欧洲性植物，它们生长的高度始于5 000英尺左右。而西曼博士在巴拿马山上的仅2 000英尺高

□ **南极地图**

南极是地球上最后被探察的大陆。它位于冰封的南极洲中心，是世界上最冷的地方。古希腊人认为，在南极周围，一定有一块辽阔的大陆——"南方大陆"。1739年，法国制图者在地图上把南极正确地描绘成冰雪覆盖的大陆。但他们凭想象画了一个海，把南极分割成两部分。一直以来，他们的观念影响着欧洲的地图绘制。

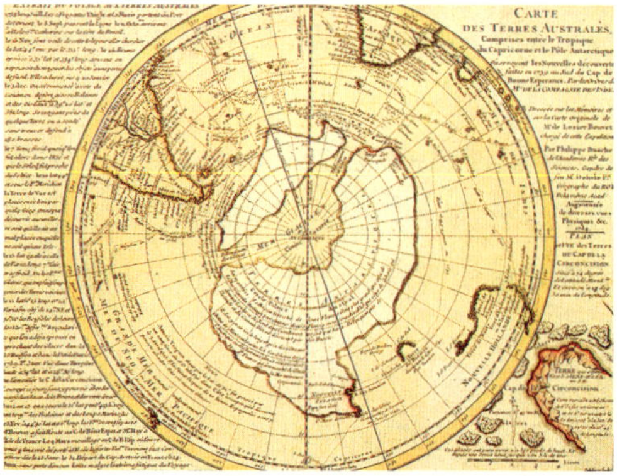

的地方就发现了和墨西哥相同的植被，他总结说："热带的物种类型与温带物种类型和谐地相互混合着。"

克罗尔先生认为，当北半球处于大冰河时代的极端寒冷期时，南半球却是比较暖和的。这一结论似乎可以对今天人们无法解释的南北半球的温带地区和热带山岳上的各种生物的分布给予解释。冰河时期，如果用年代来计算，必是长久的。当我们记起，在数百年间，一些归化了的植物和动物扩展至一个十分广阔的空间，那么冰河时期对任何数量的物种的迁徙都已足够。当寒冷愈烈，北极生物就开始侵入温带地区。根据上面所举的例子，一些体质健壮、占有优势且分布较广的温带生物，必然会侵入赤道低地。同时，这些热带地区的低地生物也会移往南方的热带和亚热带地区，因为此时的南半球相对温热些。等到冰河时期快要结束，南北半球渐渐恢复到以前的温度，于是生活在赤道低地的北温带生物要么逐渐被驱逐到原产地，要么走向灭绝，被那些从南方回来的赤道生物代替。可是，一些北温带生物必定会登上附近的某个高地，如果高度允许，它们就会像欧洲山岳上的北极生物那样，长久地生存下来。即使气候不完全适宜，它们也可能会生存下来，因为温度的变化是极其缓慢的，而植物又具有一定的环境适应能力——从它们把抵抗寒暑的不同的体力传递给后代的事实来看，这一点是无需置疑的。按照事物的正常发展，当南半球遭受严酷的冰河时期时，北半球将变得温暖。于是，南温带生物就会侵入到赤道低地。那些过去留在山上的北方生物，就会走下山来与南方生物相混合。当温度回转时，南方生物便回家乡，并在山上留下了少量的物种，同时携带着一些当初从山上险要处移下来的北温带生物一路向南。于是，我们便在南北温带以及中间热带地区的高山上，看到了少数完全相同的物种。然而，这些在山上或相反的半球上长久地留下来的物种，必定要与许多新的物种进行

□ **咖啡树**

咖啡树为茜草科常绿小乔木，产于热带和亚热带。叶长卵形，花白色，结深红色浆果。有小果、中果、大果咖啡等。原产于埃塞俄比亚。

□ 北极熊

北极熊是世界上最大的陆地食肉动物。雄性北极熊身长为240～260厘米，体重一般为400～800千克，雌性的体形约为雄性的一半。北极熊的嗅觉十分灵敏，约为犬类的7倍。北极熊是北极霸主，人类是它们唯一的天敌。

竞争，并将处于不同的物理条件之下，从而促使它们发生显著的变化，以致今天都变为了变种或代表种而存在。我们应记住，南北半球都曾经历了冰河时期。依据这个原理，才能解释为什么许多完全不同的物种会散布在同一相隔遥远的地域上，而且隶属于现今在中间热带所见不到的属。

对于美洲生物，胡克坚决认为，相同或稍微变异了的物种，从北向南的迁徙多于从南向北的迁徙；而得康多尔对于澳洲的生物持相同的看法，这无疑是值得重视的事实。不过，我们在婆罗洲和阿比西尼亚的山上，仍然看到了少数的南方物种。我推测，之所以从北向南的迁徙较多，可能是因为北方陆地较大，以及北方土生类型较多，于是通过自然选择和竞争，比南方物种更完善，或更具优势。于是，在南北冰期的交替时期，两群生物在赤道地区相互混合，北方物种便显得更有力量，从而保住了在山上的地位，以后又能与南方生物一同南移；而南方物种与北方物种相比，却不是这样的。今天，我们可以看到很多欧洲生物遍布拉普拉塔和新西兰，它们战胜了本地生物。在澳洲也是如此，只是程度稍次。然而，近两三个世纪以来，从拉普拉塔运输到欧洲的皮草羊毛及其他可以携带种子的物体虽然很多，近四五十年来从澳洲输送到欧洲的亦不少，但在北半球的任何地方，归化的南方生物都极少。不过，印度的尼尔盖利山则是一个例外。胡克博士指出，澳洲类型不但在尼尔盖利山迅速地繁殖，而且还归化了。在最后的大冰河时期到来以前，热带山上必定到处都是本地的高山类型，可是它们无论在哪里，几乎都被在北方的广大地区和完备的生物工厂中产生出来的优势类型所压倒。许多岛屿上的外来归化生物的数目几乎与土著生物相当，甚至更多，这是土著生物走向灭绝的第一阶段。山可以说是陆地上的岛。它们的原有生物也已经屈服在了北方广大地域内产生出来的生物之下，如同岛上的土著生物已经屈服并继续屈服于那些由人力而归化的大陆生物一样。

该原理同样适用于北温带、南温带以及热带之间山上的陆栖生物和海栖生物的分布。在冰河时代的兴盛期，海流和现在很不相同，有些温带海洋生物可能到达了赤道，其中的少数生物可能乘着寒流向南迁徙，其余的则继续留在较冷的海洋深处，直到南半球遇到冰河时期时，它们才能再度前行。福布斯认为，此等情形和北极生物至今仍然居住在北方的温带海洋深处一样。

我不敢设想，今天生活在相距遥远的南方和北方，甚至中间山脉上的同一物种或近缘物种，它们在亲缘和分布上的一切难点都可以用上述观点来进行解释。我们不能指出它们迁徙的准确路线；我们不能说明为什么某些物种迁徙了而其他物种却没有，为什么某些物种变异并产生了新类型，而其他物种却依然保持不变。我们不要期望能解释这些事实，除非我们能说明何以某些物种能够借助人力在异乡归化，而其他物种却不能；何以某些物种比其家乡的另一些物种分布得远至两三倍，且数量也多了两三倍。除了上述问题外，还有多种特殊的难点需要解决。例如，胡克博士曾经指出，在凯尔盖朗岛[1]、新西兰、富其亚这些相距遥远的地方，生长着同种植物。而莱伊尔却认为，冰山可能与这些植物的分布有关系。更值得我们注意的是，在南半球以及其他相距遥远的地方，生存着一些不尽相同但都属于南方的属。有些物种差异极大，令人难以想象，从最近的冰河时代开始，它们有充足的时间进行迁徙及发生必要的、一定程度的变异。这些事实似乎表明：同属的各个物种都从一个共同的中心点，向四面八方进行迁徙。我希望南半球与北半球是一样的，在最近的冰河期开始之前，都曾经有一个比较温暖的时期。那时，现今被冰覆盖着的南极地区，曾有一个非常特殊而孤立的植物群生存。可以想象，在最近的冰河时期内，在这个植物群没有被消灭之前，应该有少数类型借助偶然的输送方法，并以现今已经沉没了的岛屿作为落脚点，向南半球的各个地区广泛地散布。因此，在美洲、澳洲以及新西兰的南海岸，可能就稍稍混杂上了这些特殊类型的生物。

莱伊尔爵士曾在一篇非常动人的文章中，用和我大致相同的观点来推论全世界气候的大转变对地理分布所产生的影响。现在，我们已看到了克罗尔先生的结论：一个半球上的连续冰期和另一半球上的温暖期是一致的。该观点与物种缓慢

[1] 凯尔盖朗岛：比较大的火山岛，由火山喷发岩形成。位于南印度洋，著名的西风漂流终年影响着这个荒岛。

变化的观点相结合，就可以解释很多有关相同的或相似的生物类型分布在地球各处的事实。在一个时期，生命的水流是从北向南流动的，而在另一个时期，它们则是从南向北流动的，总之，都流向赤道。然而，由于向南的生命流动量大于向北流动的生命流动量，最后造成了生命之流在南方的泛滥。由于潮水沿着水平线把漂流物留了下来，因此在潮水的最高处，这些漂流物继续上升；于是，在生命之水沿着从北极低地到赤道下的高地这一条徐徐上升的沿线，那些漂流的生物留在了山顶上。这些因搁浅而留下来的生物，就像人类未开化的民族一样，它们被自然力驱逐，在各个不同的山间险要处生存着，并成为过去历史的记录，向我们昭示了周围低地居住者的一种过去存在的状态。

第 12 章

具有亲缘关系的物种的分类

CHAPTER 12

生物之群下有群——分类的规则及具有分类价值的性状——其他一些分类要素——血统分类——同功相似——复杂、普通且呈辐射性的亲缘关系——灭绝把生物群分开并决定其界限——胚胎学中的一些法则及原理——对胚胎学中一些问题的解释——残迹的、萎缩的和不发育的器官——本章重点。

生物之群下有群

时至今日，一个大的生物种群一般都包含着许多优势物种，而且整个种群还有继续增大的倾向。

从世界历史的最古时期开始，所有已经发现的生物间彼此的相似性程度在逐渐递减，因此它们可以在群之下再分成群。这种分类比将星座里的各个星体分类要严谨得多。如果一个生物种群完全适合在陆地上栖息，另一个生物种群完全适合在水中栖息；一个生物种群只吃肉，而另一个生物种群只吃植物，等等，那么群的存在实在是太简单了。但事实上，我们采用了截然不同的分类标准，因为就连属于同一亚群里的成员也具有不同的习性，而且颇为普遍。在第二章和第四章中对“变异”和“自然选择”进行讨论时，我曾试图解释清楚这样一个问题，即在每个地区里，变异最多的物种，通常也是分布广、散布宽的普通物种，即优势物种。它们所产生的变种，即初期的物种，在经历了漫长的变异之后，就转化成了与其祖先有着明显差异的新物种。根

□ 虎的分类隶属

动物的主要分类等级是：界、门、纲、目、科、属、种。虎的分类地位如下：动物界、脊索动物门、哺乳纲、食肉目、猫科、豹属、虎。

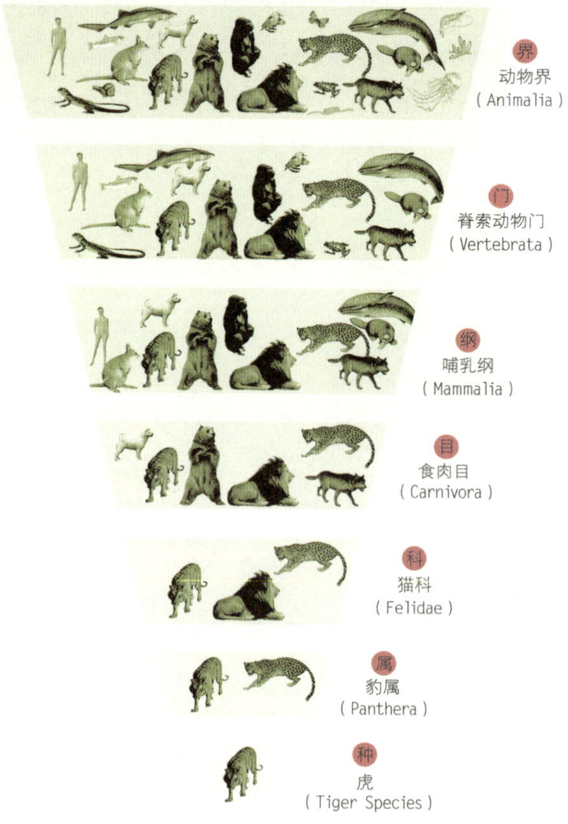

据遗传的原理，这些新物种有着产生其他新的优势物种的倾向。时至今日，一个大的生物种群一般都包含着许多优势物种，而且整个种群还有继续增大的倾向。我还指出，物种的变异种的后代，都在竭力抢占自然组成中的位置，因此，它们的性状分歧逐渐增大。试着观察任何一个小范围内的类型繁多的物种，它们的竞争必定是非常剧烈的。在这个地区内关于归化的事件也是必然存在的。因此，"性状分歧的倾向永远存在"的论断并不是没有根据的。

□ **甲胄鱼**

甲胄鱼的外形结构与鱼比较类似，但它并不是鱼，有人说它是现存圆口纲动物如七鳃鳗的祖先。这类物种有着复杂的类群，包括头甲鱼类、缺甲鱼类、杯甲鱼类以及鳍甲鱼类等。

我还曾试图说明，凡是数量上保持着增长、性状上不断分歧的类型，都有排挤并消灭先前那些分歧较少且改进较少的类型的倾向。在此，我建议大家参考第四章中的那个图解，从图解中，可以看到一种必然的结果，即来自同一祖先的不同变异后代在群之下又分裂成了多个群。在图解里，最顶端横线的每个字母都代表了含若干物种的属，且这条横线上的所有属又形成了一个纲，因为它们都是从同一个古代祖先那里传下来的，并获得了一些相同的性状。照此原理，左边的三个属应该有更多的共同点，因此，它们形成了一个亚科，与右边两个属所形成的亚科相区别。它们是在系统的第五个阶段从一个共同祖先分歧出来的，而右边的则不是。其实这五个属之间也有许多共同点，只不过不如亚科中的共同点那么多。它们可以组成一个科，与更右边的更早时期分歧出来的那三个属所形成的科相区分。所有这些从A传下来的属，组成一个目，与从I传下来的属有所区别。所以在这里，有许多从一个祖先传下来的物种组成了属，由属又组成了亚科、科和目，并全都归入同一个大纲里。在我看来，生物之群下有群的自然从属关系这个伟大事实，是可以这样解释的。当然，生物也可以像所有其他物体一样用各种方法来分类，比如依据单一性状来人为地分类，或者依据许多性状而自然地分类，矿物和元素的物质就可以这样分类。但生物的情况有所不同，上述观点是与群下分群的自然排列相一致的，到目前为止，还没有人提出过任何其他解释。

我们看到，不少博物学者都试图用所谓的"自然系统"来排列每个纲内的物种、属和科。关于该系统的意义，有学者认为不过是把最相似的生物排列在一起，把最不相似的生物分开，或者只是一种尽可能简要地表明一般命题的人为方法，即用一句话来描述所有哺乳类的共同性状，用另一句话来描述所有食肉类的共同性状，再用一句话来描述狗属动物的共同性状，最后再加一句话来全面地描述每一类狗。该系统的巧妙是不用多说的。但是还有很多博物学者认为，“自然系统”的意义应该更为博大。他们认为从中可以看到“造物主”的计划。但“造物主”的计划究竟是什么呢？除非我们能够详细地将它在时间上的次序，或空间上的次序，或这两方面的次序，或它所包含的其他意义都解释清楚，否则，该系统并不能为我们的知识结构带来任何好处。林奈曾说：“我们常看到它以一种隐晦的方式出现，即不是性状创造属，而是属产生性状，这似乎意味着在我们的分类中包含着比单纯相似更为深刻的联系。我相信事实本就如此，并且相信共同的系统就是指的这种联系，它是生物密切相似的一个已知因素，虽然表现出了不同程度的变异，但被我们通过分类而揭露出来。”

分类的规则及具有分类价值的性状

性状在分类学上的价值，完全取决于它们在近似群中是否稳定，而它们的稳定性主要是由于所有的轻微偏差并没有被自然选择保存并累积下来，因为自然选择只对有用的性状产生作用。

有观点认为，分类也许揭露了“造物主”的某种未知的创造计划；也许只是一种简单的用来表明一般的命题和把彼此最相似的类型归在一起的方法。以上是我们在考虑分类的依据原则时所遇到的种种困难。也许有人会认为，决定生活习性的那些身体构造，以及每个生物在自然组成中所占据的位置，对分类而言是极为重要的。可是这种想法是大错特错的。相信没有人会认为老鼠和鼩鼱、儒艮和鲸鱼、鲸鱼和鱼的相似的外表有什么重要。虽然这些相似与生物的生活密切相关，但也只能被列为“适应的或同功的性状”。关于该话题，我们以后再进行讨论。但可以作为一般规律的是：生物身体的任何结构部分与特殊习性的关联越少，它在分类上就越重要。例如，当欧文教授谈到儒艮时曾说：“生殖器官作为与动物习性和食物的关系最小的器官，我总认为它们最清楚地表示了真实的亲缘关系。在其变异过程中，出现把只是适应的性状误认为主要性状的情况最少。”对植物而言，营养器官是最不重要的，而最重要的是生殖器官及其产物——种子和胚胎，这一点值得重视。同样，对于一些在功能上并不是很重要的形态性状，其在分类学上却是极为重要的。可见，性状在分类学上的价值，完全取决于它们在近似群中是否稳定，而它们的稳定性主要是由于所有的轻微偏差并没有被自然选择保存并累积下来，因为自然选择只对有用的性状产生作用。

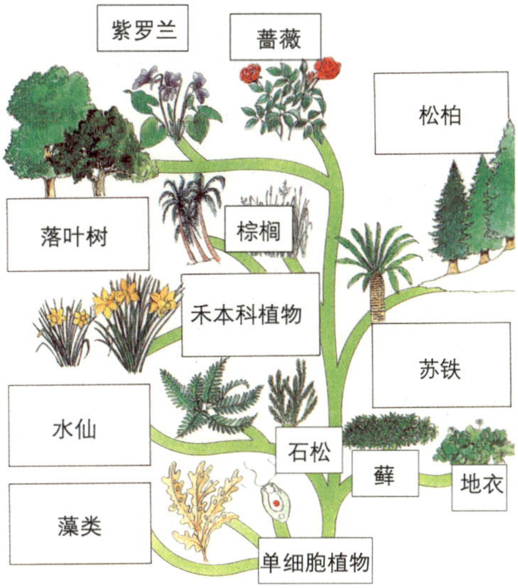

□ **植物分类系统图**

世界上的植物种类大约有45万种之多，生物学界有好几种分类系统可以用来区分这些植物。植物界几个主要的门是藻类、苔藓植物、蕨类植物和种子植物。种子植物是其中最大的一个门，包括35万种以上的植物，其特征主要是由种子来繁殖。种子植物又可分为裸子植物和被子植物两类。裸子植物的胚珠是裸露的，目前已知的种类大约共有500种；被子植物的胚珠生在雌蕊的子房中，受精后会形成种子，包在由子房所形成的果实中。

如果一种器官仅在生理上具有高度重要性，那么，它在分类上的价值就不是很大。我们有理由相信，在彼此相似的生物种群中，尽管物种之间具有一个相同的且在生理上的价值也几乎相同的器官，它在分类上的价值却不相同。致力于此项研究的博物学者们几乎都承认这一例子的真实性，并在自己的著作中援引此类事实。这里，我只引述最高权威罗伯特·布朗在研究山龙眼科的某些器官时所作出的重要性评论：“与它们所有其他的器官一样，不仅在这一科中，甚至在自然的所有科中，这些都是很不相等的，有时，它似乎完全消失了。”另外，他还曾在自己的一部著作中对牛栓藤科[1]的各属作出如下评价：“无论是在一个子房或多子房上，在胚乳的有无上，还是在花瓣作覆瓦状或镊合状上，它们都是有区别的。这些性状的任何一

[1] 牛栓藤科：牛拳藤科，共有16属300～350种，分布在全球热带地区，中国有5属共9种，大多分布在南方地区。

种，单独讲时，其重要性经常在属之上，但合在一起讲时，它们似乎不足以区别纳斯蒂属和牛栓藤科。”再就昆虫举一例：在膜翅目里，韦斯特伍德曾对一个大支群进行过深入研究，他认为，该支群的触角是最稳定的构造。而另一个支群的触角差异极大，而且此种差异在分类上只是次要的。然而没有人提出异议说，在同一目的两个支群里，触角具有不等的生理重要性。同一群生物的同一重要器官在分类上价值不一的例子，实在是不胜枚举。

其次，也没有人认为，残迹器官在生理上或生活上是具有高度重要性的，也没有人否认，这种性状的器官在分类上经常具有极大的价值。如幼年反刍类上颌中的残迹齿和腿上的某些残迹骨骼，在显示反刍类和厚皮类之间的密切亲缘关系上是极其有用的。布朗曾强调指出，残迹小花的位置在禾本科草类的分类上有最重要的意义。

至于那些已知在生理上并不重要，但被公认为对整个群的划分却有高度重要性的构造部分所显示出的性状，我也能举出无数的事例。比如，根据欧文教授的看法，从鼻孔到口腔之间是否存在一个通道，是鱼类和爬行类在性状上的唯一区别。又比如有袋类的下颌角度的变化、昆虫翅膀的折叠状态、脊椎动物中的真皮被覆物（如毛或羽毛）的性质等。若鸭嘴兽身上长的是羽而不是毛，那么这种外部的细微性状一定会被博物学者确定为它与鸟类亲缘程度的重要证据。微小性状在分类上的价值，主要取决于该性状与其他一些重要性状之间的关系。性状的总体价值在自然史上的地位已经明确化，因此，正如经常所指出的那样，一个物种可以在若干性状上与它的近似物种相区别，可是并不会让我们对它的分类价值有任何疑问。因此，我们常常看到，不管这种性状如何重要，我们只以单一的性状来进行分类，则往往是失败

□ **珊瑚虫**

动物可分为无数类别，如海绵动物、腔肠门动物、苔藓动物、线形动物、环节动物、软体动物、棘皮动物、哺乳动物等。图中的珊瑚虫属于腔肠门动物，珊瑚虫纲。它们看上去像植物一样，有着石灰质的骨架，生长在温暖、清澈的浅水中，固定不动。大量的珊瑚虫聚集在一起生活，经过数万年的时间，死亡的珊瑚虫骨骼会堆积形成珊瑚礁。

的，因为在动物身体构造上并没有一个永远稳定的部分。性状总体的重要性，甚至当没有一个性状是重要性状的时候，我们也可以用林奈的那句格言来独自解释，即不是性状产生属，而是属产生性状。因为它似乎是以许多重要性太轻微而不能确定的相似点的判断而产生的。全虎尾科的某些植物具有完全的和退化的花，关于后者，朱西厄说："物种、属、科、纲所固有的性状，大都已经消失了，这对我们的分类是种嘲笑。"当阿斯匹克巴属的植物被引进法国后，在短短的几年内，就开出了退化的花。当许多人还在为此而惊讶时，理查德就敏锐地观察到，其实该属应该还保留在全虎尾科里。这个例子很好地说明了我们的分类精神。

□ **连翘花**

连翘又名黄花条、落翘，原产于中国中北部地区，为落叶灌木。现在，除其大部分种类产自中国，朝鲜和日本也有产，而欧洲南部仅产一种。该植物适应能力强，其根桩和干枝被平茬后，仍能生长。

事实上，博物学者在对生物种群进行分类时，对于确定一个群的性状，或对这个群中的特殊物种进行排列时所要用的性状，并不顾及其生理价值怎样。如果他们找到一种为许多类型所共有的或者是几乎一致的，同时又不为其他类型所共有的性状，他们就会将该性状作为具有高度价值的性状来使用；如果只是少数物种所共有的性状，他们就会把它当作次等价值的性状来使用。这一分类原理已被一些博物学者认为是正确的，而且得到了伟大的植物学者圣提雷尔的承认。如果有几种相同的细微性状总是以结合的方式出现，就算它们彼此之间没有联系纽带，也应该认为它们具有特殊价值。如重要的器官，比如推送血液的器官或为血液提供空气的器官或繁殖后代的器官等，在大多数的动物群中几近相同，那么，它们就被认为在分类上是具有高度价值的。但在某些种群里，这些最重要的生活器官所能提供的性状，却仅仅具有十分次要的价值。最近，米勒指出，在属于同一个种群的甲壳类里，海萤属是拥有心脏的，而与之最为近似的贝水蚤属和离角蜂虻属里，却并没有这种器官；海萤属的某个物种拥有发达的鳃，而另一个物种却连鳃都没有。

其他一些分类要素

博物学者们认为，两个或两个以上物种间所存在的真正的亲缘关系的性状，都是从共同祖先那里遗传下来的，所以正确的分类必然是以家系为依据。

我们能够理解，为什么胚胎的性状与成体的性状有同等的重要性，因为自然的分类会把所有的年龄阶段都包括在内。但是，根据普遍的观点，是不可能完全了解为何胚胎构造在分类上比成体的构造更为重要，而只有成体的构造才能在自然体制中发挥充分的作用。而优秀的博物学者爱德华兹和阿加西斯都极力主张，胚胎的性状才是所有性状中最重要的。这一主张得到了博物学者的普遍支持。由于无法将生物幼体时期的暂时适应性状排除掉，因此，其重要性有时会被夸大。为了证明此论断，米勒在对甲壳类进行分类时，仅仅只根据幼体的性状来加以排列，结果证明这是一个极不自然的排列。毫无疑问，如果把幼体的性状排除在外的话，胚胎的性状在分类上确有最高价值。不仅动物，植物也是如此。在对显花植物进行区分时，我们主要以胚胎差异为依据，我们会着重观察胚胎上子叶的数目和位置，以及胚芽和胚根的发生方式。接下来，我们将看到，胚胎性状之所以在分类上具有非常高的价值，是因为自然的分类是依据家系进行排列的。

分类时，我们常常会受到亲缘关系的影响。在确定共有性状时，最容易的是鸟类，但是对于甲壳类而言，则常常遇到很多困难。甲壳类中两个极端的类型，几乎找不到一种共有的性状；可是这两个极端的物种，却很显然地与另外

□ 小麦的胚芽解剖图

小麦和其他禾本科植物的种子，在温暖、湿润和有空气的条件下才会发芽。在播种后，一些热带植物的种子一般几天内就开始发芽，其他大多数植物的种子会保持休眠状态，直到环境条件适宜才开始生长发育。

的物种相近似，而这些近似物种又与其他的一些物种相近似，如此关联下去，我们还是可以明确地断定它们属于节肢动物这一纲，而不属于其他纲。

在分类中，地理分布也常被应用，特别是在对较近缘类型的大群进行分类时。虽然它并不合理，但使用频率依然有点高。鸟类学者覃明克认为，用地理分布对鸟类中的某些群进行分类是有用甚至必要的。除此之外，一些昆虫学者和植物学者也曾采用过该方法。

关于各个物种群，如目、亚目、科、亚科和属等的比较价值，就目前来看，几乎都是随意定论的。包括著名的本瑟姆先生在内的许多优秀的植物学者，都一致认为可以如此。在植物和昆虫方面，有些植物和昆虫种群在开始时，被有经验的植物学者列为一个属，后又被提升为一个亚科或科的等级。这种等级的提升，并非因为对它作了进一步的研究而发现了许多在初期没有发现的重要的构造差异，而是因为人们后来又发现了许多具有差异的近似物种。

如果我的观点没有太大错误的话，那么上述所说的分类规则、依据和难点都可以用如下观点进行解释，即"自然系统"是以伴随着变化的进化学说为基础的。博物学者们认为，两个或两个以上物种间所存在的真正的亲缘关系的性状，都是从共同祖先那里遗传下来的，所以正确的分类必然是以家系为依据。"近似物种有着共同的家系"，这是一个为所有博物学者所承认的潜在纽带，它不是所谓的创造计划，也不是一般命题的说明，更不是把所有相似类型简单地集合或分开。

血统分类

两种极端类型，即使没有一个共同的性状，只要有许多中间群的连锁把它们连接起来，我们即可推断它们的共同家系，并把它们放在同一个纲里。

我必须更加充分地说明我的观点。我相信，要把各个纲中的群都按照适当的从属关系和相互关系进行排列，就必须严格地依据它们的家系，才是最自然的分类。而尽管有些分支或群在与共同祖先的血统关系上是相等的，但由于它们所经

□ 饮水的蝙蝠

蝙蝠为哺乳纲，翼手目动物的通称，广泛分布于世界各地，是唯一会飞的哺乳动物，它们的翼是在进化过程中由前肢演变而来的。图为长耳蝙蝠饮水的情景。

历的变异程度不同，因此所规定的差异量也可以不同。如果各位对第四章中的图解足够了解，便能更好地理解此种意义。假设从A到L都代表志留纪时期的近缘属，而且它们都是从某一更早的类型传下来的。在A、F、I这三个属中，都有一个物种留下了变异的后代直到今天，以在最高横线上的15个属即从a^{14}到z^{14}为代表。那么，从每一个种所传下来的变异后代，都具有相等的血统或家系关系，可以说，它们就是人类社会中所谓的同宗兄弟，只是它们之间有着广泛而不同程度的差异。从A传下来的变异后代，现已构成一个新目，其中包括两到三个科；然而从I传下来的后代，虽然也形成了两个科，但它们各自又组成了不同的目。从A和I传下来的现存物种都已不能与亲种划入同一个属。假设现存属因为只发生过一些轻微变异，就可以和原始属F划为一属，正如某些现在仍然生存的少数生物归于志留纪的属一样，那么，这些彼此血统关系上相等的物种，其彼此之间所表现出的差异的比较价值，便将大不相同了。即便如此，它们的系统排列不仅现在如此，而且在后代的每一连续时期中也将如此。从A传下来的所有变异后代，都从它们的共同祖先身上获得了许多共同性质，从I传下来的所有后代也是如此，而且所有后代及其从属的分支在每一连续阶段上也都如此。如果我们假设A或I的任何后代因出现了太大的变异而丧失了原有的一切痕迹，那么它在自然系统中的位置也将随之丧失。在极少数的现存生物中，就曾经发生过此种情况。假设F属的所有后代，都沿着其所在的家系只发生很少的变化，那么，它们将形成一个单独的属。虽然该属是孤立的，但仍将占据它应有的位置。各类群在图解中用平面来表示，未免太过简单，因为各支群应该向四面八方发出去。如果把群的名字写成一条简单的直线，则其表示更不自然。要知道，如果要在平面上用一系列线来表示，在自然界的同一群生物间的已知亲缘关系，显然是不可能的，因为物种间的亲缘关系应该是复杂且呈辐射状的。所以，自然系统是依据家系排列的，就像一个家族的族谱一样。但由于不同群的变异程度不同，因此必须把它们列入不同的所谓属、亚科、科、部、目和纲里来表示。

以语言学的分类观点来对这种分类观点进行说明，也许能加深我们的理解。如果我们拥有人类的完整谱系，那么，人种的系统排列无疑会对现在全世界所用的各种不同语言给予最好的分类。如果把所有停止使用的以及中间性的和一直在改变的方言也包括在内，那么，也唯有这样的排列方法是可能的。不过，有些古代语言本身可能很少变化，而且产生了少数新的语言；而另一些古代语言，由于其使用者的种种原因导致其产生了巨大改变，从而演变为许多新方言。同一语系的各种语言之间，由于各种差异的程度，不得不使用群下分群的分类方法来表示。但正确的或者唯一的排列方式，依旧是家系的排列，这才是最自然的方法，因为它是根据最密切的亲缘关系将古代和现代的所有包括废弃在内的语言连接在了一起，而且明确地显示出了各种语言的分支和起源。

为了证实上述观点，让我们来看一下变种的分类。变种是从已知的某个单一物种（大多数博物学者普遍这样认为）传下来的。变种都是集结在同一物种之下的，而亚变种又都是集结在同一变种之下的。在某些情况下，如家鸽等就存在着许多的其他等级。变种的分类规则和物种的大致相同。博物学者都主张，在对变种进行分类时，应严格地依据自然系统而不是人为系统。我们必须注意，不能单纯地因为凤梨的两个变种的果实（虽然这是最重要的部分）偶然相同，就把它们归在一起。瑞典芜菁和普通芜菁虽然都可供食用，且有肥大而相似的茎，但并没有人把它们归在一起。凡是最稳定的部分，都可应用于变种的分类。正如农学家马歇尔所说："角在牛的分类中很有用，因为它们比身体的形状或颜色等变异小些；但在绵羊的分类中，角几乎没有用处，因为它们较不稳定。"我想，在对变种进行分类时，如果我们有一个真实的谱系，那么依照家系的分类法必定会被普遍地采用。事实上，在多种场合下，此法已经被使用多次了。我们相信，不论有多少变异，遗传原理总会把那些相似点最多的类型集合起来。就翻飞鸽而言，虽然某些亚变种在喙长这一重要性状上有所不同，但由于都有翻飞的共同习性，因此还是被归划在一起。而某些短面翻飞鸽的品种虽然几乎或者完全丧失了这些习性，我们却仍将它们和其他翻飞鸽归入一类，因为它们的血统密切相近，而且在其他方面也有相似的特点。

在对自然状态下的物种进行分类时，每一个博物学者都已经依据家系进行过分类。因为雌雄两性被包括在他们的最低单位（物种）之中。而两性在最重要性状上常常表现出极大的差异，对此，每一位博物学者都知道。而某些蔓足类生物的雄性成体和雌雄同体的个体之间，几乎没有任何共同之处，可是没有人想过要把它们分开。和尚兰、蝇兰和须蕊柱这三种兰科植物，原本被人们划分为三个不同的属，可人们一旦发现它们可以生长在同一植株上，就会被认为是变种，而我现在已能够明确地指出，它们分别是同一物种的雄性个体、雌性个体和雌雄同体。不管不同时期的幼体之间，以及这些幼体与成体之间的差异有多大，博物学者总是喜欢把同一个体的不同幼体阶段都包括在同一物种之内。斯登斯特鲁普所提出的“交替的世代”也是如此。其实它们仅仅在学术的意义上被认为是同一个体。博物学者还喜欢把畸形和变种包括在同一物种中，并不是因为它们与亲体部分相似，而是因为它们都是从同一个亲种传下来的。

尽管有时候，雄性、雌性和幼体之间存在着极大的差异，但由于家系已被普遍地应用来将同一物种的不同个体进行分类，还因为家系曾被用来对已经发生过的一定程度的或者极大程度的变异的变种进行分类，所以，我们不应否认血统曾被无意识地用来把物种集合成属，把属集合成更高的群，以及把所有都集合在自然系统之下。我相信家系分类法已经被无意识地应用了，从而也就理解了最优秀的分类学者所采用的那些规则和指南。由于我们没有完整的被记载下来的族谱，所以我们不得不以物种的相似点为突破口，去探究其共同的家系。因此，我们才会选择那些在近期的生活环境下，最少发生变化的物种性状。如果从这一观点出发来进行分类，残迹器官与结构的其他部分在分类上的价值一样，有时甚至更高。不管一种性状多么微小，如腭的角度大小也好，如昆虫翅膀折叠的方式也好，只要它在许多不同的物种尤其是在生活习性极

□ **鲁西黄牛**

鲁西黄牛是原始黄牛品种之一，主要产于北至黄河、南至黄河故道、东至运河两岸的三角地带。其繁殖能力较强，从远古一直生存至今。

为相同的物种里普遍存在，那么它就具有很高的价值。对此，我们只能以这些性状都来自于同一个共同的祖先来解释为什么这些性状会同时存在于习性完全不同的众多类型中。如果只注意到构造上的单独特点，无疑是错误的。但是当一些并不是很重要的性状同时存在于习性不同的一大群生物中时，从进化学说的角度来看，我们基本上可以断定这些性状是从共同的祖先那里遗传下来的。而且我们知道，这类集合的性状在分类上是有特殊价值的。

我们已能理解，为何一个物种或一个物种群，可以在一些最重要的性状上与它的近似物种不大相同，却仍能毫无争议地与它们归在一起。只要性状的数量足够，哪怕它再不重要，也会将共同家系的潜在纽带显示出来，然后我们就可以对这些物种进行合理的分类了，现实情况也经常如此。两种极端类型，即使没有一个共同的性状，只要有许多中间群的连锁把它们连接起来，我们即可推断它们的共同家系，并把它们放在同一个纲里。因为我们发现，在完全不同的生存条件下，用来保存生命的器官在生理上必然是高度重要的，同时大都是最稳定的，所以我们认为它们具有特殊的价值。但如果这类器官在另一个群中或同一个群的另一支派中差异较大时，它们在分类中的价值就会大打折扣。

同功相似

属于不同纲的物种，常常因为连续的、轻微的变异而在几乎相似的条件下生活。或许这就可以用来解释，为何如此多的平行现象会时常出现在不同纲的亚群中。

根据上述观点，我们能清楚地了解真实的亲缘关系与同功相似（适应力上的相似之处）之间有着重要的区别。拉马克最早注意到这个问题，继他之后，麦克里和其他一些学者也注意到了该问题。

儒艮和鲸鱼的身体形状和鳍状的前肢是非常相似的，而且这两个目的哺乳类和鱼类也是如此，即这两个性状是同功的。不同目的鼠和鼩鼠之间的相似也是如此。米伐特先生坚持认为，鼠和澳洲一种小型有袋动物袋鼩之间的密切相似，与鼠和鼩鼠的情况相同，也都是同功的。我认为，后两种情况的类似，可以根

□ 虾虎鱼

虾虎鱼是世界上寿命最短的脊椎动物，它最突出的特征是腹鳍愈合成吸盘状。该吸盘的功能与鲫鱼的背鳍吸盘和圆鳍鱼科的腹鳍吸盘类似，因此是趋同进化的结果。

据对在灌木丛和草丛中作相似的积极活动的适应和躲避敌害时所采取的隐蔽方式来解释。

在昆虫中，此类事例也是不胜枚举的。比如，林奈就曾被外部表象所迷惑，错误地将一种同翅目的昆虫归入蛾类。就连在家养变种中，相似的情形也是较为普遍的。比如，中国猪和普通猪之间的改良品种，在体形上极为相似，但二者却是从不同的物种传下来的。又如，普通芜菁和不同种的瑞典芜菁，其茎部都是相似的肥大。猎狗和赛跑马之间的相似性，并不比很多不同类型动物之间的同功相似性更为奇特，它常常被一些博物学者所夸大。

只有在家系关系被确定的情况下，性状在分类上才是真正重要的。据此，我们可以明白，同功的性状在分类学上几乎毫无价值，虽然它对于生物的繁荣极为重要。属于两个完全不同家系的动物也可能适应同样的生活条件，因而它们的身体会进化出一些相似的性状。但这种相似性状不会显示它们的血液关系，而使它们的血统关系趋于隐蔽。同时，我们还能从中看到一个明显的矛盾，即当我们对一个种群与另一个种群之间的相同性状进行比较时，我们所作的是同功比较；而在对同群的成员进行相互比较时，却能显示出真实的亲缘关系。比如，当鲸与鱼类比较时，它们的身体形状和鳍状前肢都是同功的，是两个纲对水下生活的适应。可是在鲸科的一些成员之间，身体形状和鳍状前肢却是表示真实亲缘关系的性状，因为该科的一些成员在这两个性状上是如此相似，我们只得相信，它们是从共同祖先传下来的。鱼类方面也是如此。

还有更多的例子证明，在完全不同的种群生物中，一些单独的部分或器官在适应同一生存环境时，明显地相似着。狗和塔斯马尼亚狼（袋狼）在自然系统中是两个不同的类型，但它们的腭却十分相似。而这种相似仅限于表象，如犬齿的突出和臼齿的尖锐形状。二者牙齿之间的差异是非常大的，狗的上颌两边各有四颗前臼齿和两颗臼齿，塔斯马尼亚狼的上颌两边则各有三颗前臼齿和四颗臼齿。同时这两种动物的臼齿大小和构造也有很大的差异。其成年后的牙齿与幼体时的乳齿也有着巨大的差异。在以上两种动物的牙齿的例子中，任何人都可以否认二者曾经通过连续变异的自然选择而适应于撕裂肉类，但是，如果我们在一个例子中承认它的作用，在另一例子中却不承认，这是解释不通的。而这方面的最高权威——弗劳瓦教授和我有着相同的观点，对此我感到十分欣慰。

前一章中，我列举了一些异常情况，比如不同类型的鱼类同样都具有发光器官，不同类型的昆虫同样具有发光器官，不同类型的兰科植物同样具有黏盘花粉块，这些都属于同功相似的例子。这些情形是很特殊的，以至于有很多人来反对和攻击我的学说。但是，在所有这些情况下，器官的生长、发育以及在它们成年后的构造，都有某种本质的差异。它们所得到的结果相同，但也仅仅是手段相同而已，本质却是不同的。也许之前提到的“同功变异”的原理，也许常常在这些情况下发生作用。也就是说，同纲的成员，虽然只有疏远的亲缘关系，却在它们的结构中遗传下如此多的共同点，以致在相似的刺激下，以相似的方式发生变异。这显然有助于它们通过自然选择而获得相似的部分或器官，而与共同祖先的直接遗传无关。

属于不同纲的物种，常常因为连续的、轻微的变异而在几乎相似的条件（包括陆地上、空中和水下）下生活。或许这就可以用来解释，为何如此多的平行现象会时常出现在不同纲的亚群中。那些对这种性质的平行现象情有独钟的自然学者，由于任意地提高或降低若干纲中的群的价值（根据我们的经验，他们的评估至今还是任意的），便轻而易举地把这种平行现象扩展到一个极为广阔的范围。如此一来，博物学中才出现了七级、五级、四级和三级等多种分类法。

还有一种奇特的现象，即物种外表的相似，并不是因为有相似的生活习性而获得了相同的适应能力，而是为了自我保护才获得这种适应力。我指的是最先由贝茨先生所发现的某些蝶类，掌握了模仿其他非蝶类物种的手段的奇异事实。贝茨先生发现，南美洲的某些地方生活着一种透翅蝶。这种蝴蝶的数量庞大，群居生活，在此蝶群中，常常混杂着一种叫异脉粉蝶的蝶类。后者在颜色的浓度上、斑纹的图案上，甚至在翅膀的形状上都和透翅蝶极为相似，连采集了11年标本且一向目光锐利、小心谨慎的贝茨先生，也常常把它们搞混淆，可见其相似度之高。可是当你将这二者放在一起进行比较时，又会发现，它们身体的重要构造是十分不同的。它们不仅属于不同的属，而且还属于不同的科。如果这种模拟仅仅只存在于二者的极少数的事例中，那么我们就可以把它当作巧合而无须在意。但是，在进行更深入研究的时候，却可以找到这两类物种所在属的其他模拟物种。它们的模拟相似度依然很高，被模拟者的数量也有不下十个属那么多。模拟双方总是固定地栖息在同一地区，模拟者从来不会离开它所模拟的类型，独自到一个没有模拟对象的地区生活。据我观察，模拟者都是稀有昆虫，被模拟者几乎都是群居物种。在异脉粉蝶密切模拟透翅蝶的地区，同时生存着其他的模拟者和被模拟者，前者是鳞翅类昆虫，后者却还是上述这种透翅蝶。在同一地方，我们就发现两种蝴蝶和一种蛾类都在模拟透翅蝶。值得特别注意的是，异脉粉蝶属中模拟的蝴蝶类型很多，但从它们的级进系列来看，这些物种却都是同一物种的变种，而那些被模拟的物种也是某一物种的诸多变种。但是其他属的昆虫所模仿的，则是不同的物种。对于模拟者和被模拟者的区分，可以用贝茨先生的观点来解答：“被模拟的类型往往会保持它那一群的通常外形不变，而模拟者则改变了它们的外形，并且与它们最近似的类型不相似。”

如何证明某些蝶类和蛾类总是能获得另外一种完全不同物种的外形呢？为什么自然会“堕落”到使用欺骗手段，让博物学者们无法看清真相呢？同样，贝茨先生也给了我们令人信服的答案：被模拟的类型往往拥有庞大的数量，所以它们才能大规模地逃避毁灭，得以大量生存。大量证据表明，被模拟者大都是那些鸟类和其他食虫动物所不爱吃的昆虫。另一方面，同一地方的模拟者往往数量稀少。因此，它们必然经常遭受某些危险，否则从所有蝶类都是大量产卵的事实来看，它们在第三、四代时，就应该能在整个地区繁盛起来了。所以，如果这时在被迫害的稀有群中，有一个成员获得了另外一种有良好保护作用的别种物种的相似外形，并以此来不断地骗过昆虫学家富有经验的眼睛，那么它也同样可以骗过敌害物种，

□ **渐进式进化与跳跃式进化**

渐进式进化是指一个物种经过漫长的历史，通过一些过渡型物种逐渐进化成一种新的物种。而跳跃式进化则为间歇性发生，并在瞬间完成，它的一个特点是，进化的物种在长时间内保持稳定性。

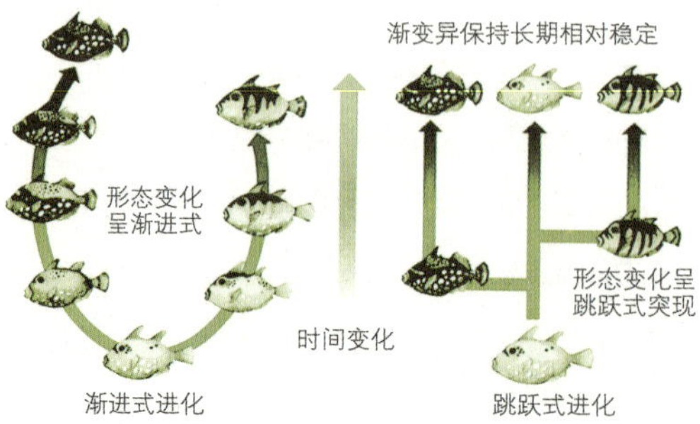

从而免遭毁灭。贝茨先生实际上几乎目击了模拟者变成密切相似于被模拟者的整个过程。他发现，异脉粉蝶中，某些模拟其他蝴蝶的类型，都发生着极端的变异。在某一地区的几个变种中，只有一种在某种程度上与同一地区的常见透翅蝶相似；而在另一地区的两三个变种中，其中一种远比其他变种常见，并且模拟着透翅蝶的另一类型。据此，贝茨先生断言，异脉粉蝶是最早发生变异的。如果一个蝴蝶变种碰巧与栖息在同一地区的任何一种普通蝴蝶有着某种相似性，那么它就会因为和这个繁荣且很少受到敌害威胁的种类相似而获得更多的生存机会，免于被敌害所消灭，同时它的这一性状也会被自然选择保存下来。用贝茨先生的话来说就是，“相似程度比较不完全的，就一代又一代地被排除掉，只有相似程度完全的，才能存留下来繁殖它们的种类”。这个例子又为我们提供了一个自然选择发挥作用的极佳例证。

□ **粉蝶**

粉蝶，鳞翅目昆虫，在蝶类中属中等体型。贝茨先生经过研究发现，异脉粉蝶中的某些类型喜欢模拟其他类的蝴蝶，从而使自己发生极端的变异，甚至拥有一种与自己家族完全不同的外形。它们的这种模拟现象，源于自我保护能力太弱，目的是为了更好地生存，所以只好选择伪装。

华莱斯先生和特里门先生也曾就马来群岛和非洲的鳞翅类昆虫以及其他一些昆虫的模拟例子进行过记述。在鸟类中，华莱斯先生曾发现过类似的一个例子，但在四足类动物中，暂时没有发现这样的事例。昆虫的模拟现象较其他动物更多，也许是因为它们体形太小，自我保护能力较弱。除了一些有刺的种类外，其他类型的昆虫似乎很少能做到自我保护。而大多数昆虫之所以都选择模拟周围的物体，是因为它们无法通过飞行来逃避敌害。和大多数的弱小动物一样，为了生存，它们只好选择欺骗和伪装。

有一点引起了我的注意，即在众多的模拟事例中，发现颜色不同的类型之间有模拟的现象。但是，从彼此之间本来就存在着一定程度的相似到最密切的相似，只要是有益的相似，昆虫就可以通过上述手段获得。如果被模拟者由于某种原因发生了改变，模拟者就会按照同样的路线进行改变，并可以改变到任何一种程度，直至拥有与自己本科的其他成员完全不同的外表或颜色。但是，在这个问题上也存在一些威胁我学说的难点，即在某些情况下，我们必须假定，一些属于不同种群的成员的古代祖先，在其性状还没有分歧到现在的程度时，偶然地和另外一个有保护手段的物种极其相似，便会因此而得到很轻微的保护，根据上述原因，较弱的一方才会慢慢进化并最终达到最大程度上的相似。

复杂、普通且呈辐射性的亲缘关系

任何物种，如果越脱离常规，那么，与之有亲缘关系的类型就会大量灭绝。有证据表明，常有大量的“异常种群”因灭绝而蒙受严重损失，而它们本来就属于数量较少的物种。

优势物种的变异后代，几乎都有继承亲代的某些优越性的倾向，从而使它们的种属变得繁盛而占有优势。所以，它们几乎都是分布得比较广阔，且在自然界的组成中占据很多位置的物种。在每一纲里，数量较大且占有优势的种群都有继续增长的倾向，从而导致那些数量较少且不占优势的种群被淘汰。这就是为什么现存的生物和灭绝的生物只存在于少数几个大目的原因。而更令人震惊的是，较高等级的种群在数量上是非常少的，但它们的分布却极为广泛。澳洲被发现之后，它的大陆上并不能找到一群可被定为新纲的昆虫，而胡克博士说，这里所能找到的植物新种也就两三个小科而已。

在前面的章节里，我曾谈到，由于每个种群在长期连续的变异过程中大都会出现明显的性状分歧，因此，当古老类型把变异较少的后代遗留下

□ **杂交鲍鱼**

杂交鲍鱼外壳呈翠绿色，呼吸孔多，生长纹明显。该杂交种性状稳定，具有适应性广、成活率高、抗逆性强、生长快、品质好等特点，优势十分明显。它能有效提高子代的抗逆性，使成活率提高6～7倍。图为“大连1号”杂交鲍鱼。

来，其后代就会形成我们所谓的中间物种或异常物种。任何物种，如果越脱离常规，那么，与之有亲缘关系的类型就会大量灭绝。有证据表明，常有大量的“异常种群”因灭绝而蒙受严重损失，而它们本来就属于数量较少的物种。实际上，这类物种彼此之间本身就存在着极大的差异，这也意味着灭绝。如果鸭嘴兽和肺鱼属动物都不是由单独一个物种或两三个物种组成，而是由十多个物种组成，那么今天它们的数量也不会低到令人咋舌。我想，这些为数较少的“异常种群”应该是被生存斗争中的胜利者所征服的类型，它们只能在对其极为有利的条件下才能生存。

沃特豪斯先生认为，在大多数情况下，如果一个物种与另一个不同种群中的成员具有亲缘关系时，是正常而不是特殊的。为此，沃特豪斯先生指出，在所有啮齿类动物中，以哔鼠与有袋类的关系最近，但是在它与有袋类中所有物种接近的各点中，其关系却颇为一般。也就是说，它并非是与有袋类中的每一个物种的关系都特别接近。因为一个属中的所有物种都存在着亲缘关系，而且这一关系被普遍认为是真实的，而不仅仅是适应性所造成的，所以它们必然来自于同一祖先的遗传。因此，我们必须假定，即包括哔鼠在内的所有啮齿类，是从古代有袋类的某一成员中分支出来的，而这个古老成员和现存的所有有袋类之间，多少具有一些中间性；或许啮齿类和有袋类曾经有一个共同祖先。但两者在此之后都发生了许多不同的重大变异。不论是哪种观点，我们都必须假设，哔鼠是通过遗传才获得了比其他啮齿类动物更多的古代祖先性状。所以，它不会与任何一个现存的有袋类有特殊的关系，但由于它部分地保存了共同祖先的性状或者这一类群的早期性状，因此，它又间接地与所有有袋类有关系。沃特豪斯先生还发现，在所有的有袋类动物中，袋熊与啮齿类的整个目相似，而不是与其中的任何一种相似。但是，袋熊的情况与哔鼠不同，前者常常被认为是同功相似，因为它已经适应了啮齿类的生活习性。老得康多尔也在不同科的植物中作过几乎相似的观察。

根据从一个共同祖先传下来的物种在性状上会增多并且会出现分歧的原理，以及它们通过遗传而保存了一些共同性状的事实，我们可以了解，为什么在同一科中或者在较为高级的种群中，成员之间都是由非常复杂的辐射形的亲缘关系连接在一起的。一个科的共同祖先会因为灭绝而分裂为不同群及亚群，在此过程中，它会将自己的一些性状遗传给这个群，把其他一些性状遗传给另一些群，而有一些性状则被所有的群所继承，这就是共同性状。最终，整个科的物种都将会被各种长度不同且曲折迂回的亲缘关系线联系起来。虽然仅靠生物的性状分歧示意图的帮助，我们不可能完全清楚地向读者展示任何一个古老的贵族家庭与无数亲属之间的血统关系，但若不依靠这种帮助，理解起来会更难。因为在没有图解的帮助下，即便博物学者们在同一个大的自然纲里已经看出许多现存成员和灭绝成员之间有各式各样的亲缘关系，要想对这些关系进行描述仍是极其困难的。

灭绝把生物群分开并决定其界限

灭绝对于种群而言，只会使其界限更加分明而不会制造出新的群。因为如果那些曾经消失的每一类型突然重新出现，虽然不能给现存的种群一个明显的界限以示区别，但一个自然的分类，或者至少一个自然的排列还是可能的。

正如我们在第四章中所看到的，灭绝对规定和扩大每一纲里的种群之间的距离有重要的作用。因此，我们可以根据一个观点来解释，为什么整个纲彼此间的界限如此明显，比如鸟类与其他所有脊椎动物之间所存在的界限。这个观点就是，许多古代生物类型已完全灭绝，它们曾把鸟类的早期祖先与当时较不分化的其他脊椎动物的祖先连接在了一起。但那些一度把鱼类和两栖类连接起来的生物类型，却灭绝得很少。在另外一些纲里，灭绝的数量更少，例如甲壳类。因为在甲壳类中，两个极端不同的奇特类型之间，仍然是通过一条很长的但中间只有局部断落的亲缘关系联系在一起。灭绝对于种群而言，只会使其界限更加分明而不会制造出新的群。因为如果那些曾经消失的每一类型突然重新出现，虽然不能给现存的种群一个明显的界限以示区别，但一个自然的分类，或者至少一个自然的排列还是可能的。我们翻看第四章的图谱，就可理解这一点了。从A到L分别代表志留纪时期的11个属，其中有些属已经发生变异，其后代的群也成为了大群，它们的每一支和亚支的连锁至今依然存在，但并不比现存变种之间的连锁更大。在此情况下，若要把几个群的一些成员与它们的更直接的祖先和后代加以区别，是不大可能的。但是，图解上的这些排列依然是有效而自然的。比如，根据遗传的

□ **动物群落和植物群落的关系**

通常来说，动物群落会随着植物群落的演替而发生变化：当草本植物活跃在地球上时，动物群落的主要成员是那些喜欢开阔田野的草原百灵类；但是随着灌木和乔木植物的出现，一部分喜欢草本植物的动物逐渐消失，其他一些鸟类则繁衍开来。

原理，凡是从A传下来的类型，其某些性状是存有共同点的。就如在一棵树上，我们能够区别出这根枝条和那根枝条，但在二者的分叉点上，却是彼此融合在一起的。我说过，我们无法划清某些类群的界限，但可以选出代表每个群中大多数性状的类型或模式，如此一来，便对它们的价值差异有一个一般的概念。如果我们想要成功地搜集到曾在所有时间和所有空间内都存在的一个纲中的所有物种类型，就不得不按照此法去做。当然，我们永远不可能一个不漏地搜集到所有的物种类型。爱德华兹在他的论文里指出了采用模式的高度重要性，不管我们能否把这些模式所隶属的群彼此分开并划出界限。

随着新物种的逐渐增多，生存斗争愈烈，更多的变异物种出现了。在自然选择的作用下，有的物种灭绝，而填补其位置的新类型的性状分歧也越来越大，从而反映出所有生物的亲缘关系中最大且最普遍的特点，即群中有群的从属关系。

我们用血统这个要素把雌雄两性个体和所有不同年龄的个体分在一个物种之下，尽管它们可能只有少数的性状是相同的。我相信血统这个要素，它是博物学者在“自然系统”下所追求的那个潜在的联系纽带。所谓“自然系统”，就是指它的排列是系统的，它的差异程度是由属、科、目等来表示的。据此，我们就能理解博物学者为何要在分类时遵循上述规则了。同时，我们还可以理解，为什么博物学者会把某些相似性估计得较高？为什么博物学者要用残迹、退化、无用的器官，或生理上重要性很小的器官作为分类依据？为什么博物学者在研究两个群的关系时，会对同功相似视而不见；可是在同一个群内又极其重视它们？搞清楚了这一系列问题后，我们才能够清楚地知道，现存类型和已经灭绝的类型是如何被归入到少数几个大纲中的；而同一纲中的成员又是如何被最复杂且呈放射状的亲缘关系线联系在一起的。也许我们很难将任何一个纲中所有成员之间的关系梳理清楚，但是，我们依然是有希望得到进步的，尽管这种进步极为缓慢。

赫克尔教授在他的论文《普通形态学》和其他著作里，从未放弃对“系统发生”，即所有生物的血统线的讨论。在对几个系统进行描述时，他主要借助于胚胎性状，同时还有同源器官和残迹器官以及各种生物类型在地层里最初出现的连续时期的性状。他勇敢地走出了伟大的第一步，并为我们今后应该如何处理分类指明了方向。

□ **负鼠**

负鼠，有袋目，鼠科，主要生活在丛林地区，以水果、昆虫以及小脊椎动物为食。它们的生活习性和澳洲袋鼠非常类似，只是后肢没有澳洲袋鼠那么发达，且构造十分普通。弗劳尔教授称之为“模式的一致”。

生活习性存在巨大差异的物种，只要属于同一纲，其身体结构上仍然会有较多的相似之处。博物学者称之为“模式的一致”。我们也可以把它说成是，在同一纲的不同物种中，有一些部位和器官是同源的。这应该属于“形态学”的范畴。“形态学”是博物学中最有趣的学科之一，几乎算是博物学的精髓所在。一些身体部位，如适于抓握物体的人手，以及适于掘土的鼹鼠前肢、马腿、海豚的鳍状前肢和蝙蝠的肉翅，都是在同一形态下构

成的；而且在相同的位置上，这些生物又都具有相似的骨骼，还有什么能比这更为神奇的吗？接下来，我要举一个颇为动人的例子：袋鼠拥有非常适合在开阔平原上奔跳的后肢；澳洲熊有着特别适合抓握树枝的后肢，它能借此攀缘，从而吃到树叶；生活在地下的袋狸以昆虫、树根为食，它的后肢（还有某些其他澳洲有袋类的后肢）是在同一特别的模式下构成的，其中第二、三趾的趾骨又瘦又长，而包裹在外的皮肤在构成成分上也是相同的，从外表上看，这些后肢就好像是一个有着两个爪的单独的脚趾。尽管这些后肢在形态上极为相似，但其用途却非常不同。另外一个动人的事例就是，美洲负鼠的生活习性和它的某些澳洲亲属几近相同，但它的后肢构造却非常普通。为此，弗劳尔教授总结说，这就叫作模式的符合，“这难道不是有力地暗示着真实的关系是从一个共同祖先遗传下来的吗？”

圣提雷尔提出，应特别关注同源部分的相关位置和彼此关联的重要性。尽管物种在形状和大小上可以完全不同，但它们却仍以相同不变的顺序保持着联系。例如，我们从未发现有任何一种动物的肱骨和前臂骨，或大腿骨和小腿骨的位置是颠倒的。就昆虫口腔的结构而言，天蛾的喙很长且呈螺旋形，蜜蜂和臭虫的喙呈奇特的折叠形，甲虫的颚极其巨大，可以说它们的口腔极为不同。但是，即便这些器官在用途上各有不同，但它们都是由一个上唇、大颚和两对小颚经过变异而来。另外，甲壳类的口腔和节肢的构造，以及植物的花瓣都是如此。

用任何功利主义或目的论来解释同一纲成员的上述形式的相似性，注定是要失败的。欧文教授在他的《四肢的性质》这部最有趣的著作中也指出了这一点。若要根据生物独创论的观点，我们只能这样解释，即“造物主”非常乐意把每一大纲中的所有动物和植物按照一致的设计创造出来。但显然这是不科学的。

但如果用连续轻微变异的选择学说来进行解释的话，难度就会大大降低。物种的每一次变异都会对其身体其他部分造成一定程度的影响。但是在这种性质的变化中，却很少或没有改变原始形式或转换各部分位置的倾向。一个肢骨可以无限地缩短或变扁，还可以被包裹上很厚的膜，以作鳍用。一种长着蹼的掌可以使所有者的某些骨骼甚至所有骨骼变长，还可以使连接各个骨骼的膜扩大到能够被作为翅膀使用。然而，这些的任何一种变异都未能够改变骨骼的结构以及器官之间的相互关系。我们假定，如果所有哺乳类、鸟类和爬行类都有早期的共同祖先（我将这个祖先称为原型）的肢，并且是根据现存的一般形式构造起来的。那么，

图 1

图 2

☐ **趋异现象**

处于不同温度带的狐狸，其耳朵的大小有较大的差别：北极狐的耳朵较小（图1），非洲大耳狐的耳朵则较大（图2）。动物对温度的适应性，在形体上的变化方式如下：同种动物，生活在寒冷地区的要比温暖地区的个体大，因为个体越大，越有助于保持身体温度。

不管这个肢的用途何在，我们便立刻清楚这一同源构造的意义何在。同样地，我们只要假设昆虫的共同祖先和现存的昆虫一样，都有着一个上唇、大颚和两对小颚，而且可能比现存的性状更为简单，那么，我们就能用自然选择来解释昆虫口腔在构造上和机能上的无限多样性。我们知道，生物的某些部分可能会因为不使用而缩小，甚至完全萎缩，从而变异；也可能出现部分器官融合的变异现象，或出现器官重复或增加的变异现象。这些变异现象都是可能的，也许在上述这些情况下，器官的一般形式将变得极其隐晦，甚至消失，已经灭绝的巨型海蜥蜴的桡足和某些吸附型甲壳类的口腔就是这样。

另外，形态学还研究一个奇特的问题，即“系列同源”。它对同一个体的不同部位或器官进行比较，而非对同一纲中不同成员的同一部位或器官进行比较。许多生理学家认为，头骨与椎骨的基本部分是同源的，它们的数目和相互关联都存在惊人的一致性。显然，所有高等脊椎动物纲里的前肢和后肢也是同源的，连甲壳类的极为复杂的颚和腿也是如此。花的萼片、花瓣、雄蕊和雌蕊的相互位置及其基本构造，都可以依据它们是由呈螺旋形排列的变态叶所组成的观点来解释。在花的早期或胚胎阶段中，以及在甲壳类和许多其他动物的早期或胚胎阶段中，我们能看到那些成体中完全不同的器官，在胚胎时却完全相似。而从许多畸形植物中，我们已经得到一种器官能够转化成另一种器官的直接证据。

若根据物种神创论，系列同源就完全无法解释了。脑髓为什么会存在于一个怪异的骨笼中，而且这个骨笼明显是由大量与脊椎骨相同的骨片组成的？欧文教授指出，分离状态的骨片对于哺乳类繁殖后代是有利的，却不能用来解释为什么鸟类和爬行类的头骨也是相同的构造。既然神将蝙蝠的翅膀和腿部骨骼创造得如此相似，又为何让其翅膀的骨骼用于飞行而腿部的骨骼用于行走呢？为什么有着极为复杂的口腔构造的甲壳类，却只有很少的腿；而有着很多腿的甲壳类，其口腔却是那么简单？为什么花的萼片、花瓣、雄蕊和雌蕊构造虽然有相同之处，用途却极为不同呢？

如果根据自然选择学说，上述问题就能得以解答了。我们只需记住：同一部分和同一器官的无限重复，是所有低等生物或在身体构造上没有多少专业化器官生物的共同特征。这点是由欧文教授最早提出来的。所以，脊椎动物的祖先也许拥有很多椎骨，关节动物的祖先拥有许多节肢，显花植物的祖先拥有许多叶子，且这些叶子或呈一个螺旋形排列，或呈很多个螺旋形排列。

软体动物大纲中，不同物种的系列同源器官很少，比如石鳖的亮瓣。在软体动物的同一个体中，我们几乎不知道哪些是同源的，这也不足为奇，因为在自然界的所有生物中，软体动物器官的重复是如此之多。

最近，兰克斯特在他的一篇优秀论文中，对形态学作了充分的说明。他说，该学科完全超出了博物学者创建它的初衷。此外，他还对一些被博物学者列为同源器官的生物按照重要的区别特征，重新进行了区分。他建议把来自共同祖先的不同动物之间存在着的相似构造称为同源，这些动物只不过后来成为了变种而已。如果相似构造不能用上述的方法进行解释，他建议把其构造称为同形。他举例指出，鸟类和哺乳类的心脏就是同源，二者的心脏都是从一个共同祖先传下来的。但是，这两者心脏上的四个腔却是呈同样形状的，即它们是各自独立发展起来的。兰克斯特先生还以同一动物个体的身体左右侧为例，明确指出了各部分的相似性，以及连续各部分的相似性。我们这里所说的同源器官，与来自一个共同祖先的不同物种的血统是没有任何关系的。这里的同源器官与前面所讲的同功相似是一样的。但是，显然兰克斯特先生的方法要完备得多。同形器官的形成原因，一部分可以归为不同生物的各部分或同一生物的不同部分曾经以相似的方式发生变异，一部分可以归为相似的变异为了相同的一般目的或机能而被保存下来。对此，我已经举过很多事例了。

普遍认为，头颅是由变形的椎骨形成的；螃蟹的颚是由变形的腿形成的；花的雄蕊和雌蕊是由变形的叶形成的。但赫胥黎教授纠正道："大多数情况下，头颅和椎骨、颚和腿等，并不是一种构造从现存的另一种构造变形而成，而是它们都从某种共同的、比较简单的原始构造变成的。”事实上，普遍所认为的这些，也不是什么蓄意的错误，而是因为从生物出现到现在的这个漫长过程中，头颅或颚是由椎骨和腿转化来的解释，在很多人看来极为可信罢了。根据本书的观点，如果这种普遍认为是真实的话，那么一些奇妙事实也能得到解释，比如螃蟹的颚如果的确是从它那简单的腿转化而成，那么它们所保持的很多性状也许就是通过遗传而保存下来的了。

胚胎学中的一些法则及原理

同一个体的不同部分在胚胎状态下完全相似，只有在变成成体后它们的差异性才会显露出来。而同一纲中的不同物种，其胚胎往往也是非常相似的，它们的差异性同样是在充分发育后才体现出来的。

胚胎学在整个博物学中是最重要的一个学科。普遍认为，昆虫一般是在经过几个阶段后就突然转变了形态。事实上，在这一过程中还隐藏着无数渐进的转化过程。正如卢伯克爵士所说，某种蜉蝣类昆虫在转变形态的过程中要蜕皮20次以上，每一次蜕皮都会发生一定量的变异。从中可见，转变的方式是以原始且逐渐的方式来完成的。许多昆虫，比如某些甲壳类，在转变完成后向我们展示了无比奇妙的构造。特别在某些下等动物所谓的“世代交替”中，此种变化更是达到了最高峰。最为奇妙的事实是关于某一种有着精美分支的珊瑚形动物，它们的身体上长有水螅体，并且固定地附着在海底的岩石上。它先是像植物一样发芽生长，然后再横向分裂，产生出许多漂浮的巨大水母。水母产卵后孵化出小动物，附着在岩石上，然后又变成珊瑚形动物。该过程世代循环着。许多博物学者认为，这种珊瑚形动物的形成，与“世代交替”过程和一般的形态转变过程基本上符合。瓦格纳的发现也更有力地支持了此观点。他发现瘿蚊的幼虫和蛆都是通过无性繁殖产生的，这些新的幼虫最后会发育成成熟的雄虫和雌虫。随后，雄虫和雌虫又会以正常的方式产卵，进而繁殖。

当瓦格纳的伟大发现最初公布时，很多人提出疑问，即这种幼虫是如何获得无性生殖的能力的。如果这种情况是极个别的，那就无须解释了。但格里姆曾指出，摇蚊的生殖方式与瘿蚊的如出一辙，因此他深信这种繁殖方式在这一目中是极为普遍的。但摇蚊具有无性繁殖能力的并不是幼虫而是它的蛹。对此，格里姆解释道："在某种程度上，这个例子把瘿蚊与介壳虫科的单性生殖联系在了一起。"目前已知，有几个纲的一些动物在其生命初期就拥有了生殖的能力。我们只需通过渐进的步骤，将单性繁殖的年龄推到更早期，或许就能知道瘿蚊在幼虫期时就具有无性繁殖能力的原因了。

□ **虎鲤产卵**

图中展示的是虎鲤产卵瞬间的情景。雌虎鲤产卵时，雄鱼会把身体搭在它身上。这无疑是世界上最奇特的产卵方式。

前面说到，同一个体的不同部分在胚胎状态下完全相似，只有在变成成体后它们的差异性才会显露出来。而同一纲中的不同物种，其胚胎往往也是非常相似的，它们的差异性同样是在充分发育后才体现出来的。贝尔说："哺乳类、鸟类、蜥蜴类、蛇类，甚至龟类，在其胚胎的早期状态中，整体和局部的发育方式都是极其相似的。由于太过相似，我们只能从它们的大小上进行区分。有一次，我将两种动物的小胚胎浸泡在酒精中，却忘了把它们的名称贴上，以致我至今完全无法区分它们。它们可能是蜥蜴、小鸟，甚至有可能是某种幼小的哺乳动物。它们的头和躯干的形成方式是如此相似，不过还没有四肢。但是，即便四肢存在，我们依旧无法区分它们，因为蜥蜴和哺乳类的脚、鸟类的翅和脚，与人的手和脚一样，都是从同一基本类型中发育而成的。"大多数的甲壳类在发育的相应阶段中，其幼体都是十分相似的，其他很多动物也是如此。胚胎的相似法则有时会保留很长时间，甚至当动物处于发育晚期，还依然保持这一痕迹。比如，同属的或彼此之间具有亲缘关系的鸟类，其幼体羽毛普遍相似。最典型的要算在鸽类幼体中所看到的斑点羽毛。大多数的猫科动物在发育成熟时，身上都会出现条纹或斑点，狮子和美洲狮的幼兽便是典型。植物中的相同事例也有，但其具有偶然性，数量较少。

□ 芦苇上的瘿蚊

瘿蚊，双翅目长角亚目瘿蚊科的通称，因其幼虫在植物上形成虫瘿而得名。达尔文观察发现，瘿蚊在幼虫期就具备了无性繁殖的能力。

同纲中不同动物胚胎的相似机构，通常与它们的生存条件没有直接关系。比如，在脊椎动物的胚胎中，它们的鳃裂附近的动脉都有一特殊的环状构造，我们不能认为，此构造与在母体子宫内得到营养的幼小哺乳动物、巢里孵化出来的鸟卵、水中的蛙卵所处的相似生活条件存在着关系。因为这是毫无理由的，就像我们没有理由相信人的手、蝙蝠的翅膀、海豚的鳍内相似的骨与相似的生活条件有关系一样。没有人会认为，幼小狮子的条纹或幼小黑鸫鸟的斑点对于它们本身有任何用处。

但是，在胚胎的任何阶段中，如果幼体已活动并必须独立寻找食物时，情况就不同了。不管幼体活动的时间发生在生命的哪个阶段，一旦来临，幼体对生活条件的适应性就会与成体一样的完善。那么幼体是以什么方式实行的呢？卢伯克爵士对此作出了解释。他以这些幼体的生活习性为根据，论述了在完全不同的“目”中，某些昆虫的幼虫具有很强的相似性，而在同一“目”的不同属中，某些昆虫的幼虫又具有明显的不相似性。由于适应性的原因，近似动物的幼体在相似性上比较模糊；尤其是在发育的不同阶段中出现分工时。比如，同一幼体，在某个阶段必须独立寻找食物，而在另一阶段却必须找寻可以依附的处所。近似物种或物种群的幼体的差异比成体大的例子，也是存在的。不过，即便是幼体要活动，通常也必须严格遵循胚胎的相似法则，蔓足类就是最佳的例证。权威专家居维叶也未看出藤壶是一种甲壳类，其实只要看一下其幼虫就会知道这一点。同样，蔓足类的两个主要组成——有柄蔓足类和无柄蔓足类，虽然看似极不相同，但其各期的幼虫却没有什么区别。

处于发育过程中的胚胎，在构造上也有所提高。虽然高级构造与比较低级的构造没有一个明确的划分界限，但我相信不会有人反对蝴蝶比毛虫更为高级的说法。但在某些情况下，与幼虫相比，成年个体的等级确实要低一些，如某些寄生类型的甲壳类。再就蔓足类来说，其幼虫在第一阶段时，生有三对运动器官、一个简单的单眼和一个吻状嘴。它们只能靠嘴进行捕食，因为它们的个头需要不断增加。到了第二阶段（这一时期相当于蝶类的蛹期）时，便开始出现六对构造精致的适合游泳的腿、一对巨大的复眼和构造极其复杂的触角，但这时的嘴却无法完全闭合，根本不能用来吃东西。但此时期的感应能力却十分敏锐，适于寻找一个合适的地方，便于它们能游过去并附着在上面。达到目的后，它们就会开始进行最终的转变，然后永远地定居在那里。在这一阶段，原本能够在水中飞快游泳的腿会转化成把握器官；先前构造并不完全的嘴又重新拥有一个很好的构造，原有的构造及其触角也消失了，巨大的复眼也转化成了细小、单独、简单的眼点。对于这样的最终形态，我们可以认为它拥有的构造比幼虫时期更高级，也可以认为更低。因为在某些属里，幼虫既可以发育成具有一般构造的雌雄同体，也可以发育成我所谓的“补雄体”。后者的发育是退步的；因为它只是一个能在短期内生活的囊，缺少了生殖器官、嘴、胃和其他重要的器官。

因为胚胎与成体之间的构造差异是显而易见的，因此，我们很容易把这种差异理解为生长中的必然发育。但是，尽管我们可以对蝙蝠翅膀或海豚鳍这两个构造上的任何一个部分进行区别，却不能理解为什么它们的所有部分都不能马上向我们展示适当的比例。在另外一些整群的动物，及某些群的部分成员中，亦是不管在什么阶段，胚胎与成体之间的差异都微乎其微。欧文提到乌贼时说：“没有形态转变，头足类的性状早在胚胎发育完成以前就显现出来了。”陆生贝类和淡水生甲壳类自出生往往就已经具有固定的形态，而这两个大纲中的海生成

□ **蜻蜓产卵**

昆虫的生命以卵开始，在成长中多次改变形状，即蜕变。昆虫蜕壳或蜕去其硬骨质护膜后，其下层的新壳才能长大和变硬。比如蝴蝶，其幼虫形态与父母有巨大差异，只有在破蛹成蝶以后，其形态才和成虫一样。这种在生长过程中所发生的重大的形态改变，叫完全变态。而另一些昆虫，如草蜢，当其幼虫孵化出来时，就与其父母相像，每蜕一次皮，就长得更像成虫，这叫不完全变态。

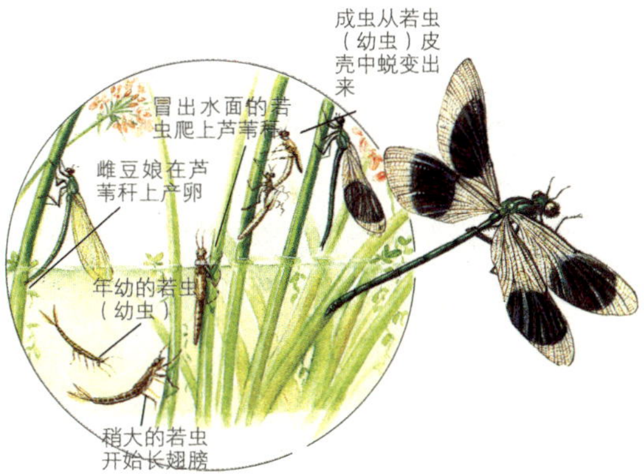

员却会在其发育过程中经历相当大的形态转变。就昆虫而言，蜘蛛属于几乎没有经过任何形态转变的动物。但是大多数昆虫的幼虫都要经历一个蠕虫阶段，不管它们是活动而独立的，还是受到亲体的哺育而不活动的，也不管它们是否生活在适宜的生活条件下，总之，这个阶段在所难免。但蚜虫之类也会是例外，幸亏赫胥黎教授提供了这种昆虫发育的伟大绘图，否则我们几乎不知道蚜虫的幼虫有一个蠕虫（因借助身体肌肉的收缩来作蠕形运动而得名）阶段。

有时候，一些更早期的发育阶段已经消失了。据米勒发现，某些虾形的甲壳类（与对虾属相近似）首先出现的是简单的无节幼体，再经过两次或以上的水蚤期，然后是糠虾期，最终才获得了它们的成体构造。虽然目前此目的这等事例多以水蚤为主，但米勒有理由证明，如果没有发育上的抑制，所有这些甲壳类都会先以无节幼体出现。

对胚胎学中一些问题的解释

由于幼体在生活习性上的改变程度与其发生了变异的身体构造相互适应，它在相应阶段会获得相应的遗传，因此，现存动物的成体状态与其古代祖先的成体状态是完全不同的。

无疑，胚胎学中还有一些事实需要我们进行解释。比如，虽然胚胎与成体之间在构造上并不具有普遍的差异，但为什么会存在一般性差异呢？在同一个体的胚胎中，各个器官在早期是如此相似，可为什么最后却变成了使用目的完全不同的器官呢？为什么一出生就活动的独立捕食的幼虫，对于周围的生活条件能完全适应呢？为什么某些幼体的构造等级要比其成体高呢？我相信，这些事实可作如下的解释：

我们可以假设，畸形在很早期就对胚胎产生了影响，以致几乎所有微小的变异或个体的差异必然都在当时就出现了。然而我们都只掌握着相反的证据。牛、马以及各种玩赏动物的饲养者，在动物出生后的短期内，是无法明确指出新生命的优点和缺点的。就像人类也不可能在孩子一出生时就知道他们将来会怎样，既无法确定他将来是高是矮，也不能确定他的容貌。其中的问题不在于每一变异发

□ 孑孓

蚊科动物的幼虫叫作孑孓，其发育过程是在水中进行的。属于蚊科的昆虫比较多，常见的有按蚊、库蚊等，它们的幼虫能够过滤水中的细菌和藻类，以供自己食用。

生在生命的哪个时期，而在于什么时期可以表现出效果。因此，变异可能是在生殖行为出现之前就已经发生了，并且必定是发生在亲体中的一方或双方。要注意的一点是，只要幼小的动物还留存在母体内，或者只要它受到亲体的营养和保护，那么不管它的大部分性状产生于哪一时期，对于它都是无关紧要的。

我在第一章中就曾讲过，不论变异在什么年龄出现，它会首先出现在亲代，而它的后代只会在相应年龄中才重新出现该变异。而某些变异只能出现在相应年龄中，例如蚕蛾在幼虫、茧或蛹的状态下的特点。但最初出现的变异无论是在生命的早期或晚期，同样有在其后代和亲代的相应年龄中重新出现的倾向。不过这不是绝对的，因为确实有若干例子，这些变异发生在子代的时期比发生在亲代的时期早。

由此可见，轻微变异一般不会发生在生命的很早时期，也不会在较早时期就具有遗传倾向。这一观点是对上述所说的有关胚胎学的所有主要事实的合理解释。

让我们看看在家养变种中少数相似的事实吧。某些博物学者曾就狗进行过激烈的讨论，他们认为，尽管长躯猎狗和逗牛狗差异极大，可事实上它们都是极为近似的变种，是由同一个共同祖先传下来的。于是，我非常想知道这两种狗的幼体之间存在着多大的差异。然而，一位饲养过这两种狗的饲养者告诉我，两种幼狗之间的差异和亲代之间的差异是完全相同的。如果我们根据眼睛来判断，这番话似乎是对的，但当我对成年个体和才出生六天的幼体进行检测时，我发现后者并未达到理论上的标准。有饲养者曾告诉我，在家养状况下形成的拉车马和赛马，其幼体之间的差异与成体之间的差异是一样的，但当我亲自将赛马和重型拉车马的母马以及才出生三天的小马崽进行检测后，却发现事实并非如此。所以说，人的目测往往是不准的。

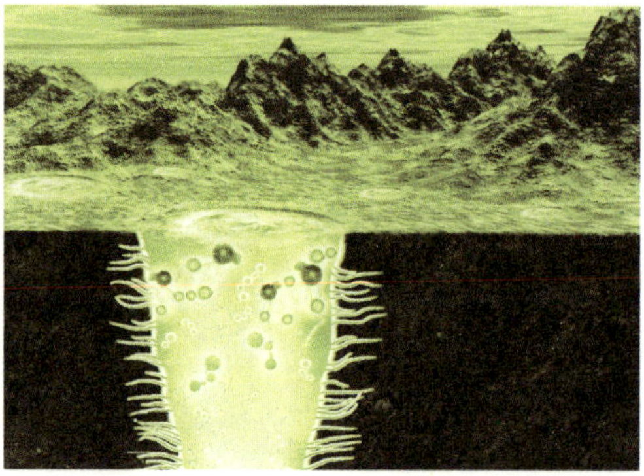

□ 原始生命形成过程示意图

大约在38亿年前，生活在地球上的是一些由无机分子合成的有机小分子，这些小分子聚集在热泉口或火山口周围的热水中，通过聚合反应形成生物大分子，这就是地球生命的雏形。

我们有确凿证据可以证明，鸽的品种是从单独的野生种传下来的。我对野生的亲种、突胸鸽、扇尾鸽、侏儒鸽、翻飞鸽等都作了仔细检测，并将喙的比例、嘴的阔度、鼻孔和眼睑的长度、脚的大小和腿的长度都一一记录在案。在这些鸽子的成长过程中，有的喙的长度和形状以及其他性状是以一种极为特殊的变异方式在生长，从而导致它们与其他的品种几乎完全不同。如果我们不是在家养状况下发现了它们，则一定会将它们列为同一个属。但当我把这几个品种的幼体排成一列时，便发现，幼体之间的差异程度比成年个体要小得多。如嘴的阔度的差异，在雏鸟中根本无法觉察。但是也有特别显著的例外——短面翻飞鸽的幼体在发育的各个时期，其身体各部分的比例都与成体的完全一样，而野生岩鸽和其他品种的幼体则不会如此。

从上述事例可知，饲养者们总是在狗、马、鸽等动物尚未完全发育成熟时，就对它们进行选择，并让那些符合要求的动物们进行繁殖。他们的唯一目的，就是后代动物能在发育成熟后也同样具备他们想要的那些性状。上述例子中的鸽子，就充分地证明由人工选择所累积起来并能给予他的品种以价值的那些表现特征的差异，一般都不出现在生活的早期，其性状也不是在相应的早期遗传的。但是，短面翻飞鸽刚生下12小时就具有它的固有性状的事实，证明这不是普遍的规律。这里表现特征的差异必须出现在更早的时期，或者应该是在较早的时期发生遗传。

现在，让我们应用这两个原理来对自然状况下的物种进行解释。首先，我们以鸟类中的一个群为例。该群的成员都有一个共同的祖先，但为了适应各自所在地的生活条件，它们在构造上都发生了显著的变异。于是，根据前面所总结出的遗传原理，幼体的变异并不会太多，并且它们之间的相似性比成体的要高得多。我们还可以把这一原理延伸到所有的纲中，甚至延伸到与现存生物的构造完全不同的古老类型中。虽然这些成体的前肢彼此差异很大，但根据上述两个原理，前肢在其胚胎中是不会出现大的变异的。不管是否长久地连续使用，或在改变物种的肢体和其他部分中可能发生什么样的影响，只有在它接近成年而不得不自行谋生时，才对它发生作用。这样产生的效果将在接近成年的时期传递给后代。而幼体各部分的增强使用或不使用的效果，将不会发生变化，或只发生微小的变化。

在某些动物中，其生命刚开始就出现了连续变异，也可以说，变异的遗传因子可以在比它们第一次变异出现前更早获得。这些就如同我们在短面翻飞鸽身上所看到的那样，其幼体、胚胎与成体之间的相似度极高。在一些群（整群或亚群）中，比如整个乌贼类、陆生贝类、淡水甲壳类、蜘蛛类以及部分的昆虫纲成员中，这是发育的一般规律。至于为何这些群的幼体不会发生任何形态的转变，我认为，是由于必须在幼年时期自己谋生，而且必须在与亲代相同的生活条件下生活，因此，它们就必须按照与亲代完全一致的方式进行变异，这对它们的生存来说，是不可改变的。另外，许多陆生和淡水生动物都不会发生任何形态的转变，而海生动物却相反。对此，米勒曾经指出：一种动物适应在陆地或淡水里生活，而不是在海里生活，这种缓慢的变化过程因不经过任何幼体阶段而被简化了。因为在生活习性发生了极大改变的情况下，动物很难找到既适于幼体阶段又适于成体阶段，同时又没有被其他动物所占据或未能被牢牢占据的地方。因此，自然选择会使生物在诞生不久就拥有成体构造，而从前的那些形态变异的痕迹也会彻底消失。

另一方面，当一种动物的幼体与亲体类型的生活习性出现差异时，其构造也会随之出现相应的差异。如果一种与亲代生活习性不同的幼虫能再次出现进一步的有利变化，那么根据在相应年龄中的遗传原理，幼体或幼虫可以因自然选择而变得与亲体更为不同，其差异性也超乎我们想象。由于幼虫中的差异与它的发育的连续阶段有关，因此，第一阶段的幼虫可以与第二阶段的幼虫完全相同，我在前面也提到过这类例子。成体逐渐适应于那样的地点和习性，其运动器官或感觉器官则变得无用。在此情况下，形态转变的功能就会退化。

综上所述，由于幼体在生活习性上的改变程度与其发生了变异的身体构造相互适应，它在相应阶段会获得相应的遗传，因此，现存动物的成体状态与其古代祖先的成体状态是完全不同的。今天，大多数学术权威都相信，各种昆虫的幼虫期和蛹期都是通过适应而获得的，而并非是通过某种古代类型的遗传。芫菁科的特殊情况也许就能充分说明这一点。据法布尔描写，该科在幼虫的第一阶段的形态是一种活泼的微小昆虫，有六条腿、两根长触角和四只眼睛。值得注意的是，这些幼虫是在蜂巢里孵化出来的。蜜蜂在孵化时，雄蜂要比雌蜂更早地孵化出来，一般在春季出现。雄蜂一出来，芫菁的幼虫便跳到它们的身上；当雌雄蜂交配时，芫菁的幼虫又会爬到雌蜂身上；当雌蜂产卵时，芫菁幼虫就会立刻跳到卵上，迅速将它们吃掉。在第二阶段时，它们的身体构造就会发生巨大的变化——眼睛消失，腿和触角变为残迹器官，并且以蜂蜜为生。直到此时，它们才会变得与昆虫的普通幼虫相似。到了最后一个阶段，其形态又会发生进一步的转化——一个完美的甲虫随之出现在人们的面前。如果现在有一种昆虫，它的转化与芫菁科昆虫的转化相似，并且成为昆虫中一个新纲的祖先，那么，这个新纲的发育过程必然与我们现存的其他昆虫的发育过程完全不同。在其幼虫的第一阶段，也必定不会出现代表任何成体类型和古代类型的状态。

还有人认为，许多动物在胚胎阶段或幼虫阶段，都向我们展示了其所属群的共同祖先的成体形态，我认为这是十分可信的。在甲壳动物全纲中，存在着多种彼此之间极不相同的类型，其中主要有：具有吸着性的寄生种类、蔓足类、切甲类、软甲类，它们最初的幼体阶段都以无节幼体的形态出现。它们的幼虫还具有相同的特点：在广阔的海洋中生活和觅食，并且全无任何特殊的生活习性。另外，米勒还发表了自己关于甲壳类共同祖先的形成观，即大概在某一远古的时期，有一种与上述所说的无节幼体相似的幼体，在经过独立的变异后最终发育成熟，而它的后代也就以相同的方式进行发育。之后，其发育方式又发生了一些改变，最终形成新的发育路线，并产生出巨大的甲壳类群。根据我所掌握的哺乳类、鸟类、鱼类和爬行类的胚胎知识，这些动物

□ 水母

水母分布于世界各海洋，种类有200多种。其形状、大小各异。尽管水母经常漂流在海洋上，但它们仍然可以通过身体的收缩向前运动。大多数水母生活在浅海中，在这里能找到它们的食物：小的甲壳动物和小鱼。一些种类的水母会分泌有毒物质，且毒性极强。水母有雌雄之分。雌性水母把卵细胞产到水中，雄性水母把精子释放到水中的卵上，由受精卵最终发育成幼体（或叫浮浪幼体）。

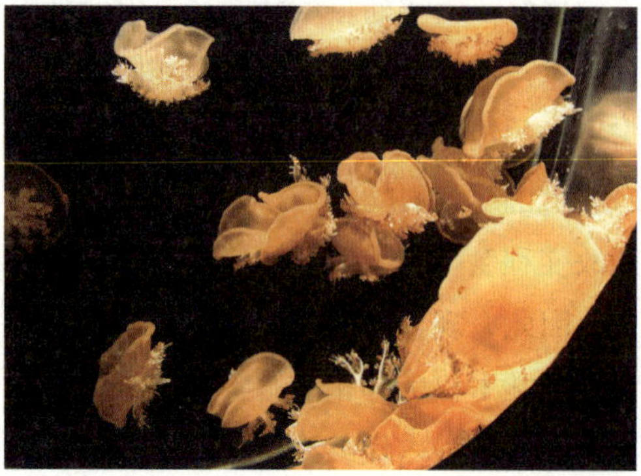

也许也存在着同一个古代祖先，只是后来发生了变异而已。而这个古代祖先的成体形态应该是具有极适于水栖生活的鳃、一个鳔、四只鳍状肢和一条长尾。

凡是曾经存在过的生物都能被归入少数的几个大纲里，而每个大纲的成员之间都可以被细微的级进联系在一起。因此，我认为，最好的也是唯一可行的物种分类方式是依据家系分类，这也是血统成为博物学者们在“自然系统”的术语下所寻求的互相联系的潜在纽带的原因。因此，在大多数博物学者看来，胚胎的构造在分类上比成体更为重要。在两个或更多的物种类群中，不管其构造和习性在成体状态下存在着多大的差异，只要在胚胎阶段极为相似，我们就可以确定它们都是从一个亲代类型传下来的，不然，它们彼此之间的关系不可能如此密切。在此情况下，胚胎构造中的共同性便将血统中的共同性暴露了出来。但胚胎发育中的不相似性却并不能证明血统的不一致性，因为两个群中的一个群的胚胎发育，可能曾被抑制，或者由于适应新的生活习性而被极大地改变，因此难以辨认。在那些成体发生了极端变异的类群中，起源的共同性往往通过幼虫的构造而暴露出来。比如，根据一些在外表上与贝类极其相似的蔓足类的幼虫构造，我们能立刻判断它们是属于甲壳类这一大纲的。因为胚胎常常能表明，从一个群的共同祖先就开始发生构造变异的情况是比较少的，所以古代的、灭绝的类型的成体状态常和同一纲的现存物种的胚胎相似。阿加西斯认为，胚胎的这些法则属于自然界的普遍法则，但能够证明他的观点的证据亟待完善。事实上，只有在具备以下条件的前提下，它才能被证明是真实的，即这个群的古代祖先并没有因为在生长的早期发生连续的变异，也没有因为这些变异在早于它们第一次出现时被遗传而全部湮没。但是因为地质记录在时间上扩展得还不够久远，因此，这条法则可能在很长的一个时期内，甚至永远无法得到实证。如果一种古代类型在幼虫阶段适应了某种特殊的生活方式，而且把该状态传递给了整个群的后代，那么，以上法则便会失效，因为这些幼虫不会和任何比它们更为古老类型的成体状态相似。

综上所述，我的观点是，那些在胚胎学上极为重要的事实，可以根据下列原理得到解释：在有着共同的古代祖先的前提下，生物的变异并不会出现在生命的早期，而是发生在相应的时期。如果把胚胎看作一幅图画，虽然多少有些模糊，却反映了同一大纲的所有成员的祖先，或是它的成体状态，或是它的幼体状态，而胚胎学的重要性也因此体现出来。

残迹的、萎缩的和不发育的器官

当一种器官因为生活习性的原因而改变，并在某种功能上变成无用或有害的器官时，自然选择就会对其构造进行改变，使之具有另外的功能，不过，也许它还保存着原始功能。

在停止发展的奇异状态下的器官或部位上，大都有着明显的废弃不用的标记，这在整个自然界中甚为普遍。我一时无法举出有哪一种高级动物尚属例外。以哺乳类为例，其雄性的乳房已经退化了，蛇类的肺叶中有一叶也不再使用，鸟类的“小翼羽”也是公认的退化器官。还有一些鸟类，其整个翅膀都是残迹状态，因此它们再也无法飞翔，比如鸵鸟。鲸鱼的胎儿有牙齿，但是成年后却一颗也没有了；尚未出生的小牛的上颌部生有牙齿，却永不会穿出牙龈。还有什么现象比这更为奇特的呢?

残迹器官以各种方式存在着。在极为近似的物种中，甚至是同一物种的甲虫中，有的拥有大而完整的翅膀，有的却只有一个位于牢固地合在一起的翅鞘之下的残迹的膜。不过，我们没有任何证据去证明这种残迹器官就是退化了的翅膀。有时候，残迹器官依然保持着它们的潜在能力。人们曾发现，如果雄性哺乳类的乳房发育很好的话，也能像雌性乳房一样分泌乳汁。黄牛属的乳房就是个例子，在正常情况下，它们长有四个发达的乳房和两个残迹的乳房，在家养情况下，这两个残迹乳房有时候会很发达，并分泌乳汁。在植物的同一物种的个体中，花瓣有时是残迹的，有时是发达的。科尔路特发现，在雌雄异花的某些植物中，使具有残迹雌蕊的雄花与自然具有很发达雌蕊的雌雄同花进行杂交，其杂种后代中的残迹雌蕊便会增大。这清楚地表明，残迹雌蕊和完全雌蕊在性质上是基本相似的。一种动物的各个部分看似不存在残迹器官，但它们的某些器官在某种意义上却又是残迹的，因为它们并不具备某些功能。以普通蝾螈为例，刘易斯先生曾这样描述它们：“有鳃，生活在水里。但山蝾螈则生活在高山上，且能产出发育完全的幼体。它们从来不在水中生活，但如果我们剖开其怀胎的雌体，却会发现在它体内的蝌蚪具有精致的羽状鳃。如果把它们放进水里，它们能像水蝾螈的蝌蚪那样游泳。很显然，这种水生的体制对它的未来生活没有什么作用，并且也不是对于胚胎条件的适应。它与祖先的适应有关系，不过是重演了其祖先发育中的一个阶段而已。”

如果一个器官同时有两种功能，它的一种功能，甚至是重要的那种，可能会变成残迹器官或完全不发育，但另一种功能依旧能够发挥作用。植物雌蕊的功用是让花粉管能将花粉输送到子房的胚珠中，它有一个被花柱所支持的柱头，但在某些聚合花科的植物中，不能受精的雄性小花具有一个残迹的雌蕊，因为它的顶部没有柱头。不过，它的花柱依然很发达，并且以通常的方式被有细毛，以此把周围相邻的花药里的花粉刷下。另一方面，一种器官可能会因为丧失固有功能而转变为残迹器官，并被用于其他用途。比如某些鱼类的鳔用于漂浮的固有机能似乎废止，该器官也变为残迹的了，但它转变成了原始的呼吸器官或肺。除此之外，还有许多相似的事例。

□ 鲸

鲸虽然外表像鱼，却不属于鱼类，而是一种哺乳动物。它们终生生活在大海里，完全适应了海中生活。鲸的胎儿有牙齿，但成体却一颗牙齿也没有，因为它们的牙齿已经变成了一种残迹器官。

器官只要有用，就算再不发达，也不能被归为残迹器官一类，除非能证明它们在之前的某个时期中曾有过高度发达的历史。它们之所以不发达，是因为可能还处于一种初生的状态中，并正向进一步发达的方向前进。但不可怀疑的是，在大多数情况下，残迹器官几乎没有任何用处。比如从来没有穿出牙龈的牙齿，以及只能作挡风用的鸵鸟翅膀。这些器官在从前就几乎没有怎么发育过，有的甚至比从前用得还要少，因此，它们不可能是通过变异和自然选择产生而来的，因为自然选择只保存有用的变异，它们一般都是通过遗传的力量部分地被保存下来了。另外，我们还能在它们的形态中发现很多与其他古代生物之间的某些关系。尽管如此，我们依然难以区分残迹器官和初生器官，因为我们只能用类推法去判断器官是否正在发展，只有当它具有更加发达的潜力，我们才能将之称为初生器官。然而，初生器官的数量永远是稀少的，因为这些生物通常会被具有相同器官却更加完美的后继者所消灭，因此它们一般都已经灭绝了。企鹅的翅膀极为有用，可以当作鳍用，所以它可能代表翅膀的初生状态，也更可能是一种缩小了的器官，为了适应新的机能而发生了变异。而几维鸟的翅膀是基本无用的，所以应该是残迹的。欧文教授认为，肺鱼的那个简单丝状肢是“在高级脊椎动物里，达到充分机能发育的器官的开端”，但是京特博士却提出了异议，他认为，它们也许是由继续存在的具有不发达的鳍条或侧肢的鳍轴构成的。鸭嘴兽的乳腺若与黄牛的乳房相比较，也可以看作是初生状态的。某些蔓足类的卵带已不再作为卵的附着物而存在，是极不发达的，但它却具有鳃的作用，因此，我们可以称之为初生状态的鳃。

在同一物种的不同个体中，残迹器官在发育程度等方面是很容易产生变异的。在高度近似的物种中，同一残迹器官的残迹程度有时也存在着极大的差异，蛾类中雌蛾的翅膀状态就是一个最佳例证。残迹器官是会完全萎缩的，所以在某些动物或植物中，虽然我们能够通过类推找到某些残迹器官的原貌，但事实上，它们已经完全消失了，只有在畸形个体中才能偶然见到它们。大部分玄参科的第五条雄蕊已经完全萎缩了，但我们却可以断定它们曾经存在过，因为我们可以在这一科的大部分成员中找到其残迹物，而且在某些个体中，这一残迹物是发育成熟了的，就像有时我们在普通的金鱼草科中所看到的那样。当我们要确定某些生物是否属于同一纲或具有同源器官时，找到其残迹器官是最为有效的了。另外，如果要充分了解各个器官之间的关系，最常用的方式也是寻找残迹器官。欧文教授所制作的马、黄牛和犀牛的腿骨图，正是上述方式的最佳范例。

□ **海豹**

海豹，鳍足亚目种海豹科动物的通称。它们身体粗圆，呈纺锤形，体重约30千克。海豹与海狮及海狗的区别在于：它们没有外耳廓，脚跟也已经退化，不能行走，变成了一种残迹器官。

有一个重要的事实，即一些动物的残迹器官，比如鲸鱼的反刍类上颌的牙齿，常常只存在于胚胎时期，成年以后便完全消失了。我相信，这也是一条普遍的法则：对于残迹器官而言，如果用相邻的器官进行比较，则胚胎中的较成体中的更大一些，这种器官在早期的残迹状态是不明显的，甚至在很大程度上我们都不能将其称为残迹器官。因此，成体的残迹器官常常被认为还保留着胚胎时期的状态。

通过有关残迹器官的一些主

要事实，我们了解了大多数器官是如何巧妙地适应于某种用处的。同时我们知道了，这些残迹的或萎缩的器官是不完全的，是无用的。一些博物学者在他们的著作中指出，残迹器官是“为了对称的缘故”，或者是为了要完成“自然的设计”而被创造出来的。我认为他们的观点不是在作解释，而是将事实又复述了一遍。这些观点本身就是自相矛盾的。王蛇具有残留的后肢和骨盘，如果说这些骨之所以被保存，是为了“完成自然的设计”，那么，正如魏斯曼教授所问的那样，为什么其他的蛇类不保存这些骨，甚至连这些骨的残迹都没有呢？如果有天文学者因为行星是循着椭圆形轨道绕着太阳运行的，就认定这个行星的卫星是“为了对称的缘故”才循着椭圆形轨道运行，那么各位又将作何感想呢？有一位著名的生理学者曾经假设，残迹器官是用来排出过剩的或对于系统有害的物质的，所以它的存在是非常有意义的。但我们能认为雄花中代表着雌蕊的微小的乳突也具有这样的作用吗？当人的手指被截断时，断指上会出现不完整的指甲，如果有人相信这些指甲痕迹的作用只是为了排出角状物质，那么我就得相信海牛鳍上的残迹指甲也是为同样的目的而生的。

根据伴随着变化的进化学说的观点，残迹器官的起源是比较简单的，而且我们也能大致了解支配它们不完全发育的法则是什么。在家养动物中，这样的例子很多，比如无尾绵羊品种的残迹尾、残迹耳和无角牛的残迹角，以及花椰菜的残迹花。在畸形动物中，我们常常看到各种残迹的部位，在我看来，这些事例除了向我们说明残迹器官可以产生之外，是否还能够说明自然状况下的残迹器官的起源？因为通过各种证据，我发现自然状况下的物种并不会发生巨大且突然的变化。可是从对家养动物的研究中我们得知，不使用导致了器官的缩小，而且这种结果是遗传的。

造成器官退化的主要因素也许是不使用。最初，器官会以非常缓慢的速度萎缩，直到最终变成残迹器官，这与栖息在暗洞里的动物的眼睛，以及栖息在海岛上的鸟类的翅膀是相同的道理。另外，由于器官在某种条件下是有用的，但在其他条件下又可能是有害的，栖息在开阔小岛上的甲虫的翅膀就是这样。在上述的情况下，自然选择将器官缩小，直到它彻底消失或者变成无害的残迹器官为止。

构造和机能上的所有由细微阶段完成的变化，都属于自然选择的范畴。因此，当一种器官因为生活习性的原因而改变，并在某种功能上变成了无用或有害的器官时，自然选择就会对其构造进行改变，使之具有另外的功能，不过，也许

□ 鸵鸟

鸵鸟是世界上现存体形最大的鸟。因为不便在空中觅食，所以一直留在地面活动，久而久之其翅膀也退化至不能飞翔。

它还保存着原始功能。当某种通过自然选择而形成的器官变得无用时，该器官就会发生变异，而且变异的方向很多，因为它不再受自然选择的抑制。这种情况在自然状态下是真实而普遍的。还有，在生命中的任何一个阶段，不适用以及自然选择都可以使一种器官萎缩，这一般都发生在生物到达成熟期而势必发挥它的全部活动力量的时候。而在相应年龄中发生作用的遗传原理，都有使缩小的器官在同一成熟年龄中重新出现的倾向，但是不适于胚胎状态的器官。从上面的论述中可知，在胚胎期内就已经成为残迹的器官，如果比邻接器官要大，那它在变成成体后就会比后者小。如果一种成年动物的某个器官或腺体，在许多世代中因为生活习性的某种变化而使用得越来越少，或在功能上的使用频率越来越低，我们便可以断定，其成年后代的上述器官也会萎缩，但在胚胎状态时，它们却是按照原来模式而发育的。

另外还有一个难点就是，当器官因不使用而缩小后，它是如何从进一步缩小到只剩下一点残迹，直至完全消失的呢？首先，我们应该知道，当以上器官在功能上变得无用以后，其必然不可能再继续进一步产生影响。在此，进行一些补充是必要的。比如，如果能够证明体质的每一部分有这样一种倾向：向着缩小方面比向着增大方面可以发生更大程度的变异，那么我们就能理解，为何已经变成为无用的一种器官会成为残迹，并最终完全消失，因为向着缩小方面发生的变异不再受自然选择的控制。根据前面章节中解释过的生长中的节省原理，形成任何器官的物质，如果对于所有者没有用处，就要尽可能地被节省。所以，它也可以应用在无用器官变成残迹器官过程中的缩小的较早阶段。

最后，不管残迹器官是如何退化到它们现在这种无用状态的，但它们无疑都是对生物在远古时期的形态的真实记录，而且是通过遗传的力量被保存下来的。当分类学者把某种生物放在自然系统中的适宜地位时，往往会发现该生物的残迹器官与其他在生理上具有高度重要性的器官有着相同的作用。就好比英文单词中那个在音标中并不发音，但在拼写上却必须要保留的字母。在文字学研究中，这些字母常常被学者们视为是单词起源的重要线索。那么根据伴随着变化的进化学说的观点，可以推断，不完全的无用且几乎已经萎缩到最小程度的残迹器官，对于古代生物特创说而言，是一个颠覆的难点。但如果根据本书的观点来对这些器官进行解释，残迹器官不但不会对我的学说构成任何威胁，而且在我的学说范畴中，它是自然而然地出现的。

本章重点

生活在世界上的所有物种、属和科，在它们各自所属的纲或群的范围内，都有一个共同祖先。它向我们充分证明：生物并非是突然出现的，而是经过漫长的变异过程才出现的。

在本章中，我一直围绕着下面几个问题来进行讨论和阐释：一是在任何一个时期内，生物种群之下还可以再分出支群或亚群；二是所有的现存生物和已灭绝生物，都被复杂的、呈放射状的曲折亲缘线联系在了一起，这就导致地球上存在着大量的物种和属，却只有极少的纲；三是博物学者在分类中应遵循的法则和不可避免的困难；四是不管一个性状重要与否，即便是残迹器官这类根本不重要的性状，只要是稳定且普遍的，就具有极高的分类价值；五是同功相似和具有真实亲缘关系的性状的价值，是普遍对立的。我对以上问题的解释，都是建立在近似类型都有一个共同的祖先，且是通过变异和自然选择而发生变化，并因此导致物种的灭绝以及性状的分歧这一基础之上。在考虑这种分类观点时，我们不应忘记血统因素。曾经被普遍地用来把同一物种的性别、龄期、二型类型以及公认变种分类在一起，无论它们彼此的构造是多么不同。如果把血统这个唯一能够确定生物相似性的确切因素扩大使用，我们就能理解何为自然系统。所谓自然系统，是指按家系进行排列，用变种、物种、属、科、目和纲等术语来表示所获得的差异各级。

根据变异生物由来学说，我们能够理解“形态学”中的大多数重要事实。基于此，我们就能够理解，同一纲的不同物种，不管同源器官的功能是否相同，它们的形式都是一样的。另外，关于同一个体动物或植物的系列同源和左右同源的难点，也会因此而得到合理的解释。

连续且微小的变异大多不会在生命的早期出现，而且遗传也是在相应的时期才会发生，据此，我们便能理解，那些在成熟时，其构造和机能都变得大不相同的同源器官，它们在个体胚胎中却是密切相似的；在近似但又明显不同的物种中，那些在成体状态中努力地适应于不同习性的同源部分或器官是类似的。幼虫是活动的胚胎，它们能随着生活环境的变化而发生一些特殊的变异，以适应新的生活条件，而且把它们的变异在很早的阶段就遗传下去。我们知道，器官会因为不使用或由于自然选择的原因而缩小。而这种缩小往往都发生在生物能够独立生活的时期，因此，残迹器官的发生甚至是可以预料的，因为遗传的力量是无比强大的。最后，根据自然的分类必须按照家系的观点，我们还能够理解胚胎的性状和残迹器官在分类中的重要价值。

综合而言，本章所讨论的诸多事例，证明了一个重要的事实，即生活在这个世界上的所有物种、属和科，在它们各自所属的纲或群的范围内，都有一个共同祖先。同时，它也向我们充分证明：生物并非是突然出现的，而是经过漫长的变异过程才出现的。我将毫不犹豫地坚持这个观点。

结　论

CONCLUSION

“进化”指的是所有生物随时间推移而变化的现象。其理论有三个主要部分：一是变异，所有生物的大小、形状、颜色和力量都不同，世上没有任何两只动物或两棵植物完全相同；二是适应，适应对生物能否继续生存和繁殖有相当的影响力；三是遗传，帮助生物生存的适应性如颜色或形状等，可能会遗传给后代。正是这种进化过程，使今天的地球上遍布了几百万种不同的动植物。

结论

虽然我所提出的生物进化学说有变异和自然选择等法则作为依据，但反对声仍不绝于耳。对此，我不得不通过大量的事实来进行论证。

我一直认为，生物较复杂的器官和本能的完善，通常不是依靠人类理性的方法，而是必须遵循对个体充分有利的无数轻微变异的积累。由于生存斗争的普遍存在，生物的体质和本能皆会呈现出明显的个体差异。于是，每一种器官在其不断完善的过程中，都会出现对原种有利的不同等级。

反对自然选择学说的人难以理解，若干器官是如何通过中间类型来逐渐完善到今天这样的程度。尤其是那些已经大量灭绝的、不连续的、衰败的生物群。为此他们还以同一蚁群中为什么会存在两三种工蚁——不育的雌蚁的明确等级为例，提出质疑。对此，我已作了详尽阐述。

同一物种的所有个体、同一属甚至更高级类群的所有物种，都是从一个共同祖先传下来的。然而，即使是这样明显的事实也有疑点。它们既然存在于相距遥远的不同地域，又是怎样迁徙出去的呢？方法总是有的。既然已知某些物种曾在一段连续期内保持某种类型，它们也可以偶然被迁徙出去。那些不连续的或中断的分布，可能是由于物种在中间地带的灭绝。而且，在漫长的地质史中，地球气候和地理条件的改变，足以使生物迁徙到遥远的隔离地区，从而形成今天这样的广泛分布的特点。

按照自然选择学说，无数中间类型的生物确实存在过。就像现存的中间变种那样，它们把同一类群中的所有物种相连接。然而，我们却无法找到这些类型，只能在各个现存类型和灭绝类型之间看到它们的影子。这是因为，每一属中的变异物种只是少数，其余的则完全灭绝。至于这些中间类型，也轻易地被数目庞大的近似物种所排挤，直至灭绝。

世界上现存生物和灭绝生物之间，及各个继续时期的灭绝生物和更加古老的物种之间，都有无数的中间连锁已经灭绝。我们也并未在地质层中发现这些类型，采集出来的化石遗骸上也无迹可寻。对此，我只能用地质记录的不完全来解释。

接下来让我们转到变异这方面。在家养状态下，由于因生活条件的变化而引起的大量变异性，是以一种不鲜明的方式进行的，所以我们总会认为那是自发的。事实上，变异被许多复杂法则所支配，如相关生长、补偿作用、器官的增强使用和不使用，以及外部条件的改变等。对于家养生物所发生的变异程度，我们很难确定，但其变异量确实是很大的，而且可以长久地遗传下去。只要生活条件不变，这些遗传下来的变异将持续保持无限的世代，有时还会产生新的变种。

家养生物的变异法则，同样适用于自然状态下的生物。由于一切生物都是按照几何级数不断增加的，因此必然导致生存斗争。生存斗争实际上就是一种极端的“选择”形式。它主要是在同一物种的个体间、变种间，以及同属的物种间展开的。另一方面，等级相差较远的不同生物间也有竞争。那些在任何年龄或任何季节比竞争者稍微占优势的生物，或者更能适应周围环境的生物，将取得最后的胜利，从而改变该地区生物的竞争状态。而对于雌雄异体的动物，雄性之间也会因争夺雌性而展开竞争。最后是强壮有力的雄性或赢得生存斗争的雄性，会留下更多的后代。

物种只是特征相对稳定和显著的变种，而且是首先作为变种而存在的。知道了这一法则，就能理解为什么物种与变种之间并没有一条明确的界限。然而，由于各个物种都有按几何级数繁殖的倾向，因此自然选择往往倾向于保存那些性状最有分歧的后代。于是，那些新的、改进了的变种，将不可避免地排挤掉那些旧的、改进较少的和中间的变种，物种也在很大程度上成为了不确定的。每一纲中种群较大的优势物种，都有产生新的和优势类型的倾向，以致它们会变异得更充分，性状的分歧也更多。但由于地域有限，它不可能无限制地扩大，所以更占优势的类型就会打倒那些稍微弱一点的类型，致使它们大量灭绝。

性选择是一种特殊的选择，它赋予了这个世界许多的美，尽管它有时也会对面目可憎的毒蛇、丑陋的鱼类和讨人厌的蝙蝠等发生作用。但它通常会把最灿烂的颜色、优美的样式，以及漂亮的装饰物都赐给雄性，有时也会给予许多的鸟类、蝴蝶和其他的生物，尤其是鸟类。性选择赋予雄鸟的美妙的鸣声不仅取悦了雌性，也取悦了人类；花和果实则因色彩浓艳而易于被昆虫发现，从而利于传粉，种子也更易被飞鸟散布开去。

关于生物的本能问题，则显得较为奇特。但自然选择学说也能解释这一问题。在本能的改变中，习性往往很重要，但并非不可或缺，就像我们在中性昆虫的情形中所看到的那样。

尽管地质记录并不完整，但它所提供的事实，强有力地支持了我们的生物进化学说。新的物种类型的产生总是一个缓慢的过程，它将最终取代旧的物种类型，这都是自然选择的结果。各个地质时代的化石遗骸，其性状在某种程度上是介于上下两个地质层化石遗骸之间的，这一事实可以用它们在该系统链条中处于中间地位来解释。种种迹象表明，一切灭绝生物与一切现存生物都是源于共同的祖先，只是在漫长的历史进程中经历了性状的分歧。如此一来，我们便能理解何以那些较古老的类型，或每一群的早期祖先，会如此普遍地处于现存类型之间。

以前的气候变化和自然条件的改变，以及许多偶然和未知的散布方法，使得生物曾进行大规模的异地迁徙，从而形成了今天这样的生物地理分布格局。

所有已经灭绝的和现存的生物，连同它们的中间类型，都可归入到一个大纲。这一事实也能根据自然选择学说和性状分歧的原理进行解释。因此，我们也能理解，为何每一纲的物种类型间的亲缘关系会如此复杂；为何那些对于生物本身极为有用的性状，在分类上却没有什么价值；为何从残迹器官（退化器官）所表现出的对生物本身无用的性状，在分类上却具有极高的价值；为何胚胎的性状在分类上往往最具价值，等等。以上问题也可以从“自然系统”依照家系排列中得到解释。

人的手、蝙蝠的翅膀、海豚的鳍及马的腿，都是由相似的骨骼所构成；长颈鹿和象的颈部的脊椎数目，都是相同的；蝙蝠的翅膀和腿、螃蟹的颚和腿，虽然功用不同，其结构却是相似的，等等。这些都可以通过生物的进化学说来解释。

某些不使用的器官或构造，会借助自然选择的作用，会在改变了生活习性或生存条件的情况下逐渐萎缩，形成残迹器官。小牛的牙齿从来不穿出上颌，这一特性一定是从某个牙齿发达的早期祖先那里遗传下来的。它们的舌、颌或唇在自然选择的作用下变得非常适于吃草，所以几乎无须使用牙齿，而牙齿也就逐渐萎缩。许多甲虫的连合鞘翅下的萎缩翅，也是由此变为残迹器官的。

通过对以上事实的复述，我更加确信，物种在漫长的历史进程中必定发生过变化，而且是通过自然选择的作用而发生无数连续的、轻微的、有利的变异来实现的。它们的发生受外界条件的直接影响，还有我们完全不了解的自发变异。

就目前来说，我坚持自己在本书中提出的有关生命的本质或物种起源的观点，虽然有少数博物学者和地质学家仍然对它持有异议。我也并不期望能够说服他们放弃所谓的“创造的计划”或“设计的一致”之类的说法。我相信，年轻的博物学者们一定会用他们独到的眼光来客观面对这个问题。

我深信，如果我的观点及华莱斯先生所提出的观点，或者有与我们的观点相类似的观点，一旦被普遍接受后，将在自然学中引起重大的革命。而分类学者也将不再因为这个或那个类型是否属于特有物种而困扰了，同类的疑问也将迎刃而解。

凝望着窗外潺潺的溪流，鱼儿忘情地跃出水面游弋摆尾，而后倏然潜入河底；天空碧蓝，老鹰悠闲地打着旋，然后飘然远去；远处是茂盛的树林，盘根错节的藤条攀缘直上；林间鸣鸟啁啾，有的间或驻足于灌木丛中，惊起蚱蜢四处逃散；新翻过的泥土里，蚯蚓懒懒地爬过，留下一条不甚明显的痕迹……多么动人的景象！可是，您是否想过，它们之间是如此不同，却又彼此相互和谐地依存着，究竟受了何种法则的支配呢？

达尔文年表

1809年	2月12日，查理·达尔文出生在英国施鲁斯伯里镇。
1817年	达尔文的母亲去世。
1818年~1824年	达尔文就读于施鲁斯伯里私立中学。
1825年	达尔文进入苏格兰爱丁堡大学攻读医学。
1826年	达尔文加入科学研究学会，并开始发表论文。
1827年~1831年	达尔文进入剑桥大学学习神学。
1831年~1836年	达尔文随“贝格尔号”军舰环球考察。
1837年	达尔文写出第一本物种演变笔记。
1838年	达尔文阅读托马斯·马尔萨斯的著作《人口论》，随后发表有关自然界生存斗争的文章。
1839年	1月，达尔文与爱玛·韦奇伍德结婚；出版作品《一个博物学家的考察日记》；12月，儿子威廉出生。
1839年~1843年	达尔文编纂五卷本巨著《贝格尔号航行期内的动物志》，发表了他在环球过程中通过细心观察得来的动植物品种及其地源学数据笔记。
1844年	达尔文列出长达20多页的《物种起源》的提纲；第一次下遗书。
1846年~1855年	达尔文就藤壶问题进行研究写作。
1848年	达尔文的父亲及女儿安妮去世；其健康状况不佳并持续很长时间。
1855年	达尔文开始撰写《物种起源》。
1858年	达尔文发表了一篇关于自然选择的论文，并将该论文寄给伦敦的林奈科研机构。
1859年	《物种起源》在伦敦出版，达尔文在此书中完整地提出了他的自然选择理论。
1860年	英国科学促进会年会在牛津大学对进化问题进行大辩论，达尔文在辩论会上击败对手。
1863年~1865年	达尔文的病情持续严重。
1868年	达尔文发表了《家养动物和培育植物的变异》。
1871年	达尔文的巨著《人类起源和性选择》出版，他在该书中明确提出人类来源于古猿类的观点。
1872年	达尔文的《人类和动物情感的表达》出版。
1882年	4月19日，达尔文病逝，厚葬于威斯敏斯特大教堂。

文化伟人代表作图释书系全系列

第一辑

《自然史》
〔法〕乔治·布封 / 著

《草原帝国》
〔法〕勒内·格鲁塞 / 著

《几何原本》
〔古希腊〕欧几里得 / 著

《物种起源》
〔英〕查尔斯·达尔文 / 著

《相对论》
〔美〕阿尔伯特·爱因斯坦 / 著

《资本论》
〔德〕卡尔·马克思 / 著

第二辑

《源氏物语》
〔日〕紫式部 / 著

《国富论》
〔英〕亚当·斯密 / 著

《自然哲学的数学原理》
〔英〕艾萨克·牛顿 / 著

《九章算术》
〔汉〕张 苍 等 / 辑撰

《美学》
〔德〕弗里德里希·黑格尔 / 著

《西方哲学史》
〔英〕伯特兰·罗素 / 著

第三辑

《金枝》
〔英〕J. G. 弗雷泽 / 著

《名人传》
〔法〕罗曼·罗兰 / 著

《天演论》
〔英〕托马斯·赫胥黎 / 著

《艺术哲学》
〔法〕丹 纳 / 著

《性心理学》
〔英〕哈夫洛克·霭理士 / 著

《战争论》
〔德〕卡尔·冯·克劳塞维茨 / 著

第四辑

《天体运行论》
〔波兰〕尼古拉·哥白尼 / 著

《远大前程》
〔英〕查尔斯·狄更斯 / 著

《形而上学》
〔古希腊〕亚里士多德 / 著

《工具论》
〔古希腊〕亚里士多德 / 著

《柏拉图对话录》
〔古希腊〕柏拉图 / 著

《算术研究》
〔德〕卡尔·弗里德里希·高斯 / 著

第五辑

《菊与刀》
〔美〕鲁思·本尼迪克特 / 著

《沙乡年鉴》
〔美〕奥尔多·利奥波德 / 著

《东方的文明》
〔法〕勒内·格鲁塞 / 著

《悲剧的诞生》
〔德〕弗里德里希·尼采 / 著

《政府论》
〔英〕约翰·洛克 / 著

《货币论》
〔英〕凯恩斯 / 著

第六辑

《数书九章》
〔宋〕秦九韶 / 著

《利维坦》
〔英〕霍布斯 / 著

《动物志》
〔古希腊〕亚里士多德 / 著

《柳如是别传》
陈寅恪 / 著

《基因论》
〔美〕托马斯·亨特·摩尔根 / 著

《笛卡尔几何》
〔法〕勒内·笛卡尔 / 著

第七辑

《蜜蜂的寓言》
〔荷〕伯纳德·曼德维尔 / 著

《宇宙体系》
〔英〕艾萨克·牛顿 / 著

《周髀算经》
〔汉〕佚　名 / 著　　赵　爽 / 注

《化学基础论》
〔法〕安托万–洛朗·拉瓦锡 / 著

《控制论》
〔美〕诺伯特·维纳 / 著

《福利经济学》
〔英〕A. C. 庇古 / 著

中国古代物质文化丛书

《长物志》
〔明〕文震亨 / 撰

《园冶》
〔明〕计　成 / 撰

《香典》
〔明〕周嘉胄 / 撰
〔宋〕洪　刍　陈　敬 / 撰

《雪宧绣谱》
〔清〕沈　寿 / 口述
〔清〕张　謇 / 整理

《营造法式》
〔宋〕李　诫 / 撰

《海错图》
〔清〕聂　璜 / 著

《天工开物》
〔明〕宋应星 / 著

《髹饰录》
〔明〕黄　成 / 著　　扬　明 / 注

《工程做法则例》
〔清〕工　部 / 颁布

《鲁班经》
〔明〕午　荣 / 编

“锦瑟”书系

《浮生六记》
〔清〕沈　复 / 著　　刘太亨 / 译注

《老残游记》
〔清〕刘　鹗 / 著　　李海洲 / 注

《影梅庵忆语》
〔清〕冒　襄 / 著　　龚静染 / 译注

《生命是什么？》
〔奥〕薛定谔 / 著　　何　滟 / 译

《对称》
〔德〕赫尔曼·外尔 / 著　　曾　怡 / 译

《智慧树》
〔瑞〕荣　格 / 著　　乌　蒙 / 译

《蒙田随笔》
〔法〕蒙　田 / 著　　霍文智 / 译

《叔本华随笔》
〔德〕叔本华 / 著　　衣巫虞 / 译

《尼采随笔》
〔德〕尼　采 / 著　　梵　君 / 译

《乌合之众》
〔法〕古斯塔夫·勒庞 / 著　　范　雅 / 译

《自卑与超越》
〔奥〕阿尔弗雷德·阿德勒 / 著　　刘思慧 / 译